Diana Jaffé und Vivien Manazon

Verkaufen an Adam und Eva

Diana Jaffé und Vivien Manazon

Verkaufen an Adam und Eva

Die Geheimtipps für
erfolgreiches Verkaufen
an Männer und Frauen

WILEY

WILEY-VCH Verlag GmbH & Co. KGaA

1. Auflage 2012

Alle Bücher von Wiley-VCH werden
sorgfältig erarbeitet. Dennoch übernehmen
Autoren, Herausgeber und Verlag in keinem
Fall, einschließlich des vorliegenden Werkes,
für die Richtigkeit von Angaben, Hinweisen
und Ratschlägen sowie für eventuelle Druck-
fehler irgendeine Haftung.

**Bibliografische Information
der Deutschen Nationalbibliothek**
Die Deutsche Nationalbibliothek verzeich-
net diese Publikation in der Deutschen Na-
tionalbibliografie; detaillierte bibliografische Daten sind im Internet über
http://dnb.d-nb.de abrufbar.

© 2012 Wiley-VCH Verlag & Co. KGaA,
Boschstr. 12, 69469 Weinheim, Germany

Printed in Germany

Gedruckt auf säurefreiem Papier

Satz Mitterweger und Partner, Plankstadt
Druck und Bindung Ebner & Spiegel GmbH,
Ulm
Umschlaggestaltung init GmbH, Bielefeld

ISBN: 978-3-527-50704-7

In Gedenken an Vera F. Birkenbihl

Inhaltsverzeichnis

Einleitung

Sie sind Geschäftsinhaber/in, Berater/in, Verkäufer/in oder selbstständig und haben die Erfahrung gemacht, dass Sie mit Kunden besser klarkommen als mit Kundinnen, ja dass auffallend viele Frauen sich nicht zum Kauf bei Ihnen entschließen können? Oder ist es umgekehrt: Die Kundinnen lieben Sie, doch die Kunden verstehen nicht, was Sie sagen oder reagieren im Verkaufsgespräch gelegentlich gar genervt?

Herzlichen Glückwunsch! Sie haben nämlich bereits erkannt, dass Frauen und Männer sich als Kunden unterscheiden!

Für Sie haben wir dieses Buch geschrieben. Damit Sie mit dem anderen Geschlecht ab sofort auch zu vielen Geschäftsabschlüssen kommen – und das in Zukunft auch noch ganz entspannt!

Vieles von dem, was wir hier beschreiben, haben Sie sicherlich schon in der Praxis erlebt. Aber haben Sie die Unterschiede zwischen typisch männlichem und weiblichem Kaufverhalten *wahrgenommen*? Haben Sie wirklich *verstanden*, was in den jeweiligen Situationen passiert ist? Wenn ja, dann gratulieren wir Ihnen, denn dann brauchen Sie dieses Buch nicht zu lesen. Dann gönnen Sie sich stattdessen einen ausgiebigen Wellness-Urlaub mit vielen Drinks mit Schirmchen- und Obst-Dekoration. Sollten Sie sich aber nicht ganz sicher sein, dann wäre eine Lektüre vielleicht doch ganz sinnvoll, falls Sie mehr darüber erfahren möchten, wie Frauen und Männer kaufen – und verkaufen. Und wer weiß, vielleicht erfahren Sie ja auch etwas über sich und wie Sie sich den Verkauf zuweilen ganz unnötig schwermachen.

Frauen und Männer denken und handeln unterschiedlich, als Kunden wie auch als Verkäufer. Seit vielen Jahren schon beobachten wir

Kundinnen und Kunden aus den verschiedensten Perspektiven und Aufgabenstellungen heraus, in den unterschiedlichsten Verkaufssituationen quer durch fast alle Branchen, immer mit der Frage: Wie kaufen Kunden? Alle Hinweise, die Sie in diesem Buch erhalten, entstammen der Praxis. Sie haben ihre Wirksamkeit bei Tausenden von Verkaufsberaterinnen und -beratern, aber auch bei Geschäftsinhabern und Führungskräften bewiesen, die wir geschult haben.

Eine US-amerikanische Beraterin für *Marketing to Women*, Delia Passi, hat es einst so formuliert: »Denken Sie daran, wenn Sie über Unterschiede sprechen, dass eine Behandlung auf dieselbe Weise nicht bedeutet, dass eine Gleichbehandlung stattfindet. Wenn Sie eine Kundin genauso behandeln wie einen Mann, dann wird sie sich nicht respektiert fühlen.« Umgekehrt wird sich natürlich auch ein männlicher Kunde nicht behandeln lassen wollen, als sei er eine Frau. Die Folge solch einer Falschbehandlung ist bekanntlich meistens der gefürchtete Kaufabbruch und schließlich der vollkommene Verlust des Kunden. Doch das muss ja überhaupt nicht passieren! Im Gegenteil: Mit dem richtigen Wissen und Verständnis dafür, was Kundinnen und Kunden als Beratungsleistung benötigen, worin sie übereinstimmen und wobei sie sich unterscheiden, vergrößern sich Ihre Einflussmöglichkeiten im Verkaufsgespräch schlagartig um mindestens das Doppelte.

Was unterscheidet unser Buch von anderen Verkaufsbüchern?

Zuerst ist augenfällig, dass es ein Vertriebsbuch ist, das von zwei Autorinnen verfasst wurde. Das ist ungewöhnlich, denn fast alle Bücher über Verkaufstechniken werden üblicherweise von Männern geschrieben. Unsere Zählung im März 2012 auf Amazon ergab, dass von den Top-100-Verkaufsbüchern stolze 94 von einem oder mehreren Männern verfasst worden sind. Lediglich an sechs Büchern war zumindest eine Frau beteiligt, und sie alle behandelten vor allem branchenspezifische Verkaufsthemen wie zum Beispiel für Apotheken und Drogerien.

Außerdem sind wir die einzigen Spezialistinnen in Europa für *Gender Marketing* (Diana Jaffé) und *Gender Sales* (Vivien Manazon).

Wir haben unser umfassendes Wissen in der Praxis für die Praxis auf der Basis vieler wissenschaftlicher Fachbereiche entwickelt. Wir verfügen über umfassende Erfahrungen und haben diese in Form von Büchern, Vorträgen, Beratungen und Schulungen in den letzten acht Jahren tausenden von Menschen zugänglich gemacht.

Wir kennen die klassische Vertriebsliteratur gut – und wir kennen ihre Grenzen in der Praxis. Alle gängigen Vertriebstechniken wurden von Männern für männliche Verkäufer und männliche Kunden entwickelt. Hier funktionieren sie meistens sehr gut. Doch die Realität im Verkauf ist eine andere: Die meisten privaten Kaufentscheidungen werden von Frauen getroffen. Und der Verkäufer ist seit über einem halben Jahrhundert kein rein männlicher Berufszweig mehr.

Ich, Vivien Manazon, habe selbst Verkäufer beiderlei Geschlechts nach meinem Berufseinstieg als Verkaufstrainerin eine ganze Weile nach den klassischen Verkaufsmethoden direkt an ihrem Arbeitsplatz trainiert. Ich begann ganz enthusiastisch und voller Überzeugung das weiterzugeben, was ich gelernt hatte – nur um schon bald festzustellen, dass das meiste davon für die Verkäuferinnen und Kundinnen einfach nicht funktionierte! Die Beratungsqualität wurde dadurch vielmehr verschlechtert, das Verständnis und die Abschlussquoten ebenso. Also begann ich ganz von vorn: Ich beobachtete die Abläufe der Verkaufsgespräche in allen Kombinationen, Verkäuferin – Kunde, Verkäuferin – Kundin, Verkäufer – Kunde, Verkäufer – Kundin und das alles noch einmal mit Paaren als Kunden. Schnell war klar, wo die klassischen Vertriebstechniken ins Leere liefen oder sogar Schaden anrichteten, indem sie zu Kaufabbrüchen führten. Ich begann schließlich, etwas völlig Neues zu entwickeln. Dieses Wissen gebe ich seither in Form von Trainings, Seminaren und Coachings weiter.

Ich, Diana Jaffé, habe bereits 2001 begonnen, mich mit der Frage auseinanderzusetzen, wie das Marketing für weibliche und männliche Zielgruppen gestaltet werden muss. Über die Jahre bekam ich unterschwellig viele Differenzen im Kauf- und Konsumverhalten mit, was mich überhaupt erst dazu gebracht hat, mich eingehender mit der Unterschiedlichkeit von Frauen und Männern als Käufer und Nutzer auseinanderzusetzen. Diese bis dahin zufälligen Beobachtungen galt es zu systematisieren, und schon bald erhielt ich auch Aufträge internationaler Handelskonzerne, die mehr über ihre eigenen Kunden lernen wollten. Zu meinen Lieblingsaufgaben gehört bis heute, den Verkaufsmitarbeitern, Führungskräften, Filialleitern, Geschäftsführern und Vorstandsmitgliedern zu zeigen, wie sie ihre Wahrnehmung für das Verhalten und die Bedürfnisse ihrer Kunden entwickeln und das Beobachtete verstehen können.

Aus der Fülle all dieser Erfahrungen haben wir zahlreiche Verkaufstechniken entwickelt, die eben nicht nur für die Kombination Verkäufer – Kunde funktionieren, sondern die insbesondere alle anderen Kombinationen betreffen. Deswegen haben wir das Kapitel »Evas Kaufverhalten« mit besonderem Augenmerk auf Verkäufer und »Adams Kaufverhalten« unter Berücksichtigung des notwendigen Wissens für Verkäuferinnen entwickelt.

Und noch etwas ist anders als sonst: Wir haben den Fokus verändert. Geht es in anderen Büchern oft darum, Techniken zu vermitteln, mit denen Kunden bedauerlicherweise sogar gezielt manipuliert werden sollen, geht es uns darum, Ihnen das notwendige Wissen über Ihre Kundschaft zu vermitteln, das alle Tricksereien überflüssig macht. Wir wollen Sie darin unterstützen, gute und dauerhafte Beziehungen zu Ihren Kundinnen und Kunden aufzubauen, die durch Ehrlichkeit, Hilfsbereitschaft, Respekt und ausgezeichnete Geschäfte gekennzeichnet sind.

Der große Forscher im Themenbereich Optimismus und Pessimismus, Martin E. P. Seligman, hat schon vor Jahrzehnten ermittelt, dass der wesentliche Grund dafür, dass Verkaufsmitarbeiter ihren Job hinwerfen, eine zu große Anhäufung von Zurückweisungen ist. Viele langwierig geschulte, hochmotivierte Menschen stehen kaum ein Jahr im Beruf durch. Die meisten scheitern an der Kaltakquise. Ablehnung ist für alle Menschen auf Dauer schwer zu ertragen. Vorbei an allen Psycho-Tricks zur Selbstüberwindung und zum Verkraften der zahllosen Neins sehen wir nur eine Lösung, um auch in den härtesten Bereichen des Verkaufs nicht nur erfolgreich, sondern auch mittel- und langfristig seelisch gesund zu bleiben: Lernen Sie, was Kundinnen und Kunden brauchen. Dann brauchen Sie sie nicht zu bekämpfen, zu überrumpeln, niederzuringen. Wir Menschen sind Gruppenwesen. Wir brauchen Freunde und Verbündete, damit es uns gutgeht. Seien Sie also die Person, von der sich Kunden verstanden fühlen und der sie deswegen vertrauen, weil sie spüren, dass Sie in fachlicher *und* persönlicher Hinsicht vertrauenswürdig *sind*.

Frauen und Männer – Missverständnisse am laufenden Band

Auch wenn es noch immer nicht überall politisch korrekt ist, über Geschlechtsunterschiede zu sprechen, lassen sie sich beim besten Willen nicht wegdiskutieren. Und sie spielen im Verkauf eine kaufentscheidende Rolle.

Kundinnen und Kunden haben unterschiedliche Bedürfnisse und Erwartungen. Die Art, wie Frauen und Männer kaufen, unterscheidet sich teilweise gravierend. Frauen kennen den Einkauf und das Shopping, Männer den Bedarfs- und den Luxuskauf. Lediglich beim Shopping und beim Luxuskauf kommt es zu Beratungen im Sinne von Verkaufsgesprächen. Beim Einkauf und beim Bedarfskauf kommt es fast nie vor dem Bezahlvorgang zu Kontakten zwischen Mitarbeitern und Kunden. Selten wird mehr gefragt als danach, wo die Gurken aus dem Angebot stehen. Solch ein Verkäufer hat zwar die Berufsbezeichnung, doch er ist kein tatsächlicher Verkäufer, sondern Service-Mitarbeiter, weil er nicht aktiv durch Fachberatung verkauft. Bei einem Servicegespräch steht die Entscheidung des Kunden bereits fest, während sie bei einem Verkaufsgespräch erst durch selbiges entstehen soll. Viele Verkaufsgespräche sind daher bei genauer Betrachtung gar keine Verkaufsgespräche, sondern Servicegespräche. Verkauf beginnt dort, wo Kunden eine Beratung und/oder eine Orientierung benötigen. Was die Kundinnen und Kunden an welcher Stelle des Kaufprozesses benötigen und auch erwarten, ist Thema dieses Buchs.

Immer wieder hören wir von hochgebildeten, durchaus sehr intelligenten Menschen, »dieser ganze Quatsch« mit den angeborenen Geschlechterunterschieden sei ja längst widerlegt. Wann immer wir jedoch nach Belegen dafür fragen, kommt am Ende dabei raus, dass sie den Gedanken schlicht und ergreifend nicht *mögen*, dass wir von Geburt an auf etwas festgelegt sein sollen.

Ganz so ist es aber auch gar nicht. Nach heutigem Wissensstand werden wir mit Prädispositionen geboren, doch was wir daraus machen, bleibt ganz uns überlassen, abhängig von den Möglichkeiten, die unser soziales Umfeld uns bietet! Das Gehirn ist plastisch, was bedeutet, dass es sich ganz danach entwickelt, wie wir es benutzen. Wer wir als Persönlichkeiten sind, bestimmen wir selbst – in Abhängigkeit der Begrenzungen, die jeder von uns hat, seien sie angeboren oder auch nicht.

Wieso also spielt es solch eine Rolle, wer wir »als Frauen« oder »als Männer« sind? Die Tatsache, dass jemand ein phänomenales musikalisches, sprachliches, künstlerisches, naturwissenschaftliches, sportliches Talent oder eben die Fähigkeit, Kinder zu zeugen oder zu gebären mit auf die Welt bekommen hat, stellen wir doch auch nicht infrage. Vor allem aber ist »Mögen« oder »Nichtmögen« von Forschung in unseren Augen kein wissenschaftliches Argument.

Selbst wenn wir einen anderen Menschen so behandeln, wie wir gern behandelt werden wollen, heißt es noch lange nicht, dass es dem anderen damit gutgeht. Ganz im Gegenteil! Die andere Person kann es in den völlig falschen Hals kriegen und das, was sie wahrnimmt, missdeuten, was besonders häufig passiert, wenn sie dem anderen Geschlecht angehört. Wenn sich Verkäufer so verhalten, wie es sich in einer Männerwelt geziemt, dann kann es durchaus passieren, dass Kundinnen ihnen unlautere Absichten unterstellen. Verkäuferinnen hingegen, die einen weiblichen Kommunikationsstil pflegen, erscheinen Kunden (aber nicht selten auch Kollegen und Vorgesetzten) als unsicher, wenn nicht gar als inkompetent.

Verkäuferinnen wird von Frauen und Männern am wenigsten verziehen, wenn sie vermeintlich
- zu wenig Produktkenntnisse und
- zu geringes technisches Wissen mitbringen,
- zu emotional,
- zu zögerlich,
- zu unsicher,
- zu vage sind,
- keine vernünftige Empfehlung aussprechen,
- nicht auf den Punkt kommen können.

Frauen hingegen finden es unerträglich, wenn männliche Verkäufer ihrer Ansicht nach
- zu aggressiv,
- zu penetrant oder
- zu ungeduldig sind,
- zu viel Druck ausüben,
- es eilig haben,
- sich anmaßend,

- überheblich,
- herablassend oder
- undurchsichtig verhalten,
- ihnen nicht genug Zeit lassen, eine Kaufentscheidung zu durchdenken,
- ein zu großes Ego haben,
- nicht zuhören können und
- keine Manieren haben.

Das alles heißt noch lange nicht, dass die so kritisierten Personen auch tatsächlich so *sind*, doch ihr Verhalten wird (zumindest vom anderen Geschlecht) so *empfunden* und *interpretiert*. (Aber manchmal ist es dann leider auch so.)

Delia Passi schreibt über solch typische Kritik am anderen Geschlecht: »Wenn Frauen sich gegen die männliche Art zu sprechen sträuben, dann sind sie weder überempfindlich, noch überkritisch oder ›Feminazis‹. Und Männer versuchen üblicherweise nicht, zu dominierend oder einschüchternd oder grob zu sein. Es erscheint Frauen manchmal so, weil die Stile dermaßen verschieden sein können.« Und genau darum geht es: zu verstehen, dass es Kommunikationsstile gibt, die einem anderen Menschen (und eben auch vielen Angehörigen des anderen Geschlechts) sehr unangenehm sein können. Wenn wir das nicht wissen, dann erzeugen wir unabsichtlich Frustrationen, Missverständnisse oder auch Misstrauen bei andern – und bei uns selbst.

Es geht keinesfalls darum, sich als Verkäufer um jeden Preis so zu verbiegen, dass man mit jedem Kunden kann, weil so etwas schlichtweg nicht funktioniert. Aber da in jedem von uns grundsätzlich gute Absichten stecken, die zu ihrer Entfaltung kommen wollen, und da wir alle wollen, dass unser Umgang mit andern gelingt, hilft es uns, unseren Part am Verkaufsprozess gezielt zu gestalten, wenn wir um die Bedürfnisse des anderen wissen.

Das Ziel dieses Buchs ist also, Verkaufsmitarbeitern und Kunden beiderlei Geschlechts gleichermaßen den gesamten Kaufprozess zu erleichtern.

Das ist nötig, denn das Verkaufen wird aus sehr unterschiedlichen Gründen immer schwieriger. Der Druck auf die Anbieter und die Anforderungen an Verkäufer steigen permanent weiter. Den Kunden stehen immer mehr Informationen und Angebote zur Verfügung, es wird immer schwieriger, noch Alleinstellungsmerkmale zu entwickeln, die Konsumenten sind durch Bewertungsportale schnell in der Lage, ihre Unzufriedenheit weiter zu verbreiten, der Erwartungsdruck der Unternehmen (Profit, Umsatzziele, Wachstum) wird ebenfalls immer größer. Und in diesem Spannungsfeld stehen die Verkäufer, die das alles reißen sollen. Sie haben sehr schwere Arbeitsbedingungen. Verkäufer können oft nur wenige Umstände beeinflussen, sondern müssen im vorgegebenen Rahmen agieren (Produktsortiment, Standort, Öffnungszeiten etc.). Dennoch wird Leistung von ihnen erwartet. Von Verkäufern wird häufig praktisch verlangt, sämtliche Unternehmensfehler auszubügeln und gute Verkaufszahlen zu liefern, selbst wenn das Sortiment lieblos ist, die Preise für die jeweilige Lage zu hoch sind oder das Ambiente der Räumlichkeiten gruselig ist, um nur einige Beispiele zu nennen. Das können sie gar nicht leisten!

Dazu kommen veränderte Verkaufsbedingungen, zum Beispiel, dass der Kaufvorgang immer häufiger nicht persönlich, sondern per E-Mail, am Telefon, oder im Internet stattfindet. Das macht es für die Verkäufer schwieriger, den Bedarf zu ermitteln. Die Wahrscheinlichkeit von Kaufabbrüchen steigt, weil die Beziehungsebene nicht so intensiv hergestellt werden kann. Oft wird das Angebot per E-Mail versandt, sodass der Verkäufer die Kundenreaktion nicht sehen und direkt auf Einwände reagieren kann. Kurz: Der Verkauf wandelt sich derzeit wie im Zeitraffer. Und er ist vielfältig wie nie zuvor: Kaltakquise, Warmakquise oder Follow-up im Geschäft, am Telefon, im Internet oder mobil per Smartphone, auf Messen, Kundenevents, Homepartys, auf der Straße, im Büro, im Einkaufszentrum, in einer Bank, in einer Agentur oder beim Kunden daheim, im Einzelgespräch, mit Paaren oder vor Gruppen, Business to Business (B2B) oder Business to Consumer (B2C) – all diese Verkaufssituationen haben eines gemeinsam: Der Verkäufer macht das Geschäft nur, wenn er imstande ist zu verstehen, was die Menschen gerade brauchen und wie er es ihnen geben kann. Deswegen konzentrieren wir uns in diesem Buch voll auf das Verkaufsgespräch und vernachlässigen alle anderen Handelsfaktoren wie Sortiment, Ladengestaltung, Standort, Preise sowie alles Weitere.

Bitte machen Sie sich bewusst, dass Sie als Verkäuferin oder Verkäufer das größte Alleinstellungsmerkmal aus Kundensicht sein können. Dieselben oder ähnliche Produkte haben andere auch. Aber sie haben nicht *Sie*. Wenn Sie gut mit Kunden umgehen können, dann kommen die Kunden nicht wegen Ihrer Ware zu Ihnen, sondern wegen Ihnen. Und das macht Ihr Geschäft aus.

Für wen dieses Buch gedacht ist

Dieses Buch wird Ihnen nutzen,
- wenn Sie im Verkauf, Marketing oder Management tätig, Führungskraft oder Inhaber sind;
- wenn Sie es vor allem mit Endkunden zu tun haben (B2C)[1];
- wenn Sie als Mann in typisch weiblichen oder als Frau in typisch männlichen Produkt- und Dienstleistungsbereichen tätig sind;
- wenn Sie selbstständig sind oder vorhaben, sich selbstständig zu machen;
- wenn Sie in der Funktion als Personalleiter bzw. Personalentwickler nach hilfreichen Entwicklungsmöglichkeiten für Ihre Mitarbeiter suchen;
- wenn Sie insbesondere in einer der folgenden Branchen tätig sind:
  - Handel,
  - Automobil,
  - Finanzen,
  - Immobilien,
  - Tourismus,
  - Gesundheit,
  - Sport,
  - Konsumgüter oder
  - Dienstleistungen;

---

1 Für den B2B-Bereich sind die Hinweise in diesem Buch nur eingeschränkt wirksam, da sich das Geschäftsgebaren vom privaten Kaufverhalten teilweise deutlich unterscheidet. Ganz besonders gilt das für professionelle Einkäufer beiderlei Geschlechts, da diese Berufsgruppe sehr spezielle Verhandlungsschulungen durchläuft.

- wenn Sie mehr und leichter verkaufen wollen als bisher, gleich welche Art des Verkaufs Sie betreiben.

Sie werden erfahren, was Kundinnen von ihren Beratern erwarten und was Kunden benötigen, um sich zu einem Kauf zu entschließen. Sie werden erkennen, woran Sie oder Ihre Mitarbeiter in der Vergangenheit womöglich gescheitert sind und welche Situationen früher unlösbar schienen, es in Wahrheit aber gar nicht sind, wenn man über das notwendige Wissen verfügt. Vor allem aber werden Sie erfahren, womit Sie Ihre Kundschaft so glücklich machen können, dass sie sich gar nicht vorstellen kann, je wieder zu einem anderen Verkäufer zu gehen als zu Ihnen. Und Ihr Job wird durch all das enorm erleichtert.

›Bedienungsanleitung‹ für dieses Buch

Verkaufen an Adam und Eva ist im Prinzip modular aufgebaut. Sie könnten jeden Teil unabhängig voneinander lesen, doch wir empfehlen zum besseren Verständnis zumindest die Lektüre des Kapitels »Wer sind Adam und Eva«, bevor Sie sich Adams oder Evas Kaufverhalten ausführlicher zuwenden.

Der Einleitung folgt besagtes Kapitel »Wer sind Adam und Eva?«. Darin erläutern wir einige Prinzipien zu den Unterschieden zwischen Kundinnen und Kunden, die für das weitere Verständnis des Buchs wichtig sind. Außerdem empfehlen wir besonders den Verkäuferinnen unter Ihnen den Abschnitt über Misserfolgstoleranz.

Im Kapitel »Das Geschlecht der Dinge« wenden wir uns der Frage zu, ob Produkte und Dienstleistungen eigentlich auch ein Geschlecht haben – und begründen, weshalb diese Frage von entscheidender Bedeutung für den Verkauf sein kann.

Das dritte Kapitel »Das Kaufinteresse-Modell« enthält eine allgemeine Einführung in die Grundlagen zum Kaufinteresse von Konsumenten sowie Hinweise, die für Kundinnen wie Kunden gleichermaßen wichtig sind, und die dennoch dem speziellen Gender-Sales-Ansatz entspringen. Frauen und Männer zeigen als Kunden ja auch einige Gemeinsamkeiten, auf die jedoch die meisten Verkaufsbücher nicht eingehen.

Schließlich folgen als viertes und fünftes Kapitel »Evas Kaufverhalten« und »Adams Kaufverhalten«. Wenn Sie beispielsweise mehr über die Bedarfsanalyse bei Kundinnen erfahren wollen, empfehlen wir Ihnen die kombinierte Lektüre der Abschnitte »Bedarfsanalyse« im Kapitel »Das Kaufinteresse-Modell« sowie in »Evas Kaufverhalten«. Oder entsprechend bei Adam.

Im sechsten Kapitel »Paare« wenden wir uns explizit der Frage zu, wie Verkäufer mit Paaren ins Geschäft kommen können, ohne zwischen die Fronten zu geraten.

Wie die renommierte Trainerin Vera F. Birkenbihl immer in ihren Seminaren sagte: Fühlen Sie sich in diesem Buch wie in einem großen Supermarkt. Wenn Sie etwas mögen, dann nehmen Sie es sich mit. Wenn nicht, dann lassen Sie es einfach im Regal liegen! Nehmen Sie sich nur das heraus, was zu Ihnen passt. Authentizität ist das Wichtigste.

Zum besseren Leseverständnis

Wir nennen in diesem Buch alle, die im weitesten Sinne verkaufen und beraten, »Verkäufer«. Das umfasst also auch Selbstständige, Freiberufler, Bankangestellte, Küchenverkäufer, Anlage- oder Pharmaberater etc.

In einigen Abschnitten dieses Buchs stellen wir Entwicklungen vor oder Erfahrungen heraus, die nicht unserer gemeinsamen Arbeit entsprungen sind. Vielmehr entstammen sie dem Expertenwissen nur jeweils einer von uns, also dem *Gender Marketing* oder den *Gender Sales*. Einige davon sind mit Urheberrechten verbunden, also vermerken wir die jeweilige Urheberin. An anderen Stellen beschreiben wir ganz persönliche Erlebnisse, die wir als wichtig, weil erhellend erachten. All diese Passagen haben wir explizit gekennzeichnet: mit Diana Jaffé und Vivien Manazon.

Natürlich darf heutzutage – und insbesondere in *diesem* Buch – der Hinweis nicht fehlen, dass wir für die bessere Lesbarkeit auf die Ausschreibung »Kundin und Kunde«, »Verkäuferin und Verkäufer«, »Konsumentinnen und Konsumenten« etc. verzichten. Wir bleiben bei den generischen Begriffen »Kunde«, »Verkäufer«, »Verbraucher«, »Konsumenten« und so fort, wann immer beide Geschlechter gemeint sind. Wenn wir tatsächlich mal nur die Kundinnen oder männlichen Verkäufer meinen, machen wir dies explizit kenntlich.

Und schließlich verwenden wir »Produkte« als Oberbegriff sowohl für reale und virtuelle (zum Beispiel digitale) Waren als auch für Dienstleistungen, außer es ist tatsächlich nur das eine oder das andere gemeint.

Wir möchten Ihnen mit unserem Buch das geeignete Handwerkszeug und das nötige Wissen für effektives, faires und abschlussstarkes Verkaufen an die Hand geben. Viel Erfolg damit!

Ihre Diana Jaffé und Vivien Manazon
Berlin, Herbst 2012

1
Wer sind Adam und Eva?

Die Entwicklung des Marketing und insbesondere des Verkaufs ausgerechnet mit der Bibel in Verbindung zu bringen, erscheint auf den ersten Blick schon sehr vermessen. Und doch ... lassen Sie uns diesem vermessenen Gedanken ein kleines Stück folgen:

Gott soll erst den Mann und danach, aus seiner Rippe, »die Männin« »gebaut« haben.

Das Marketing war bis vor Kurzem eine sehr maskuline Angelegenheit. Alle »Gesetze«, Definitionen und Konzepte wurden in Ermangelung von Frauen an den entsprechenden Positionen in mehr als hundert Jahren von Männern entwickelt: Unternehmensinhabern, Managern, Professoren etc. Und da Menschen gern von sich selbst auf andere schließen, wie unzählige Studien aus den verschiedensten Fachbereichen bewiesen haben, wurde das Marketing von einer männlichen Weltsicht geprägt, sodass das Marketing in weiten Teilen auch nur eine männliche Kundschaft anspricht. Diese Entwicklung hält in vielen Bereichen der Produktentwicklung, aber auch der Marketingkommunikation nach wie vor an. Anders wäre es beispielsweise nicht zu erklären, weshalb außer *Apple* kein anderer Hersteller dazu imstande ist, eine leicht bedienbare und ansprechend anmutende Unterhaltungselektronik zu entwickeln. Im Vertrieb bzw. Verkauf sehen wir dasselbe Bild: Alle bekannten und meistgelehrten Verkaufstechniken wurden von Männern für männliche Verkäufer und männliche Kunden entwickelt.

»Das Weib« kommt im Denken der Hersteller und des Handels erst seit Kurzem ins Spiel. Seit wenigen Jahren bringen vor allem Unternehmen in den USA mehr und mehr Konzepte auf den Markt, die auch oder gezielt weibliche Zielgruppen ansprechen. Wer jetzt einwenden möchte, dass Mode, Kosmetik, Kaufhäuser und Supermärkte seit Langem weibliche Domänen sind, hat in gewisser Hinsicht

Recht. Doch das ändert nichts daran, dass das, was in diesen Geschäften (Produkte, Sortimentsauswahl, Produktpräsentation etc.) angeboten wird, noch immer größtenteils männlichen Überlegungen folgt. Darüber hinaus gibt es noch all die Produktgruppen, die Frauen nie oder noch selten kaufen, obwohl es aber durchaus große Potenziale gibt. Dass Frauen durchaus auch Werkzeug in hohen Stückzahlen kaufen, wenn man ihnen entsprechende Entwicklungen anbietet, hat *Bosch* erfahren. Vom Akkuschrauber über die Schlagbohrmaschine bis hin zum leistungsfähigen, aber leichten Rasenmäher steht Verwenderinnen und Verwendern inzwischen ein innovatives und handliches Produktspektrum zur Verfügung. Und Bosch macht das ganze Geschäft seit über zehn Jahren allein, weil die Wettbewerber die weibliche Zielgruppe bis heute übersehen – oder eben auch nicht verstehen.

Ein beliebtes Argument ist auch, dass Frauen doch schon längst kaufen, was ihnen angeboten wird. So sei es doch egal, ob man etwas ändere oder nicht. Aber wer so denkt, zeigt, dass seine Wahrnehmung doch nur sehr kleine Teile des großen Ganzen erfasst.

1. Unsere Wirtschaft fokussiert sich zwar auf Wachstum, doch sie ist sich ihrer wahren Möglichkeiten in der Regel nicht bewusst. Wir sind in unserem Berufsleben kaum Unternehmen begegnet, die zumindest für einen Produktbereich systematisch ihr gesamtes Markt*potenzial* erforscht haben. Alle anderen sind schon damit zufrieden, lediglich etwas mehr zu verkaufen als im Vorjahr. Dass sie de facto ständig Verluste zu verzeichnen haben, weil sie ihre wahren Potenziale nicht im Mindesten ausschöpfen, will offensichtlich niemand sehen. Sie geben sich mit Krümeln zufrieden, wo es eine riesige Torte gäbe. Wir haben schon viele Augen sehr groß werden sehen, wenn unsere Gesprächspartner diese Tragweite begriffen.

2. Kein Unternehmen hat je Messinstrumente für die Unzufriedenheit von Kundinnen entwickelt. Das ist fatal, denn Frauen beschweren sich so gut wie nie. Sie bleiben als Kundinnen einfach nur weg – und sorgen höchstens noch dafür, dass ihre Freundinnen und Verwandten auch gewarnt sind. Hersteller oder Händler denken immer, dass sie mit einem verhunzten Kontakt mit einer potenziellen Kundin nur ein einziges Geschäft verlieren. Aber dem ist nicht so. Sie verlieren diesen

Kauf, alle Folgekäufe sowie alle Käufe und Folgekäufe aus dem sozialen Umfeld dieser Frau. Da geht eine Menge Geschäft baden, nicht wahr?

3. Über die Jahre haben wir zahllose Geschichten darüber gehört, wie Frauen vergeblich versucht haben, einen Kauf zu tätigen. Viele davon stammten aus Autohäusern. Sie kamen mit der festen Absicht zu kaufen zum Händler – und verließen ihn schließlich unverrichteter Dinge wieder. Alles, was sie von dort mitgenommen hatten, war Frustration und Verärgerung. Lieber hätten sie sich wohl ein Auto mitgenommen.

4. Dass Frauen eben nicht alles kaufen, was ihnen vorgesetzt wird, zeigen nicht zuletzt das »Sterben« der Innenstädte und die Schwierigkeiten der Kaufhäuser. *Karstadt* ist aus demselben Grund in die Pleite gerutscht, aus dem *Galeria Kaufhof* dem *Metro*-Konzern seit vielen Jahren Kopfschmerzen verursacht: Die Kundinnen gehen lieber woanders hin.

   Bei den Herstellern herrscht dasselbe Bild. 2006 veröffentlichte die Gesellschaft für Konsumforschung die Ergebnisse einer Studie, der zufolge 70 Prozent aller neuen Produkte aus dem Segment Alltagsgüter (*Fast Moving Consumer Goods* – Lebensmittel, Hygieneartikel etc.) bereits innerhalb des ersten Jahres floppen. Das entsprach zum Studienzeitpunkt geschätzten Entwicklungs- und Marketingkosten in Höhe von 10 Milliarden Euro (uns erscheint diese Zahl eher zu niedrig). Schon bald darauf seien sogar 90 Prozent eines Jahrgangs gescheitert. Bei Lebensmitteln floppen im ersten Jahr nach der Markteinführung sogar 90 Prozent. Als Begründung für das Scheitern wurde unter anderem eine mangelhafte Anpassung an die Bedürfnisse der Käufer genannt. Wer diese Käufer seien, verschwieg diese Studie. Eine genauere Nachfrage bei der Gesellschaft für Konsumforschung hatte bereits im Jahr 2004 ergeben, dass 90 Prozent aller Käufer von Fast Moving Consumer Goods Frauen sind.

   90 Prozent Flops der neuen Produkte floppen, und 90 Prozent der Kaufentscheidungen werden von Frauen getroffen. Nur Zufall?

5. Frauen kaufen. Aber was und bei wem? Sie kaufen in großer Zahl bereits erwähnte Apple- und Bosch-Produkte. Sie kaufen aber kaum *Lenovo*, *Hewlett Packard*, *Dell*, *Acer* etc., auch nicht

Metabo, Wisent, Toolson oder *Proxxon* (geschweige denn *Herkules* oder *Craftomat*). Bosch ist übrigens in vielen Ländern gerade auch wegen der weiblichen Käuferschaft Marktführer.

Wer also behauptet, dass Frauen ohnehin kaufen, was ihnen dargeboten wird, irrt gründlich. Viele von ihnen kaufen eben nicht! Sie fahren ihr altes Auto gezwungenermaßen einige Jahre länger als sie eigentlich wollten. Die Automobilindustrie und die Händler wundern sich, wie lange inzwischen die Autos gefahren werden. Sie sehen die Schuld beim knausrigen Kunden und erkennen ihren eigenen Anteil nicht: wie oft sie eben aufgrund eigener Fehler nicht verkaufen. Und hierin liegt ja die ganz große Chance! Wer seinen Anteil erkennt, lernt dadurch auch seine Möglichkeiten kennen.

Also zuerst war da Adam (sagt die Bibel jedenfalls), dann kam Eva dazu. Genau dasselbe passiert gerade im Marketing und im Vertrieb.

Aber wer sind die beiden eigentlich?

Lassen Sie uns gemeinsam vom Baum der Erkenntnis naschen!

Das ist auch ganz harmlos, denn der Sündenfall ist ja schon längst eingetreten. Sie können also nur noch gewinnen.

© pkchai

© kreativloft GmbH

Gestatten: Das ist Adam,   **und das ist Eva.**

Diese beiden symbolisieren Ihre Kundinnen und Ihre Kunden. Eva vereint all die weiblichen Eigenschaften in sich, die die *Mehrzahl* der Kundinnen aufweist. Die meisten Kundinnen shoppen gern, aber nicht alle. Die meisten Frauen achten auf ihr Aussehen und kaufen entsprechende Produkte und gehen zum Friseur, aber eben nicht alle. Die meisten Frauen achten auf ihre Gesundheit, aber doch nicht alle. Die meisten Frauen essen gern frisches Obst, aber – Sie ahnen es schon – nicht alle. Es gibt Frauen, die auf ihr Aussehen achten, viel Obst essen, aber nichts sonst für ihre Gesundheit tun und auch nicht gerne shoppen. Eva ist da anders. Eva ist die personifizierte Mehrheit aller Frauen. Sie shoppt gern, achtet auf ihr Aussehen, tut viel für ihre Gesundheit und isst gerne Obst. Und natürlich verhält sie sich in allen Punkten wie die Mehrzahl aller Kundinnen.

Für Adam gilt dasselbe: Er ist der personifizierte Käufer. Und deswegen schreiben wir im weiteren Verlauf von Kundinnen und Kunden und synonym über Eva und Adam.

»Weibliche« und »männliche« Eigenschaften sind keineswegs immer gegensätzlich. Es gibt viele Fähigkeiten und Charakteristika, die durchaus für beide Geschlechter typisch sind. Oft kommt es lediglich darauf an, mit welchen anderen Attributen sie kombiniert sind. So haben viele Studien gezeigt, dass Jungen und Mädchen mathematisch gleichermaßen begabt seien, doch dass sie unterschiedliche Denkwege zur Lösung vieler Aufgaben bevorzugen.

Übrigens sind Adam und Eva heterosexuell. Viel länger schon als das *Gender Marketing*[2], also geschlechtsspezifisches Marketing, gibt es das sogenannte *LGBT-Marketing*. Dieser Marketing-Ansatz ist auf die speziellen Bedürfnisse von Lesben (»Lesbians«), Schwulen (»Gays«), Bisexuellen (»Bisexuals«) und Transsexuellen (»Transsexuals«) abgestimmt. Es waren somit die Vertreter weiterer sexueller Identitäten, die eine Notwendigkeit zur Abgrenzung im Marketing gesehen haben. Sie fanden sich in den gängigen Marketingformen schlichtweg nicht gut genug repräsentiert.

Sind alle Frauen als Kundinnen gleich? Oder alle Männer? Selbstverständlich nicht! Innerhalb der Geschlechter gibt es natürlich Unterteilungen. Diese unterteilten Gruppen weisen allerdings sehr unterschiedliche Zusammensetzungen auf, je nachdem, unter welcher Fragestellung man seine Zielgruppe betrachtet. Analysiert man die Kundinnen bzw. Kunden hinsichtlich

- der Markenwahl,
- des Produktsegments,

---

2 Der Begriff Gender Marketing wurde von Diana Jaffé geprägt.

- des Einkaufsorts,
- der Preislage,
- der Angehörigkeit zu einer bestimmten soziale Schicht oder Gruppe,
- des Bildungsstands,
- des Alters etc.,

dann werden oft weitere wichtige Aspekte sichtbar. Diese Details können wir in diesem Buch nicht alle aufführen, daher beschränken wir uns auf die Anteile, die die Mehrheit aller Kundinnen und aller Kunden besitzt.

Eva weist übrigens eine sehr interessante Eigenschaft auf, die Adam nicht hat: Wenn Eva im Zusammenhang mit ihrem Beruf eine gute Produkt- oder Kauferfahrung macht, dann wird sie sie mit hoher Wahrscheinlichkeit auch für ihr Privatleben übernehmen. Hat sie also einen tollen Dienst-Laptop erhalten (oder ihn sich als Selbstständige gekauft), dann wird sie ihrer Tochter bestimmt etwas von derselben Marke, wenn nicht gleich denselben Laptop zum Geburtstag schenken, wenn die sich einen wünscht. Umgekehrt funktioniert es genauso. Untersuchungen zufolge kaufen 86 Prozent aller Firmeninhaberinnen und Selbstständigen in den USA die gleichen Produkte für die Arbeit wie für daheim. Adam hingegen trennt Privates und Dienstliches.

Viele Frauen glauben übrigens, dass sie in Geschäften häufig schlechter behandelt werden als Männer. Männer hingegen haben meistens das Gefühl, respektvoll behandelt zu werden. Auch nehmen sie weniger Dinge persönlich. Studien in den USA haben gezeigt, dass Kundinnen tatsächlich schlechter behandelt werden als Kunden! Es gibt also noch eine ganze Menge zu verbessern. In diesem Buch erhalten Sie viele Hinweise darauf, wie es für all Ihre Kundinnen besser wird, gerade auch, weil sie diesbezüglich hohe Ansprüche stellen. Lassen Sie sich mal auf der Zunge zergehen, wie John Gray dereinst die Einstellung der Geschlechter zu Verbesserungen formuliert hat:

> Venusianerinnen glauben fest daran, daß alles noch besser funktionieren kann, selbst wenn es schon gut funktioniert. Es liegt in ihrem Wesen, Dinge zu verbessern. (...) Rat und konstruktive Kritik sind für Frauen ein Liebesbeweis. (...)

Marsianer dagegen sind ergebnisorientiert. Wenn etwas funktioniert, ist die oberste Grundregel, es nicht zu verändern. (...) Wenn eine Frau versucht, einen Mann zu verbessern, hat er das Gefühl, sie versucht, ihn zu reparieren. Er meint also, sie gibt ihm dadurch zu verstehen, daß er kaputt ist. Sie sieht nicht, daß ihre fürsorglichen Versuche, ihm zu helfen, ihm ein Gefühl von Erniedrigung vermitteln.

Wenn Sie also ein explizit männlicher Geschäftsinhaber, Manager, Berater, Verkäufer oder Ähnliches sind, dann sind Sie bisher vielleicht nicht unbedingt der Meinung gewesen, dass etwas verbessert werden müsste, doch Ihre Kundinnen sehen mit hoher Wahrscheinlichkeit noch viel Verbesserungspotenzial.

Und es gibt noch einige weitere Dinge, die Sie über Adam und Eva erfahren sollten, bevor Sie in die anderen Teile weiterspringen, denn wir kommen wiederholt auf diese Themen und Begriffe zurück.

Konventionen

Es gibt Konventionen im Umgang miteinander, und viele davon sind geschlechtsspezifisch, damit gelten sie nur für Frauen oder nur für Männer. Es wird Frauen nicht verziehen, wenn sie sich wie Männer verhalten, und Männer dürfen sich nicht so gebärden, wie es Frauen angeblich oder tatsächlich tun.

Auf Lateinisch bedeutet *conventio* »Übereinkunft, Zusammenkunft«. Konventionen sind also ungeschriebene Gesetze einer Gruppe, daher existieren sie oft nur implizit, selten explizit, aber alle Mitglieder der Gruppe oder der jeweiligen Gesellschaft kennen sie. Kommen Außenstehende dazu, kann es zu gravierenden Missverständnissen mit enormen Konsequenzen kommen.

Margaret Mead, die große US-amerikanische Anthropologin und Ethnologin, beschrieb solch einen Fall in ihrer berühmten Studie »Missverständnisse«. Der Kommunikationspsychologe und Philosoph Paul Watzlawick fasste Meads Studie in seinem Buch *Wie wirklich ist die Wirklichkeit?* folgendermaßen zusammen:

Während der letzten Phasen des Zweiten Weltkriegs und in den unmittelbaren Nachkriegsjahren hielten sich Millionen amerikanischer Soldaten auf ihrem Weg zum europäischen Festland vorübergehend in Großbritannien auf. Dies bot die einmalige Gelegenheit, die Wirkungen einer solchen, für moderne Zeiten ungewöhnlichen Massendurchdringung zweier Kulturformen unmittelbar zu studieren. Einer der Aspekte dieser Studie war ein Vergleich des Paarungsverhaltens in den beiden Kulturen. Dabei ergab es sich, dass sowohl die amerikanischen Soldaten als auch die englischen Mädchen sich gegenseitig des Mangels an sexuellem Taktgefühl und Zurückhaltung bezichtigten. Dies schien zunächst sehr merkwürdig, denn wie konnten beide Seiten dasselbe von der anderen behaupten? Nähere Untersuchungen brachten ein typisches Interpunktionsproblem ans Licht: Das kulturspezifische Paarungsverhalten, vom ursprünglichen Kennenlernen bis zum Geschlechtsverkehr, durchläuft sowohl in England als auch in den USA ungefähr dieselben 30 Verhaltensstufen; die Reihenfolge dieser Verhaltensweisen ist aber in den beiden Kulturen verschieden. Während in den USA zum Beispiel Küssen relativ früh (etwa auf Stufe 5) kommt und recht harmlos ist, gilt es in England als sehr erotisch und nimmt dafür einen viel späteren Platz im Verhaltensablauf (etwa Stufe 25) ein. Wenn also der Amerikaner annahm, es sei Zeit für einen unschuldigen Kuss, war dieser Kuss für die Engländerin durchaus kein unschuldiges, sondern ein sehr unverschämtes Benehmen, das für sie keineswegs in dieses Frühstadium der Beziehung passte. Sie fühlte sich nicht nur in undeutlicher Weise (diese kulturell bedingten Verhaltensregeln sind natürlich fast völlig außerbewusst) um einen großen Teil des »richtigen« Paarungsverhaltens betrogen, sondern hatte sich zu entscheiden, ob sie die Beziehung an diesem Punkte abbrechen oder sich ihrem Freunde sexuell hingeben sollte. In diesem letzteren Falle war die Reihe nun an dem amerikanischen Soldaten, das Verhalten seiner Freundin aufgrund seiner außerbewussten Verhaltensregeln als nicht in das Frühstadium der Beziehung passend und daher schamlos zu finden.

Konventionen gibt es nicht nur in Kulturen, sondern auch unter Frauen und Männern. Weibliche und männliche Konventionen unterscheiden sich teilweise gravierend! Meistens kennen Männer die Konventionen der Frauen nicht und umgekehrt. Deswegen kommt es so häufig zu Missverständnissen.

Innergeschlechtliche Konventionen sind auf unbewusster Ebene bekannt. So ist es beispielsweise für die meisten Frauen völlig unverständlich, dass Manager dem Unternehmen, in dem sie angestellt sind, schaden und bald darauf wieder anderswo einen Top-Job erhalten. Sie selbst würden sich in Grund und Boden schämen. Für Männer hingegen wird das Scheitern unbedeutend, sobald der Gescheiterte wieder aufsteht. Die Rückkehr aus der Niederlage macht den Verlierer zum neuen Sieger, mehr noch: zum Helden. Männer respektieren jene, die wieder aufstehen. Je tiefer der Fall, desto heldenhafter der Wiederaufstieg – aber eben nur aus männlicher Sicht!

Weitere Beispiele: Es gehört sich für Frauen nicht, in der Öffentlichkeit betrunken zu sein. Und wenn sie dann noch laut werden oder randalieren, wird ihnen das weit weniger verziehen oder nachgesehen als Männern. Auch dürfen Frauen ihren Partner nicht öffentlich bloßstellen. Theoretisch dürfen Männer ihre Frauen auch nicht vor anderen schlecht dastehen lassen, und doch wird es Frauen deutlich stärker verübelt, wenn sie das tun. Männer dürfen in der gesamten westlichen Welt keine Röcke tragen, sofern sie keine Schotten sind, gleich ob Mode-Designer es alle Jahre mit einem Männerrock versuchen oder ob es in anderen Kulturen andere Kleidernormen gibt. Es hat auch ein »Geschmäckle«, wenn sich ein Mann von einer Frau aushalten lässt. Zwar werden auch Frauen seltsam beäugt, die finanziell von einem Mann unterhalten werden, aber in unserer Kultur gibt es diverse Lebensvereinbarungen, die das durchaus zulassen, beispielsweise wenn eine Mutter mit dem Job aussetzt, um sich um die Kinder zu kümmern.

Natürlich gibt es auch allgemeine Konventionen. So trägt man bei uns zu Beerdigungen schwarz, in Japan hingegen weiß. Wird ein Mädchen geboren, wird es mit rosa überschüttet. Es ist heute sehr schwierig, Spielzeug für kleine Mädchen zu kriegen, das nichts mit rosa Prinzessinnen zu tun hat. Männliche Babys werden in hellblaue Strampler gesteckt und wachsen zu kleinen Fußballern oder Piraten heran.

Konventionen wandeln sich im Lauf der Zeit. Und man kann Konventionen verstehen lernen. Ob man sie allerdings als Frau oder Mann (oder als Angehöriger eines Standes, Berufs etc.) anwenden darf, steht auf einem anderen Blatt. Frauen wird längst nicht alles verziehen, wenn sie männliches Verhalten an den Tag legen. Männer werden nicht ernst genommen, wenn sie sich »weiblich« verhalten.

Wir wollen mit diesem Buch Konventionen sichtbar machen, insbesondere die, die in Verkaufssituationen eine wichtige, wenn nicht gar entscheidende Rolle spielen!

Dass es unbedingt nötig ist, auf Konventionen zu achten und Rücksicht zu nehmen, zeigt auch das folgende Beispiel: In vielen Verkaufsbüchern und -seminaren wird die präzise und direkte Spiegelung der Körpersprache des Gegenübers wärmstens empfohlen. Wir raten davon unbedingt ab, wenn der Kunde vom anderen Geschlecht ist, da dies zu einer Verletzung der Geschlechterrollen führen würde. Stellen Sie sich vor, wie ein Verkäufer wirkt, der mit überkreuzten Beinen und im Schoß gefalteten Händen dasitzt, der wenig Raum einnimmt und ständig lächelt. Oder wie wäre es mit einer Verkäuferin, die breitbeinig dasitzt, keine Gesichtsregung zeigt, keinen Ton sagt und die Arme verschränkt hält?

›Weibliche‹ Sprache — ›männliche‹ Sprache

Deborah Tannen stellte in ihrer Forschung über Gemeinsamkeiten und Unterschiede zwischen dem männlichen und dem weiblichen Sprachstil fest, dass Männer eine *Berichtssprache* verwenden (*report-talk*), während Frauen in einer *Beziehungssprache* sprechen (*rapport-talk*). Beziehungssprache ist »die Möglichkeit, *Bindungen zu knüpfen und Gemeinschaft herzustellen.* [Frauen] demonstrieren vor allem *Gemeinsamkeiten* und *gleichartige Erfahrungen.*« [Herausstellungen von uns.] Die Berichtssprache hingegen weist völlig andere Merkmale auf. Tannen schreibt: »Für die meisten Männer sind Gespräche in erster Linie ein Mittel zur *Bewahrung von Unabhängigkeit* und zur *Statusaushandlung* in einer hierarchischen sozialen Ordnung. Zu diesem Zweck stellen Männer ihr *Wissen* und ihre *Fähigkeiten zur Schau* und glänzen mit sprachlichen Darbietungen wie Anekdoten, Witzen oder Informationen, *um sich in den Mittelpunkt zu rücken.* Männer lernen von klein auf, Gespräche zu benutzen, um *Aufmerksamkeit zu bekommen und zu behalten.*« [Herausstellungen von uns.] Und so haben ausgiebigere Forschungen auch gezeigt, dass an dem alten Mythos nichts Wahres dran ist, dass Frauen generell um ein Vielfaches mehr reden. Frauen reden im privaten Umfeld mehr, weil sie Beziehungen in ebendiesem privaten Umfeld pflegen, wohingegen Männer die Öffentlichkeit nutzen und Sprache *das* Mittel ist, um sich sichtbar zu machen und Status zu erlangen.

Männer beklagen häufig, dass Frauen sich »so furchtbar« indirekt ausdrücken und anscheinend nie geradeheraus sagen können, was sie wollen. In der Tat ist Frauensprache weitaus subtiler und ritualisierter als Männersprache. So entschuldigen Frauen sich sehr viel häufiger. In einer Gemeinschaft von zumindest anscheinend Gleichen scheint es nicht erlaubt zu sein, mit besonderen Leistungen zu glänzen und mit Erfolgreichen aus der Gruppe herauszuragen. Deswegen spielen Frauen ihre Erfolge herunter. Komplimente werden häufig abgewehrt. Wer in Gemeinschaften mit einem sehr empfindlichen, ja störanfälligen Gleichgewicht lebt, muss vorsichtiger sein als ein Anführer, der Befehle erteilen darf und der sicher sein kann, dass seine Untergebenen ziemlich verlässlich darin sind, sie auszuführen. Subtile Töne und indirekte Sprache erlauben Spielräume in einer Gruppe, die in ihren ungeschriebenen Regeln nur sehr wenige Spielräume lässt. Männergemeinschaften sind robuster und toleranter. Ein falscher Ton wird überhört oder nötigenfalls schnell geklärt und hat nur geringe Konsequenzen.

Frauen bestätigen ihr Gegenüber wesentlich häufiger durch Kopfnicken und Bestätigungslaute wie »hm … hm …«. Für Frauen ist das nicht nur ein Zeichen der Zustimmung, sondern vor allem dafür, dass der andere ihnen zuhört. Für den männlichen Geschmack bestätigen Frauen viel zu häufig. Für den weiblichen Geschmack bestätigen Männer folgerichtig so selten, dass Frauen oft nicht wissen, ob ihnen überhaupt zugehört wird.

Systematiker, Empathen und das Wunderhormon Testosteron

Eine hochinteressante Betrachtung von Geschlechtsunterschieden stammt ausgerechnet aus der Autismus-Forschung. Sie ist nicht unumstritten, und wir sind der Ansicht, dass sie an diversen Stellen noch nicht zu Ende gedacht wurde und dort noch vervollständigt werden muss. Ein großer Teil der Angriffe auf diese Arbeit erfolgt, weil sie den Menschen nicht »schmeckt«. Sie widerspricht zu sehr den noch immer gängigen Auffassungen oder auch Wunschvorstellungen davon, wie Frauen und Männer heute sein sollen. Der Großteil der Aussagen kann jedoch durch praktische Beobachtungen und statistische Zählungen belegt werden. So viel zur Vorrede. Nun zur eigentlichen Theorie.

Simon Baron-Cohen, Psychologie-Professor aus Cambridge mit Spezialisierung auf Autismus-Forschung, wurde Anfang des neuen Jahrtausends schlagartig durch die Aussage berühmt-berüchtigt, Autisten hätten ein extrem männliches Gehirn. Zuvor war ihm aufgefallen, dass neun von zehn Autisten und sechs von sieben Personen mit dem Asperger Syndrom, einer leichteren Form der autistischen Erkrankung, männlich sind.[3]

Baron-Cohen zufolge ist bei Autisten das für Männer typische Verhalten um ein Vielfaches verstärkt vorhanden. Wenn wir im Folgenden die typischen Charakteristika von Autisten betrachten, sollten sich die männlichen Leser daher keinesfalls angegriffen fühlen! Baron-Cohen meinte überhaupt nicht, dass das Mann-Sein pathologisch ist. Die Krankheit, die er erforscht, zeigt eine extreme Übersteigerung gewisser Eigenschaften, die bei den meisten Männern deutlich stärker ausgeprägt sind als bei den meisten Frauen.

Das DSM-IV[4], das US-amerikanische Klassifikationssystem psychischer Störungen, liefert Diagnosekriterien für Autismus und das Asperger Syndrom, wonach sich bereits in den ersten drei Lebensjahren
- qualitative Beeinträchtigung, Verzögerungen oder eine »abnorme Funktionsfähigkeit« der sozialen Interaktion;
- qualitative Beeinträchtigungen der verbalen und nonverbalen Kommunikationsfähigkeiten sowie
- beschränkte repetitive und stereotype Verhaltens-, Interessens- und Aktivitätsmuster

bei einem Kind zeigen.

---

3 Inzwischen wurde die Klassifizierung geändert. Da die Abgrenzung schon immer schwierig war, wird inzwischen innerhalb des sogenannten autistischen Spektrums diagnostiziert.

4 http://bit.ly/Jx1eYW

Oder mit anderen Worten: Autisten werden dadurch auffällig, dass bei ihnen eine Kombination aus den folgenden Bereichen wirkt: Sie zeigen

- schwere Entwicklungsstörungen bei der Spracherlernung sowie
- im Beziehungsaufbau zu anderen Menschen,
- eine Unfähigkeit zur sozialen und/oder emotionalen Kontaktaufnahme zu anderen,
- Interesse an nur wenigen Themen oder Objekt*teilen,*
- ein zwanghaftes Bedürfnis nach Gewohnheiten und Ritualen und/oder
- permanente Wiederholungen von sprachlichen Ausdrücken oder Körperbewegungen.

Doch was hat das alles mit einem männlichen Gehirn zu tun?

Bis zur 8. Schwangerschaftswoche sind weibliche und männliche Embryonen hinsichtlich ihrer körperlichen Entwicklung völlig identisch. Das Einzige, was sie unterscheidet, sind ihre Geschlechtschromosomen. In der Mehrzahl aller Schwangerschaften geschieht dann das Folgende: Das männliche Y-Chromosom beginnt, seine Aufgabe zu erfüllen. Es unterbricht die (weibliche) Standard-Entwicklung des Embryos, indem es Hoden ausbildet, die wiederum beginnen, Testosteron zu produzieren. Das Testosteron gelangt ins Fruchtwasser und der Fötus wird buchstäblich davon durchdrungen. Ab jetzt wird alles anders! Je mehr Testosteron der Fötus in den nächsten Monaten produziert, desto mehr wird seine Entwicklung von diesem Hormon beeinflusst. Es bewirkt, neben vielem anderen, dass die rechte Körperhälfte stärker ausgebildet wird. Der rechte Fuß ist dann etwas größer als der linke, die rechte Hand, die rechte Brust und der rechte Hoden sind ebenso etwas größer als auf der linken Seite. John T. Manning fand heraus, dass selbst das Längenverhältnis von Ring- zu Zeigefinger in dieser Entwicklungsphase festgelegt wird. Je mehr Testosteron im Spiel war, desto länger ist der Ringfinger gegenüber dem Zeigefinger. Ein Anzeichen für wenig Testosteron in dieser Zeit wäre eine gleiche Länge beider Finger. Was jedoch für uns viel entscheidender als die äußeren körperlichen Auswirkungen ist, ist das, was zeitgleich mit dem Gehirn passiert: Die linke Gehirnhälfte wird durch das Testosteron in ihrer Entwicklung abgebremst, während die rechte Gehirnhälfte eine verstärkte Entwicklung erfährt.

Bei weiblichen Föten wird ebenfalls Testosteron gebildet, jedoch in aller Regel nur in sehr geringen Mengen. So wird die genetische Standard-Entwicklung, die allen Menschen zugrunde liegt, nicht beeinflusst. Das bedeutet, dass Fuß, Hand und Brust der linken Körperhälfte größer sind als die der rechten Seite, dass Zeige- und Ringfinger gleich lang sind, und dass die linke Gehirnhälfte sich ungebremst entwickelt, während spezielle Bereiche in der rechten Gehirnhälfte eben nur geringfügig oder gar nicht ausgebildet werden.[5]

Kinder haben also ein bereits vorgeprägtes Gehirn, wenn sie auf die Welt kommen. Diese Vorprägung hat Auswirkungen auf ihre Persönlichkeit, ihre Interessen und ihr Verhalten. Die spätere Erziehung und kulturelle Einflüsse werden immer mit den angeborenen Anteilen der Kinder korrespondieren und interagieren. Aus der Kombination der angeborenen Talente und Schwächen, aber eben auch geschlechtsspezifischer Anteile, zusammen mit sozialen Erlebnissen und eigenen Entscheidungen, formt sich die Persönlichkeit eines Menschen im Laufe seines Lebens aus.

Tatsächlich spielt es für Verkäufer eine große Rolle, welches »Gehirn« ihr Kunde mitbringt. Diejenigen, die ein Gehirn haben, das einst mit viel Testosteron in Berührung gekommen ist, nennt Baron-Cohen *Systematiker*. Die in wenig Testosteron »Gebadeten« heißen bei ihm *Empathen*.

Systematiker

Systeme sind für Baron-Cohen Ursache-Wirkungs-Prinzipien, die immer denselben *Regeln* folgen. Solche Ursache-Wirkungs-Prinzipien können sein: Gibt man einer Pflanze Wasser, wächst sie. Gießt

---

5 Der Vollständigkeit halber sei hinzugefügt, dass die Natur natürlich viele Variationen dieses Ablaufs kennt. So gibt es weibliche Embryonen, die hohe Mengen von Hormonen bilden, die auf den Organismus wie Testosteron wirken oder die eben überhaupt kein Testosteron ausschütten. Umgekehrt gibt es auch bei männlichen Embryonen unter anderem solche, die nur sehr wenig Testosteron bilden. Es gibt Homosexuelle, Hermaphroditen (»Zwitter«), Transsexuelle (Frauen, die in einen Männerkörper geboren wurden, Männer, denen die Natur einen Frauenkörper verpasst hat) und viele andere mehr, die unserer Ansicht nach zu Recht für die Anerkennung zusätzlicher Geschlechtsidentitäten plädieren.

man sie nicht, geht sie ein. Gibt man ihr zu viel Wasser, verendet sie auch. Dreht man eine Schraube rechts herum, dreht man sie in die Wand, dreht man nach links, dann kommt sie aus der Wand heraus. Die Erde dreht sich um die Sonne, und das erzeugt auf der Erde Tag und Nacht. Wenn ich den Kuchen aufesse, der für Omas Geburtstag gedacht ist, wird Mama böse.

Systematiker sind für Baron-Cohen Menschen, die Systeme lieben und sich am liebsten damit befassen, umso mehr, je mehr Testosteron im Mutterleib auf ihr Gehirn eingewirkt hat. Systematiker sind Menschen, die Systeme begreifen und ihr Verhalten vorhersagen möchten. Oder sie wollen gleich ein ganz neues System erfinden. Systematiker empfinden einen »Kick«, sobald sie ein System begriffen haben. Baron-Cohen erklärt die zugrunde liegende Motivation von Systematikern so: »Nicht weil man Informationen über Ursachen um ihrer selbst willen sammeln möchte, sondern weil man durch das Wissen um Ursachen Kontrolle über die Welt gewinnt.«

Baron-Cohen hat sechs System-Gruppen definiert:

- Technische Systeme:
  Dazu zählt Baron-Cohen zum Beispiel Wissenschaftsbereiche wie Physik, Maschinenbau und Informatik, aber auch Computer, Fortbewegungsmittel, Maschinen jedweder Art, Hausdächer, eine Flugzeugtragfläche, Werkzeuge, Waffen oder Hilfsmittel wie den Kompass.
- Natürliche Systeme:
  In diese Kategorie ordnet Baron-Cohen Wissenschaften wie die Ökologie, Geografie, Medizin, Meteorologie, Biologie oder Geologie ein, Analysen von Tieren oder Pflanzen, Klima- und Ökosysteme, Flüsse, Steine und alles andere, das wir im landläufigen Sinne zur Natur zählen. Die Frage, ob man Menschen systematisieren könne, beantwortet Baron-Cohen damit, dass Teilsysteme des Menschen durchaus erfasst werden können, sei es die Funktionsweise von Organen oder auch Stoffwechselprozesse.
- Abstrakte Systeme:
  Zu den abstrakten Systemen gehören so unterschiedliche Disziplinen wie beispielsweise die Mathematik, die ungeliebte Grammatik, aber auch Musik, Computerprogramme, Steuerrecht und das Rentensystem, Landkarten, Zugfahrpläne und sogar Kassenbücher.

- Soziale Systeme:
  Bei sozialen Systemen handelt es sich um oftmals komplexe Regelwerke innerhalb gesellschaftlicher Gruppen, die kennzeichnend für Menschengruppen sind. Zu den klassischen Sozialwissenschaften gesellen sich auch Bereiche wie die Politik, die Wirtschaft, das Rechtssystem, das Militär und sogar die Religionen. Ob Freunde, die Fußballbundesliga, eine politische Partei oder eine Bestsellerliste, all dies sind Ausdrucksformen für soziale Systeme.
- Ordnungssysteme:
  Alles lässt sich ordnen und zuordnen: Wörter in Wörterbüchern, Mozarts Kompositionen im Köchelverzeichnis, Sammlungen in Museen, biologische Spezies in Stämmen, Klassen, Unterordnungen, Familien, Gattungen etc., Briefmarken, Schallplatten, historische Daten.
- Bewegungssysteme:
  Alles, was mit körperlicher Bewegung zusammenhängt, ordnet Baron-Cohen in eine eigene System-Gruppe. Dazu gehören für ihn die Körperbeherrschung von Tänzern und die Fingerfertigkeit von Musikern. Hochleistungsschwimmer trainieren in Strömungsbecken, um ihre Bewegungen zu optimieren, und vielleicht muss man sogar Pokerspieler dazu zählen, die weder mit Mimik noch mit unkontrollierten Tics ihr Blatt verraten dürfen.

Für Systematiker ist es wichtig, ihr Wissen zu vertiefen. Männer lesen Sachbücher, Computerzeitschriften und Foren im Internet, um ihr Spezialistentum auszubauen. Wenn man will, dass sich Männer für ein Thema interessieren, muss man dafür nur ein System entwickeln, am besten komplett mit einem Ranking und einem Wettbewerb mit der Möglichkeit, den ersten Platz zu belegen. Ein Experte im eigenen Bereich zu sein, verschafft Anerkennung und Ansehen. Als Spitzensportler, Sternekoch oder Nobelpreisträger, Spitzenpolitiker oder Vorstandsvorsitzender eines multinationalen Konzerns zu reüssieren, gehört in westlichen Gesellschaften zu den erstrebenswertesten Lebenszielen, längst nicht mehr nur für Systematiker.

Die meisten Systematiker sind männlich, aber eben nicht alle. Es gibt auch Frauen mit dieser Gehirnausprägung, und das nicht nur bei Spitzensportlern. Der weibliche Anteil mag in naturwissenschaftlichen und technischen Berufen vergleichsweise gering sein, aber es gibt sie auch dort, sogar unter den Spitzenkräften. Man denke nur an Marie Curie, die gleich zwei Nobelpreise gewann: einen in Physik und einen in Chemie.

Baron-Cohen sagt also, Autisten seien bis ins Extreme ausgeprägte Systematiker. Tatsächlich bringen sie noch weniger als die Systematiker jene Fähigkeiten mit, die Empathen auszeichnen. Und eben dies ist der wesentliche Teil ihres sichtbaren Krankheitsbilds.

Empathen

Je weniger Testosteron das frühkindliche Gehirn geprägt hat, desto empathischer veranlagt ist der betreffende Mensch.

Die Fähigkeit zur Empathie hat nach heutigem Kenntnisstand 180 Millionen Jahre für ihre Entwicklung benötigt. Empathie ist genetisch und neurologisch in uns verankert, wird durch Hormone beeinflusst, zu Teilen aber auch erlernt. Die Evolution hat die Empathie erfunden, weil ohne sie kein Säugling überleben und keine soziale Gemeinschaft funktionieren könnte. Anders als bei vielen anderen Spezies sind menschliche Babys sehr lange auf die intensive Betreuung durch ihre Eltern angewiesen. Solange sie noch nicht sprechen und bei ihnen nicht alle Gehirnbereiche vollständig und einigermaßen vernünftig ausgebildet sind, gehört es zu den fundamentalen Aufgaben einer Mutter, zu erraten, was das Kind will und was dem Nachwuchs guttut, selbst wenn er selbst etwas ganz anderes fordert. Doch Empathie hat auch ganz andere Nebeneffekte, von denen heute wohl erst wenige bekannt sind. Man weiß aber schon, dass soziale Kontakte, die von großer Empathie geprägt sind, vor Demenz-Erkrankungen schützen und die Lebensdauer verlängern. Umgekehrt verursacht das Fehlen von Empathie bei Menschen oder in ganzen Gesellschaften Gewalt bis hin zu (Massen-)Morden und Kriegen. Empathie hilft Frauen und Kindern aber auch beim Erkennen, wann häusliche Gewalt droht.

Baron-Cohen definiert Empathen als Menschen, die zwei Kriterien erfüllen: *Sie erkennen, was in einem anderen Menschen vorgeht – und sind in der Lage, »angemessen« darauf zu reagieren.*

Zu erkennen, was in anderen vorgeht, bedarf vor allem der Fähigkeit, Gefühle wahrzunehmen und richtig zu erkennen. Baron-Cohen hat gemeinsam mit Kollegen eine Art Enzyklopädie der Emotionen entwickelt (ein System!). Sie enthält 412 eindeutig definierte, voneinander abgrenzbare, sich gegenseitig ausschließende Emotionen. Empathen sind in der Lage, eine große Anzahl dieser verschiedenen Emotionen an sich und an anderen wahrzunehmen und sie richtig zuzuordnen. Ein wesentlicher Bestandteil von Empathie ist also *die Fähigkeit, eine Vorstellung über Bewusstseinsvorgänge in anderen Menschen zu entwickeln, über ihre Gefühle und Absichten, ihre Bedürfnisse, Meinungen, Wünsche, Ideen und Erwartungen.* Diese Fähigkeit ist in Kindern etwa im Alter von vier bis fünf Jahren voll entwickelt. Erst dann sind sie imstande, zwischen den eigenen und den Meinungen ihres Gegenübers zu unterscheiden sowie falsche Meinungen zu erkennen.

Die Fähigkeit, Emotionen zu erkennen, lässt sich tatsächlich testen. Typische Methoden, den Empathie-Quotienten (EQ) eines Menschen zu testen, enthalten Fotos oder Fotoausschnitte von Gesichtern, zum Beispiel der Augenpartie, aus denen Testpersonen die vorherrschende Stimmungslage herauslesen sollen. Je mehr Gesichtsausdrücke korrekt erkannt werden, desto höher ist der EQ – sofern auch die zweite Voraussetzung erfüllt wird: die angemessene Reaktion auf das Gesehene. Hier kommen wir an eine der Stellen, die unseres Erachtens noch nicht zu Ende gedacht wurden. Wir erfahren von Baron-Cohen, dass derjenige, der angemessen reagiert, als sozial kompetent gilt. Doch was eine »angemessene Reaktion« ist, vermag er uns leider nicht so genau zu erklären. Letztlich ist die angemessene Reaktion stark abhängig von kulturellen Gepflogenheiten und gesellschaftlichen Konventionen. Nur wenige Reaktionen können als universell betrachtet werden. So gibt es wahrscheinlich keinen Ort auf der Welt, wo es völlig in Ordnung wäre zu lachen, wenn sich ein anderer schwer verletzt oder trauert.

Empathie macht Frauen zu *Beziehungsmenschen.* Frauen besitzen nicht nur die Fähigkeit, andere Menschen zu verstehen, sondern auch das *Bedürfnis* danach. Aber sie brauchen dazu auch die Spiegelung ihrer selbst durch andere. Schon kleine Mädchen versuchen, eine Reaktion von anderen Menschen auf sich selbst zu erwirken, weil sie sich selbst sonst nicht richtig wahrnehmen können.

Das Wesen der Empathie besteht aus Wohlgesonnenheit. Eine Empathin, die das Leiden eines anderen Menschen wahrnimmt, spürt das Leiden in sich selbst. Da sich eine Empathin nicht von einem Leidenden abwenden kann, muss sie helfen, das Leiden des anderen zu lindern. Marshall B. Rosenbergs Konzept der *Gewaltfreien Kommunikation* basiert genau auf dieser Eigenschaft.

Die Fähigkeit zur Empathie wird mit den sogenannten Spiegelneuronen begründet. Der Neurologe Giacomo Rizzolatti und sein Team entdeckten durch Zufall, dass das eigene Gehirn in gewisser Hinsicht nicht zwischen sich und anderen unterscheidet. Daher sind wir in der Lage, Mitgefühl zu empfinden, andere zu spiegeln, aber auch durch Imitation anderer zu lernen. Dieser Effekt wurde ursprünglich an Affen entdeckt und kann auch bei anderen Tierarten nachgewiesen werden. Mirella Dapretto wies gemeinsam mit ihrem Team nach, dass bei Kindern mit schwerem Autismus keinerlei Hirnaktivität im Bereich der Spiegelneuronen festzustellen ist.

»Empathie sorgt dafür, dass man sein Gegenüber als Person, als fühlendes Wesen betrachtet und nicht als Objekt, das nur dazu da ist, die eigenen Wünsche und Bedürfnisse zu befriedigen.« Damit sagt Baron-Cohen dasselbe wie viele Philosophen, Psychologen, Soziologen und Humanisten vor ihm: Der Mensch ist kein Mittel zum Zweck. Und so sind Kunden keine Objekte, die nur dazu dienen, etwas zu kaufen.

Akquisestile der Systematiker und Empathen

Wie Systematiker akquirieren

Es ist interessant, wie sich der Akquisestil von Systematikern und Empathen unterscheidet. In allen Arten von Fortbildungen und Seminaren wird der Stil der Systematiker gelehrt, sodass dies auch die Art ist, wie in der Regel in Unternehmen vorgegangen wird.

Nehmen wir den folgenden Fall: Ein Unternehmen hat ein Produkt oder eine Dienstleistung entwickelt und sucht nun einen Markt und Abnehmer dafür. Systematiker sind mit Tunnelblick aufs Ziel fixiert. Sie planen strategisch und suchen mit Aktionen und Zwischenzielen strukturiert den kürzesten Weg zum Erfolg. Ihre Strategie lautet *top-down*, sie gehen vom Allgemeinen zum Spezifischeren.

Typische Systematiker gehen dann den unpersönlichen Weg. Ausgehend von den Unternehmens- oder Verkaufszielen (aufgeteilt in Quartals-, Monats-, Wochen-, Tagesziele) wird eine Verkaufsstrategie erstellt. Zielgruppen werden benannt, mit vergleichsweise wenigen Kriterien charakterisiert, dann gegebenenfalls grob nach vermuteter Eignung für Produkt A oder B geclustert und schließlich auf die vermeintlich relevanten Eigenschaften heruntergebrochen:

Basis: Alle potenziellen Unternehmenskunden mit mehr als 1000 Mitarbeitern pro Standort in Europa

- *davon* alle mit eigenem Fuhrpark,
- *davon* alle Kunden in Deutschland,
- *davon* alle Kunden in Süddeutschland,
- *davon* alle mit einem Umsatz > 100 Millionen Euro.

Schließlich werden den Kriterien entsprechende Adressen besorgt (über Telefonverzeichnisse, aus Verbandslisten, aus dem Internet) oder bei Adresshändlern gekauft. Dann werden Prioritäten gesetzt, beispielsweise werden alle Adressen nach Größe des Fuhrparks von groß nach klein sortiert oder Ballungsgebiete von ländlichen Regionen getrennt. Wenn das erfolgt ist, werden die Verkaufsaufgaben an die verschiedenen Mitarbeiter verteilt.

Daraufhin werden die geclusterten Kunden angeschrieben, angerufen oder anderweitig kontaktiert und in ein CRM-System eingegeben. Hier laufen Systematiker zur Hochform auf.

Für Systematiker ist Erfolg planbar. Investiert man ausreichend in Strukturen, Prioritäten und Fleiß, dann führt kein Weg am Erfolg vorbei.

Systematiker denken groß. Sie glauben an das Gesetz der großen Zahl und damit an das Gießkannenprinzip: Wer ein Mailing an eine große Anzahl von Adressaten sendet oder nur genügend Leute anruft, wird früher oder später Verkäufe tätigen. Der eine oder andere wird schon im Netz hängen bleiben.

Systematiker machen sich nicht die Mühe, sich auf den einzelnen potenziellen Kunden zu konzentrieren und für ihn eine individuelle Ansprache zu finden. Das wäre aus ihrer Sicht viel zu aufwändig. Ihnen erscheint es effizienter und günstiger, besagte Adressen einzukaufen und ein großes Mailing entwickeln und verschicken zu lassen. Dass die Adressenverkäufer in ihrem Datenbestand viele auch längst veraltete Adressen oder unzutreffende Daten haben, stört die Überlegungen kaum. Jeder kennt persönlich adressierte Mailings von Banken, Kataloganbietern oder Autohäusern, die völlig am eigenen Bedarf vorbeigehen. So kommen sie zustande.

In vielen Branchen gilt unter den Kaltakquisiteuren, die dieses Prinzip an der Basis umzusetzen haben: 100 Anrufe → 20 Termine → 5 Angebote → 1 Abschluss. Systematiker stecken die 99 Neins, die in diesem Verkaufssystem stecken, weit besser weg als Empathen. Auch für Systematiker ist das Kontaktieren unbekannter Leute eine Vertriebstätigkeit, die sie Kraft, Konzentration und zumindest anfangs Überwindung kostet. Allerdings ist ihre Angst vor einem Nein geringer, und kommt es doch, wird es nicht persönlich genommen, daher verletzt es weitaus weniger. Der Anreiz von Erfolgen ist größer als die Demotivierung durch Misserfolge. Die größere Misserfolgstoleranz von Systematikern (siehe unten) hilft ihnen bei diesem Teil des Vertriebsjobs.

Verkäufer sollen nicht nur gegen Wettbewerber gewinnen, sondern auch gegeneinander im eigenen Unternehmen konkurrieren, und Systematiker treten gern in Verkaufswettbewerben an.

Der Verkaufsstil der Systematiker ist häufiger in der Praxis anzutreffen, jedoch nicht, weil er erfolgreicher ist, sondern einfach weil mehr Männer als Frauen in der Kundenakquise und vor allem in der Vertriebsleitung tätig sind. Dieser Verkaufsstil hat allerdings auch eine Reihe von Nachteilen: Er verschreckt Empathen, ist nur auf einen einzigen (diesen!) Verkaufsakt konzentriert. Nachhaltige Kundenverbindungen entstehen bestenfalls zufällig. Sie werden nicht strategisch geplant. Der Verkaufsstil der Systematiker verlangt ein großes Budget, einen hohen Zeitaufwand und viel Arbeitseinsatz. Ein vielversprechend großer potenzieller Kunde muss, wenn es konkreter wird, beeindruckt und umworben werden. Trotz aller *Compliance*[6] in Unternehmen gibt es immer wieder Mittel und Wege …

Der Stil von Systematikern birgt auch Vorteile. Er ist zwar teuer und aufwändig, doch er ermöglicht auch spektakuläre Gewinne. Und so zahlt er sich am Ende oft (aber eben nicht immer) wieder aus.

---

6 Vorgaben in Unternehmen und Behörden hinsichtlich Gewährung und Annahme von Geschenken und Vergünstigungen, um dem Verdacht der Korruption und Vorteilsnahme zu entgehen.

Wie Empathen akquirieren

Wenn Empathen akquirieren, dann geschieht das keinesfalls so systematisch und strategisch geplant wie bei Systematikern, dafür aber viel persönlicher. Sie gehen dabei *bottom-up* vor, also vom konkreten Kleinen zum Größeren.

Empathen finden ihre ersten Kunden meistens im Freundes- und Bekanntenkreis. Wenn unter den Bekannten alle Möglichkeiten abgegrast scheinen, sind sie gezwungen, weiterzuschauen. Waren sie mit einem speziellen Angebot erfolgreich, versuchen sie, ihr Erfolgskonzept zu übertragen. Sie versuchen zu verstehen, welches ihre speziellen Erfolgsfaktoren waren und was daran für welche Kunden so gut funktioniert hat. Worin ähnelten sich die Kunden? Woher kamen sie? Wie finde ich weitere Kunden/Kundinnen, die in das erkannte Schema passen? Empathen bleiben also ganz nah an ihrer Kundschaft und suchen auch immer den persönlichen Kontakt: Persönliche Termine und Gespräche, Messen und Fachworkshops sowie eigene kreative Kundenevents stehen im Mittelpunkt der Akquisearbeit.

Kaltakquise ist für die meisten Empathen eine unangenehme, weil Stress erzeugende Aufgabe. Empathen fürchten das Nein des Kunden, das für sie einer persönlichen Ablehnung gleichkommt. Aus dem Wunsch heraus, noch besser und möglichst perfekt zu werden (als Versuch zu verhindern, abgelehnt zu werden), bevor sie einen wichtigen Kunden ansprechen, kommt bei Empathen die aktive Vertriebsarbeit möglicherweise zu kurz oder wird vor sich hergeschoben. Empathen verkaufen am liebsten von Angesicht zu Angesicht – und am liebsten an andere Empathen. Sogenannte Homepartys bieten eine intime Atmosphäre und lassen schnell die nötige Nähe zu den potenziellen Kundinnen aufbauen, zum Beispiel mit Produkten von *Avon* oder *Tupperware*. Mit männlichen Produkten ist so etwas allerdings undenkbar. Eine Homeparty mit Männern ist schwer vorstellbar, bei der gemeinsam Bohrmaschinen oder Hautcremes getestet und Erfahrungsberichte bei einer Tasse Bowle ausgetauscht werden.

Empathen sind flexibel und unvoreingenommen, sie denken in verschiedene Richtungen und sind immer offen für sich bietende, zufällige Chancen. Empathen sind keine knallharten Verkäufer. In der Rolle als Berater und Helfer fühlen sie sich am wohlsten. Sie sind personen- und beziehungsorientiert und zeigen einen großen Harmoniewunsch. Empathen brauchen bei ihrer Vorgehensweise keine großen Budgets. Es ist durchgehend eine Taktik der kleinen Schritte: Empathen betreiben eine beständige Weiterentwicklung von eigenen Produkten und Dienstleistungen aufgrund der Rückmeldungen, die sie erhalten, weil sie enge Kontakte zu ihren Kunden pflegen. So entsteht ein beständiges Wachstum des Geschäfts und der Person. Persönliche Empfehlungen sind das Herzstück des empathischen Verkaufens. Die Kontaktzahl ist deutlich geringer, aber die Erfolgsquote pro Kontakt deutlich höher.

Empathen fühlen sich mit »ihrem« Vertriebsstil meistens am wohlsten. Doch wenn sie den Akquisestil der Systematiker gut erlernen, können sie ihn am Ende sehr gut umsetzen. Umgekehrt wird der empathische Verkaufsansatz oft beim Multilevel-Marketing (MLM) verlangt, auch Schneeballsystem genannt. Der Finanzdienstleister *AWD* hat einst ebenfalls so angefangen, indem nebenberufliche Vertriebsmitarbeiter gesucht wurden, die innerhalb ihres sozialen Umfelds zunächst Kunden, später Mitarbeiter akquirierten.

Es gibt keinen besseren Akquisestil, obwohl Systematiker und Empathen immer ihren eigenen bevorzugen werden. Besondere Stärken liegen in gemischten Verkaufsteams, sofern die Mitglieder die Stärken von Systematikern mit den Stärken von Empathen verknüpfen können.

Fazit

Empathie und Systematik bei Verkäufern

Jetzt wird ersichtlich, dass Verkäuferinnen die weitaus besseren *Voraussetzungen* dafür mitbringen, sich auf die Kunden einzustellen. Sie müssen nur ihre Veranlagung als Empathinnen auch tatsächlich einsetzen. Es kann vorkommen, dass eine gebürtige Empathin ihre Anlagen nicht entwickeln kann, beispielsweise wenn sie in einer gefühlsfeindlichen Familie aufwächst. Doch diese Defizite lassen sich später mindestens zum Teil ausgleichen und die entsprechenden Fähigkeiten neu entwickeln.

Frauen fällt es zuweilen schwer, sich Fremden gegenüber empathisch zu verhalten. Sie tun es selbstverständlich in ihrem persönlichen Umfeld, jedoch auch nur gegenüber Personen, die sie mögen, zum Beispiel ihrer Freundin, Tochter oder Mutter gegenüber. Deswegen müssen viele Verkäuferinnen erst noch lernen, sich (fremden) Kunden gegenüber ebenfalls empathisch zu verhalten. Besteht eine positive Kundenbeziehung über einen längeren Zeitraum, dann kommt das empathische Verhalten viel stärker zum Einsatz als Neukunden gegenüber. Auch für die Männer ist Empathie durchaus entwickelbar. Sie haben ja auch Spiegelneuronen mit auf die Welt bekommen. Da das Gehirn sich trainieren lässt, indem man Fähigkeiten übt, können auch Systematiker ihre empathischen Züge verbessern. Ja, sie haben eine schlechtere Ausgangsbasis als gebürtige und geübte Empathinnen, doch auch das kleine Einmaleins mussten wir alle einst lernen. Und am Ende konnten wir es – dank Übung.

> Ein hervorragender Verkäufer zeichnet sich dadurch aus, dass er das Beste eines Systematikers mit dem Besten eines Empathen in sich vereint: Er eignet sich systematisches Fachwissen an und begegnet Kunden mit viel Empathie.

Empathie und Systematik gegenüber Kunden

Über Systematiker und Empathen Bescheid zu wissen hilft aber auch sehr im Umgang mit Kunden, denn so lassen sich ihre Bedürfnisse und Kommunikationsstile viel leichter erkennen.

> Männer sind »Ding-zentriert«. Sie interessieren sich für die Produkte selbst und lassen sich von ihnen gern faszinieren, ob es sich dabei nun um einen besonders PS-starken Bagger oder die neueste Technologie handelt. Lediglich beim Kauf von Statussymbolen denken Männer nicht nur an das Produkt, sondern vor allem daran, wie cool es sie selbst macht, wenn sie es besitzen.

> Frauen sind in aller Regel »Menschen-zentriert«. Dinge haben für sie keinen Selbstzweck wie für Männer. Produkte interessieren sie nur im Zusammenhang damit, wie sie Menschen nützen oder helfen. Ein Pullover ist so lange uninteressant, wie er nicht jemanden gut kleidet. Ein Auto ist unwichtig, sofern es nicht jemanden sicher von A nach B bringt. Eine Landschaft ist nur schön, weil die Frau etwas dabei empfindet, wenn sie sie betrachtet.

Denken Sie bitte daran, dass zwar die meisten Frauen empathisch und die meisten Männer systematisch veranlagt sind, dass es aber auch (deutlich seltenere) Mischformen und Umkehrungen ins Gegenteil gibt. Doch wenn Sie die Muster kennen, können Sie sich auch gut auf Systematikerinnen und Empathen einstellen.

Bedeutet das alles also, dass Männer ihre Kaufentscheidungen als Systematiker immer rational, Frauen als Empathinnen hingegen immer emotional treffen?

Dieses Gerücht ist in der Werbung und auch im Verkauf weit verbreitet. Aber es ist völliger Mumpitz.

Zu den modernen Mythen zählt, dass Frauen Kaufentscheidungen emotional treffen, wohingegen Männer ihre Kaufentscheidungen völlig rational durchziehen würden. Die Gehirnforschung hat gezeigt, dass Menschen, deren emotionale Regionen im Gehirn beschädigt sind, völlig außerstande sind, überhaupt Entscheidungen zu treffen. So etwas wie rationale Entscheidungen gibt es nicht. Und spätestens, wer schon mal Männer beim Kauf von ersehnten Objekten beobachtet hat oder wie sehnsüchtig sie sich nach ihrem Traumauto verzehren, weiß, dass Männer durchaus emotional kaufen. Und so ist es auch bei vielen Frauen gerade die Anschaffung eines Autos, die völlig emotionslos nach rein praktischen Erwägungen erfolgt.

Die beste Wahl – oder nur ausreichend gut?

Kennen Sie das Buch *1000 Places to see before you die* von Patricia Schultz? Darin empfiehlt die Autorin die aus ihrer Sicht wichtigsten Orte und Erlebnisse, die man gesehen haben sollte, bevor einen der Tod ereilt. So liegt die Annahme nahe, dass alles, was nicht in diesem Buch aufgeführt ist, vernachlässigt werden kann, und dass, wer sich auf Schultz' Empfehlungen beschränkt, eines Tages auf ein wunderbar erfülltes Leben zurückblicken kann.

Ähnlich verhält es sich im Prinzip mit allen anderen Bestenlisten, ob es sich um die »7 besten Tipps für Cold Calls im B2B-Bereich« handelt oder um die »100 größten Marketingfehler aller Zeiten«. Es gibt offensichtlich Menschen, die an dem – tatsächlich oder vermeintlich – Besten interessiert sind. Diese Personen werden *Maximizer* oder auch *Maximierer* genannt. Dabei handelt es sich um Menschen, die »immer nur das Beste suchen und akzeptieren«, wie der Psychologie-Professor und Entscheidungsforscher Barry Schwartz es formuliert hat. Nicht jeder Mensch versucht jederzeit, alle seine Lebensbereiche zu optimieren. Es gibt Maximizer, die auf der Suche nach dem besten Job, dem besten Song im Radio, dem besten Lebenspartner, dem besten Geschenk, Gericht auf der Speisekarte, T-Shirt-Spruch, dem ultimativen Erlebnis oder nach etwas völlig anderem Besten sind.

Dem gegenüber stehen die sogenannten *Satisficer*. Bei *to satisfice* handelt es sich um ein Kunstwort, das Herbert Simon in den fünfziger Jahren als Gegensatz zum Verb *to maximize* entwickelt hat, das dem deutschen »maximieren« entspricht. Schwartz erklärt den Begriff so: »Das Kunstwort *to satisfice* bedeutet, sich mit etwas zu begnügen, das gut genug ist, und sich keine Gedanken um die Möglichkeit zu machen, dass es noch etwas Besseres gibt.«

Maximizer und Satisficer sind auch als Konsumenten anzutreffen. Eine Untersuchung von Barry Schwartz zum Kaufverhalten von Maximizern ergab, dass

1. Maximierer mehr Produktvergleiche anstellen als Satisficer, und zwar sowohl vor wie nach der Kaufentscheidung;
2. Maximierer länger als Satisficer brauchen, um über einen Kauf zu entscheiden;
3. Maximierer mehr Zeit als Satisficer damit verbringen, ihre Kaufentscheidungen mit denen anderer zu vergleichen;
4. Maximierer nach dem Kauf eher Reue empfinden;
5. Maximierer in der Regel mehr Zeit damit verbringen, über hypothetische Alternativen der getroffenen Kaufentscheidungen nachzudenken.

Schwartz sagte zwar auch, dass Maximierer mit ihren eigenen Kaufentscheidungen weniger zufrieden seien als Satisficer, doch das wird in späten Untersuchungen von Dalia Diab und anderen bezweifelt.

Maximierer sind Perfektionisten. Sie setzen sich hohe Ziele und erwarten von sich, dass sie sie auch tatsächlich erreichen müssen. Und so setzen sie viel Zeit und Energie ein, um das beste Produkt von allen zu finden. Ganz im Gegenteil dazu beschränken sich Satisficer auf das aus ihrer Sicht unabdingbar Notwendige und investieren gerade mal so viel oder wenig Aufwand, bis sie etwas finden, das die Untergrenze ihrer Anforderungen gerade überschreitet.

Warum sich jemand als Maximizer oder Satisficer verhält, ist noch nicht so recht geklärt. Einer der Erklärungsansätze lautet, dass Maximizer nach Status streben. Über Status werden Sie später noch mehr erfahren. Sie werden außerdem sehen, wie sich diese beiden Kauftypen auf die Geschlechter verteilen.

Misserfolgstoleranz

Übrigens hilft es Verkäuferinnen und Verkäufern sicherlich sehr im kollegialen Umgang miteinander, mehr über Geschlechtsunterschiede zu erfahren. Und es erklärt Führungskräften eine Menge über ihre Mitarbeiter, wenn sie zum Beispiel wissen, wieso Frauen oft um Längen unsicherer wirken, obwohl sie ihrem Fachwissen und auch ihren Abschlüssen zufolge keine Veranlassung dazu hätten. Gleichermaßen mag es so manchen Selbstzweifel der Verkäuferinnen beruhigen, denn Testosteron ist der Wunderstoff, der Männern viel mehr Selbstsicherheit und eine immense Misserfolgstoleranz verleiht, wie die Psychologin Doris Bischof-Köhler nachweisen konnte.

Das Testosteron sorgt im männlichen Gehirn dafür, dass ihre Besitzer gern mit anderen wetteifern und konkurrieren, dass sie sich aber eben auch mehr zutrauen, als Frauen das an ihrer Stelle, mit ihrem Können täten. Und wo Frauen Misserfolge schwernehmen, tun die meisten Männer es nicht, weil die Natur sie mit der beneidenswerten Fähigkeit ausgestattet hat, sie wegzustecken, wieder aufzustehen und weiterzumachen.

> Männer sehen sich selbst und die Umstände, in denen sie sich bewegen, rosiger, als sie wirklich sind – und bewerten beides weitaus positiver als Frauen das können. Dadurch schätzen Männer sich selbst als fähiger ein, als sie womöglich tatsächlich sind, und beziehen daraus ihr Selbstbewusstsein. Auch machen Misserfolge Männern weitaus weniger aus als Frauen. Das macht es ihnen viel leichter, nach einem Patzer oder auch großem Scheitern wieder aufzustehen.
> Ursache dafür ist das Testosteron.

Doris Bischof-Köhler führt diese seelische Beschaffenheit auf den Kampf um Fortpflanzungsgelegenheiten zurück und argumentiert so:

Wer ständig gegen eine Phalanx von Rivalen anzukämpfen hat, der schafft das nur, wenn es längst seine Natur geworden ist, keine noch so geringe Chance auszulassen und ständig »am Ball« zu bleiben. (…) Eine gewisse Tendenz, die Dinge rosiger wahrzunehmen, als sie wirklich sind, ist eben hilfreich, um auch noch in aussichtslosen Situationen jenen entscheidenden Versuch zu wagen, der dann wider Erwarten doch zum Erfolg führt. Solche Glücksfälle bleiben freilich dünn gesät und so gehört es zur alltäglichen Erfahrung der meisten um die wenigen freien Weibchen konkurrierenden Männchen, dass sie trotz heftigen Bemühens wieder einmal den Kürzeren gezogen haben. An sich pflegen Misserfolge nun aber auf die Dauer zu entmutigen, und wenn es arg kommt, können sie in die Sackgasse depressiver Handlungsunfähigkeit führen.
Männchen, die dafür anfällig sind, haben wenig Aussicht, überhaupt je zur Fortpflanzung zu gelangen. Sie müssen einfach darauf eingerichtet sein, dass es nicht gleich beim ersten Mal klappt, und beim zweiten und fünften Mal auch noch nicht. Ein Männchen, das nach einigen vergeblichen Versuchen mit Stresssymptomen reagiert und aufgibt, hat eine sehr geringe Chance, diese Dünnhäutigkeit an Söhne der nächsten Generation zu vererben. Was die Selektion hier machtvoll fördern muss, ist die Bereitschaft zur Verleugnung bzw. zum einigermaßen unverdrossenen Hinnehmen von Misserfolgen.

2
Das Geschlecht der Dinge

Haben Sie schon mal darüber nachgedacht, ob Dinge auch ein Geschlecht haben? Nun, sie haben ein grammatikalisches Geschlecht, das in vielen Sprachen durch den Artikel (der, die, das) kenntlich gemacht wird. Und dann empfinden wir auch manche Produkte als eher zu Männern oder Frauen gehörend, einfach, weil wir schon unser ganzes Leben lang beobachten, dass Wimperntusche von Frauen und Aftershave von Männern gekauft und benutzt wird. Aber haben die Dinge darüber hinaus selbst ein Geschlecht?

Zugegeben: Wir selbst haben noch nie darüber nachgedacht – bis wir auf das Buch *Gendersell* von Judith Tingley und Lee Robert stießen. Das Buch erschien im Jahr 2000 und wies auf eine Studie mit dem Titel *Sales Preference Survey* hin. Darin hatten die beiden Buchautoren einige Jahre zuvor US-amerikanische Verbraucher zu ihrem Kaufverhalten befragt. Leider veröffentlichten die beiden keine Details darüber, außer drei winzigen, aber hochbrisanten Hinweisen:

1. Die Befragten empfanden Schmuck als weiblich, Finanzprodukte hingegen als männlich, Wohnhäuser als weiblich, Bürohäuser wiederum als männlich.

2. Frauen und Männer gaben gleichermaßen an, dass sie es bevorzugen, Produkte von Verkäufern mit übereinstimmendem Geschlecht zu kaufen, also Schmuck von Verkäuferinnen und Finanzprodukte von Männern. Kunden unterstellen den Verkäufern größeren Kenntnisreichtum, wenn das Produkt vom selben Geschlecht ist wie die Berater.

3. Frauen kaufen am liebsten von Verkäuferinnen und Männer am liebsten von Verkäufern. Dahinter steckt, dass beide empfinden, die Kommunikation mit Verkäufern des eigenen Geschlechts wäre einfacher und angenehmer. Man spricht halt dieselbe Sprache.

Daraus lässt sich zusammenfassen:

> Frauen kaufen am liebsten weibliche Produkte von Verkäuferinnen, und Männer kaufen am liebsten männliche Produkte von Verkäufern.

Die Studie

Jetzt galt es herauszufinden, ob es sich nur um ein US-amerikanisches Phänomen handelte, oder ob Europäer Dingen ebenfalls ein Geschlecht zumessen. Ich (Diana Jaffé) begann, die These in variierter Form in Vorträgen und Workshops mit Beispielen zu prüfen, und sofort fanden sich eindeutige Belege dafür, dass Tingleys und Roberts Ansatz auch für Mitteleuropa stimmte.

Gab ich Frauen und Männern einen Begriff vor wie zum Beispiel »Chefsessel«, hatten alle einen schweren schwarzen Ledersessel im Sinn. In diesem Sessel konnten sie sich auch nur einen Mann vorstellen, das Bild einer Frau brachten sie damit einfach nicht in Verbindung. Es »passte« aus irgendeinem Grund nicht. Anschließend zeigte ich ihnen das Produktfoto eines »typischen Chefsessels« und erhielt die Bestätigung, dass ihre Vorstellung dem gezeigten Bild entsprach. Danach erweiterte ich Tingleys und Roberts Experiment, indem ich den Teilnehmerinnen und Teilnehmern einen Büro-Ledersessel in Cremeweiß zeigte, und erst jetzt konnten sie sich eine Frau, eine Chefin darin vorstellen. Nun passte aber kein Mann mehr dazu.

Früher gab es nicht nur in der feinen englischen Gesellschaft Damen- und Herrenzimmer, die sich hinsichtlich Möblierung, Farbe, Helligkeit, in den verwendeten Materialien und Mustern unterschieden. Oder man denke an englische Clubs, zu denen Frauen keinen Zutritt hatten oder noch immer haben. Auch hier sprach die Ausstattung Bände über das Geschlecht der Clubmitglieder und Gäste.

Abb. 1 Sessel für den Chef und die Chefin

Nach alledem wurde es Zeit für eine Studie, um mehr über die Geschlechtszuweisung an Produkte durch die Konsumentinnen und Konsumenten herauszufinden. Also initiierte ich eine Online-Studie in Deutschland, Österreich und in der Schweiz, bei der ich 34 Gegenstände und Begriffe abfragte. Insgesamt gaben 1190 Personen ihre Einschätzungen ab, aufgeteilt in zwei Drittel Frauen und ein Drittel Männer.

Es folgen nun die Einschätzungen der Studienteilnehmer zu den abgefragten Produkten, zusammengefasst in Produktbereiche. Die Differenz zu den 100 Prozent entfällt auf die Antwort »weiß nicht/keine Aussage«.

Die hellen Balken sind Aussagen der Teilnehmerinnen, die dunklen die der Teilnehmer.

☐ **Frauen**   ■ **Männer**

Mobilität, Verkehr, Tourismus

Frauen kaufen Autos, fahren sie selbst und geben ihnen putzige Namen. Sie nehmen sich das Mitentscheidungsrecht beim Autokauf ihres Partners heraus. Dennoch sagen sie mit überwältigender Mehrheit, das Auto sei männlich. Und die Männer sehen das genauso.

Auto

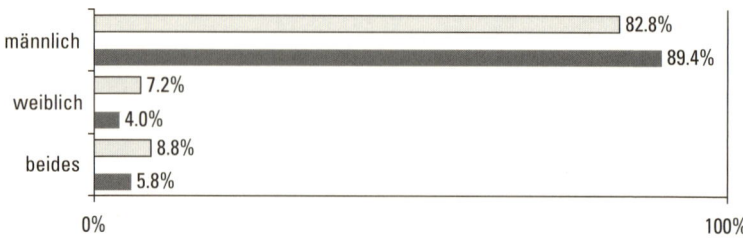

männlich 82.8%
89.4%

weiblich 7.2%
4.0%

beides 8.8%
5.8%

0% 100%

Navigationsgeräte sehen immerhin noch zwei Drittel der Frauen als männlich an. Interessant ist jedoch, dass 77,3 Prozent der Männer das »Navi« für männlich halten. Zwar wurden diese Geräte bis auf zwei unrühmliche Ausnahmen immer nur an Männer vermarktet, doch Frauen benötigen sie weitaus mehr, da sie sich auf völlig andere Weise orientieren als die Mehrheit der Männer, nämlich an auffälligen Landmarken, nicht an Himmelsrichtungen und Streckenlängen. Wenn Letztere also ohnehin die besseren Fährtenleser und Zielfinder sind – wozu benötigen sie dann noch ein Navi?

Navigationsgerät

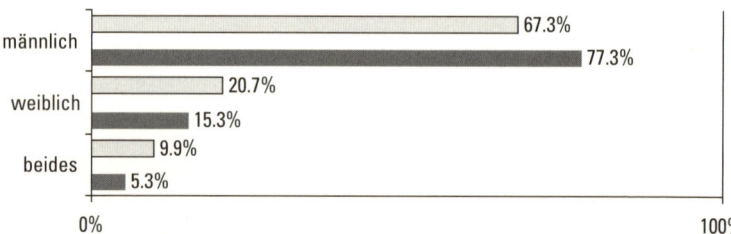

männlich 67.3%
77.3%

weiblich 20.7%
15.3%

beides 9.9%
5.3%

0% 100%

Frauen und Männer betrachten Tourismus und Reiseplanung gleichermaßen als überwiegend weibliche Domäne. Unsere Studie hat aus einer anderen Warte bestätigt, was andere zahlreiche Tourismus-Studien auch schon gezeigt haben: Frauen sind die Hauptentscheider, wenn es um Reisen geht. Im Einzelfall muss jedoch unterschieden werden, denn ginge man in die Tiefe, würden sich mit Sicherheit unterschiedliche Einschätzungen ergeben. Der Abenteuerurlaub würde wesentlich männlicher eingeschätzt als ein Familienurlaub.

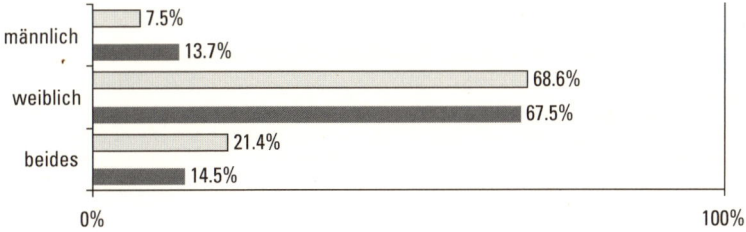

Urlaubsreise

männlich 7.5% / 13.7%

weiblich 68.6% / 67.5%

beides 21.4% / 14.5%

0%   100%

Quelle: Diana Jaffé, Bluestone AG 2010

Finanzen

Obwohl Frauen über so viel eigenes Vermögen verfügen wie nie zuvor, und obwohl Sicherheit und Absicherung Themen sind, die Frauen näherliegen als Männern, haben die Finanzdienstleister bis heute versäumt, sich der weiblichen Zielgruppe überhaupt zu nähern. Kein Wunder also, dass fast zwei Drittel aller Frauen meinen, Geld und Versicherungen seien männlich, denn so werden Finanzprodukte auch immer präsentiert.

Besonders oft werde ich von Bankmanagern (beiderlei Geschlechts) gefragt, ob die Kundinnen und Kunden lieber von Mitarbeiterinnen oder Mitarbeitern beraten werden wollen. Die meisten Mitarbeiterinnen von Banken sind tatsächlich in der unmittelbaren Kundenberatung tätig. Doch da Finanzprodukte offensichtlich (noch immer) als männlich empfunden werden, trauen die meisten Kunden zunächst einmal Beratern mehr Fachkenntnis zu als Beraterinnen. Die Mitarbeiterinnen sollen Kunden, aber auch Kundinnen ein männliches Produkt nahebringen, nachdem sie selbst auf eine männliche Vertriebstechnik geschult wurden, die allerdings zu den meisten von ihnen nicht passt, weil sie ja Frauen sind. Da geht vieles durcheinander, das eigentlich abgefangen werden müsste.

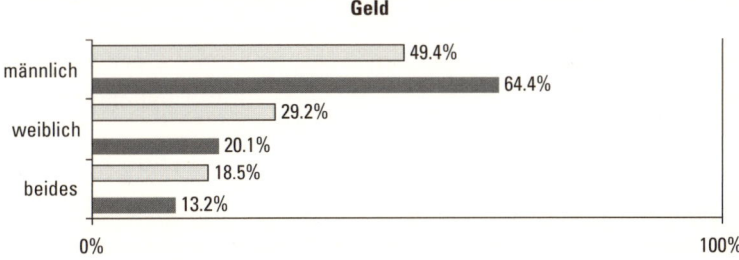

Geld

männlich 49.4% / 64.4%

weiblich 29.2% / 20.1%

beides 18.5% / 13.2%

0%   100%

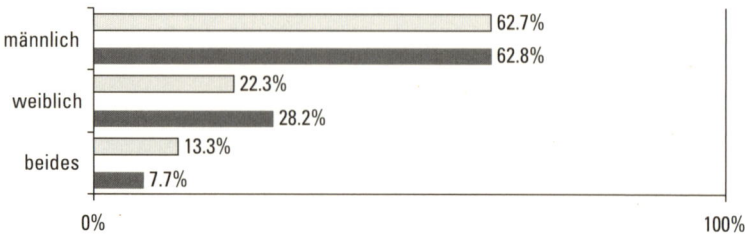

Versicherung

männlich 62.7% / 62.8%
weiblich 22.3% / 28.2%
beides 13.3% / 7.7%

0% — 100%

Quelle: Diana Jaffé, Bluestone AG 2010

Medien

Buchhändler wissen, dass 80 Prozent aller Bücher von Frauen gekauft und gelesen werden. Dennoch ist es interessant, dass immerhin knapp 26 Prozent der Männer das Buchfeld nicht (auch) den Frauen überlassen wollen. Frauen genießen es, sich dank ihrer Vielzahl an Spiegelneuronen in die Romanfiguren hineinzuversetzen. Männer lesen weitaus weniger Belletristik, dafür mehr Sachbücher.

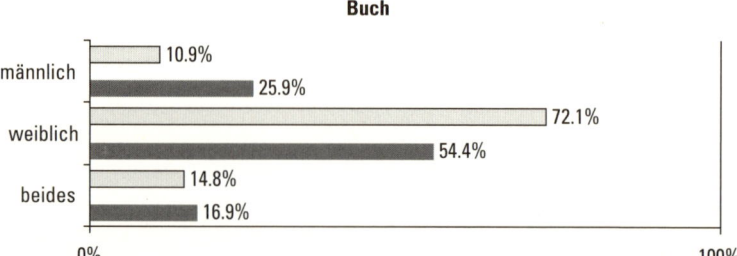

Buch

männlich 10.9% / 25.9%
weiblich 72.1% / 54.4%
beides 14.8% / 16.9%

0% — 100%

Zeitungen stehen heute noch immer für seriöse, gedruckte Berichterstattung zu allen wichtigen Dingen der Welt. Sie pflegen ein Themenspektrum, das männliche Interessen den weiblichen gegenüber bevorzugt. Der Politik-, der Wirtschafts-, der Sport- und der Wissenschaftsteil sind präsenter als der Lokalteil, »Aus aller Welt« und »Schöner leben«. Dazu bestehen die Prämien für Abonnenten stets aus Herrenarmbanduhren, schwarzen Reisekoffersets und Schweizer Offiziersmessern. Das nehmen die Leserinnen und Leser offensichtlich wahr.

Zeitung

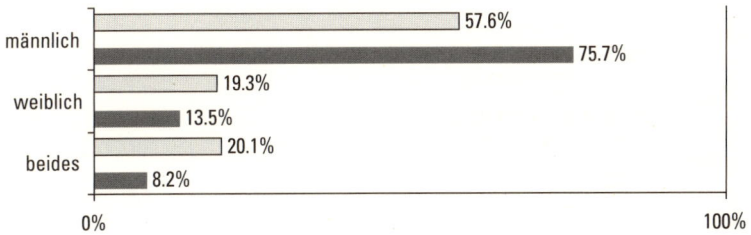

männlich 57.6% / 75.7%
weiblich 19.3% / 13.5%
beides 20.1% / 8.2%

0%   100%

Radio, TV und Internet sortieren viele offenbar stärker bei Technik ein, was nach wie vor als männliche Domäne gilt, obwohl es sich genau genommen um Geräte oder Übertragungsstrukturen für Medieninhalte handelt. Interessant ist, wie männlich das Radio wahrgenommen wird, und dass mehr Frauen als Männer das Fernsehgerät als männlich erachten.

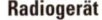

Radiogerät

männlich 91.1% / 91.3%
weiblich 4.3% / 2.9%
beides 3.0% / 5.8%

0%   100%

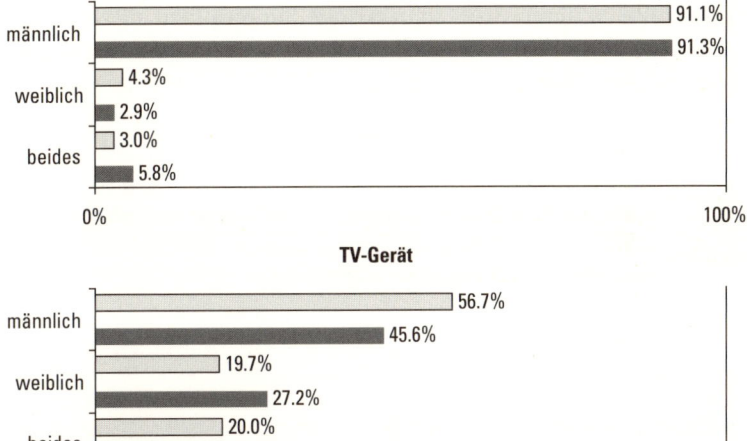

TV-Gerät

männlich 56.7% / 45.6%
weiblich 19.7% / 27.2%
beides 20.0% / 20.4%

0%   100%

Das Internet überlassen die Frauen den Männern nicht ohne Weiteres, auch wenn drei Viertel aller Männer es als ihre Domäne beanspruchen.

Internet

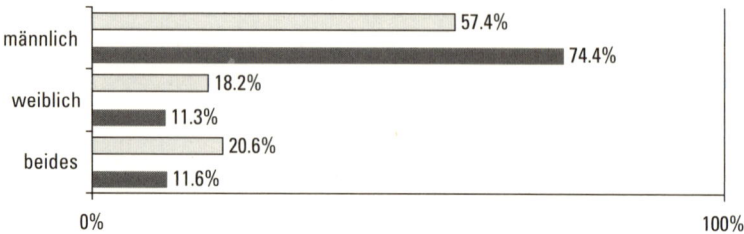

männlich	57.4%
	74.4%
weiblich	18.2%
	11.3%
beides	20.6%
	11.6%

0%   100%

Quelle: Diana Jaffé, Bluestone AG 2010

Technik

Während Computer von Frauen wie Männern als männlich betrachtet werden, fällt die Bewertung von Laptops ausgewogener aus. Obwohl beide Geräte hinsichtlich ihrer Funktionen identisch sind und sich de facto nur hinsichtlich Größe, Kompaktheit, Gewicht und Mobilität unterscheiden, sehen beide Geschlechter große Unterschiede zwischen ihnen.

Computer

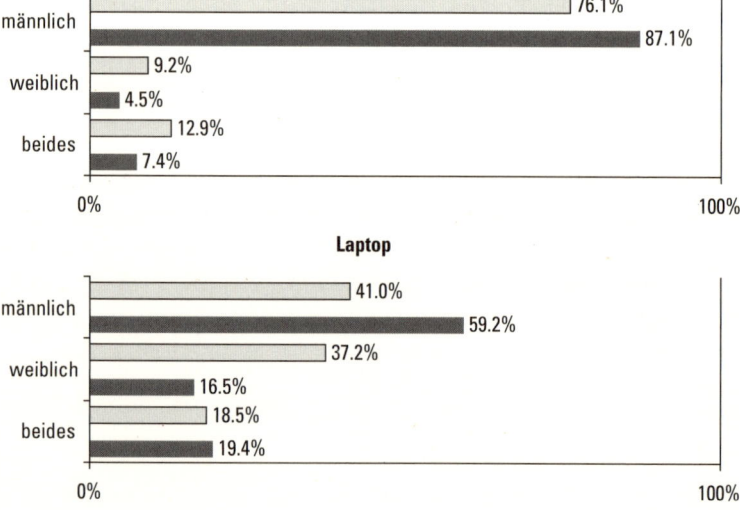

männlich	76.1%
	87.1%
weiblich	9.2%
	4.5%
beides	12.9%
	7.4%

0%   100%

Laptop

männlich	41.0%
	59.2%
weiblich	37.2%
	16.5%
beides	18.5%
	19.4%

0%   100%

Telefone werden für viel weiblicher gehalten als Handys. Womöglich trägt die frühere Erinnerung an endlos lange Gespräche der Schwester mit ihren Freundinnen zu diesem Eindruck bei. Mit Handys lässt sich jedoch bekanntlich längst nicht nur telefonieren, sondern spielen, surfen und dank der Smartphones inzwischen navigieren, Musik komponieren und sogar die Parkgebühr entrichten. Die Allzweck-Geräte haben die Kategorie »Telefon« längst verlassen. Umso erstaunlicher ist, dass das Handy von allen Studienteilnehmern zum »geschlechtsneutralsten« Produkt gewählt wurde.

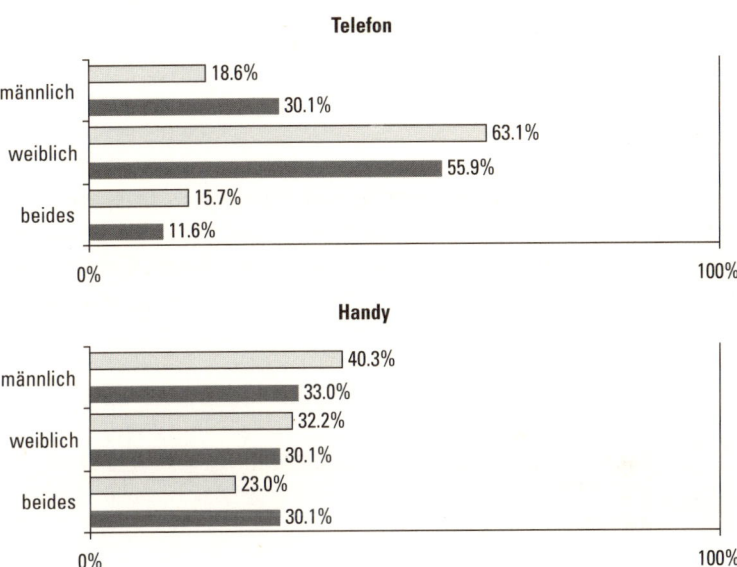

Obwohl heute alle, selbst ganz kleine Kinder, dank digitaler Technik fröhlich alles knipsen, was sich von einer Linse einfangen lässt, ist der Fotoapparat für die Mehrzahl der Befragten vom Gefühl her noch immer männlich. Übrigens weist der Fotoapparat in der Untersuchung die größte Diskrepanz aller abgefragten Begriffe auf: Bei keinem anderen Produkt waren sich die Befragten derart uneinig über das Geschlecht wie hier.

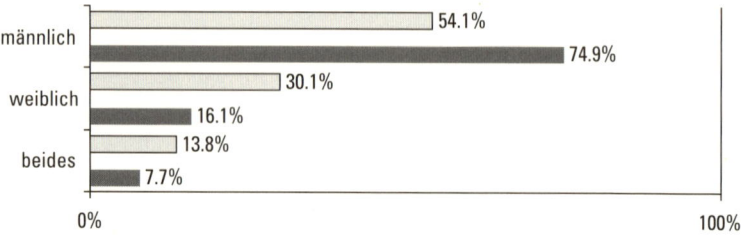

Fotoapparat

männlich — 54.1% / 74.9%
weiblich — 30.1% / 16.1%
beides — 13.8% / 7.7%

0% — 100%

Quelle: Diana Jaffé, Bluestone AG 2010

Wohnen und Büro

Oben wurde bereits beschrieben, wie es sich mit den Vorstellungen rund um den Chefsessel verhält. Die Bilder von Chefsesseln in den Köpfen der meisten Menschen zeigen ein schweres schwarzes Ungetüm, das für eine Frau wenig »kleidsam« erscheint.

Chefsessel

männlich — 83.5% / 86.4%
weiblich — 8.1% / 4.9%
beides — 7.6% / 5.8%

0% — 100%

Der Zusatz »Design« bei Möbeln sorgt für eine Vermännlichung, denn die Heimeinrichtung ist sonst prinzipiell eine ausgesprochene Frauendomäne. Laut einer Studie des Verbands der Deutschen Möbelindustrie (VDM) haben nur 10 Prozent aller Männer jemals ein Möbelstück ohne weibliche Hilfe gekauft. Unter den Berlinern waren es sogar nur 1,2 Prozent.

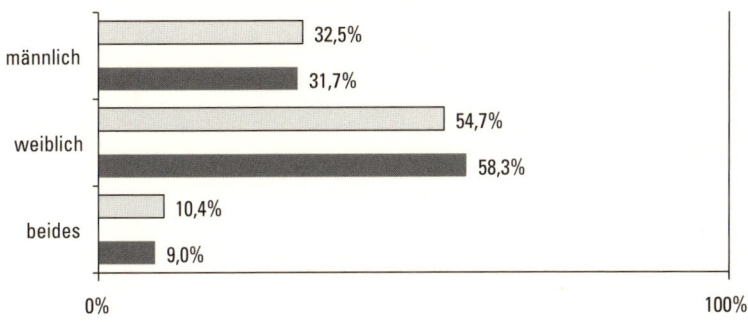

Design-Möbel

männlich 32,5% / 31,7%

weiblich 54,7% / 58,3%

beides 10,4% / 9,0%

0% — 100%

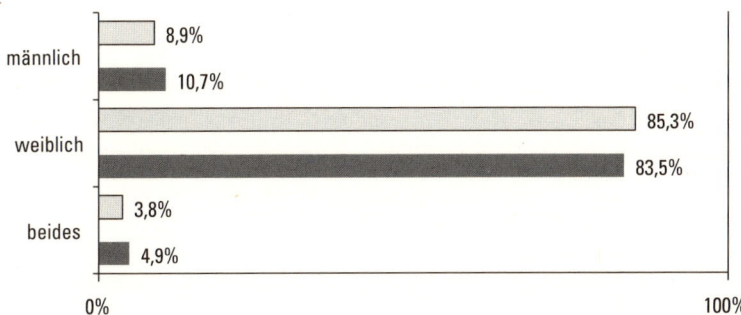

Kleiderschrank

männlich 8,9% / 10,7%

weiblich 85,3% / 83,5%

beides 3,8% / 4,9%

0% — 100%

Lampen und insbesondere Vasen fühlen sich für die meisten weiblich an, auch wenn Männer ohne Lampen im Dunkeln säßen.

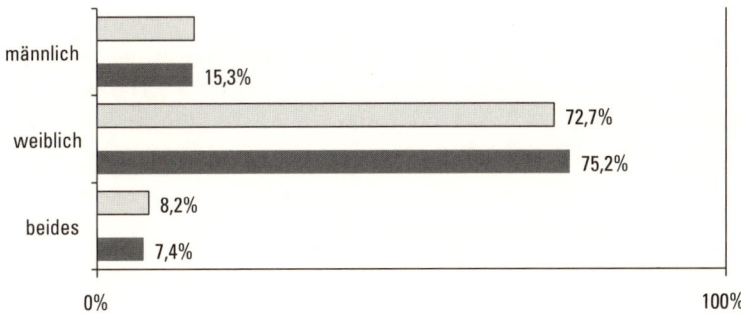

Lampe

männlich / 15,3%

weiblich 72,7% / 75,2%

beides 8,2% / 7,4%

0% — 100%

Die Vase wurde zum weiblichsten aller 34 Objekte »gewählt«. Für die meisten Männer ist es hierzulande unvorstellbar, sich selbst mit Blumen zu erfreuen. Die meisten von ihnen kommentierten den Begriff Vase sogar mit »Vase? Wer braucht denn so was???«

Vase

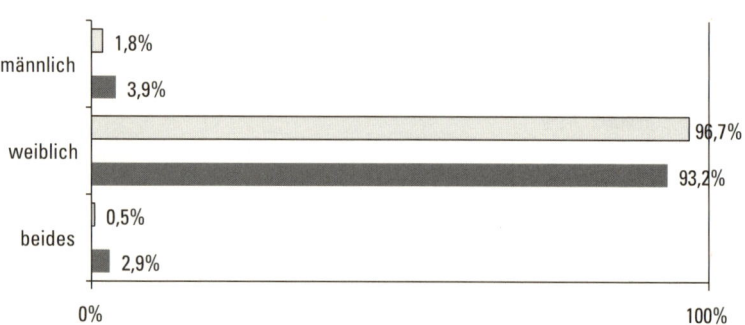

Obwohl das Haus in den allermeisten Kulturen als weibliche Domäne gilt, in der die Männer sich dem weiblichen Diktat unterzuordnen haben, sind sich Frauen und Männer bei uns in Bezug auf Wohneigentum ziemlich uneinig, denn die Begriffe der Hausherrin und des Familienvorstands konkurrieren stark miteinander. Dazu kommt, dass Männer sich überwiegend noch immer als Versorger betrachten, womit ihnen auf den ersten Blick die finanzielle Hauptlast an der Immobilienfinanzierung zukommt. Relativiert wird dieser Eindruck natürlich spätestens dann, wenn man das Engagement der Partnerinnen in Familie und Haushalt einbringt, unabhängig von der Frage, ob sie zusätzlich berufstätig sind.

Einfamilienhaus

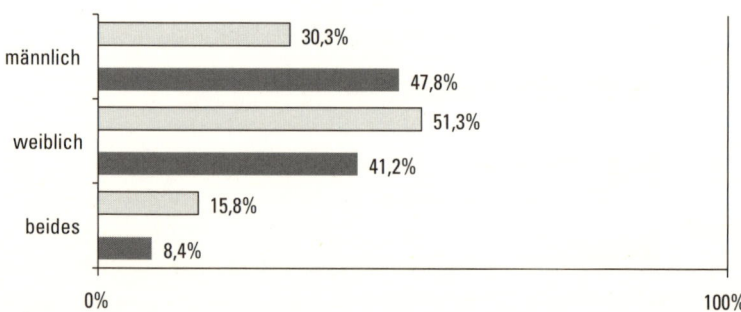

Auch wenn Frauen sich mehr Unterstützung durch ihre Partner im Haushalt wünschen und *Pril* den männlichen Abwascher erfunden hat, spüren alle insgeheim, dass das leidige Putzen noch immer weit überwiegend Frauensache ist. Unsere männlichen Studienteilnehmer wussten das natürlich am besten.

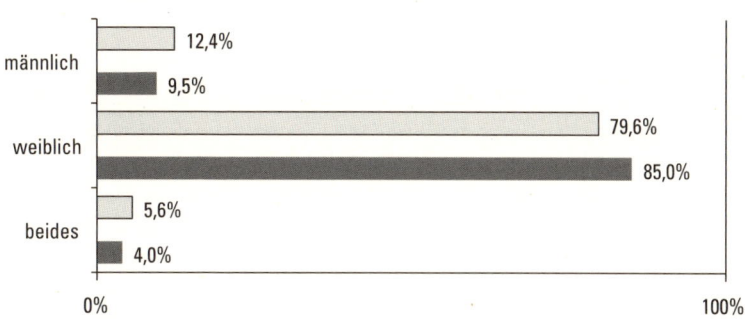

Putzmittel

Quelle: Diana Jaffé, Bluestone AG 2010

Mode, Accessoires — und Kaufhäuser

Mode und Schmuck gelten als »Frauensache«. Überrascht hat die starke Assoziation von Armbanduhren mit Männern, obwohl von der »Herrenarmbanduhr« nicht die Rede war. Armbanduhren sind in vielen Ländern der einzig akzeptable Schmuck für Herren und gleichzeitig ein Statussymbol, wenn sie von renommierten Marken wie *Glashütte, Patek Philippe* etc. stammen.

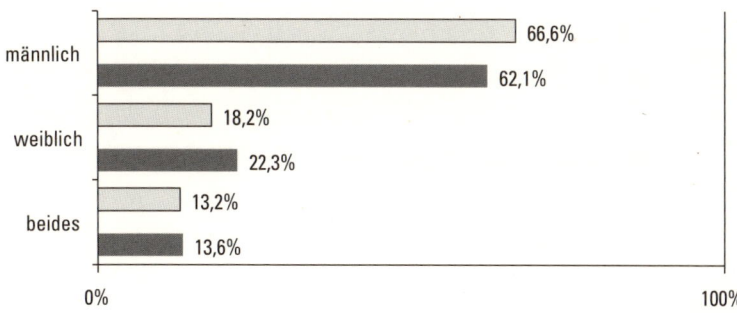

Armbanduhr

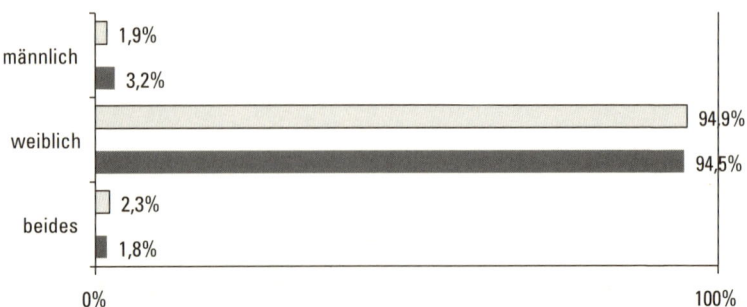

Schmuck

männlich: 1,9% / 3,2%
weiblich: 94,9% / 94,5%
beides: 2,3% / 1,8%

0%　　　　　　　　　　　　　　　　100%

Überrascht hat uns, dass die Jeans – nach dem Handy – das am ausgewogensten bewertete Produkt der Studie war. Sie ist aus der Garderobe von Frauen und Männern nicht mehr wegzudenken. Mit Mode scheint sie nicht stark in Verbindung gebracht zu werden, denn Mode wird als sehr weibliche Angelegenheit empfunden.

Jeans

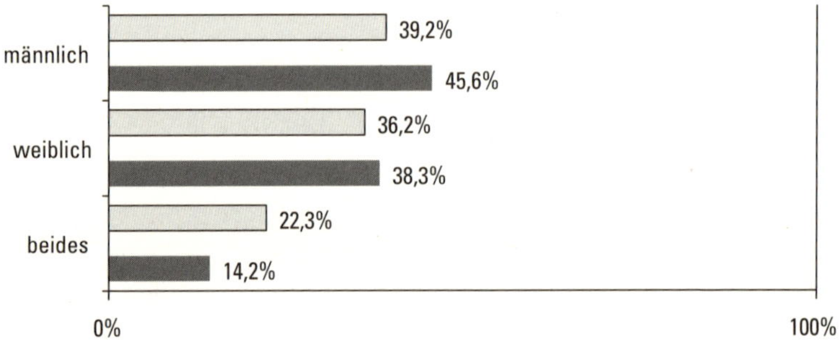

männlich: 39,2% / 45,6%
weiblich: 36,2% / 38,3%
beides: 22,3% / 14,2%

0%　　　　　　　　　　　　　　　　100%

Mode

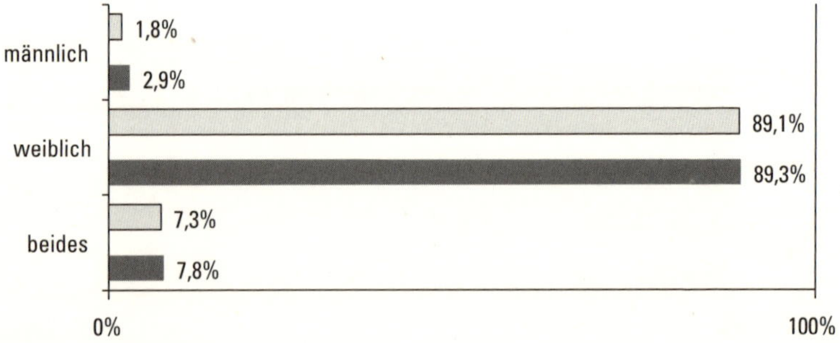

männlich: 1,8% / 2,9%
weiblich: 89,1% / 89,3%
beides: 7,3% / 7,8%

0%　　　　　　　　　　　　　　　　100%

Dass die meisten Männer Kaufhäuser beinahe fürchten wie der Teufel das Weihwasser, ist nicht neu. 87 Prozent der männlichen Studienteilnehmer sind der Auffassung, Kaufhäuser seien keine Orte für Männer.

Kaufhaus

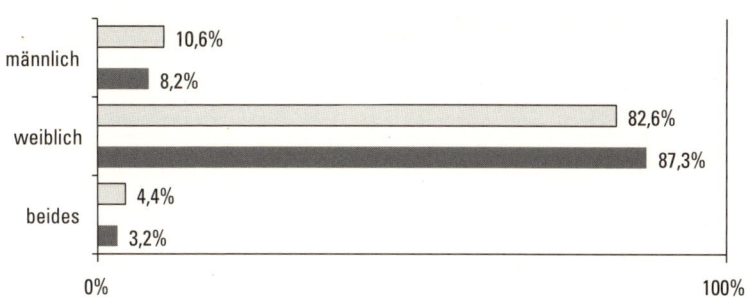

Quelle: Diana Jaffé, Bluestone AG 2010

Werkzeug

Eindeutiger können die Aussagen nicht sein: Die überwältigende Mehrheit der Frauen und Männer empfindet elektrisch betriebenes Werkzeug und Gartengerät nach wie vor als männlich. Obwohl Bosch sich seit Jahren mit einem beträchtlichen Teilsortiment seiner *Power Tools* und Gartengeräte mit überragendem Erfolg auch an Kundinnen richtet, sind Werkzeuge noch immer eine männliche Domäne, trotz aller Heimwerkerkurse für Frauen, die inzwischen in allen Baumärkten zum guten Ton gehören.

Bohrmaschine

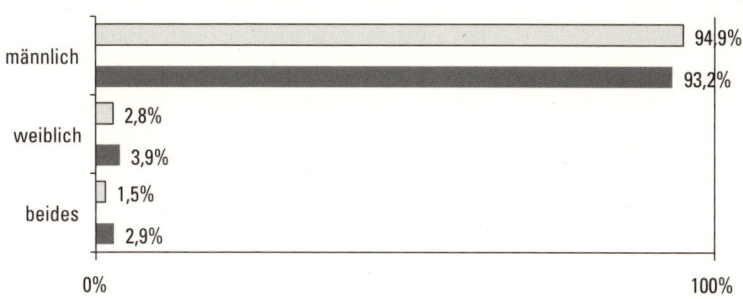

Motorsäge

männlich 96,7% / 97,1%
weiblich 2,0% / 2,6%
beides 0,6% / 0,3%

0% 100%

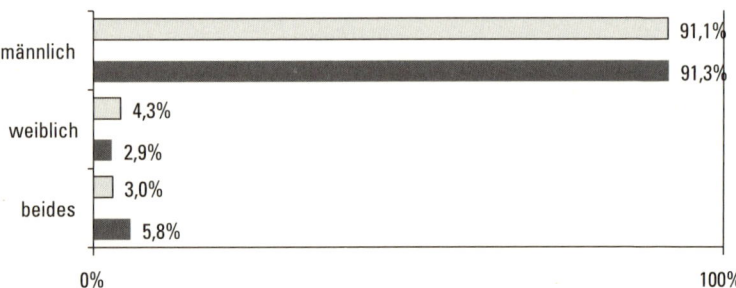

Rasenmäher

männlich 91,1% / 91,3%
weiblich 4,3% / 2,9%
beides 3,0% / 5,8%

0% 100%

Quelle: Diana Jaffé, Bluestone AG 2010

Nahrungs- und Genussmittel

Es gibt typische Frauen- und Männerspeisen. Männer zeigen üblicherweise ein großes Bedürfnis nach viel Fleisch, bevorzugt rotem, und anderen als ungesund verschrienen Speisen und Getränken. Frauen essen in der Regel abwechslungsreicher, leichter, süßer und mögen mehr verschiedene Geschmacks- und Texturerlebnisse bei einer Mahlzeit als Männer. Alles was der Gesundheit dient, wird eher als weiblich angesehen, also auch Obst. Diese Erkenntnisse spiegeln sich auch in unseren Studienergebnissen wider. Lediglich beim Wein zeigt sich ein recht ausgewogenes Verhältnis bei den Geschlechtern. Hätten wir danach gefragt, wäre Bier sicher als vorwiegend männlich und Mineralwasser als weiblich eingestuft worden.

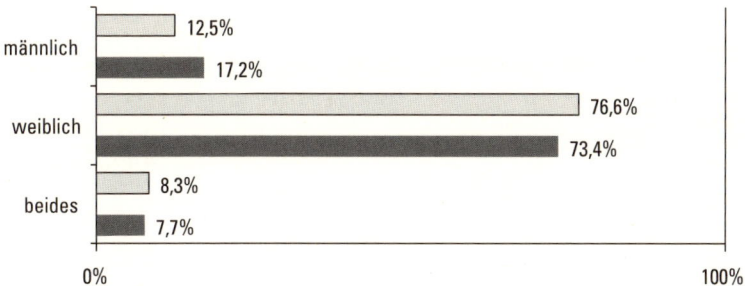

Eisbecher

männlich 12,5% / 17,2%
weiblich 76,6% / 73,4%
beides 8,3% / 7,7%

0% — 100%

Hamburger

männlich 89,4% / 78,6%
weiblich 4,8% / 6,8%
beides 3,5% / 7,8%

0% — 100%

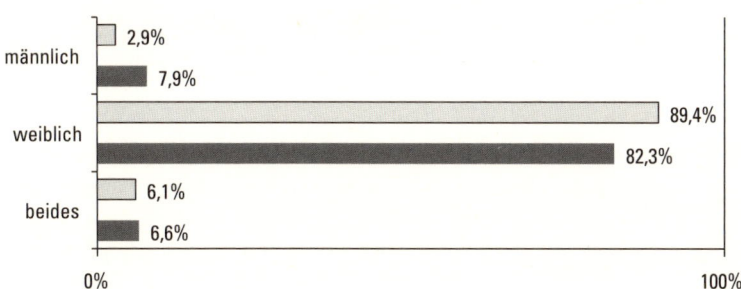

Obst

männlich 2,9% / 7,9%
weiblich 89,4% / 82,3%
beides 6,1% / 6,6%

0% — 100%

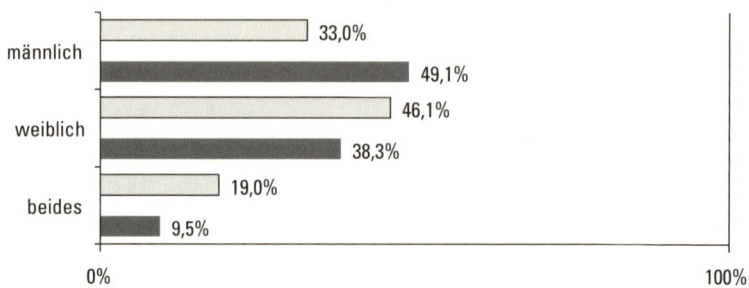

Wein

männlich 33,0%
49,1%

weiblich 46,1%
38,3%

beides 19,0%
9,5%

0%   100%

Quelle: Diana Jaffé, Bluestone AG 2010

Top 10

In der Gesamtwertung haben wir klare Sieger bei den »weiblichsten« und den »männlichsten« Dingen. (Es sei natürlich darauf hingewiesen, dass es sich nicht generell um die »weiblichsten« oder »männlichsten« Objekte handelt, sondern um die in dieser Studie untersuchten.)

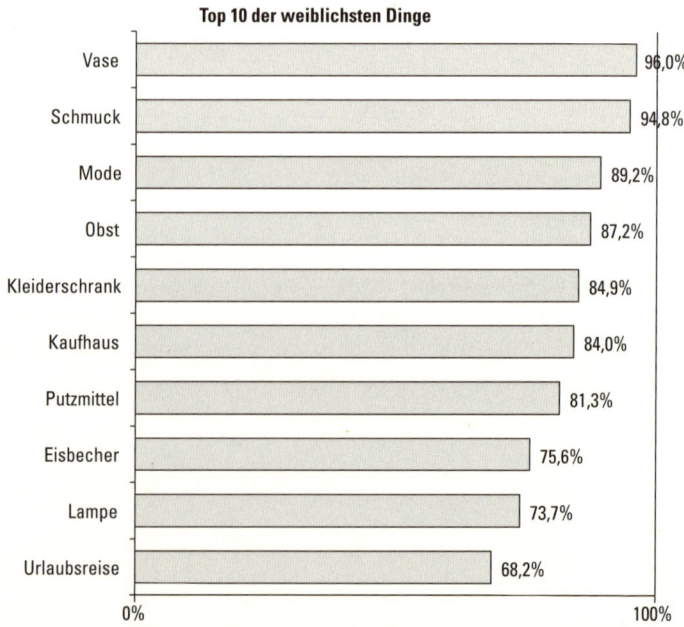

Top 10 der weiblichsten Dinge

Vase 96,0%
Schmuck 94,8%
Mode 89,2%
Obst 87,2%
Kleiderschrank 84,9%
Kaufhaus 84,0%
Putzmittel 81,3%
Eisbecher 75,6%
Lampe 73,7%
Urlaubsreise 68,2%

0%   100%

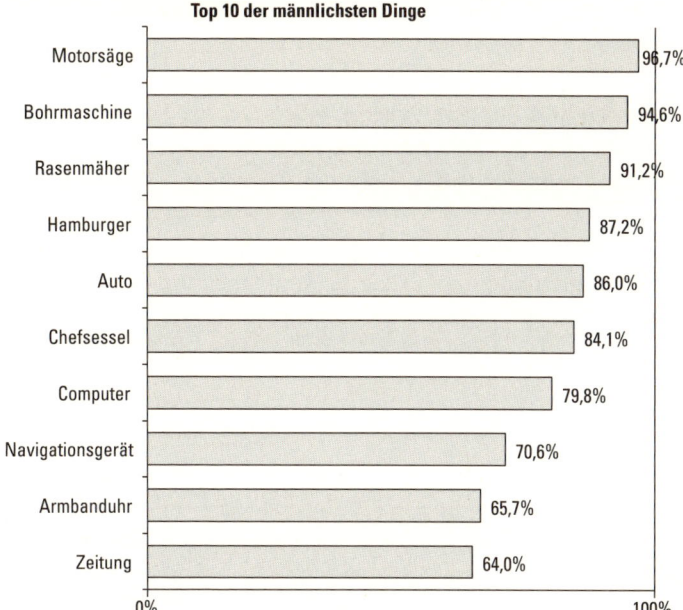

Top 10 der männlichsten Dinge

Motorsäge	96,7%
Bohrmaschine	94,6%
Rasenmäher	91,2%
Hamburger	87,2%
Auto	86,0%
Chefsessel	84,1%
Computer	79,8%
Navigationsgerät	70,6%
Armbanduhr	65,7%
Zeitung	64,0%

0% 100%

Quelle: Diana Jaffé, Bluestone AG 2010

Es mag manchen wie ein gemeines Klischee erscheinen, aber das sagten die Befragten. Der größte Teil von ihnen wies übrigens einen weit überdurchschnittlichen Bildungsstand auf.

Schlussfolgerungen

Was bedeutet all dies für den Verkauf?

Aus alledem ergeben sich zwei unterschiedliche Erkenntnisbereiche: einer zur Erwartungshaltung der Kunden gegenüber Verkäufern und einer zu notwendigen Veränderungen im Verkaufsgespräch.

Die Erwartungshaltung der Kunden und ihr daraus resultierendes Verhalten

1. Kundinnen und Kunden haben Erwartungen an Verkaufsmitarbeiter: Sie glauben (unbewusst), am besten beraten zu werden, wenn das Produkt und der Verkäufer dem eigenen Geschlecht entsprechen.
2. Die Realität im Vertrieb ist heute eine völlig andere, denn alle Kombinationen kommen in der Verkaufspraxis vor:

Verkäufergeschlecht	Produktgeschlecht	Kundengeschlecht
♀	♀	♀
♀	♀	♂
♀	♂	♀
♀	♂	♂
♂	♀	♀
♂	♀	♂
♂	♂	♀
♂	♂	♂

Das Verkäufergeschlecht steht in unmittelbarem Zusammenhang mit der von Kunden unterstellten Produktkenntnis. Wenn also Produkt- und Verkäufergeschlecht nicht identisch sind, wird die Erwartungshaltung der Kunden enttäuscht. Es kommt zu einem Bruch. Als Konsequenz daraus entwickeln Kunden unbewusst Misstrauen gegenüber der Fachkenntnis des »falschen« Verkäufers und müssen ihn daher viel eingehenderen »Eignungsprüfungen« unterziehen, um das ungute Gefühl wieder zu beruhigen. Ein männlicher Kunde wird mit der Verkäuferin eines männlichen Produkts viel stärker »pokern«, also ihre Kompetenz prüfen. Bei der Verkäuferin eines weiblichen Produkts würde er sie weniger fordern, da er ihr viel eher das Fachwissen zutraut. Außerdem wird er sich nicht so weit aus dem Fenster lehnen, da seine Kenntnisse über das weibliche Produkt wahrscheinlich sehr überschaubar sind.

Bei einem geplanten Handykauf erwarten Kunden unbewusst, dass ein männlicher Verkäufer von diesem Produktbereich weitaus mehr versteht als eine Verkäuferin, außer er ist zu jung, zu alt oder etwas anderes scheint gegen ihn zu sprechen. Vorurteile gehören einfach zur menschlichen Natur! Unser Gehirn braucht sie, um die ständigen Informationsmengen zu bewältigen, weil es außerstande ist, jede Information, die uns umspült, individuell auszuwerten. Also wird verallgemeinert. Und unsere Lebenserfahrung sagt uns eben, dass Männer technischen Geräten näherstehen als Frauen. Eine Verkäuferin von Handys, Fernsehern, Autos, Baukränen, IT-Systemen etc. muss also bei jedem Kunden gegen diese Erwartungshaltung antreten und beweisen, dass sie durchaus imstande ist, gut zu beraten. Dazu muss sie schnell und präzise sein. Sie muss rasch Beweise für ihre Fähigkeit liefern.

Männern ergeht es bei weiblichen Produkten bzw. Produkten explizit für die weibliche Zielgruppe genauso. Darunter fallen nicht nur Kosmetika und Mode, sondern durchaus auch technisches Gerät mit weiblichem Touch oder vollständig weiblichem Design. Interessiert sich eine junge Frau gezielt für ein pinkes Handy oder eins mit Glitzersteinen, wobei das Aussehen wichtiger ist als die technische Ausstattung, dann muss der Verkäufer beweisen, dass er das Frauenhandy verkaufen kann, und sei es nur, dass er sich traut, es überhaupt in die Hand zu nehmen und anzubieten, ohne ein angeekeltes Gesicht zu machen, weil er selbst immer nur das neueste und technisch innovativste Modell kaufen würde.

> Verkäufer müssen oft gegen die unbewussten Erwartungen ihrer Kunden arbeiten. Sie müssen deren Misstrauen überwinden und beweisen, dass sie sich als Verkäufer mit dem Produkt hervorragend auskennen, und dass sie je nach Bedarf sowohl den weiblichen als auch den männlichen Kommunikationsstil beherrschen. Bei alledem müssen sie aushalten, dass sie vom anderen Geschlecht einer besonderen Prüfung hinsichtlich ihrer Fähigkeiten unterzogen werden.

Um sich das Leben zu erleichtern und die Eignungsprüfung zu verkürzen, empfehlen wir Verkäufern, die wissen, dass ihr Produktbereich dem anderen Geschlecht zugerechnet wird, sich einen Satz beruhigender Signale zuzulegen, die sie immer dann aussenden können, wenn Kunden mit Widerständen reagieren. Diese Signale dienen dazu, um von der Kundschaft als »passend« akzeptiert zu werden. Bleiben solche Signale aus, wird die Eignung der Verkaufsperson umso schärfer geprüft, die Verkaufsargumente werden kritisch hinterfragt, das Verhalten untersucht. Der Einstieg in ein Verkaufsgespräch wird so erschwert. Die Signale ergeben sich aus der Beherrschung des weiblichen bzw. männlichen Kommunikations- und Verkaufsstils, die wir in diesem Buch aufzeigen.

›Bin etwa ich gemeint?‹

Das alles ist aber noch längst nicht der Weisheit letzter Schluss. Es kommt noch eine weitere Dimension dazu: Aus der Marketing-Praxis wissen wir, dass Männer sich für männliche und Frauen für weibliche Produkte interessieren. Daher kennen sie sich mit diesen Waren auch besser aus als mit denen des anderen Geschlechts. Männer und Frauen haben also Vorwissen und Erfahrungen mit Produkten und Dienstleistungen des eigenen Geschlechts, sie sind in ihrem sozialen Umfeld von diesen Dingen umgeben. Doch es ist keineswegs so, dass Männer sich mit weiblichen Produkten (und übrigens auch Marken) lediglich nicht auskennen und umgekehrt.

> Produkte des anderen Geschlechts sehen Frauen und Männer als für sich *nicht relevant* an. Sie fühlen sich von ihnen nicht angesprochen.

Das belegen zahllose Untersuchungen, so sei hier beispielhaft eine Studie angeführt, die die Commerzbank 2003 durchführen ließ. Bei einer geschlechtsspezifischen Analyse der Daten stellten die Autoren von *Finanzielle Allgemeinbildung in Deutschland* fest, dass Frauen sich mit grundlegenden Fragen zum Geldgeschäft weitaus schlechter auskennen als Männer. So kannte erstaunlicherweise gerade mal die Hälfte der Frauen den Unterschied zwischen einer EC-Karte (heute *Maestro*) und einer Kreditkarte. Bei den Männern konnten immerhin 61 Prozent beide Kartenarten unterscheiden. Ähnliche Bilder zeigten übrigens auch spätere Studien aus der Schweiz. Obwohl es sich hier um das Bankenland schlechthin handelt, lagen auch hier die Frauen hinsichtlich ihres Wissens im Durchschnitt hinter den Männern. Und so zeigen viele Untersuchungen aus den letzten Jahren, dass die meisten Frauen im Hinblick auf ihre Altersvorsorge absolut unterversorgt sind, dass viele von ihnen eines Tages in Altersarmut enden werden – und trotzdem vermögen es die Finanzinstitute, die freien Makler und sonstigen Anbieter nicht, Frauen die Zukunftsabsicherung schmackhaft zu machen. Neben der Tatsache, dass Frauen weniger frei verfügbares Geld haben als Männer, spielt vor allem eine Rolle, dass Finanzprodukte als männlich wahrgenommen werden! Denn es wurde nachgewiesen, dass Frauen gerne Geld für den klassischen Konsum ausgeben, dafür sogar Kredite aufnehmen. Daher können wir feststellen:

> So, wie Finanzprodukte und andere männliche Produkte positioniert und kommuniziert werden, verstehen viele Frauen sie nicht – und fühlen sich als Kunden auch nicht gemeint.
> Gleiches gilt für Männer und weibliche Produkte.

Als die Kosmetikbranche die männliche Zielgruppe entdeckte, haben Firmen wie *L'Oreal* das erkannt. Sie suchten nach Wegen, um zuvor rein weibliche Produkte männlich zu positionieren, eine Wiedererkennung, eine Relevanz für Männer und damit überhaupt eine Möglichkeit für Akzeptanz herzustellen. Sie gaben den Hauttypen und den Produkten männliche Bezeichnungen und nutzten Zeichen aus technischen Bereichen, die Männern vertraut waren. Sie schlugen eine Brücke zwischen Kosmetik und Männerwelt.

Abb. 2 Screenshot vom ersten Webauftritt von L'Oreal für die Herren-Kosmetik-Serie men expert
Quelle: L'Oreal Website

Nachdem die Kunden (und anfangs ja auch deren Partnerinnen, die vielfach damit begannen, diese Pflegeprodukte für ihre Männer zu kaufen) gelernt hatten, dass dies eine Produktlinie für sie ist, entfernte das Unternehmen die plakativsten Teile wieder. Die Botschaft (»Männerhaut braucht auch Pflege und dies ist die Produktreihe dafür«) war überbracht und verankert.

Was L'Oreal anfangs in seiner Werbung tat, müssen Verkäufer heute oft in der Praxis vollbringen, insbesondere dann, wenn die Hersteller oder Urheber eines Angebots es versäumt haben, das andere Geschlecht als Zielgruppe zu berücksichtigen:

> Wer Kundinnen ein männliches und Kunden ein weibliches Produkt verkaufen möchte, muss seiner Zielgruppe erst einmal zeigen, dass dieses Angebot für sie relevant ist.
> Und das Angebot muss *verständlich* sein – oder verständlich gemacht werden.

Abb. 3 Obwohl das pink nüvi für Frauen gedacht war, hat Garmin es immer nur Männern angeboten, um es ihren Partnerinnen zu schenken. Die Männer waren aber überhaupt nicht begierig darauf, sich auch nur in der Nähe eines pinkfarbenen Navigationsgeräts erwischen zu lassen, geschweige denn an der Kasse.
Quelle: Diana Jaffé, Vorweihnachtszeit 2007

Was für die Marketingkommunikation gilt, gilt umso mehr für das Beratungs- und Verkaufsgespräch. Insbesondere, wenn andere (Marketing-)Stellen versäumt haben, das Produkt für eines der Geschlechter verständlich zu machen, kommt auf Verkäufer eine große Aufgabe zu, denn ihre Ausgangsbasis ist schwierig: Sie können bei den Kunden dann auf keinerlei Interesse und Vorwissen bauen. Vielmehr müssen sie die Kundschaft erst noch von der Relevanz des jeweiligen Produkts überzeugen.

Es lässt sich bedauerlicherweise nicht pauschal sagen, welche Relevanz ein Produktbereich oder sogar einzelne Waren oder Marken für das eine oder andere Geschlecht haben und für das andere haben könnten. Von vielem haben die Menschen überhaupt keine Ahnung, was sie denken sollen.

Der Frauenfußball ist ein gutes Beispiel dafür. Die Spielerinnen selbst und die Fußballverbände haben es bis zum heutigen Tag versäumt, dem Frauenfußball einen Bedeutungsrahmen zu geben. Niemand weiß so genau, wofür der Frauenfußball steht, also ziehen die Menschen bei ihrem Versuch, ihn einzuordnen, eigene Vergleiche. In der Presseberichterstattung wird oftmals der feministische Aspekt herausgestellt, indem erzählt wird, wie lange und mit welchen heute lächerlichen Begründungen der Deutsche Fußballbund (DFB) versucht hat, Frauen vom Fußballspielen abzuhalten. Die klassischen Fußballfans haben nichts anderes als den Herrenfußball zum Vergleich und alles, was sie daran lieben. Gemessen an diesen Kriterien kann der Frauenfußball bei den meisten nicht groß punkten.

Genauso verhält es sich oft, wenn Kundinnen mit männlichen und Kunden mit weiblichen Produkten konfrontiert sind. Die Menschen wissen einfach damit genauso wenig anzufangen wie mit einer unbekannten Fremdsprache. Meistens ist es den Verkäufern überlassen, die notwendige Übersetzung zu leisten.

3
Das Kaufinteresse-Modell

Das Verkaufsgespräch lässt sich in Phasen gliedern. Diese vier oder mehr Phasen sind schon in unzähligen Büchern mehr oder weniger detailliert beschrieben worden, allerdings noch nie geschlechtsspezifisch. Dabei unterscheiden sich die üblicherweise als Kennenlernphase, Bedarfsanalyse, Angebotspräsentation, Einwandbehandlung und Abschlussphase bezeichneten Teile des Verkaufsgesprächs bei Frauen und Männern sogar gravierend.

Um diese Unterschiede besser zu verstehen, betrachten wir erst einmal das Grundmodell, das noch keine geschlechtsspezifischen Anteile enthält. Es hilft uns, die Prinzipien der Kaufphasen zu verstehen. Wir halten diesen Teil so kurz wie möglich und konzentrieren uns vor allem darauf, was in anderen Büchern über Verkaufstechniken nur selten oder noch gar nicht steht. Darüber hinaus erläutern wir an diesem geschlechtsneutralen Modell, wieso wir uns nicht ganz an die gängigen Phasenbezeichnungen des Verkaufsgesprächs gehalten haben. Und schließlich gehen wir darauf ein, wie, wann und weshalb Kaufabbrüche in diesem rein theoretischen Modell entstehen. In den Kapiteln »Evas Kaufverhalten« und »Adams Kaufverhalten« konzentrieren wir uns dann nur noch auf die Anteile, die bei Eva und Adam besonders zu beachten sind.

Ich (Vivien Manazon) habe das Kaufinteresse-Modell anhand der Beobachtung und Analyse tausender Verkaufsgespräche entwickelt. Es macht sichtbar, wie sich das Interesse eines Kunden im Verlauf eines Verkaufsgesprächs entwickelt und was währenddessen beachtet werden muss. Wir werden im Folgenden vier Modellvarianten betrachten:

- das geschlechtsunspezifische Grundmodell;
- das Grundmodell mit der Kennzeichnung, wann Kaufabbrüche seitens der Kunden drohen;

- das weibliche Kaufinteresse-Modell sowie
- das männliche Kaufinteresse-Modell.

Das geschlechtsunspezifische Modell

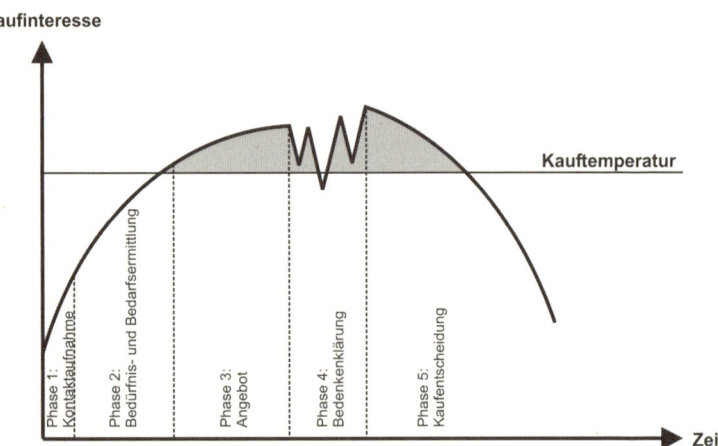

Abb. 4 Das Kaufinteresse-Grundmodell
Quelle: Vivien Manazon, (Diana Jaffé)

Der Kunde tritt mit einem gewissen Interesse in ein Verkaufsgespräch ein. Er bringt also schon grundsätzliches Interesse am angebotenen Produkt bzw. an der Dienstleistung mit, das jedoch im Verlauf des Verkaufsprozesses gesteigert werden muss, damit es in einen Kauf mündet. Die Kontaktaufnahme zum Verkäufer ist der Start in den Aufwärmprozess. Wird der Kontakt zum Verkäufer als angenehm und der Verkäufer als kompetent empfunden, dann steigt das Interesse bereits. Der Kunde bleibt im Gespräch und ist nun bereit für die Bedürfnis- und Bedarfsermittlung. Diese zweite Phase könnte ohne eine gelungene Kontaktaufnahme nicht stattfinden. Die Bedürfnis- und Bedarfsanalyse dient bei Weitem nicht nur dem Verkäufer zur Informationsbeschaffung für das anschließende Angebot, sondern vor allem auch dem Kunden, um sich über seine Wünsche wirklich klar zu werden und auch dadurch seine Kaufbereitschaft zu steigern. Sein Interesse wächst also durch eine gelungene Analysephase auch tatsächlich. Die dritte Phase, bestehend aus Lösungssuche und Angebotspräsentation, sollte die hoffentlich bereits hohe Erwartungshaltung und Kauflust des Kunden fesseln und noch ein wenig steigern, da die anschließenden Bedenken des Kunden viel von seiner Energie binden. Es ist kaum je zu verhindern, dass Kunden Bedenken haben. Die Bedenken steigen prinzipiell mit der Höhe der Investition, sind jedoch auch von geschlechtsspezifischen Faktoren abhängig.

Ein Verkäufer hat also alles richtig gemacht, wenn der Kunde anfängt zu mosern oder zu hinterfragen und Detail- oder Nebenprobleme aufwirft. Manche der Bedenken sind klein, andere wiederum so groß, dass sich der Kunde selbst wieder aus der Kauflust herauskatapultiert. Seine »Kauftemperatur« ist dann unter den Mindestwert gesunken, den er benötigt, um zu einem sofortigen Abschluss zu kommen. In einer guten Bedenkenklärung zwischen Kunde und Verkäufer gelingt es jedoch häufig, den Kunden wieder in eine hohe Kaufbereitschaft zurückzuversetzen. Eine erfolgreiche Bedenkenklärung wird den Kunden zum Höchstwert seines Kaufinteresses führen. In diesem Moment ist er bereit, sich für ein Angebot zu entscheiden. Er tätigt den Kauf und sein Kaufinteresse sinkt danach wieder ab.

Soweit die Kurzfassung des Kaufinteresse-Grundmodells. Bevor wir die fünf Phasen ausführlich betrachten, wollen wir noch einen Blick auf die Momente werfen, die zum Kaufabbruch führen.

Kaufabbrüche

Werden die einzelnen Kaufinteresse-Phasen nicht sauber abgearbeitet, drohen Kaufabbrüche seitens der Kunden. Oft geschehen Kaufabbrüche, weil dem Verkäufer nicht klar ist, was den Kunden stört. Dem lässt sich aber in vielen Fällen abhelfen.

Der Ausstieg erfolgt dann,
- wenn die Kontaktaufnahme, also der Vertrauensaufbau misslingt bzw. der Kunde die Kompetenz des Verkäufers nicht anerkennt;
- wenn die Bedürfnis- und Bedarfsermittlung nicht gründlich genug durchgeführt wurde oder diese ergeben hat, dass der Verkäufer kein passendes Angebot unterbreiten kann oder

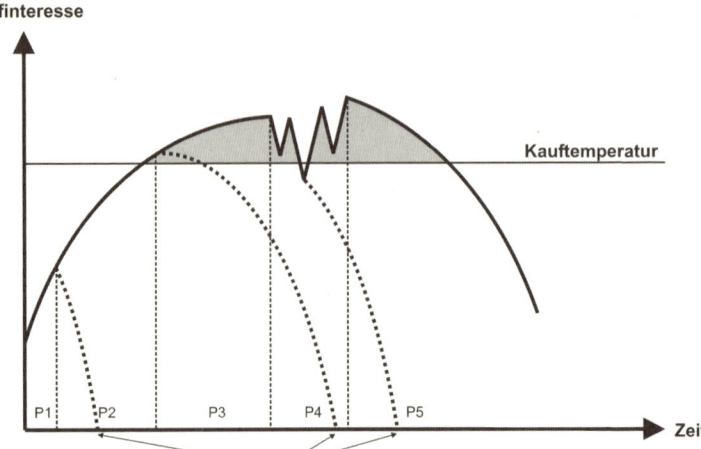

Abb. 5 Das Kaufinteresse-Grundmodell mit Momenten für Kaufabbrüche
Quelle: Vivien Manazon, (Diana Jaffé)

- wenn die Bedenken so schwer wiegen, dass sie nicht ausgeräumt werden können, sodass eine Kaufentscheidung aufgeschoben oder negativ beschieden wird.

Der Kaufabbruch des Kunden erfolgt bei all diesen Phasen unterschiedlich schnell. Der Kunde braucht immer eine Weile für den Ausstieg. Am schnellsten verabschiedet er sich in der Kontaktaufnahme, gefolgt von der Bedenkenphase. In der Angebotspräsentation zeigt der Kunde bereits ein recht hohes Kaufinteresse, es dauert hier also länger, dass es bis zum Ausstieg abkühlt.

Jetzt schauen wir uns die einzelnen fünf Phasen des Kaufinteresse-Modells ausführlicher an.

Die einzelnen Phasen

Die Phase der Kontaktaufnahme

Die Kontaktaufnahme dient, wie der Name schon sagt, der Herstellung von Kontakt zwischen wildfremden Menschen, dem gegenseitigen Beschnuppern und Einschätzen. Verkäufer und Kunden müssen sich aufeinander einstellen, klären, ob das Gegenüber Freund oder Feind ist, ob es im Grunde freundlich oder unfreundlich, ob es gut oder schlecht gesonnen ist. Die Einschätzung dient der Sammlung einer Unmenge an Informationen über den Gesprächspartner, aber auch seiner Bewertung.

Intuition

Unbewusst verfügt jeder Mensch über eine riesige Menge an Informationen über andere Menschen. Was er über andere Angehörige unserer Spezies weiß, übertrifft jede Typologie, die in Verkaufsbüchern beschrieben wird, bei Weitem! Wenn Menschen einander begegnen, dann haben sie spätestens nach wenigen Sekunden einen Eindruck voneinander gewonnen. Ihr Bauchgefühl sagt ihnen, was sie vom Gegenüber zu halten haben, ohne dass sie sich erklären könnten, was sie zu ihrer Einschätzung bringt. Würde man sie fragen, würde ihr Gehirn durchaus einige Begründungen finden, aber diesen Vorgang nennen die Gehirnforscher nachträgliche Rationalisierung: Das Gehirn findet, wenn es gefragt wird, für alles einen plausiblen Grund! Die Wahrheit liegt aber an ganz anderer Stelle buchstäblich begraben: Unser Unbewusstes enthält Unmengen an Informationen, die unserem Bewusstsein nur indirekt zugänglich sind. Es war wieder einmal Sigmund Freud, dem wir diese psychologische Entdeckung verdanken. Er verglich die Psyche mit einem Eisberg, um die Größenverhältnisse und die Funktionsweisen zu verdeutlichen: Das Bewusstsein ist der Teil des Eisbergs, der über dem Wasserspiegel liegt. Bekanntlich befindet sich nur der kleinste Teil eines Eisbergs über Wasser. Der durch die Wasseroberfläche hindurch sichtbare Teil des Eisbergs ist das Vorbewusste, das wir hier vernachlässigen wollen. Nur so viel: Das Vorbewusste stellt eine Art Zwischenstufe zwischen Bewusstem und Unbewusstem dar. Doch der allergrößte Teil des Eisbergs, derjenige, der unsichtbar unter der Wasseroberfläche schlummert (und der, nebenbei bemerkt, die Titanic sinken ließ), der symbolisiert das Unbewusste. Zu dem im Bewusstsein abgelegten Wissen haben wir unmittelbaren Zugang, zu dem im Unbewussten »verschwundenen« jedoch nur mittelbar.

Gehirnforscher haben hochgerechnet, dass in jeder Sekunde 11 Millionen Sinneseindrücke auf uns einprasseln! Unser Bewusstsein kann allerdings nur 40 (in Worten: vierzig) Sinneseindrücke von diesen 11 Millionen verarbeiten. Zum Glück gehen uns viele der rund 10 999 960 übrigen Eindrücke nicht verloren, sondern werden im besagten Unbewussten abgelegt, sodass sie uns dennoch zur Verfügung stehen. So beurteilen wir die Person, der wir zum ersten Mal begegnen, anhand der Informationen, die in unserem Bewusstsein und vor allem in unserem Unbewussten gespeichert sind. Wir gleichen intuitiv, also weitgehend ohne Zutun der Gehirnbereiche, die für kognitive und abwägende Leistungen zuständig sind, das, was wir an der anderen Person sehen, mit den Informationen ab, die in unserem Fundus abgelegt wurden. Wir schätzen sie anhand ihrer Bekleidung, ihrer Körpersprache, ihrer Stimmlage, ihres Geruchs, ihres Geschlechts, ihres Alters und unzähliger anderer Faktoren ein. Voraussetzung für eine Einordnung, sei sie korrekt oder auch nicht, ist das Vorhandensein notwendiger Informationen. Wer erstmals in seinem Leben Indien besucht und sich auch davor nie eingehend mit der Bevölkerung befasst hat, wird Geschlecht und Alter einer Person einordnen können, aber weder den gesellschaftlichen Stand oder die Kastenzugehörigkeit erkennen noch das (Kauf-)Verhalten voraussagen können. Es sind schlichtweg zu wenige Informationen über Menschen dieses Kulturkreises abgespeichert.

Kommen wir schnell zurück aus Indien und zur Erstbegegnung zwischen einem potenziellen Kunden und einem Verkäufer. Beide schätzen einander ein. Ganz wichtig sind dabei die Faktoren Vertrauenswürdigkeit, Fachkunde und Freundlichkeit, aber dazu kommen wir später ausführlich. Erst wenn sich Kaufinteressent und Verkäufer entschieden haben, was sie von dem anderen erwarten können, legen sie sich entsprechende Sprach- und Reaktionsmuster für den weiteren Verlauf der Begegnung bereit. Dann sind sie, wenn alles bis dahin zufriedenstellend verlaufen ist, offen für die nächste Phase der Begegnung: die *Bedürfnis- und Bedarfsermittlung*.

Diese Form des Kennenlernens zum Zwecke der Einschätzung erfolgt allerdings nur beim *Erstkontakt* bzw. immer dann, wenn die Begegnung so unverbindlich oder im wahrsten Sinne des Wortes nicht ausreichend *merk*würdig war, dass die Kundschaft den Ansprechpartner glatt wieder vergessen hat. Kunden, die mit ihrer Erstberatung und möglichst noch mit der Kaufempfehlung ausgesprochen zufrieden waren und nicht zufällig unter Vergesslichkeit leiden, merken sich ihren Ansprechpartner sehr gern. Diese Kunden sparen sich den gesamten durchaus stressigen und mühsamen Prüfungsprozess, den sie mit einem neuen Verkäufer jedes Mal aufs Neue durchführen müssten. Daher ist es ausgesprochen empfehlenswert, weil eine Zeit- und Stressersparnis für alle Beteiligten, die erste Begegnung so positiv zu gestalten, dass sich die Kundschaft den zuständigen Verkäufer sehr gerne merkt. Doch wie schafft er das?

Was Kunden von Verkäufern erwarten

Was Kundinnen und Kunden von Verkaufsberatern erwarten, unterscheidet sich teilweise sehr. Fachkompetenz mit tiefer und breiter Produktkenntnis ist für beide wichtig, doch schon bei der Sympathie gehen die Meinungen über die Wichtigkeit auseinander. Judith Tingley und Lee Robert haben in einer Studie über Kaufgewohnheiten in den 1990er Jahren herausgefunden, dass sowohl ihre Kundinnen als auch ihre Kunden Beratung von einer freundlichen, intelligenten, gut aussehenden, gepflegten, ehrlichen, selbstsicheren, doch keinesfalls aggressiven oder herablassenden Person wünschen. Sie soll Spezialistenwissen und viel Erfahrung im Zusammenhang mit dem Produkt oder der Dienstleistung mitbringen und möglichst auch die Angebote der Wettbewerber kennen. Doch die *Gewichtung* all dieser und weiterer Kriterien unterscheidet sich zwischen Kundinnen und Kunden. Tingley und Robert sagen:

> Für Männer ist ein Verkäufer gut, wenn er ehrlich ist.
> Für Frauen ist ein Verkäufer gut, wenn er freundlich ist.

Grundsätzlich gilt: Ein Verkäufer ist *langfristig* dann am erfolgreichsten, wenn er *kurzfristig* den Vorteil des Kunden mindestens genauso wichtig nimmt wie den eigenen. Ist der Verkäufer außerstande, eine Win-win-Situation herzustellen, ist also ein Vorteil des Verkäufers nur durch einen Nachteil des Kunden möglich, dann wird der Verkäufer mittel- und langfristig zwangsläufig scheitern.

Die Sache mit der (Un-)Freundlichkeit – und mit Fehlannahmen

Niemand ist absichtlich unfreundlich. Und doch kommen täglich viele unbewusste Akte der Unfreundlichkeit vor, auch in Verkaufssituationen. Sie alle aufzuzählen, würde jeglichen Rahmen sprengen, doch möchten wir auf diesen Fall hinweisen, der trotz aller Selbstverständlichkeit und aller Schulungen immer noch viel zu häufig vorkommt: das Taxieren von Kunden mit dem Fehlschluss, sie herablassend behandeln zu dürfen!

Wir erinnern uns bestens an eine Szene, die wir beobachtet haben: Ein Paar suchte das Berliner Luxuskaufhaus *Quartier 206* auf. Es war in einem bitterkalten Winter, überall lag hoher Schnee, und so waren sie sportlich-warm bekleidet, weder im Pelz noch abgerissen. Der Mann blieb interessiert vor einem Regal mit auf immerhin noch 100 Euro reduzierten Schuhputzsets stehen, einem Kauf offensichtlich keineswegs abgeneigt. Als er gerade ein Set öffnete, um sich einen Eindruck vom Inhalt zu verschaffen, hörte das Paar eine Stimme: »Das sind Schuhputzsets!« Als sich beide nach der Stimme umdrehten, sahen sie zwei männliche Verkäufer im Alter von ca. Ende zwanzig im Abstand von fast zehn Metern dastehen. Der junge Mann fuhr lautstark, für fast alle Kunden auf der Etage klar vernehmbar, fort, das Paar zu belehren, wofür man ein Schuhputzset benötigen würde. Er hatte noch nicht geendet, da lag das Set bereits geschlossen wieder im Regal. Hätte der Verkäufer die beiden zumindest noch geflissentlich ignoriert, wäre mindestens ein Set verkauft worden, vielleicht noch etwas anderes dazu. So aber führte sein Eingreifen direkt zum Kaufverlust. In anderen Fällen führt die Ignoranz bereits zum Nicht-Kauf. Und wer einmal nicht kauft, kauft mit hoher Wahrscheinlichkeit auch kein anderes Mal mehr.

Überhaupt haben falsche Vorannahmen über die Entscheidungsstile und Lebensweisen der Kundschaft oft fatale Folgen. Im Folgenden so erlebten Beispiel sagte ein Verkäufer zu einem männlichen Kunden: »Sie müssen sich doch ohnehin noch daheim mit Ihrer Partnerin besprechen, bevor Sie diese Anschaffung entscheiden.« Viele Kunden würden das für eine Frechheit halten, weil sie es mindestens als Verstoß gegen ihre männliche Autonomie empfinden würden. Wenn der Kunde es selbst so ausspricht, dann ist das *eine* Sache. Dass ein Verkäufer diese Vermutung ausspricht, ist nicht akzeptabel.

Viele Angebote werden überhaupt nicht unterbreitet, weil der Verkäufer aus irgendwelchen Gründen annimmt, dass der Kunde sich nicht dafür entscheiden wird. Der Verkäufer verzichtet auch noch darauf, die Richtigkeit seiner Vermutung zu überprüfen. Doch Unvoreingenommenheit ist eine wichtige Voraussetzung für eine präzise

Bedürfnis- und Bedarfsermittlung, sonst geht durch Falschannahmen leicht Geschäft verloren.

Oft meinen Verkäufer, dass die Kunden nett zu ihnen sein müssten. Die Dienstleistungsgewerkschaft *ver.di* sah das zumindest eine Zeit lang ebenso. Mehrere Jahre lang hing im ersten Jahrzehnt des neuen Jahrtausends zur Vorweihnachtszeit ein Plakat vor der Berliner Zentrale mit der Forderung, die Kunden sollten bei ihren Weihnachtseinkäufen gefälligst nett zu den Verkäufern sein.

Territoriale Bedingungen in Geschäftsräumen

Keine Frage: Es gibt die sogenannten *customers from hell* (»Kunden aus der Hölle«), und doch müssen Verkaufsmitarbeiter im ersten Moment in Vorleistung gehen und eine gute Atmosphäre schaffen, selbst dann, wenn sie nicht mögen, wie jemand sich verhält oder auch nur aussieht. Die Kunden sind unsicher und gestresst, weil sie beim Betreten eines Geschäfts in fremdes Terrain eindringen. Für die Verkaufsmitarbeiter ist ihr Geschäft ein vertrauter Ort, den sie mit der Zeit territorial quasi in Besitz genommen haben. Hier kennen sie sich aus, sie wissen, wo was steht, kennen die Kollegen und wissen, wo gegebenenfalls potenzielle Gefahren lauern. Kunden jedoch empfinden sich beim Betreten eines Geschäfts selbst als Eindringlinge, und das Gefühl verstärkt sich, wenn sie Verkäufer zusammenstehen und sich unterhalten sehen. Für Neukunden sind das Betreten eines Geschäfts und die darauffolgende Verkaufssituation noch sehr viel fremder und daher schwieriger als für Stammkunden. Erstkunden müssen vieles auf einmal leisten: Sie müssen sich erst im Geschäft orientieren, einschätzen, ob sie hier tatsächlich »richtig« sind, die Räumlichkeiten sowie das Angebot erfassen, Menschen orten – analog zu früher, wo die Begegnung mit lebensgefährlichem Getier die Lebenszeit schlagartig verkürzen konnte. Frauen prüfen zudem die Atmosphäre, Sauberkeit, Übersichtlichkeit sowie weitere Faktoren. Die Kunden müssen sich entscheiden, wohin sie sich bewegen und was sie als Nächstes tun.

Außergewöhnliche Verkäufer beiderlei Geschlechts zeichnen sich durch ihre Fähigkeit aus, einem Kunden bereits beim Betreten des Geschäfts Friedens- und Willkommenssignale zu senden. Immer wieder werden Kunden im Geschäft relativ lange ignoriert und für sie zu einem unberechenbaren Zeitpunkt mit der Frage überfallen, ob ihnen denn (noch) geholfen werden könne. Dieses Überraschungsmoment erwischt die meisten, während sie sich gerade auf ein Produkt konzentrieren. Diese Verkäufer erzeugen so immer das Gefühl, als hätten sie gelauert, nur um dann hinter irgendeinem Busch hervor zu springen und den Kunden anzufallen. Diesen Schreckmoment enthält die Situation dann auch tatsächlich.

Wesentlich eleganter, hilfreicher und vor allem effektiver ist die kurze Bemerkbarmachung in dem Moment, in dem ein Kunde das Geschäft oder die Abteilung betritt. Wenn alle Mitarbeiter während ihrer Tätigkeit auf den Eingangsbereich achten und den Kunden kurz anblicken, lächeln und grüßen, dient das gleich mehreren Zwecken:

- Die Wahrnehmung des Kunden drückt Wertschätzung aus: »Es ist schön, dass Sie da sind.« Jeder Mensch mag Wertschätzung!
- In den USA haben viele Geschäfte einen Sicherheitsmitarbeiter am Eingang, zu dessen Aufgaben es gehört, die Tür aufzuhalten und die eintretenden Gäste zu grüßen. Untersuchungen haben gezeigt, dass dieses Grüßen beim Eintritt die Zahl der Diebstähle durch Besucher massiv reduziert. Der Effekt lässt sich nicht auf die Uniform zurückführen, sondern hängt unmittelbar mit der persönlichen Ansprache zusammen.
- Ein höchst willkommener Nebeneffekt ist auch als Reziprozität bekannt: Wir geben immer das zurück und an andere weiter, was unser Gegenüber uns fühlen ließ. Freundlichkeit möchten wir ebenso zurückgeben wie Feindseligkeit. Jeder kann die Situation nachvollziehen, wenn er im Restaurant sitzt und seinem Kellner begegnet. Bei mies gelaunten Kellnern möchte man das Etablissement trotz gigantischem Hunger fluchtartig verlassen. Ein netter und vielleicht auch noch hübscher Kellner kriegt am Ende ein saftiges Trinkgeld. Wenn wir das Lokal satt und glücklich verlassen, nehmen wir seine Freundlichkeit mit und geben sie gleich an unseren Taxifahrer weiter. Freundlichkeit pflanzt sich fort und kommt wieder, Unfreundlichkeit bedauerlicherweise auch. Wir haben selbst die Wahl.

Wann ist der »Magic Moment« für die Kontaktaufnahme in einem Geschäft?

Wenn Kunden ein Geschäft betreten, dann müssen sie erst einmal ankommen, was bedeutet, dass sie sich zunächst orientieren und in der neuen Umgebung einfinden müssen. Wenn es sich um ein Geschäft handelt, in dem Produkte angeboten werden, die man tatsächlich ansehen und anfassen kann, dann möchten Kunden zunächst schauen, berühren, ausprobieren. Sie wollen sich selbst erst einmal einen Eindruck verschaffen. Für Dienstleistungen und Produkte, die man nicht sinnlich erfassen kann, gilt das nicht, außer es werden ausdrücklich leicht auffindbare Informationen zum Beispiel in Form von Plakatwänden, Drucksachen oder TV-Spots etc. bereitgestellt. Kunden wollen sich zuerst selbst mit dem Geschäft und dem Produktangebot vertraut machen. Wenn man Kunden systematisch in Geschäften beobachtet, dann lässt sich typisches Selbstinformationsverhalten identifizieren. Beispielsweise: In Elektronikmärkten kann man Männern dabei zusehen, wie sie Kameras, MP3-Player, Laptops und sonstige eher kleine Geräte in die Hand nehmen, sie anschalten und diese, sofern sie tatsächlich Strom haben, ausprobieren. Die männlichen Besucher drücken alle möglichen Tasten und versuchen, sich so einen Reim auf das Gerät zu machen, die Features zu verstehen, den Funktionsumfang zu erfassen etc. Die Materialbeschaffung und das funktionelle Design spielen für die meisten, wenn überhaupt, eine nachgeordnete Rolle. Größere Geräte wie DVD-Player, Festplattenrekorder oder TV-Geräte berühren männliche Interessenten übrigens in Abwesenheit von Beratern kaum. Das liegt nur teilweise daran, dass die meisten Fernbedienungen weggesperrt werden, um sie vor Diebstahl zu schützen. Vermutlich probieren Männer vor allem jene Geräte aus, bei denen sie von niemandem beobachtet werden können. Fernseher oder zum Beispiel Blue-Ray-Player bieten hinsichtlich ihrer alltäglichen Funktionen weitgehend Gleiches. Sind die Geräte einmal eingerichtet, muss man erst nach langer Zeit wieder ins Gerätemenü, wo die Unterschiede in der Benutzerführung eher eine Rolle spielen. Doch vor allem ist alles, was sie tun, auf einem großen Bildschirm für jeden anderen Kunden in der Nähe sichtbar, sodass es für etwaige Fehler keine Privatsphäre gibt. Männer möchten stets die Kontrolle behalten, sei es über ihren Lernprozess mit neuen, ihnen noch fremden Produkten, oder sei es darüber, wem gegenüber sie was über sich preisgeben. Diese Kontrolle können sie nicht vorzeitig an einen ihnen völlig fremden Verkäufer abgeben.

Abb. 6 Männer testen einen 3D-Fernseher
Quelle: Diana Jaffé, 2011

Interessanterweise fassen die meisten Frauen in Elektromärkten nur selten etwas an, und dann eher widerwillig. Man kann sehr schön beobachten, wie sie die Kleingeräte lange anschauen. Nur wenige Produkte nehmen sie in die Hand, fast nie wird etwas angeschaltet. Frauen erkunden die Produkte nicht wie Männer durch das Ausprobieren. Ihnen fehlt die Faszination für Technik. Wenn Frauen etwas berühren, dann vor allem, um Informationen über ihren Tastsinn aufzunehmen, der weitaus feiner ist als der der Männer, wie zahlreiche wissenschaftliche Untersuchungen gezeigt haben. Frauen erhalten viel mehr Informationen über die materielle Beschaffenheit eines Produkts als Männer, wenn sie etwas in die Hand nehmen. Die Funktionsweise hingegen interessiert sie nur insofern, als das Gerät das erfüllen soll, was sie damit machen möchten. Weil die meisten Frauen sich nicht für das Gerät interessieren, sondern nur dafür, ob es das tut, was sie damit machen wollen, viele sich aber nicht zutrauen, es auf Anhieb zu verstehen, schalten sie es gar nicht erst ein. Dafür berühren Frauen prüfend viele andere Dinge, bei denen Männer gar nicht oder nicht so genau zufassen, vom Angorapulli bis zum Bund Möhren, um dessen Frische zu testen.

Der richtige Moment für die Ansprache in einem Geschäft mit realen Produkten ist daran zu erkennen, wenn sich Kunden außerhalb des unmittelbaren Eingangsbereichs suchend umschauen und, wenn sie einen Verkaufsmitarbeiter sehen, gezielt dessen Blickkontakt suchen. Schweift der Blick über den Verkäufer hinweg, dann sucht der Kunde Orientierung oder ein bestimmtes Produkt. In diesem Fall hilft zum Beispiel die fragende Feststellung: »Ich habe das Gefühl, Sie suchen etwas?!« Auf jeden Fall sollte signalisiert werden, dass man sich dem Kunden nicht aufdrängt, sondern dass man ihm nur die Richtung weisen will. Wichtig ist, genau darauf zu achten, ob der Kunde diese Frage zum Anlass nimmt, um weitere Informationen anzufragen, die über das Auffinden des gesuchten Produktstandorts hinausgehen. Somit soll der Kunde anhand der Frage spüren können, dass es seine freie, ganz entspannte Wahl ist, das Angebot des Verkäufers anzunehmen, es auszuweiten oder es auszuschlagen.

Wenn Kunden Geschäftsräume betreten, in denen es keine sinnlich erfassbaren Produkte gibt, sogenannte intangible Güter, haben sie nichts, womit sie sich am Point of Sale (POS) eigenständig befassen können. Hier suchen sie von sich aus schnell den Kontakt zu den Beratern. Konstituiert sich das Produkt erst innerhalb des Verkaufsgesprächs, wie beispielsweise bei Finanzprodukten, Reisen, individuell zusammengestellten Computern, Wellness-Behandlungen und Dienstleistungen, dann ist die gelungene Kontaktaufnahme besonders wichtig.

Oftmals müssen Kunden genau hier auf den Berater warten, der mit einem anderen Kunden oder mit anderen Tätigkeiten beschäftigt ist, beispielsweise mit Eingaben am Computer. Bedauerlicherweise gibt es gerade hier meist keine Angebote, mit denen diese Kunden die Wartezeit auf kurzweilige Art überbrücken können. Nicht alle wollen Image- und Produktbroschüren studieren.

In einem Geschäft mit »anfassbaren« Produkten signalisieren Kunden ihren Kontaktwunsch durch die Aufnahme des Blickkontakts mit dem Verkäufer. Nach einem freundlichen »Guten Tag« erübrigt sich beinahe schon die Frage, was man denn für ihn tun könne, denn die meisten Menschen sprudeln schon selbst heraus, was sie wollen.

Sollte sich eine Gelegenheit ergeben, in der Sie das Gefühl haben, Ihre Assistenz anbieten zu müssen, auch wenn sie nicht gezielt nachgefragt wurde, dann nutzen Sie die konkrete Situation. Wenn Sie sehen, dass ein Kunde schon etwas in der Hand hat, dann bietet sich die Eröffnung mit einem Kompliment geradezu an. Falls der Kunde ein konkretes Produkt interessiert betrachtet, funktioniert zum Beispiel:»Ah, ich sehe, Sie haben Geschmack!« Oder:»Da haben Sie gerade einen schönen Anzug im Blick.« Seien Sie sich aber zuvor sicher, dass der Kunde mindestens anerkennend, wenn nicht bewundernd oder sehnsüchtig schaut, sonst finden Sie womöglich einen Anzug schön, vor dem er sich gerade gruselt. Oder aber Sie sehen, wie ein Kunde einen Anzug oder eine Kundin ein Kleid eingehend betrachtet. Dann erlaubt sich die Frage, für welchen Anlass der Anzug oder das Kleid gesucht werden. Bei einem Fotoapparat wäre es dann nicht der Anlass, zu dem das Gerät benötigt wird, sondern zum Beispiel die Art der Fotos, die damit üblicherweise gemacht werden sollen. Sollen damit vornehmlich Familienfotos geknipst werden, braucht man dafür unter Umständen ein anderes Modell als für Naturaufnahmen bei Nacht oder für Aufnahmen von Formel-1-Rennen. Sie sehen, solche Fragen eröffnen das Gespräch so, dass die Kennenlernphase schon unmittelbar in die Bedarfsanalyse führt, aber dem »Menscheln« dennoch genügend Raum verschafft. Mit einem solch persönlichen Einstieg kann alles Unangenehme, das Sich-nicht-Auskennen, das Fremd-Sein im Geschäft etc. schnell, spielerisch und freundlich überbrückt werden.

Spiegelung – die bessere Alternative zum klassischen Rapport

In den meisten Büchern über Vertrieb wird die Herstellung des sogenannten Rapports dringendst empfohlen. Indem man die Körperhaltung des anderen wie sein Spiegelbild imitiert und dieselbe Sprechweise bemüht, soll der Kunde Übereinstimmung spüren und sich dadurch in einem vertrauensvollen Verhältnis wähnen. Es ist ein natürliches Phänomen, dass Menschen, die in situativer Übereinstimmung sind, etwa Flirtende, sich automatisch spiegeln. Warum soll die Imitation der Natur nicht funktionieren?

Kurz: Sie funktioniert oft nicht. Was wir unbewusst tun, wenn wir mit einem anderen Menschen aus Sympathie in Gleichklang kommen, lässt sich nicht absichtlich herstellen. Viele Frauen und manche Männer spüren instinktiv, auch wenn sie diese »Technik« nicht kennen, dass etwas nicht stimmt. Sie nehmen wahr, dass die Körpersprache ihres Gegenübers unnatürlich wird. Vor allem aber merken die Empathinnen, aber natürlich auch die Empathen, ganz genau, dass die Körpersprache mit der Sprache, den Inhalten und vor allem den »Schwingungen« der Situation überhaupt nicht übereinstimmt. Ihre Intuition signalisiert ihnen unüberhörbar, dass etwas ganz grandios falschläuft, und dieses Gefühl bringen sie mit hoher Wahrscheinlichkeit mit der Person, von der alles ausgeht, in Verbindung: dem Verkäufer. Dabei versucht der gerade, alles vorbildlich richtig zu machen! Doch mit dem nicht authentischen Versuch der Herstellung eines Rapports hat er seine Vertrauenswürdigkeit verspielt.

Um einen anderen Menschen spiegeln zu können, bedarf es einer gewissen Sensibilität und des Einfühlungsvermögens. Man muss sich schon für sein Gegenüber und dessen Gefühlslage interessieren.[7] Der Verkäufer nimmt wahr, was der Kunde sagt, vor allem aber, *wie* er es sagt. In dem Wie liegen alle Informationen für seine Befindlichkeit und der Zugang zum Verständnis seiner Bedürfnisse verborgen.

Gesehen und verstanden zu werden gehört zu den grundlegendsten Bedürfnissen von Menschen. Außerdem benötigen sie das rechte Maß an Interaktion. Heute weiß man, dass Babys für ihre gesunde psychische Entwicklung auf die Spiegelung der Mutter zwingend angewiesen sind. Lässt sich die Mutter zu wenig auf die Äußerungen des Kindes ein, entwickelt dieses bald schon Neurosen (zum Beispiel Narzissmus, Depressionen) und sogar körperliche Erkrankungen.

Spiegelt ein Verkäufer seinen Kunden, dann versetzt er sich in dessen Lage. Der Verkäufer versucht, das, was er wahrgenommen und verstanden hat, dem anderen zurückzumelden. Das bezieht sich sowohl auf den Inhalt des Gesagten als auch ganz besonders auf die registrierten Gefühle. Die Reaktion sollte unbedingt beide Informationsebenen umfassen.

7 Die Spiegelung gehört zur Basistechnik der von uns wärmstens empfohlenen *Gewaltfreien* oder *Einfühlsamen Kommunikation* nach *Marshall B. Rosenberg*.

Das folgende Beispiel lässt sich ebenso auf männliche Kunden und andere Produkte übertragen: Wenn eine Kundin auf Sie zustürmt und ausruft:»Seit acht Jahren habe ich diese Creme benutzt und sie war perfekt für meine Haut! Aber nun wird sie nicht mehr produziert und keiner hat *mich* gefragt! Ich weiß gar nicht, was ich stattdessen nehmen soll!«, dann nehmen Sie anhand ihres Tonfalls und ihrer Körpersprache wahr, dass sie aufgebracht, ärgerlich und auch verzweifelt ist. Die Kundin gibt Ihnen viele Informationen zum Spiegeln:

- Sie hat die Creme eine lange Zeit benutzt, ist ihren Lieblingsprodukten also treu.
- Sie hat die Creme gern benutzt, und sie hatte das Gefühl, das Produkt tut ihr gut.
- Sie weiß nicht, wodurch sie ihre Lieblingscreme ersetzen soll, befürchtet womöglich, keinen guten Ersatz dafür zu finden.
- Vor allem aber: Sie ärgert sich, dass ihre Bedürfnisse (zum Beispiel vom Hersteller) nicht ausreichend berücksichtigt wurden.

Was sie also in ihrem aufgebrachten Zustand gar nicht gebrauchen kann, ist jemand, der sie in ihren Gefühlen nicht ernst nimmt. In diesem Ärger ist die Kundin gar nicht imstande, sich auf die Auswahl eines Ersatzprodukts zu konzentrieren. Zunächst einmal muss sie sich beruhigen, und das ist nur dadurch zu erreichen, indem ihre Gefühle einen ausreichenden Raum erhalten. Häufig lässt sich beobachten, dass Verkäufer (und insbesondere Verkäuferinnen) solche Ausbrüche persönlich nehmen. Doch jeder, der diesen Ärger auf sich bezieht, liegt völlig falsch! Mit ein klein wenig Geduld gelänge es stattdessen, eine sehr treue Kundin zu gewinnen. Angemessene Reaktionen auf diese Kundin können sein:

- »So was ist wirklich ärgerlich! Ich ärgere mich auch immer darüber, wenn eines meiner Lieblingsprodukte nicht mehr hergestellt wird!«
- »Ich sehe, Sie ärgern sich sehr darüber.« (Ja, das reicht oft schon!)
- »Das ist wirklich ärgerlich! Was mochten Sie an dieser Creme so besonders?«

Wichtig ist vor allem, dass Sie sich auf das Gefühl dieser Kundin einlassen und nichts sagen, was Sie nicht auch so meinen! So signalisieren Sie:»Ich verstehe Ihren Ärger. Sie dürfen auch ärgerlich sein, das ist schon in Ordnung. Ich nehme es nicht persönlich, sondern verstehe, was in Ihnen vorgeht. Ich bleibe bei Ihnen, und sobald es Ihnen wieder besser geht, kümmere ich mich darum, eine gute Lösung für Sie zu finden.« Es bedeutet:»Ich kümmere mich um Sie.« Die Kundin wird dieses Signal aufnehmen und ihrem Ärger wahrscheinlich noch etwas freien Lauf lassen, aber das braucht sie gerade. Sie werden schon bald sehen, dass sie sich beruhigt. Und sobald sie wieder friedlich ist, können Sie ihr vorschlagen, gemeinsam eine neue Creme zu suchen. Selbstverständlich werden Sie weiterhin zuhören, können dann aber von der emotionalen immer mehr auf die inhaltliche Ebene wechseln. Wie Sie die Gefühle, die Sie wahrgenommen haben, mit eigenen Worten wiedergeben, fassen Sie nunmehr aus den Informationen über die gewünschten Produkteigenschaften zusammen:»Wenn ich Sie richtig verstanden haben, dann ist es Ihnen wichtiger, eine Creme zu finden, die sowohl reichhaltig genug ist, um Ihre trockene Haut auch im Winter gut zu versorgen, ohne dass Sie ständig nachcremen müssen, als dass Sie auf den Preis schauen. Aber gut riechen muss sie dann auch.«

Dasselbe »Rezept« gilt auch für männliche Kunden und andere Produkte. Es ist egal, ob Sie Autos, Rasenmäher oder Kochgeschirr verkaufen: Wenn er sich ärgert, für etwas Bestimmtes schwärmt oder irgendeinen anderen emotionalen Ausdruck zeigt, freut er sich, wenn Sie einstimmen!

Was jetzt nach einer immensen Verrenkung klingt, ist in Wahrheit gar keine. Giacomo Rizzolatti und sein Team entdeckten, während sie eigentlich etwas ganz anderes suchten, dass unser Gehirn in gewisser Weise keinen Unterschied dazwischen macht, ob wir selbst ein Eis essen oder ob wir jemand anders beim Verzehr eines Eises zusehen. Die für diese »Gleichstellung« zuständigen Gehirnzellen nannte Rizzolatti folgerichtig *Spiegelneuronen*. Glücklicherweise funktionieren die Spiegelneuronen nicht nur bei Eiscreme, sondern bei allen anderen Tätigkeiten – und auch bei Gefühlen. Das klassische Ausbildungssystem basiert darauf: Der Auszubildende schaut dem Gesellen oder dem Meister ständig bei der Arbeit zu und lernt die Tätigkeiten. Das Gehirn registriert die geübte Ausführung der Könner und merkt sich auch die besonderen Kniffe. Wenn der Auszubildende dann das erste Mal selbst ans Haareschneiden oder an die

Drehbank geht, dann ist er kein blutiger Anfänger mehr, wenn er oft genug aufmerksam zugeschaut hat.

Und dasselbe passiert mit Gefühlen. Die bereits zuvor erwähnte Reziprozität basiert auf demselben Prinzip: Begegnen wir einem wütenden Menschen, der seinen Ärger über uns schüttet, dann spüren wir seine Wut ganz plötzlich in uns selbst und feuern ebenso zurück. Wenn Sie also die Ruhe selbst sind und wissen, dass ärgerliche Kunden nicht auf Sie wütend sind, auch wenn Sie es jetzt gerade abbekommen, dann können Sie Ihre Ruhe auf die Kunden wirken lassen. Sie werden Ihnen sehr dankbar dafür sein und Sie als wunderbaren Menschen und Verkäufer wahrnehmen. Das macht Sie in ihren Augen mehr als vertrauenswürdig!

Wer den Rapport wählt, verhält sich künstlich und erzeugt möglicherweise intuitives Misstrauen bei Kunden. Wer die Gefühle der Kunden erkennt und spiegelt, bleibt authentisch und damit glaub- und vertrauenswürdig.

Sollten Sie bei der Erkennung der emotionalen Signale danebenliegen, ist das übrigens gar nicht weiter schlimm! Der Kunde wird das angesprochene Gefühl schon von sich aus richtigstellen. So könnte er auf die Vermutung, er sei ärgerlich, beispielsweise antworten:»Nein, ich bin nicht ärgerlich. Es macht mich nur fassungslos und traurig, dass die Hersteller sich keine Gedanken darüber machen, dass Kinder ihr Spielzeug in den Mund nehmen und sich daran vergiften können, wenn solche Chemikalien drinstecken.« Und schon wissen Sie mehr darüber, wo Ihr Kunde gerade steht. Dabei ist aber eins unbedingt zu beachten: Wenn Ihr Kunde über ein Produkt oder einen Hersteller schimpft, dann dürfen Sie sich *niemals* an dieser Schimpftirade beteiligen! Gehen Sie auf sein Gefühl ein, geben Sie ihm Raum, bieten Sie ihm bessere Alternativen an (und begründen Sie sie positiv). Das genügt vollauf. Wenn Sie mitschimpfen, riskieren Sie Ihre Reputation als vertrauenswürdiger Ansprechpartner.

Bei der Spiegelung entscheidet das Maß über die Effektivität. Es gibt das rechte Maß, das sich dadurch zeigt, dass wir uns mit manchen Menschen ausgesprochen wohlfühlen. Und dann gibt es da noch die Über- und die Unterspiegelung.

Die Überspiegelung

Der Begriff *Überspiegelung* bezeichnet eine übertriebene Spiegelung. Sie ist häufig bei überfürsorglichen Eltern zu beobachten. Erwachsene empfinden eine Überspiegelung als Übertreibung ihrer eigenen Gefühle und fühlen sich schnell befremdet davon. Sie spüren bald das unbewusste Bedürfnis, wieder mehr Distanz zwischen sich und den, der sie spiegelt, zu bringen. Dabei hat Überspiegelung nichts mit unangemessen plumper Vertraulichkeit zu tun. Manchmal sind es nur einige Bestätigungszeichen, einige Jas, einige Male Kopfnicken zu viel, oft verbunden mit einem Übermaß an Emotionalität.

Doch die Überspiegelung ist nicht völlig nutzlos! Sie hat ihren großen Einsatz im Verkauf, wenn Kunden über die Maßen verärgert sind. Oft bringen sie ihren Ärger von einem vorhergehenden Ereignis mit. Ich (Diana Jaffé) erinnere mich an eine Begebenheit aus einem früheren Angestelltenverhältnis, als ich vor der Entscheidung stand, eine als schwierig geltende und eigentlich bereits verlorene Geschäftskundin eines Kollegen zu kontaktieren oder nicht. Mir war zu Ohren gekommen, was ihr Wettbewerber plante. Es hätte ihrem Geschäft massiv geschadet. Ich selbst hatte mit ihr nie Kontakt gehabt, da sie nach einigem Ärger nur noch besagtem Kollegen gestattete, wenn nötig mit ihr in Kontakt zu treten. Ich beschloss, sie trotz allem zu informieren, weil der Kollege gerade im Urlaub war. Sie konnte mir für die Information danken oder auch nicht. Im schlimmsten Fall blieb sie für unser Unternehmen verloren, im besten konnte ich ihre Meinung wieder verbessern. So rief ich sie an, und sie reagierte wie erwartet: Sie war zunächst erzürnt über meinen Anruf. Ich teilte ihr mit, dass ich keine Ahnung hätte, was sich einst zugetragen hatte, aber dass ich ihr die besagte Information geben wollte. Sie war etwas verblüfft, doch sie blieb noch sehr laut. Sie verschaffte sich Luft, indem sie mir, noch immer in einem recht hohen Dezibelbereich, erzählte, wie sich einer der Eigentümer und Geschäftsführer meiner Firma einmal sehr unverschämt ihr gegenüber verhalten hatte. So, wie sie es erzählte, fand ich persönlich es auch nicht in Ordnung. Ich verstand ihren Ärger und so fiel es mir besonders leicht, in die Überspiegelung zu gehen, indem ich sie in der Rechtmäßigkeit ihrer Entrüstung bestärkte. Statt jedoch über meinen Chef zu schimpfen, übertrieb ich die Entschuldigung ein wenig. Ich ging, bildlich gesprochen, tiefer in die Knie, als sie es verlangte. Diese Verhaltensweise ist für die meisten Menschen weitaus einfacher, wenn sie sich für das Verhalten eines anderen entschuldigen, als für sich selbst oder gar Selbstständige. Die Bitte um Verzeihung für das Verhalten eines anderen bleibt von persönlichen Schuld- oder Schamgefühlen frei. Die Verstärkung der Entschuldigung erlaubte der Ex-Kundin, aus ihrer Abwehr gegen unsere Firma herauszutreten. Sie fand nicht nur keinen Gegner zum Bekämpfen vor, sondern sah sich vielmehr in der Richtigkeit ihrer Gefühle bestätigt und angenommen. Damit war jeglicher Grund, den Konflikt fortzuführen, beseitigt. Sie beruhigte sich daraufhin recht schnell und erlaubte sich, ihre Meinung über unsere Firma bei Gelegenheit noch einmal zu überprüfen. Nach einer Weile machte mein Kollege wieder gelegentlich Geschäfte mit ihr.

In der Regel senden Frauen in einem Gespräch viel mehr Signale zurück als Männer. Männer empfinden das ständige Bestätigen (»hm … hm … ja …« – Kopfnicken – »ja, kenne ich auch« – heftiges Kopfnicken – »hmm« – lebhafte, mitfühlende Mimik) als Überspiegelung oder sogar als eine Reihe lästiger Unterbrechungen. Die Linguistin Deborah Tannen empfiehlt Frauen im Gespräch mit Männern ganz besonders im Geschäftlichen, ihre Bestätigungssignale deutlich zu reduzieren. Kein »hm«, kein »ja«, kein Kopfnicken, weder heftig noch sanft. Erlaubt ist während einer längeren Auslassung ein gelegentliches leises Brummen in tiefer Tonlage.

Glauben Sie uns: Wir wissen, wie albern das klingt, aber wir wenden diese Empfehlung seit Jahren an. Sie funktioniert tatsächlich!

Die Unterspiegelung

Das Gegenteil der Überspiegelung ist folgerichtig die *Unterspiegelung*. Sie zeichnet sich dadurch aus, dass die vom Gegenüber zurückgesendeten Signale stark reduziert sind. Da kommt im Extremfall kein Kopfnicken, kein Wort, kein Geräusch, da zuckt nicht ein einziger Muskel im Gesicht! Da hat man etwas gesagt, wird angesehen (oder auch nicht) und weiß nicht, ob man überhaupt gehört wurde.

Unterspiegelung macht die meisten Menschen und ganz besonders Frauen unsicher! Unterspiegelung führt dazu, dass der Sprecher bei dem Versuch, sich verständlich zu machen, sich in immer ausschweifenderen Kreisen wiederholt. Wenn Sie sich also je darüber ärgern, dass jemand immer dasselbe erzählt und einfach nicht damit aufhört, dann kann es durchaus daran liegen, dass Sie denjenigen nicht wissen lassen, dass Sie ihn verstanden haben. Wenn Sie aufmerksam zuhören, dann können Sie den anderen gemäß der obigen Beschreibung ausreichend spiegeln.

Dieses Verhalten lässt sich natürlich bei Weitem nicht nur im Privatleben finden, sondern insbesondere im beruflichen Umfeld. Und so gibt es nicht nur Verkäufer, die Kunden unterspiegeln, sondern besonders häufig Kunden, die Verkäuferinnen unterspiegeln. Das macht manche Frauen mächtig nervös! Und das führt dazu, dass sie dann zu viel reden, statt sich auf den Kunden zu konzentrieren.

Ein weiterer Aspekt der Unterspiegelung ist noch, dass viele Männer sich erst gründlich überlegen, was sie sagen werden. Dieser Denkprozess findet bei ihnen unter völligem Ausschluss jeglicher äußerlich sichtbaren Zeichen statt. Da wurde etwas gesagt und er verzieht keine Miene. Nicht einmal sein Blick verändert sich! Ja woher soll die Verkäuferin dann bitte wissen, dass er sie überhaupt gehört hat, geschweige denn, dass das, was sie gesagt hat, irgendetwas bei ihm bewegt? Der rührt sich ja gar nicht! Also legt sie eine weitere Rederunde ein, und das auch ganz in dem rein menschlichen Bestreben, eine Reaktion vom Gegenüber zu erhalten. Niemand redet gern gegen eine Wand! Vor allem aber denkt sie, sie hat ihren Job noch nicht gut genug gemacht, sodass sie nachlegen müsse. Wenn Verkaufsberaterinnen eine gewisse Menge an Informationen mit einem womöglich noch hohen Maß an Begeisterung dargelegt haben, dann aber eine Unterspiegelung erfahren, dann interpretieren sie die geringe Spiegelung so, dass sie zu wenig gegeben haben. Die Spiegelung des Gesprächspartners wird als Maß für die eigene Kommunikation verstanden. Wenn er nicht begeistert reagiert, dann war sie nicht begeisternd genug.

Oder aber die Beraterinnen glauben aufgrund der Unterspiegelung, dass sie abgelehnt werden. Das stimmt aber nicht! Wenn ihr Kommunikationsmuster mit dem Kunden nicht übereinkommt, wenn also »die Chemie nicht stimmt«, sind die Verkäuferinnen am Ende oft diejenigen, die den Kunden beginnen abzulehnen. Dann aber projizieren sie ihre eigene Ablehnung auf den Kunden. Sie unterstellen ihm das eigene Verhalten! So nehmen sie an, der Kunde würde sie ablehnen, was sie daraus schließen, dass er ihnen für ihr Empfinden nicht genügend Kommunikationsbestätigungssignale sendet. In Wahrheit jedoch denken die allerwenigsten männlichen Kunden so, und es sind tatsächlich die Beraterinnen, die den jeweiligen Kunden blöd finden.

Bedauerlicherweise kann man (männliche) Kunden nicht dazu erziehen, sich kommunikativer zu verhalten. Daher bleibt es wohl bei den Verkäuferinnen, ganz locker zu bleiben, wenn sie unterspiegelt werden. Sie können üben, das Schweigen auszuhalten und zu warten, bis er das Schildkröten-Spiel aufgibt und sich wieder regt. Irgendwann muss jeder Kunde wieder aus seiner Starre erwachen.

Small Talk und seine wahre Bedeutung

Im B2C-Verkauf kommen die meisten Gesprächssituationen unter beinahe völliger Vernachlässigung von Small Talk zustande. Die Beschnupperungsphase ist kurz und läuft parallel zur Bedarfsanalyse. Alle haben wenig Zeit (oder denken, der jeweils andere steht unter Zeitdruck) und kommen schnell zur Sache.

Erst wenn es um große Investitionen geht, die gut bedacht sein wollen, wird der Kontakt ausgeweitet. Hier wird Small Talk wichtig. Die vergleichsweise lange Kennenlernphase dient dem Kunden dann allerdings nicht nur, um dem Verkäufer bzw. dem Unternehmen, für das er steht, auf den Zahn zu fühlen. Vielmehr gehört der Verkaufsprozess dann zum gesamten Kauferlebnis dazu, vor allem dann, wenn es sich um den Kauf von Luxusartikeln handelt. Was Luxusartikel sind, definiert jeder Kunde für sich selbst. Als klassische Luxusartikel gelten Produkte von sogenannten Luxusmarken wie *Louis Vuitton*, *Gucci*, *Rolex* & Co. Für manche ist der Kauf einer neuen C-Klasse von *Mercedes-Benz* ein Luxuskauf, für andere muss es schon die E-Klasse sein. Einige rümpfen über alles unter der S-Klasse mit Chauffeur die Nase. Wiederum für andere kann es Luxus bedeuten, sich überhaupt einen Neuwagen zu leisten und nicht nur einen gebrauchten. Auf diese Weise kann auch ein Kleinwagen zum Luxus werden. Manche Menschen sind mit dem Kauf eines Hauses am Ende ihrer Träume, für andere ist es eine schlichte Notwendigkeit.

Der persönliche Kontakt über die rein faktische Bedarfsanalyse wird also umso wichtiger, je mehr dem Kunden der Kauf bedeutet. Mehr noch: Die große Kunst des Verkaufens besteht darin, den Kunden in seinem guten Gefühl über seine Wahl zu spiegeln und zu bestärken.

Und dabei geht es nicht nur um seine Kaufentscheidung am Ende, sondern auch schon um seine Wahl ganz am Anfang, Sie und Ihre Firma aufzusuchen.

Die allermeisten Produkte und Marken kann man an vielen Orten kaufen. Erst der Verkäufer als Mensch verleiht dem Kauf das besondere Erlebnis. Ein guter Verkäufer kann die Freude an einem Produkt und seinen Wert für den neuen Besitzer enorm erhöhen.

Die Bedürfnis- und Bedarfsermittlung

Mit der Bezeichnung *Bedürfnis- und Bedarfsermittlung* unterscheiden wir das, was der Kunde will, davon, was er tatsächlich benötigt. Am Ende fließt beides in der Kaufentscheidung zusammen, doch für den Analyseprozess kann es für einen Verkäufer sehr wichtig sein, diese beiden Ebenen zu unterscheiden.

Was der Kunde will und was er braucht, kann sich durchaus widersprechen. Wichtig ist zu erkennen, was ein Kunde mit einem Kauf bzw. mit dem Besitz eines Produkts beabsichtigt. Hat man sein Ziel verstanden, so kann es durchaus sein, dass er dafür das falsche Produkt oder die falsche Marke ins Auge gefasst hat. Nicht schlimm ist es, wenn jemand sich einen Laptop aussucht, der auf dem höchsten Stand der Technik und zudem teuer ist, der Käufer damit aber nur Textverarbeitungsprogramme benutzen und ab und zu ins Internet gehen will. Nun ließe sich einwenden, dass es diesem Kunden wichtig sein könnte, das Neueste zu besitzen, mit dem coolsten Laptop gesehen zu werden oder dass er sich für technische Raffinessen begeistert. Wenn sich all diese Argumente allerdings bei einer gründlichen

Analyse ausschließen lassen, dann schadet es nicht, wenn der Kunde sich dennoch dafür entscheidet, wissend, dass ihm ein weitaus günstigeres Gerät genügt hätte. Sein tatsächlicher Bedarf ist gering, doch sein Bedürfnis liegt bei diesem High-End-Gerät, selbst wenn die Gründe nur schwer oder gar nicht nachvollziehbar sind.

Wenn jedoch jemand umgekehrt nicht weiß, dass beispielsweise die Spiele, die sein Kind gelegentlich auf dem Laptop spielen darf, eine besonders leistungsfähige Grafikkarte oder einen schnellen Prozessor benötigen, dann ist er mit einem Low-Budget-Laptop nicht gut bedient. Sein Bedürfnis mag sein, einen möglichst günstigen Laptop zu erstehen, sein Bedarf im Zusammenhang mit der Nutzung erfordert jedoch ein besser ausgestattetes und damit teureres Gerät.

Die Bedürfnis- und Bedarfsermittlung dient also zur Erkenntnis, was der Kunde braucht bzw. will. Und das bedeutet, dass es nicht darum geht, was gerade verkauft werden soll, oder was der Verkäufer gerne verkaufen möchte!

Aktionswochen oder »Los Wochos«

Überall lassen sich Aktionszeiten für bestimmte Produkte beobachten. *McDonald's* macht es zig Mal im Jahr, und die Marketing-Fachleute denken sich dafür auch noch einprägsame Aktionsbezeichnungen aus. Die »mexikanischen Wochen«, an denen es eben (angeblich) mexikanisch inspirierte Sonder-Hamburger und Snacks gibt, heißen beispielsweise seit Jahren pseudo-deutsch-spanisch *Los Wochos* (soll ungefähr heißen: »die [mexikanischen] Wochen«). Diese Sonderaktionen werden besonders beworben und angepriesen, um möglichst viele Los-Wochos-Produkte im Aktionszeitraum zu verkaufen.

Solche *Los Wochos* lassen sich allerdings auch zu sehr unpassenden Gelegenheiten beobachten. Vor einigen Jahren machte ich (Diana Jaffé) eine Projektrecherche für einen Beratungsauftrag im Finanzsektor. Dafür suchte ich zahlreiche Banken auf, um stichprobenartig Eindrücke von der Beratung zu sammeln. Obwohl ich etwas völlig anderes nachfragte, wurden mir immer wieder Produkte im Zusammenhang mit der Riester-Rente angeboten, und das, obwohl ich ganz verschiedene Finanzunternehmen aufsuchte. Es war verblüffend genug, dass mehrere Bankhäuser gleichzeitig die Riester-Los-Wochos ausgerufen hatten. Schlimmer war, dass mir die Riester-Rente immer wieder ungebeten unter die Nase gehalten wurde. Am Bedenklichsten war allerdings, dass ich den Beratern daraufhin mitteilte, die Riester-Rente komme für mich überhaupt nicht in Betracht, weil ich selbstständig sei. Auf diese Information hin hätte jeder der wirklich zahlreichen Bankberater mir doch die Rürup-Rente anbieten können, die für mich wenigstens in der Theorie durchaus infrage gekommen wäre. Aber das tat niemand von ihnen, nicht einmal, als ich nach einigen dieser Erfahrungen, die ich als seltsam, vor allem aber als unprofessionell empfand, selbst auf die Rürup-Rente hinwies! Die Bankberater lagen offensichtlich weit hinter ihren Los-Wochos-Quoten für die Riester-Rente zurück.

Fakt ist: Je mehr Zeit und Geduld der Verkäufer für die Bedarfsanalyse aufwendet, desto einfacher wird der Abschluss, weil er das Angebot aufgrund einer besseren Informationsbasis exakt auf die Kundenbedürfnisse anpassen kann. Die Zeit, die am Anfang des Beratungsgesprächs anscheinend eingespart wird, rächt sich durch immer neue Modifikationen am Angebot sowie endlose Einwände und eine niedrigere Abschlussquote. Darüber hinaus wird versäumt, die Beziehungsebene zu etablieren, wodurch das Vertrauen ausbleibt.

Sich auf den Kunden wirklich einlassen

»Du bist anders als ich – und ich nehme dich an, wie du bist.«

Welche Einschätzung die *Black Box* namens Intuition auch immer als ersten Eindruck auswirft: Die wichtigste Voraussetzung für eine präzise Bedürfnis- und Bedarfsanalyse besteht in dem Verständnis, dass der Kunde ein fremder Mensch mit Bedürfnissen ist, die sich mit an Sicherheit grenzender Wahrscheinlichkeit von fast allem unterscheiden, was dem Verkäufer lieb und teuer ist. Es geht also entgegen häufigen Empfehlungen nicht darum, um jeden Preis Verbindendes zu finden, sondern um die Konzentration darauf, wer der andere ist und was ihn ausmacht. Wenn sich dabei Verbindendes ergibt, ist es schön, wenn nicht, dann darf das auch überhaupt nicht stören.

Vor einigen Jahren brauchte eine gemeinsame Freundin ein neues Paar Laufschuhe. Sie suchte ein Berliner Kaufhaus auf, von dem sie gehört hatte, dass dort eine akribische Lauf-Analyse erstellt würde und daraufhin erst Schuhe empfohlen würden. Sie genoss eine ganz hervorragende Beratung eines jungen Verkäufers und hatte sich gerade für seine Schuhempfehlung entschlossen, als sie Zeugin der folgenden Szene wurde: Eine andere junge Frau trat an denselben Verkäufer heran und fragte, ob er ein bestimmtes Paar Laufschuhe in ihrer Größe hätte. Fachmann, der er war, fragte er nach, ob das auch wirklich die richtigen Schuhe für ihre Laufweise wären. Die junge Frau antwortete, das sei ihr völlig egal. Wichtig sei nur, dass sie gut aussehen. Wie sie mit den Schuhen aussieht, war ihr wichtiger als der Erhalt ihrer Gesundheit. Darüber werden viele Menschen den Kopf schütteln, doch mit welchem Recht hätte der Verkäufer sie davon überzeugen dürfen, dass sie ihre Laufschuhe nach anderen Kriterien aussuchen muss? Das wäre zweifellos eine Anmaßung einem fremden, erwachsenen Menschen gegenüber. Er teilte ihre Präferenzen nicht, aber er verstand es, sich erneut höchst professionell zu verhalten, indem er ihre Prioritäten akzeptierte. Er hatte sein Fachwissen und seine Unterstützung ausgesprochen freundlich angeboten und sie hatte sein Angebot ausgeschlagen. Der Verkäufer hat die Verantwortung übernommen, seinen Job gut zu machen. Es war weder seine Pflicht noch sein Recht, Verantwortung für die Kundin zu übernehmen. Er hat ihr bei aller persönlichen Differenz dennoch das Gefühl gegeben, dass ihre Entscheidung völlig in Ordnung ist.

Soziale Anerkennung ist die tiefste Sehnsucht von Menschen. Die Sozialpsychologin Naomi Eisenberger hat nachgewiesen, dass das menschliche Gehirn bei Ablehnung mit der Aktivierung eines Bereichs reagiert, der auch bei körperlichen Verletzungen für die Schmerzstärke zuständig ist. Sozialer oder seelischer Schmerz ist für das Gehirn also im Grunde dasselbe wie physischer Schmerz. Menschen leiden bei Ablehnung völlig real, während sie zusehends aufblühen und entspannen, wenn man sie nicht nur neutral behandelt, sondern freundlich akzeptiert. Ein guter Verkäufer zeichnet sich unter anderem dadurch aus, dass er sich auf den Kunden einlässt und ihn spüren lässt, dass er *den Kunden akzeptiert, wie er ist.*

Missverständnisse

Nicht selten passiert es, dass Kunde und Verkäufer denselben Begriff verwenden, jedoch etwas völlig Unterschiedliches meinen. Die im Dezember 2011 verstorbene Vera F. Birkenbihl hat das berühmte Insel-Modell geprägt, um die Verschiedenheit von Menschen zu verdeutlichen. Übertragen auf Kunden und Verkäufer sehen die Inseln so aus: Der Kunde sitzt auf seiner Insel, der Verkäufer auf einer anderen, seiner eigenen. Beide Inseln sind durch Wasser getrennt, wie es sich für ordentliche Inseln gehört. Die Inseln bestehen aus den jeweiligen Erfahrungen, Erwartungen, Vorwissen, Lebenseinstellungen etc. Kunde und Verkäufer haben ihr individuelles Vorwissen zu Produkten und Marken. Bei einem Auto kann es dem Kunden wichtig sein, dass es über viel PS verfügt. Auf seiner Insel ist PS mit einem Besuch auf dem Nürburgring in seiner Kindheit verbunden, der so aufregend und besonders war, dass er noch heute davon träumt. In dem Moment, in dem er *PS* sagt, verbindet er damit eine ganz eigene Erinnerung, die sich in einer tiefen, schönen Emotion und in leuchtenden Augen ausdrückt. Es ist durchaus möglich, dass der Verkäufer bei diesem Begriff zufällig eine ähnliche Emotion teilt, es kann jedoch auch sein, dass er etwas völlig anderes damit verbindet, beispielsweise die Erinnerung an einen Autounfall, den er mit seinem ersten *Golf GTI* hatte. Das bedeutet, dass der Verkäufer seine Insel vorübergehend verlassen und sich vollständig auf die Insel des Kunden und dessen Vorstellungen konzentrieren muss.

Sie können Ihre Wahrnehmung in Bezug auf die unterschiedlichen Besetzungen verschiedener Begriffe mit einer Übung trainieren. Fragen Sie Familienangehörige, Freunde und Kollegen, was jene mit den Schlüsselbegriffen verbinden, die Sie ihnen nennen: »Was verbindest du mit ›schickes Hotel‹, ›gemütliches Zuhause‹, ›Feierabend‹, ›gut gekleidet‹, ›leckeres Essen‹, ›tolles Auto‹?« etc.

Prioritäten

Was bei der Bedürfnis- und Bedarfsermittlung wichtig zu wissen und zu beachten ist: Frauen und Männer verfolgen meist unterschiedliche Prioritäten, die wir in den späteren Kapiteln noch ausführlich erläutern werden. Entscheidend ist, die wichtigen Kriterien in der Reihenfolge der Kundenprioritäten durch das richtige Erspüren und Erfragen herauszufinden.

Gehen Sie auch niemals von Ihren eigenen Interessen, Motiven und Ihrem Kaufverhalten aus! Lassen Sie sich unvoreingenommen auf Ihren Kunden ein! Finden Sie heraus, was er will, und nehmen Sie Ihre Vorlieben völlig heraus.

Wenn Sie das für eine Selbstverständlichkeit halten, ist das gut. Doch es ist keine Selbstverständlichkeit. Leider nicht. Für eine andere Recherche im Zusammenhang mit einer bekannten Topfmarke suchte ich (Diana Jaffé) Geschäfte auf, die diese Töpfe führten. Neben vielem anderem wollte ich erfahren, welche Beratung Kunden am POS vorfinden können. Die Spannbreite war erwartungsgemäß sehr groß. Da gab es beispielsweise einen männlichen Spitzenverkäufer in einem Kaufhaus, der »seine« Produkte auf Herz und Nieren kannte (sofern man das von Töpfen sagen kann) und der hervorragend zu beraten verstand. Am anderen Ende des Spektrums fand sich eine Verkäuferin in einem anderen Kaufhaus, die einen Topf nicht vom anderen unterscheiden konnte. Und da ich mich angesichts des überwältigenden Angebots allein von diesem Hersteller, geschweige denn von seinem ärgsten Wettbewerber und zudem noch allen anderen Anbietern, völlig erschlagen fühlte, fragte ich, was eine Topfserie von der anderen unterscheidet. Die großen Preisunterschiede ließen mich vermuten, dass es nicht nur eine Frage der reinen Topfform bzw. des Glas- oder Metalldeckels war. Die Verkäuferin meinte jedoch, es gäbe keine Unterschiede. Auch meine Frage, weshalb ein Hersteller dann wohl so viele verschiedene Serien herstellen würde, die am Ende alle gleich wären, konnte sie nicht beantworten. Ich muss zugeben, dass ich in diesem Gespräch im Vorteil war, hatte ich doch den Spitzenverkäufer gleich in meinem ersten Geschäft erwischt. Ich wusste also, dass es so einige Unterschiede gab, allein schon bei den Topfböden. Und ich hatte von ihm gelernt, die Topfböden zu unterscheiden. Als ich der anderen Verkäuferin nun die finale Frage stellte, wie ich mich dann also, wenn es angeblich keine Unterschiede gäbe, für ein Topf-Set entscheiden solle, deutete sie ohne zu zögern auf ein bestimmtes. Ich fragte, warum gerade dieses. Ihre Antwort: »Weil ich das auch habe!« Allen Ernstes! Das sagte sie wirklich! Ich war so verdattert, dass ich noch einmal nachfragte:»Sie meinen also, ich soll dieses Set kaufen, weil *Sie* es auch besitzen???« Sie:»Ja.« Ich bezweifle, dass ich auch nur einen Topf von ihr gekauft hätte, selbst wenn sie die einzige Topfverkäuferin in der Savanne gewesen wäre und ich hungrig und ohne Kochgeschirr auf einer frisch erlegten Antilope gesessen hätte. Übrigens war sie, wie sich auf Nachfrage herausstellte, schon lange in dieser Abteilung. Kein Wunder, dass sie sich mit den Töpfen in der hintersten Kellerecke dieses Kaufhauses befand. Falls dort überhaupt Umsatz gemacht wurde, dann *trotz* und nicht *wegen* ihr. Dieser Umstand wird von Insidern »unvermeidbarer Umsatz« genannt.

Die Beweggründe von Kunden ermitteln

Ein Kauf setzt immer mindestens einen Grund voraus. Frauen kaufen beispielsweise gerne *anlassbezogen*. Für etwa einen beruflichen Event wird Eva sich mit höherer Wahrscheinlichkeit neu einkleiden als Adam, der eher zu einem Outfit greift, das bereits in seinem Schrank hängt. Muss ihr Partner für einige Tage ins Krankenhaus, wird Eva ihm sicherheitshalber neue Unterwäsche kaufen, damit er bei allen Untersuchungen einen ordentlichen Eindruck hinterlässt, selbst wenn er am Ende alle Tage angestöpselt an einen Katheter in einem hinten offenen Hemdchen verbringen muss.

Ein Grund ist also, ganz genau genommen, etwas anderes als ein Motiv. Evas *Grund* für den Unterwäschekauf ist der Krankenhausaufenthalt ihres Partners. Ihr *Motiv* ist soziale Anerkennung: Niemand soll schlecht über ihren Mann und damit auch über sie denken. Andere Personen sollen sie für ordentliche Leute halten.

Wir denken, dass es wichtig ist, den Anlass für einen Kauf zu kennen. Manchmal sind in dieser Information wichtige Aspekte enthalten, die verloren gehen und somit zu einer suboptimalen Fachberatung führen würden. Es macht eben doch einen Unterschied, ob das Kleid, das eine Kundin kaufen will, für eine Beerdigung, für den Besuch des Pferderennens in Ascot oder für die Veranstaltung gedacht ist, auf der ihr der Preis als Unternehmerin des Jahres verliehen werden soll. Nicht jede Frau kennt alle spezifischen Kodizes für jedes gesellschaftliche Ereignis, also wird sie die fachliche Unterstützung eines guten Modisten benötigen. Umso mehr gilt das für manche Männer, die unversehens zum ersten Mal in ihrem Leben zu einem Abend mit *White-Tie*-Vorgabe eingeladen werden. Da gibt es sicherlich so manchen, der nicht weiß, dass er nicht eine weiße Krawatte tragen, sondern im Frack kommen soll.

Motivationen und Kaufmotive

Motivationstheorien gibt es seit den alten Griechen. Seit den damaligen Philosophen haben sich unzählige kluge Leute mit der Frage befasst, was Menschen dazu bringt, bestimmte Dinge zu tun. Oder wie man sie dazu bringt, sich anders zu verhalten. Und so gibt es auch unzählige Motivationstheorien, die für den erfolgreichen Verkauf gepriesen werden, und zwar unabhängig davon, ob sie überhaupt dafür entwickelt wurden. Gleiches gilt für Typologien von Kunden.

Keine Frage: Menschen handeln nach Motiven, ob sie ihnen überhaupt bewusst sind oder nicht. Doch wir bezweifeln sehr, dass es universelle Kaufmotive gibt, die für jeden Produktbereich, für alle Branchen (weitgehend) gleich sind. Vor allem aber bezweifeln wir, dass sich die menschlichen Motive für alle Lebenslagen in drei, acht, zehn oder zwanzig Schubladen einfügen lassen. Menschen sind nicht so einfach gestrickt! Beispielsweise kommt in keinem uns bekannten Modell für Kaufmotive die schlichte Gewohnheit vor. Doch Menschen kaufen eine Menge Dinge aus reiner Gewohnheit! Das Marketing setzt gezielt darauf, indem bestimmte Marken und Produkte bereits Kinder ansprechen, obwohl diese damit noch gar nichts anfangen, geschweige denn diese Produkte selbst kaufen können. Viele Marken bringen heute ihre Produkte auch schon als Spielzeug auf den Markt. So gibt es auch schon längst Heimwerker-Sets aus Plastik von Bosch, damit die Kinder schon »Heimwerker« spielen können, das Design verinnerlichen und schon sehr früh gute Gefühle im Zusammenhang mit Bosch entwickeln. Überflüssig zu sagen, dass die meisten Eltern oder Großeltern, die solche Spielsachen kaufen, selbst mit hoher Wahrscheinlichkeit Bosch Power Tools besitzen. Wie groß ist da also die Wahrscheinlichkeit, dass sie später Metabo, No-Name-Produkte oder gar *Hilti* kaufen?

Auch wenn Kaufmotiv-Theorien mehr oder weniger dynamische Modell-Alternativen zu Kundentypologien sind, bleiben sie in ihren Betrachtungen weitgehend geschlechtsunspezifisch. Deshalb betrachten wir sie hier nicht weiter.

Menschen handeln zweifellos motivorientiert, doch es greift zu kurz und wird dem Menschen nicht gerecht, wenn man ihn in ein simples Schema zu pressen versucht.[8] Das gilt auch für Verkaufsprozesse.

Die zentrale Frage bei der Motivermittlung lautet daher immer: Welche Erwartungen, Hoffnungen und Emotionen werden mit dem Kaufwunsch verbunden?

Weshalb wir trotzdem nicht völlig auf Motiv-Modelle verzichten können bzw. wollen

Bei aller Kritik gibt es auch gute Argumente für Motiv-Modelle

- Ein gutes Modell öffnet Verkaufsmitarbeitern die Augen darüber, welche vielfältigen Motive Kunden im Zusammenhang mit ihrem Produktbereich überhaupt entwickeln können.
- Das erleichtert ihnen zu erkennen, dass ihre Kunden Motive verfolgen können, die von den eigenen weit abweichen. Die Existenz eines Modells ermöglicht manchmal überhaupt erst das Ver-

8 Der Psychologe Gordon Allport stellte bereits 1937 fest, dass die Menschen zusammengenommen eine unendliche Anzahl von Motiven aufweisen, und kritisierte jeglichen Versuch, diese Vielfalt zu trivialisieren und beliebig einzudampfen. Diese im Prinzip unendliche Anzahl von Motiven ließe sich unter beliebigen Gesichtspunkten zu Gruppen zusammenfassen und mit Oberbegriffen versehen. Die Zusammenfassung würde durch einen anderen Autor völlig anders ausfallen und voilà, man hätte es mit einem gänzlich anderen Motivsystem zu tun. Allport wusste, wovon er schrieb, denn zu seiner Zeit hatte es bereits zahllose Ansätze gegeben. So hatte Aristippos von Kyrene, ein Schüler Sokrates‹, im vierten oder fünften Jahrhundert vor Christi Geburt gemeint, der Mensch ließe sich vor allem von seiner Suche nach Lust antreiben, was die Vermeidung von Schmerz und anderen unangenehmen Erlebnissen

enthält. Jeremy Bentham und John Stuart Mill verfochten im 19. Jahrhundert den Utilitarismus, der grob besagte, Menschen ließen sich weitgehend von Instinkten und Trieben leiten, von denen ein beträchtlicher Teil unbewusst sei. (Dem hat der Psychologe Viktor Frankl im 20. Jahrhundert heftig widersprochen. Er wies nach, dass der Mensch durchaus einen freien Willen hat, auch wenn dies von einigen neuzeitlichen Gehirnforschern aufgrund beobachteter neuronaler Vorgänge, die sie sich noch nicht erklären können, infrage gestellt wird.) Und Sigmund Freud fand den Lebensstrieb in der Libido, um nur einige Beispiele zu nennen. Zahlreiche psychologische Modelle wurden rund um die Motivationen der Menschen begründet und wieder als gescheitert verworfen, darunter auch der Behaviorismus und die Maslow zugeschriebene 5-stufige Bedürfnispyramide.

stehen. So kann ein Verkäufer die Motive eines Kunden vielleicht nicht nachempfinden, aber durch das Modell weiß er, dass die Motive des anderen durchaus nicht absurd, sondern berechtigt sind. Der Verkäufer stellt fest, dass diese Kundenmotive nicht zu seiner »Welt« gehören, doch er muss sie nicht mehr infrage stellen, was dem Verkaufsgespräch sehr dienlich ist. Würde ein Verkäufer die Motive seines Kunden als zu abwegig empfinden, würde er den Kunden nicht mehr gut beraten können.

- In vielen Lebenssituationen kann man beobachten, wie Menschen ihre Motive und Werte ungefragt anderen aufdrängen. Sie sind der Ansicht, die eigenen Überzeugungen müssten auch für alle anderen gelten, und wer sich nicht anschließt, sei womöglich mindestens ein unreifer, wenn nicht gar ein dummer oder schlechter Mensch. Wenn jemand für einen reinen Marken-Shop wie beispielsweise *Adidas* arbeitet, dann ist es sicherlich im Sinne seines Arbeitgebers, wenn er Kunden aus tiefster Überzeugung die eigenen Produkte von Adidas empfiehlt, statt die von *Nike*. Aber wenn der Kunde eben Laufschuhe will und keine Fußballschuhe, dann sollte der Verkäufer ihm keine Fußballschuhe aufdrängen, nur weil er selbst Fußball liebt und nicht verstehen kann, dass irgendjemand auf der Welt anders zu seinem Lieblingssport steht. Vor allem sollte der Verkäufer es dann nicht tun, wenn der Kunde joggen will und Fußball nicht ausstehen kann.

- Ein solches Verhalten kann sich noch verstärken. Es gibt Menschen, die Druck auf andere ausüben oder diverse manipulative Techniken einsetzen, damit ein anderer von seinen Zielen ablässt oder seine Werte verändert. Der andere soll sich die Ziele und Werte des Manipulators aneignen. Einige Tierschützer greifen bekanntlich Pelzmantel-Trägerinnen an, damit sie gefälligst aufhören, Pelze zu tragen. Manche möchten jeden um sich herum zum Vegetarismus bekehren.

- Viele Menschen empfinden Persönlichkeits- bzw. Motiv-Modelle als hilfreich, um zunächst sich selbst besser zu verstehen. Jedes Selbst-Verständnis ist insofern wichtig, weil die eigene Klärung dazu führt, Projektionen zu reduzieren und dadurch andere Menschen in ihren Bedürfnissen besser wahrnehmen zu können.

Wenn man also mit Motiv-Modellen im Verkauf arbeitet, dann sollte das jeweilige Modell auf die individuellen Anforderungen einer Branche, einer Zielgruppe oder eines Unternehmens mit seiner ihm ganz eigenen Positionierung abgestimmt sein. Ein verwendetes Modell sollte immer *spezifisch* sein.

Geschlechtsspezifische Unterschiede bei Motiven

Zweifellos weisen Menschen unterschiedlichen Motiven eine unterschiedliche Bedeutung in ihrem Leben zu. Jeder Mensch besitzt eine individuelle Prägung, basierend auf

- seinen angeborenen Voraussetzungen;
- dem Kulturkreis, in den er hineingeboren wurde und der ihn zumindest in den ersten Lebensjahren umgibt;
- seinem direkten sozialen Umfeld, in den ersten Lebensjahren, also seine Familie (oder die Menschen, die ihn erziehen), später Gleichaltrige und noch später die eigene Familie, Freunde und Kollegen sowie
- den eigenen Erfahrungen, die das Individuum im Laufe seines Lebens ansammelt, und den Entscheidungen, die es im Leben trifft.

Und doch lassen sich, wenn man sich die Frauen getrennt von den Männern anschaut, einige eindeutig geschlechtsspezifische Präferenzen bei Motiven feststellen. Uns ist keine systematische Forschung zu Kaufmotiven bekannt, und doch lassen sich viele Motive ableiten, wenn man sich mit ganz verschiedenen Wissenschaften im Zusammenhang befasst, wie zum Beispiel Anthropologie, Evolutionsbiologie, Neurowissenschaften, Soziobiologie etc.

Wir möchten an dieser Stelle auf die Kapitel »Evas Kaufverhalten« und »Adams Kaufverhalten« verweisen, in denen die besonders für Frauen bzw. besonders für Männer wichtigen Motive ausgeführt werden. Wichtig ist in diesem Zusammenhang allerdings noch ein Hinweis: Viele Studien untersuchen Motive, ohne ihre unterschiedliche Bedeutung für Frauen und Männer zu untersuchen. So antworten Frauen in den meisten (Marketing-)Befragungen oft, Sicherheit sei ihnen wichtig. Die meisten Auftraggeber solcher Studien fragen nicht genauer nach. Sie interpretieren die Tatsache, dass Frauen diesen Punkt auf dem Fragebogen angekreuzt haben, so, dass Frauen ein in technischer Hinsicht sicheres Auto wollen. Diese Denke wird an die Verkäufer weitergegeben. Und die erzählen Frauen, wenn sie

sie überhaupt als eigenständige Kundinnen in ihren Geschäftsräumen erkennen, eine Menge über Technik, über Airbags und Assistenzsysteme. Doch Sicherheit ist für Frauen keine technische Lösung, sondern vor allem ein Gefühl. Die darin verborgenen Bedürfnisse können völlig anders gelagert sein. So möchte sie vielleicht sicher sein, dass das Auto niemals auf der Autobahn verreckt. Sie möchte dem Hersteller ihres Autos vertrauen, dass ihr Auto beste Qualität hat und nicht immerzu in der Werkstatt steht und womöglich ständig viel Geld kostet. Sicherheit ist für sie dann Zuverlässigkeit. Oder sie befürchtet nichts mehr, als dass ihren Kindern im Auto etwas passieren könnte. Dann möchte sie bestimmt eine sichere Fahrgastzelle, aber womöglich auch eine zusätzliche Sicherheitsspanne, falls sie mal Freunde ihrer Kinder mitnehmen muss und nicht genügend Kindersitze dabeihat.

Wie unterschiedlich Frauen und Männer Begriffe/Motive verstehen, ist kaum je untersucht worden. Der Soziologe Philip Blumstein und die Soziologin und Psychiaterin Pepper Schwartz haben 1983 in ihrer großen Studie über amerikanische Paare herausgefunden:

> Unabhängigkeit bedeutet für Frauen, dass sie von anderen unabhängig sind und dass niemand von ihnen abhängig ist.
> Unabhängigkeit bedeutet für Männer, dass sie von anderen unabhängig sind, dass aber andere durchaus von ihnen abhängig sind.

Branchenspezifische Motive

Spezifische Modelle für Kaufmotive innerhalb einer Branche können, wie gezeigt, durchaus eine nützliche Hilfestellung bieten. Ich (Vivien Manazon) habe aus meiner langjährigen Beratungspraxis heraus einige solcher Branchenmotive entwickelt. Wie so etwas aussehen kann, möchte ich beispielhaft anhand der Touristik darstellen.

Die *12 Urlaubsmotive*[9] bestehen aus thematischen Motiv-Clustern. Demnach umfasst die Themengruppe »Genuss« nicht nur die Wün-

---

9 Ich (Vivien Manazon) habe die *12 Urlaubsmotive* übrigens speziell als Buch und Spiel *Traum:Urlaub – Aber wie?* konzipiert, damit Freundinnen und Freunde, Paare und Familien sich über ihre eigenen Urlaubswünsche bewusst werden und gemeinsam ihren Traumurlaub finden. Buch und Spiel sind in ausgewählten Reisebüros und unter www.12urlaubsmotive.de erhältlich.

sche, viel, gut oder exotisch zu essen, sondern auch andere sinnliche oder auch lustvolle Erfahrungen. Erwecken Sie im Urlaub gern bewusst Ihre Sinne, die im Alltag zu kurz kommen? Können Sie sich am Duft violett blühender Lavendelfelder in der Provence oder am feinen, warmen Rieseln des pechschwarzen Strandsandes auf Hawaii in Ihren Händen berauschen? Let's talk about Sex: Haben Sie im Urlaub mehr und besseren Sex als im Alltag? Dann ist das Motiv »Genuss« wichtig für Ihren gelungenen Urlaub.

Motivgruppen, die nebeneinander angeordnet sind, sind sich inhaltlich nah. Genießer haben mit hoher Wahrscheinlichkeit auch Anteile der Nebengruppen, sehnen sich also auch nach Aspekten aus »Schönheit« und »Ruhe«. Motivgruppen, die einander gegenüber im Kreis angeordnet sind, stellen klassische Gegensätze dar. So widersprechen sich »Ungebundenheit« und »Kinder« im Grundsatz.

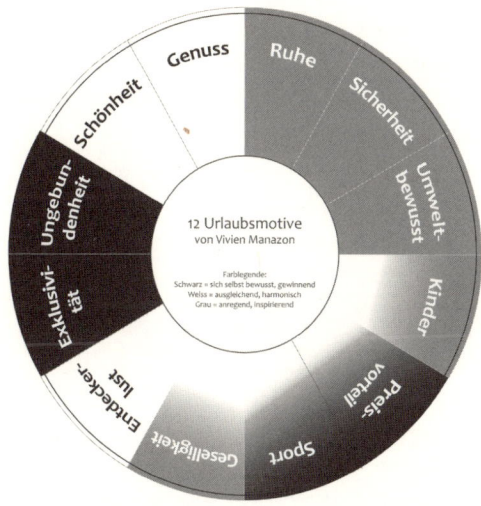

Abb. 7 12 Urlaubsmotive
Quelle: Vivien Manazon, 2011

Und doch handelt es sich um keine kategorischen Gegensätze! Vielmehr lässt sich beobachten, dass die Reiseanbieter in den vergangenen Jahren verstärkt danach gestrebt haben, neue Reiseerlebnisse zu »erfinden« oder neue Zielgruppen zu erschließen, gerade *indem* Gegensätze zusammengefügt wurden. In der Motivgruppe Exklusivität verbinden einige Anbieter Luxus in einem noch nie dagewesenen Maße mit Umweltschutz (Motivgruppe Umweltbewusstsein): Einer der teuersten Hypes der letzten Jahre waren Safaris in Afrika mit Übernachtungen in höchst exklusiven, umweltfreundlichen Luxus-Lodges.

Ein anderes Beispiel ist die Verbindung von Schönheit und Preisbewusstsein. Waren Kreuzfahrten früher ein teures Vergnügen, das den Reichen mit einem besonderen Appetit auf Schönes vorbehalten war, leisten sich heute sogar Studenten die eine oder andere Cruise Week, weil hohe Kapazitäten Reedereien zu noch höheren Rabatten zwingen.

Die einzelnen Motivgruppen sind Farben zugeordnet, die für Urlaubsgrundstimmungen stehen:

Rot = sich selbst bewusst, gewinnend (in der Abbildung schwarz)
Grün = ausgleichend, harmonisch (in der Abbildung grau)
Orange = anregend, inspirierend (in der Abbildung weiß).

Manche Motivgruppen sind ein-, manche mehrfarbig, das bedeutet, die mehrfarbigen weisen mehrere Dimensionen auf. Die Überbegriffe lassen sich so den Farben zuordnen:

Rot = sich selbst bewusst, gewinnend (in der Abbildung schwarz)	Grün = ausgleichend, harmonisch (in der Abbildung grau)	Orange = anregend, inspirierend (in der Abbildung weiß)
	Ruhe	
	Sicherheit	
	Umweltbewusst	
	Kinder	Kinder
Preisvorteil	Preisvorteil	
Sport	Sport	
	Geselligkeit	Geselligkeit
		Entdeckerlust
Exklusivität		
Ungebundenheit		
		Schönheit
		Genuss

Was in der Touristik-Branche wie kaum in einer anderen von entscheidender Bedeutung ist, ist das Verständnis, dass Menschen nicht immer Lust auf denselben Urlaub haben, schon gar nicht, wenn sie mehrmals im Jahr verreisen. Dabei geht es keinesfalls immer um unterschiedliche Reiseziele im Sinne von Destinationen, sondern vor allem um unterschiedliche Reise*erlebnisse*! Das Reiseverhalten einer Familie kann sich über das Jahr beispielsweise so verteilen: Während im Sommer die Eltern mit ihren kleinen Kindern den großen Strandurlaub auf einer der ostfriesischen Inseln verbringen, reist sie in diesem Jahr über Pfingsten mit zwei Freundinnen nach London und »macht dort in Kultur«. Letztes Jahr brauchte sie unbedingt etwas Ruhe und war für die Dauer eines langen Wochenendes in einem Wellness-Hotel. Ihr Mann hingegen liebt den Wintersport und verbringt seit seinem Studium jeden Winter eine Woche mit seinen früheren Kommilitonen beim Skilaufen in Österreich. Sobald die Kinder etwas größer sind, kann der Strand auch schon weiter im Süden liegen, in Italien oder Frankreich. Und wenn die Kinder eines Tages flügge geworden und aus dem Haus sind, dann können die Eltern auch endlich wieder an Fernreisen denken. Von einer Rundreise durch Vietnam und Kambodscha träumen sie eigentlich schon lange.

> Für Urlaubsmotive gilt speziell: Sie ändern sich mit der Lebensphase, mit den Mitreisenden und von Urlaub zu Urlaub. Daher müssen sie vor fast jeder Reise neu ermittelt werden. Das ist eine der Besonderheiten der Touristik-Branche.

Antimotive

Stets ist von Motiven die Rede, doch nur selten von Antimotiven.

> Antimotive sind Motive, die von einem Individuum als besonders negativ empfunden werden.

Während das Motiv *Wettkampf* manche Menschen geradezu beflügelt und einige einfach kalt lässt, kann es bei anderen Abneigung, Angst oder auch Wut auslösen. Für diese Menschen wird *Wettkampf* zum Antimotiv. Das hängt von den Anlagen, aber auch eigenen Präferenzen und Erfahrungen ab.

Antimotive wirken sowohl bei Kunden als auch bei Verkäufern kritisch. Kunden, die in einer Kaufsituation mit einem Antimotiv in Berührung kommen, reagieren leicht mit einer Abwehrhaltung. Solch eine Abwehrhaltung kann sich zeigen, indem der Kauf abgebrochen wird, der Kunde sich innerlich zurückzieht, ausweicht, die Kaufentscheidung aufschiebt oder sogar plötzlich aggressiv wird.

Noch problematischer allerdings ist es, wenn das ermittelte Motiv eines Kunden für den Verkäufer ein Antimotiv darstellt. Wenn sich der Verkäufer innerlich nicht distanzieren kann, wird er mit dem Motiv des Kunden womöglich nicht achtsam und respektvoll genug umgehen. Im schlimmsten Fall kann es zu einer Schlechtberatung kommen. Eine Vegetarierin kann als Service-Managerin in einem Steakhouse nicht glücklich werden.

Motive erspüren: aktive Wahrnehmung

Kunden sind rätselhafte Wesen. Sie spüren immer, was sie wollen, aber würde man sie direkt danach fragen, könnten sie es oft nicht sagen. Sie fänden nach einigem Nachdenken immer eine Antwort, aber die Gehirnforscher haben längst nachgewiesen, dass das Gehirn immer eine Begründung findet – nur entspricht sie oft nicht den wahren Gründen. Dieser Vorgang im Gehirn heißt *Rationalisierung*. Der Job eines Verkäufers besteht also oftmals darin, die unbewussten Wünsche von Kunden zu erkennen und sichtbar zu machen. Ein Verkäufer muss somit – zusätzlich zu seiner Fachkenntnis – nicht weniger als irgendwie auch Psychologe und Hellseher sein.

Die meisten Bücher und Trainer empfehlen an dieser Stelle das aktive Zuhören in Kombination mit der richtigen Fragetechnik. Eine gute Fragetechnik ist sicherlich sehr wichtig, doch es gibt weit mehr als nur die verbale Kommunikation, die Aufschluss über Kundenbedürfnisse liefert. Nonverbale Signale sind weitaus zuverlässiger, wenn es darum geht zu erkennen, ob Sie auf dem richtigen Weg sind. Sie können also nicht nur *zuhören*, sondern auch Ihrem Kunden vieles *ansehen*!

Verbale Kommunikation: Zuhören und fragen

Am Zuhören führt kein Weg vorbei, und damit auch nicht am Stellen von Fragen. Allerdings müssen diese Fragen nicht immer nur zielführend im Sinne des Verkäufers sein, möglichst schnell möglichst viel zu verkaufen, sondern sie müssen auch andere Ziele erfüllen, beispielsweise eine Vertrauensbasis herzustellen, die Beziehungsebene zu stärken, eine langfristige Geschäftsbeziehung zu etablieren etc.

Das meiste, was ein Verkäufer über Fragetechniken wissen muss, steht schon längst im Internet. Selbst Wikipedia erklärt unter dem Stichwort *Fragetechnik* die wichtigsten Unterschiede, daher halten wir diesen Teil ausgesprochen kurz. Nur so viel: Offene Fragen sind besser als sogenannte geschlossene Fragen, die der Kunde nur mit ja, nein oder weiß nicht beantworten kann. Offene Fragen erfordern immer ausführlichere Antworten vom Kunden.

Offene Fragen beginnen mit *W-Worten*: wer, wie, was, welche, weshalb, wann, wie lange, wohin, woher, wozu, worauf etc.

Wann immer der Kunde seine Erläuterungen beendet hat, *spiegeln* Sie ihm, was Sie verstanden haben. Fassen Sie zusammen, was Sie gehört und welche Emotionen Sie wahrgenommen haben.

Oft lässt sich beobachten, dass Verkäufer die Bedarfsanalyse viel zu früh abbrechen. Sobald ein erstes Schlagwort des Kunden in eine ihrer Schubladen passt, hängen sie sich dran und beißen sich geradezu daran fest, oft, ohne es selbst zu merken. Vor allem aber übernehmen die Verkäufer dann das Reden, statt es bis zum Abschluss der Bedürfnis- und Bedarfsanalyse beim Kunden zu belassen.

Ein weiterer beliebter Fehler ist, den Kunden zu unterbrechen, während er noch nachdenkt. Manche Verkäufer bringen nicht mit allen Kunden die nötige Geduld auf. Wenn der Kunde noch nachdenkt, sollte er darin nicht mit der bereits nächsten Frage unterbrochen werden, sonst kann er sich all seiner Wünsche nicht vollständig bewusst werden oder diese Erkenntnisse in Worte fassen, die das präzise ausdrücken, was er sagen will. Die nötige Geduld in dieser Gesprächsphase ermöglicht eine wesentlich gezieltere Angebotsauswahl, reduziert die Anzahl der Revidierungen sowie Angebotsanpassungen und vor allem die Einwände des Kunden. Überhaupt wird das Risiko von Kaufabbrüchen durch eine gründliche Bedarfsanalyse radikal reduziert.

Wie erkennen Sie, was dem Kunden wirklich wichtig ist?

> Stellen Sie die Eingangsfrage sauber: »Was ist Ihnen an Ihrem neuen Auto wichtig?« »Wie stellen Sie sich Ihre Hochzeit vor?« »Worauf legen Sie bei Ihrem nächsten Urlaub Wert?« Der Kunde antwortet nach seinem Belieben. Das Erste, was er nennt, hat für ihn höchste Priorität!

Im Falle eines Urlaubs könnte es die Urlaubsart sein, die Destination, das Wetter, die Hotelkategorie oder was auch immer. Dabei ist höchste Vorsicht geboten:

> Männliche Kunden legen Wert auf ein bis maximal drei Kriterien! Nicht mehr! Kundinnen hingegen haben lange Kriterienkataloge. Für sie sind alle Kriterien wichtig! Alles, was sie nennen, muss im Anschluss in der Angebotssuche berücksichtigt werden!

Zugegeben: Es ist schwer, die Wünsche von Kunden zu erfassen, besonders dann, wenn sie selbst nicht wissen, was sie wollen. Und das ist schließlich öfter der Fall, als ihnen selbst bewusst ist. Das erlebte auch der US-amerikanische Handelsgigant *Wal-Mart*. Innerhalb von nur zwei Jahren hat das Unternehmen mindestens 1,85 Milliarden US-Dollar verloren, weil die Manager geglaubt haben, was eine Umfrage unter Kundinnen und Kunden ergeben hat. Die Kundschaft wünschte sich aufgeräumtere Läden. Tatsächlich hat Wal-Mart das Sortiment daraufhin um 15 Prozent bereinigt, was zu dem Einbruch führte, denn die Wal-Mart-Kundschaft schätzt vor allem anderen ein großes Sortiment zu kleinen Preisen. Aufgeräumtheit und Übersichtlichkeit mögen sie auch, aber das hat sich als nachgelagerter Wunsch entpuppt. Ordnung war bei Wal-Mart, wie sich herausstellte, ein *Hygienefaktor*, ein *nice to have*, jedoch kein kaufentscheidender Faktor.

Unterbrechungen

Männer mögen es nicht, von Frauen unterbrochen zu werden, und Frauen verabscheuen es, wenn Männer ihnen das Wort rauben. Und doch passiert es immer wieder, allerdings aus verschiedenen Gründen. Im deutschsprachigen Raum und in ähnlichen Kulturen fallen Frauen anderen in normalen Gesprächen recht häufig ins Wort. Das sieht beispielsweise in Südeuropa ganz anders aus: Hier unterbrechen auch Männer ihre Gesprächspartner oft im Gesprächsfluss. Bei uns unterbrechen Männer vor allem dann, wenn sie sich ihrem Gegenüber überlegen fühlen. Unter Männern gilt die Macht der Hierarchie: Der Untergebene muss dem Ranghöheren zuhören. Zu den Privilegien des Höhergestellten gehört, nicht zuhören zu müssen. In Verkaufssituationen gibt es jedoch noch weitere Aspekte:

- Verkäufer glauben, dass sie schon wissen, was die Kundin bzw. der Kunde sagen wird, und fallen ins Wort, weil sie abkürzen wollen. Doch Menschen empfinden es als Kränkung, wenn ihnen niemand zuhört. Und gerade Frauen erleben in vielen Lebenssituationen, dass ihnen nicht zugehört wird. Das ist fatal, weil der weibliche Stil auf Kooperation basiert, also darauf, dass miteinander gesprochen und verhandelt wird. Sie nehmen sich nicht einfach ihren Raum, wie Männer es gewöhnlich tun.
- Wer unterbricht, ist gerade darauf konzentriert, was er selber denkt, statt beim anderen zu sein. Doch gerade in der Bedarfsanalyse geht es allein darum, voll beim Kunden zu sein! Wie also kann ein Verkäufer sicherstellen, dass er tatsächlich beim Kunden ist – und bleibt?
  – Notizen helfen: Wer sich notiert, was Kunden sagen, kann gar nicht anders, als sich auf sie, ihre Bedarfe und Bedürfnisse zu konzentrieren.
  – 3-Sekunden-Regel: Wenn Kunden aufhören zu sprechen, kann der Verkäufer drei Sekunden lang seine Aufzeichnungen durchsehen. Somit bleibt dem Kunden genug Zeit, den Ausführungen gegebenenfalls etwas hinzuzufügen.

Nonverbale Kommunikation

Auch implizit Wahrgenommenes darf und sollte sogar gelegentlich angesprochen werden: »Ich sehe, Sie sind gerade traurig/ärgerlich/nachdenklich/belustigt.« Dieser Eindruck wird nicht dem Gesagten entnommen, sondern der Körpersprache, der Mimik, dem Tonfall und gegebenenfalls auch der Ausstrahlung. Dies erkennen und angemessen darauf reagieren zu können, gehört zu den unverzichtbaren Grundfähigkeiten jedes Verkäufers.

Das Lesen von Körpersignalen fällt Empathen sehr viel leichter als Systematikern. Das liegt in ihrer Natur. Und doch können auch Systematiker sich in der Erkennung von Gefühlen üben und erfolgreich werden, denn unser Gehirn ist plastisch: Es verändert sich immer genau entsprechend seiner Benutzung! Durch Übung verändern sich die neuronalen Verbindungen im Gehirn, es organisiert sich also auch physisch um. Als Sandra Witelson und ihr Team von der kanadischen McMaster University Albert Einsteins Gehirn 1999, also 44 Jahre nach seinem Tod, untersuchten, stellten sie fest, dass seine Scheitellappen rund 15 Prozent größer waren als normal, obwohl es mit 1230 Gramm um 145 Gramm leichter, also kleiner war als ein männliches Durchschnittsgehirn. In diesem Hirnareal finden wichtige Prozesse im Zusammenhang mit dem räumlichen Vorstellungsvermögen und mathematischem Denken statt. Einsteins Gehirn zeigte eindeutige Spuren seiner Benutzung.

Empathen entnehmen übrigens nur 10 Prozent aller Informationen in einer Unterhaltung dem gesprochenen Wort. Die restlichen 90 Prozent »lesen« sie aus den nonverbalen Signalen heraus.

Für jeden Verkäufer ist es von entscheidender Bedeutung, seine Kunden zu verstehen. Die wortlosen Zeichen sind manchmal noch beredter als das, was gesagt wird. Professionelle Einkäufer von Unternehmen trainieren sich diese Zeichen mühsam ab, doch die Konsumenten sind in aller Regel sehr frei und ungezwungen hinsichtlich ihrer Körpersignale. Zu diesem Thema wurden unzählige Fachbücher geschrieben und Wissenschaften begründet. So hat beispielsweise der US-amerikanische Anthropologe und Psychologe Paul Ekman das *Facial Action Coding System (FACS)* entwickelt, eine Klassifikation aller emotionalen Gesichtsausdrücke. Seine Arbeit über Gefühlsausdrücke, die sich oft nur für Bruchteile einer Sekunde auf einem Gesicht zeigen, sogenannte Mikroausdrücke, wird heute unter anderem in der Terrorismusbekämpfung eingesetzt. Somit würde allein der Versuch der etwas eingehenderen Betrachtung von nonverbaler Kommunikation den Rahmen dieses Buchs sprengen. Doch einige wenige Anzeichen genügen in aller Regel, um festzustellen, ob man den Kunden versteht, ob man mit ihm übereinstimmt.

> Kaufentscheidungen sind immer emotional! Zufriedenheit zeigt sich durch Entspannung, Freude durch Energie.

Mimik: Die sieben Basisemotionen Fröhlichkeit, Wut, Ekel, Furcht, Verachtung, Traurigkeit und Überraschung sind allen Menschen angeboren und drücken sich bei allen gleich aus, wie Paul Ekman herausgefunden hat. Nur Autisten können sie nicht erkennen. Bleibt ein Gesicht völlig ausdruckslos, was fast immer nur bei männlichen Kunden passieren wird, sollte ein Verkäufer darauf achten, ob der Kunde noch mit Nachdenken beschäftigt ist. Wenn der Kunde dem Verkäufer in die Augen schaut und schweigt, dann ist eine Nachfrage durchaus legitim. Nur nicht nervös werden, dafür gibt es überhaupt keinen Grund! Wenn ein Angebot das stärkste Motiv trifft, dann wechselt die Gleichgültigkeit zu emotionalem Interesse.

Dies sind sichere Anzeichen dafür, dass Sie goldrichtig liegen:
- Die Wangen des Kunden röten sich – das bedeutet, dass er emotional berührt ist. (Das ist nicht zu verwechseln mit kochender Wut!)
- Das sicherste und beste Zeichen dafür, dass Sie genau erkannt haben, was Ihr Kunde will: Seine Augen leuchten! Sie können diesen Moment genau sehen und fühlen!
- Der Kunde neigt sich dem Verkäufer körperlich zu und
- seine Sprache wird emotionaler, die Stimme freudiger.

Tonfall: Für den Tonfall gibt es unseres Wissens noch keine Systematik wie für Gesichtsausdrücke oder Körpersprache. Dennoch nehmen wir sehr genau wahr, was in einem Tonfall steckt, wie das alte Sprichwort »Der Ton macht die Musik« beweist. Dabei scheint es oft, als ob Menschen negative Gefühle schneller und vor allem sicherer erkennen können, was sicherlich mit unserem evolutionären Erbe begründbar ist: Wer Gefahr schneller erkennt, kann auch rascher darauf reagieren. Doch auch hier gilt wieder: Spricht jemand völlig ausdruckslos, darf nachgefragt werden, wenn auch die anderen Signale zum Verständnis des Kunden nicht ausreichen.

Körpersprache: Zuwendung und Vorbeugung als Zeichen von Interesse, Abwendung und körperliches Abstandnehmen als Zeichen von Ablehnung sind eindeutige Signale. Meistens jedenfalls. Allerdings kommen hier auch einige geschlechtsspezifische Aspekte ins Spiel:
- Frauen stehen oder sitzen sich gerne gegenüber, auch während einer Verkaufssituation. Sie möchten ihrem Gegenüber während des Gesprächs ins Gesicht schauen, denn wie erwähnt, entneh-

men sie 90 Prozent ihrer Informationen aus den nonverbalen Signalen.

- Männer hingegen verhalten sich lieber wie Fahrer und Beifahrer eines Autos. Sie stehen am liebsten Seite an Seite und schauen gemeinsam auf ein Produkt. Unter Männern blickt man sich nicht ständig in die Augen, denn es könnte leicht als Versuch ausgelegt werden, den anderen abzuchecken, ihn durchschauen zu wollen. Sehen sich Männer in die Augen, dann meistens zum Stärkemessen. Wer den Blick zuerst ab- oder zu Boden wendet, hat verloren. Stehen zwei Männer nebeneinander, ist es ebenfalls wichtig, dass sie einander nicht aus den Augenwinkeln abschätzen.

Bei alledem ist immer angeraten, sich danach auszurichten, was der Kunde oder die Kundin in der jeweiligen Situation bevorzugt, solange es Ihnen nicht zu unangenehm wird. Sie können immer sehen, wann in Ihrem Kunden etwas passiert: Er kommt buchstäblich körperlich in Bewegung. Wann immer mehr Bewegung ins Spiel kommt, haben Sie einen wichtigen Punkt erwischt. Nun müssen Sie nur noch einordnen, ob es sich um ein Motiv oder ein Antimotiv handelt.

Wie wichtig es ist, die Zeichen korrekt zu deuten und sie richtig umzusetzen, soll das folgende Beispiel verdeutlichen: Der Geschäftsführer einer mittelständischen Firma kam in ein Reisebüro. Er erzählte der Beraterin in der Bedarfsanalyse, er wolle auf gar keinen Fall eine Pauschalreise buchen. Sein Gesicht drückte bei dieser Vorstellung tiefste Abscheu und Verachtung aus. Die Beraterin arbeitete gründlich, denn am Ende ihrer Bedarfsanalyse stellte sich heraus, dass dieser Kunde einen Cluburlaub keineswegs zu den Pauschalreisen zählte. So buchte er zwei Wochen im Robinson-Club und freute sich ab dem Entscheidungszeitpunkt unbändig auf den All-Inclusive-Urlaub, den er gar nicht als solchen verstand. Offenbar unterstellte er dem Robinson-Club nicht dieselben Charakteristika, die er mit einem Pauschalurlaub verband. Hätte die Reiseverkäuferin lediglich auf die Worte gehört, hätte sie den für sie aus fachlicher Sicht feinen Unterschied nicht wahrgenommen, der für den Kunden allerdings so groß war wie der Grand Canyon. Anhand seiner Mimik konnte die Beraterin die Differenzierung erkennen – und vor allem an seinen strahlenden Augen bei der Buchung.

Nur nicht hetzen!

Manchmal drängeln Kunden während der Bedarfsanalyse. Sie scheinen sich gehetzt zu fühlen. Das kann an einem der folgenden Gründe liegen:

- Der Kunde ist tatsächlich in Zeitnot.
- Der Kunde ist nicht gewöhnt, dass man eine ordentliche Bedarfsanalyse mit ihm durchführt. Hier hilft eine Erklärung, weshalb Sie ihm all diese Fragen stellen.
- Der Kunde weiß nicht, wozu die ganze Fragerei gut ist, wohin sie führen soll. Dann ist es wichtig, dem Kunden zu begründen, weshalb die Fragen gestellt werden, dass sie der Ermittlung seines ganz persönlichen Bedarfs dienen, um herauszufinden, was am besten zu ihm passt. Begründete Fragen werden öfter und ausführlicher beantwortet als unbegründete. Beginnen Sie die Bedarfsermittlung mit etwas wie:»Darf ich Ihnen ein paar Fragen stellen, damit wir wirklich das Richtige für Sie finden?« In diesem Moment kann man anhand der Körpersprache und Mimik sehen, wie die Anspannung und das Misstrauen weichen und der Kunde sich entspannt. Diesen Effekt kann man durch das Anbieten eines Getränks steigern.

Oft lässt sich leider beobachten, dass selbst dort, wo nennenswerte Summen über den Tisch gehen sollen, dies nicht gemacht wird. Eine frühere Studie in Autohäusern von Rheingold hat gezeigt, dass selbst dann kein Kaffee angeboten wurde, wenn ein Kaffeeautomat sichtbar im Verkaufsbereich stand. Gute Boutiquen wissen, dass sie die Entscheidungsfreudigkeit mit einem Glas Prosecco oder gar Champagner signifikant erhöhen können.

- Der Kunde fürchtet, zu viel über sich preiszugeben, denn er hat es ja mit einer wildfremden Person zu tun. Von Fremden wissen wir noch nicht, ob wir es mit Freund oder Feind zu tun haben. Deswegen sind freundliche und beruhigende Signale so wichtig.
- Die Kunden haben sich selbst noch keine vertiefenden Gedanken gemacht, insbesondere nicht über ihre Motive. Sie sind ja auch keine Fachleute. Daher werden sie von vertiefenden Fragen schlichtweg überrascht und benötigen Zeit, um darüber nachzudenken.

Verkäufer sollten ihrem Kunden all die Zeit zum Nachdenken zugestehen und einräumen, die er benötigt. Denkpausen von ein bis drei Sekunden Länge helfen zu erkennen, ob der Kunde fertig ist oder noch nicht. Es kann ja sein, dass er noch etwas hinterherschiebt. Das bedeutet für die Ungeduldigeren allerdings, die Wartezeit zu ertragen. In der Praxis zeigt sich, dass es für viele Verkäuferinnen schwieriger ist als für die meisten Verkäufer, die Stille zu ertragen.

Machen Sie sich bewusst, dass die gefühlte Wartezeit Ihnen viel länger erscheint als Ihrem Kunden, der ja in seiner Welt beschäftigt ist, während Sie auf seine Antwort warten und in dieser Zeit nichts anderes zu bedenken oder zu tun haben.

Wenn der Kunde ins Nachdenken kommt, wird dies von Verkaufsmitarbeitern oft als Ablehnung fehlinterpretiert, denn der Kunde zieht die Stirn kraus, unterbricht den Blickkontakt, wirkt abwesend. Doch der Kunde, der diesen Denkweg zu Ende gehen darf, kehrt von selbst wieder zurück und wird seine Aufmerksamkeit wieder auf den Verkäufer konzentrieren. Wenn er seinen Denkprozess beendet hat, nimmt er wieder Blickkontakt zum Verkäufer auf.

Verkäufer begehen oft einen Fehlschluss, wenn sie dem Kunden nicht genug Zeit geben, um seine Überlegungen abzuschließen. Sie denken, der Kunde wisse zu wenig, um eine Entscheidung zu treffen. Daher bieten sie völlig verfrüht eine Auswahl an und schränken damit den Kunden und das Angebot ein. Vor allem aber verhindern sie, dass der Kunde ein Gefühl für seine wahren Bedürfnisse entwickelt. Daraus kann keine tiefe Zufriedenheit entstehen, selbst wenn er sich zum Kauf innerhalb der gegebenen Auswahl entscheidet.

Wenn ein Verkäufer sich im Verkaufsgespräch nicht genug Zeit nimmt, dann oft, weil er sich gehetzt fühlt. Das kann an einem oder mehreren der folgenden Gründe liegen:

- Der Verkäufer hat das Gefühl, der Kunde habe keine Zeit (siehe vorher).
- Der Verkäufer wird bei einer anderen Tätigkeit unterbrochen, wenn der Kunde das Geschäft betritt. Er kann diese Aufgabe in diesem Moment nicht zu Ende führen. Das führt zu dem schnellen Kundencheck, ob dieser lediglich eine kurze Frage hat oder ob er ein längeres Beratungsgespräch anstrebt. Dies gilt vor allem für Geschäfte, in denen der Kunde sich nicht selbst bedienen kann. In Selbstbedienungsgeschäften lässt sich beobachten, dass

die Verkäufer mit ihrer Tätigkeit meistens leider unvermindert fortfahren und den eintretenden Kunden ignorieren. Die Mitarbeiter, die gerade Regale einräumen, sind von ihrer Beschäftigung derart absorbiert, dass sie sich zwischen den Kunden und das Regal schieben, wortlos und ohne Blickkontakt. Sie verhalten sich, als stünde der Kunde überhaupt nicht da! Diese unangemessene körperliche Nähe zwingt den Kunden, vom Regal wegzutreten. Vor allem aber wird er in seinen Kaufüberlegungen unterbrochen. Meist führt beides dazu, dass er seinen Kauf abbricht, was den Verkäufern, die solches auslösen, immer verborgen bleibt. Wenn ein Verkäufer schon nicht warten kann und dazwischenfahren muss, dann kann er dies notfalls tun, ohne den Kunden zu vergraulen. Er muss nur grüßen und darum bitten, kurz ans Regal gelassen zu werden. So kann eine Störung, elegant gelöst, gegebenenfalls sogar zum Einstieg in ein Verkaufsgespräch dienen.

- Der Verkäufer hat gerade einen vollen Tisch abzuarbeiten. Ein interessierter Kunde stört die Tagesplanung empfindlich. Fatal wird es, wenn ein nach Orientierung suchender Kunde mit seiner Unsicherheit sich in ein Geschäft begibt, wo er einen genervten Verkäufer vorfindet. Stammkunden werden freundschaftlich vertröstet oder sogar in sensible Geschäftsbereiche gelassen, die womöglich aus Hygienegründen gar nicht von Unternehmensfremden betreten werden dürften. Neukunden werden in solchen Situationen häufig für immer vergrault. Da hilft auch das größte Verständnis nicht, wenn man weiß, dass immer weniger Berater immer mehr Arbeit zu leisten haben.
- Der Verkäufer hat das Gefühl, nicht gut und/oder nicht schnell genug zu sein. Dieses Gefühl stellt sich bei Verkäuferinnen weitaus häufiger ein als bei Verkäufern.
- Es ist bald Feierabend.

Hinweise zu Notizen

Bei aufwändigeren Investitionen oder komplexeren Sachzusammenhängen empfiehlt es sich, Notizen zu machen. Manchmal kann man beobachten, wie ein Verkäufer das, was ein Kunde gesagt hat, notiert – allerdings in einer ganz eigenen Fassung. Was auf dem Notizblock landet, ist nicht das, was der Kunde gesagt hat, sondern die

Interpretation des Verkäufers davon. Dann ist es egal, ob er allgemeine Sprache oder fachliche Stichpunkte verwendet, die Gefahr der Verfälschung ist eingetreten. Und wenn er dann auch noch versäumt, mittels einer Zusammenfassung die Richtigkeit des Verstandenen abzuprüfen, dann rächt sich das in der Angebotspräsentation. Daher ist es wichtig, sich anzugewöhnen, das, was ein Kunde gesagt hat, in exaktem Wortlaut zu notieren. Das erleichtert das Hinterfragen, die korrekte Angebotsauswahl, spart allen Beteiligten viel Zeit und Ärger und verhindert vor allem, dass der Kunde den Kauf entnervt abbricht. Und selbst wenn Kunden Angebote annehmen, die nicht völlig ihren Ansprüchen genügen, dann werden sie bestenfalls mittelmäßig zufrieden sein und wahrscheinlich nicht wiederkommen, geschweige denn, dass sie eine positive Weiterempfehlung abgeben würden. Das ist umso ärgerlicher, wenn der Verkäufer eine perfekte Lösung in petto gehabt hätte, diese jedoch aufgrund eines Verständnismangels nicht ausfindig machen konnte.

Das Angebot

Eigentlich besteht die Angebotsphase aus zwei Teilen: aus der Angebotssuche bzw. -auswahl sowie der Angebotspräsentation. Wir wollen sie in diesem Kapitel also auch getrennt voneinander betrachten, da dies tatsächlich zwei unterschiedliche Arbeitsschritte mit unterschiedlichen Anforderungen sind. Zudem haben wir bei unseren unzähligen Studien der Beobachtung männlicher und weiblicher Verkäufer teilweise erhebliche Unterschiede in der Vorgehensweise beobachtet. Wir möchten aufzeigen, welche unbewussten Fehler häufig trotz bester Absichten begangen werden und welche Vorgehensweisen die besten Erfolge hervorbringen.

Die heutige Hauptaufgabe des Verkäufers aus Sicht der Kundschaft
Die Auffassungen darüber, worin die Hauptaufgabe eines Verkäufers liegt, mögen auseinandergehen, je nachdem, wen man fragt. Viele Verkäufer sind der Ansicht, sie müssten ihr Fachwissen zur Verfügung stellen, dem Kunden helfen, sich zu entscheiden, im Sinne ihres Brötchengebers den Absatz fördern etc.

> Aus Sicht der Kunden hat ein Verkäufer heute vor allem die Aufgabe, ihnen aus einem Überangebot, durch das sie alleine nicht mehr hindurchfinden können, die für sie passendsten Angebote herauszusuchen.

Tatsächlich sind die Läden und das Internet übervoll mit Waren und Dienstleistungen. Ein beträchtlicher Teil davon innerhalb einer Kategorie unterscheidet sich faktisch nicht mehr. Selbst in der Automobilindustrie werden Entwicklung und Fertigung bestimmter Modelle sogar von Wettbewerbern zusammengelegt. Am Ende unterscheiden sich die Wagen nur noch anhand geringfügiger Details im Karosserie-Design und ihres Markenlogos.

Welche Kaufentscheidung sollen Verbraucher heute treffen? Welche *können* sie treffen? Wie wir später noch sehen werden, ist es den Frauen ungemein wichtig, bei ihrer Kaufentscheidung *die beste Wahl* zu treffen. Und in bestimmten Fällen ist das auch Männern wichtig. Wie lässt sich das allerdings anstellen, wenn allein ein einziges Skigebiet auf seiner Website die Auswahl zwischen 835 Hotels bietet? Wer hat da die Zeit, sich alle Hotel-Websites anzuschauen, insbesondere, wenn es keine Auswahlkriterien zum Ankreuzen gibt, die am Ende eine Auswahl ermöglichen und dadurch den Aufwand enorm reduzieren würden?

Diese Reduktion muss heute jeder Verkaufsberater leisten. Damit erspart er seinen Kunden (und ganz besonders den Kundinnen) einen enormen Aufwand, den sie im Alltag nicht leisten können, schon gar nicht für jedes Produkt, das gekauft werden muss.

Opportunitätskosten

Die gelungene Vorauswahl durch den Verkäufer hat einen weiteren, extrem wichtigen Effekt: Sie erhöht die Kundenzufriedenheit enorm!

Der US-amerikanische Psychologie-Professor Barry Schwartz berichtet in seinem Buch *Anleitung zur Unzufriedenheit* von folgendem Versuch, der in ähnlicher Weise mehrfach wiederholt wurde und immer zum selben Ergebnis führte: In einem Delikatessengeschäft, in dem an jedem Wochenende neue Produkte zum Probieren angeboten werden, haben Forscher zunächst einen Probiertisch aufgebaut, auf dem sie sechs verschiedene exotische, hochwertige Marmeladen anboten. Die Besucher dieses Geschäfts erhielten einen Coupon über einen Dollar Rabatt für den Fall, dass sie eine dieser sechs Sorten kaufen würden. Das gleiche Szenario wurde in einem zweiten Durchlauf mit 24 Marmeladensorten erprobt. In beiden Fällen konnten dieselben 24 Sorten auch tatsächlich gekauft werden, selbst wenn im ersten Versuch nur sechs probiert werden konnten. Die große Auswahl zog mehr Personen zum Probieren an den Tisch, allerdings probierten die Probanden beider Versuchsreihen im Durchschnitt gleich viele Sorten. Als es jedoch zum Kauf kommen sollte, zeigte sich der Unterschied auf frappierende Weise: Von den Gästen, die auf die kleine Auswahl trafen, kauften 30 Prozent ein Glas, wohingegen die große Probierauswahl bei den Marmeladen lediglich drei Prozent der Kunden zum Kauf eines Glases bewegte!

Wie gesagt: Andere Untersuchungen ergaben dieselben Ergebnisse. Ein zu großes Angebot erschwert nachweislich die Auswahl und damit die Kaufentscheidung. Es zeigte sich auch, dass Kunden, die mit einer kleineren Auswahl konfrontiert waren, am Ende viel zufriedener mit dem gekauften Produkt waren als jene, die ihre Kaufpräferenz aus einer großen Auswahl extrahieren mussten. Eine hohe Anzahl von Optionen reduziert die Attraktivität der am Ende getroffenen Wahl!

Die Forscher folgerten daraus, dass bei jeder Kaufentscheidung, die Menschen *für* ein Produkt treffen, sie auch berücksichtigen, was sie verlieren, wenn sie sich damit *gegen alle anderen* entscheiden. Je größer die Auswahl ist, desto mehr Dinge gibt es, auf die ein Kunde *verzichten* muss. Und dieser Verzicht tut scheinbar so weh, dass sich viele gar nicht erst entscheiden wollen! Wenn wir uns für etwas und damit gezwungenermaßen gegen etwas anderes entscheiden müssen, dann wird dieser Effekt *Opportunitätskosten* genannt. Er wird auch nicht dadurch gemildert, dass man alle 24 Marmeladen kaufen könnte. Deren Wert ist ja durch die schiere Anzahl gesunken.

> Ein Verkäufer kann dadurch, dass er die Auswahl für den Kunden reduziert, die Opportunitätskosten und somit die Verzichtsreue dramatisch senken. So ermöglicht er oft überhaupt eine Kaufentscheidung!

Bei uns zeigt sich dieser Effekt seit Jahren an ganz anderer Stelle: Der Niedergang der klassischen Kaufhäuser, darunter die Pleite von Karstadt, sind symptomatisch für eben diesen Effekt. Das Konzept von Kaufhäusern stammt aus einer Zeit, in der es noch einen Verkäufermarkt gab: Die Nachfrage überstieg das Angebot, das Angebot war eher schlicht, die allerersten Markenprodukte fingen gerade erst an zu entstehen. Da waren Kaufhäuser noch selten und der erste Ort, an dem man alles, was man sich nur wünschen konnte, auf einem Fleck erstehen konnte. Diese große Auswahl war damals sensationell (aber aus heutiger Sicht noch ausgesprochen übersichtlich), und sie sparte Zeit, weil nicht so viele spezielle kleine Geschäfte aufgesucht werden mussten. Doch die Zeiten haben sich in über hundert Jahren eben radikal verändert. Wir haben längst einen Käufermarkt, das Angebot übersteigt die Nachfrage so immens, dass die Konsumenten längst darum kämpfen, überhaupt noch halbwegs einen groben Überblick zu behalten. Ein klassisches Kaufhaus, das geradezu vollgestopft ist mit Waren und diesen Eindruck optisch auch noch vermittelt, überflutet Kunden geradezu mit all seinen Reizen, wobei die Kunden ohnehin schon aus ihren beruflichen und privaten Lebensbereichen vor lauter Informationen überfordert sind. Daher können wir seit über zehn Jahren beobachten, wie sich mehr und mehr zielgruppenspezifische Boutiquen und Marken-Shops durchsetzen, während *Hertie* & Co. längst Geschichte sind und Kaufhof & Co. ihren Besitzern seit Jahren schwer auf der Tasche liegen.

Die Angebotssuche und -auswahl

Die Angebotssuche ist ein leider zu oft vernachlässigter Arbeitsschritt, dabei hängt davon eigentlich alles ab. Nach einer gründlichen Bedarfsermittlung gilt es nun, das Wahrgenommene und Verstandene hinsichtlich der Kundenbedürfnisse und -bedarfe in Produkte oder Dienstleistungen zu übersetzen. Gerade bei komplexen Produkten oder erklärungsbedürftigen Dienstleistungen ist es unerlässlich, sich die nötige Zeit zu nehmen, um ein optimales und individuelles Angebot zusammenzustellen.

Bei Verkäuferinnen lässt sich Folgendes bei der Angebotsauswahl beobachten:

- Viele Verkäuferinnen sind unsicher, welches Angebot sie unterbreiten sollen, weil sie *ganzheitlich* denken *und* bestrebt sind, *das*

Beste aller möglichen Angebote herauszufiltern. Sie haben ein hohes Verantwortungsgefühl und ein ausgeprägtes Sicherheitsbedürfnis. Frauen durchdenken sehr gründlich alle Details im Sinne des Kunden. Sie benötigen viel mehr Zeit zwischen der Bedarfsphase und der Abgabe des Angebots für den sorgfältigen Auswahlprozess. Männliche Verkäufer tun sich in der Regel viel leichter, aus der Fülle aller Möglichkeiten etwas auszuwählen und es als das ultimative Angebot zu *präsentieren*. Sie suchen eher selten nach dem perfekten Angebot. Ein *ausreichend* passendes genügt aus ihrer Sicht vollauf. Enthält die Auswahl nicht das Gewünschte, wird schlicht und ergreifend etwas anderes ausgesucht und präsentiert.

- Wenn sich Verkäuferinnen nicht entscheiden können, dann gehen sie dazu über, *alles*, was ihrer Ansicht nach infrage käme, zu präsentieren. Beispiel: Ich (Vivien Manazon) hatte mich in einem Geschäft über Wasserfilter informieren wollen. Die Verkäuferin hielt mir schließlich einen Vortrag über zehn verschiedene Filtersysteme und ergänzte jede Aussage mit dem Satz »Es gibt aber noch viel mehr.« Damit sandte sie die Botschaft aus, dass es sich bei Wasserfiltern um ein riesiges wissenschaftliches Feld handelt, und dass sie sich eigentlich außerstande sieht, eine Empfehlung auszusprechen. Ich war im Anschluss an das Gespräch vollkommen verwirrt. Ich konnte und wollte daraufhin keinerlei Entscheidung mehr treffen und verließ das Geschäft unverrichteter Dinge. Ich schob meine Entscheidung auf unbestimmte Zeit auf, doch ganz klar war, dass ich dieses Geschäft auf keinen Fall wieder aufsuchen würde. Ein typisches Gespräch mit einem männlichen Verkäufer hätte zu einem viel zu frühen Zeitpunkt zu dieser Aussage geführt: »*Dies* ist genau das richtige Gerät für Sie!«, obwohl er da noch zu wenige Informationen über meinen tatsächlichen Bedarf gehabt hätte.
- Verkäuferinnen haben manchmal Bedenken, tief in die Bedarfsanalyse einzusteigen, weil sie Angst bekommen, für den Bedarf kein zu 100 Prozent passendes Angebot finden zu können. Die Angst bezieht sich vor allem darauf, dass die Verkäuferinnen befürchten, mit der Suche nach dem perfekten/angemessenen Angebot überfordert zu sein, sobald sie alle Informationen über den Kunden haben. Das perfekte Produkt gibt es allerdings nicht!

Diese Perfektionsansprüche müssen sie für immer fallen lassen, sonst gelingen auch viele Geschäftsabschlüsse nicht, die eigentlich unter dem besten Stern stehen! Die Verkäuferinnen und Verkäufer sollten lernen, dass es nicht um die Kriterien geht, die ihnen selbst wichtig sind, sondern um die, die den Kunden wichtig sind.

- Die Angebotssuche zwischen Bedarfsanalyse und Angebotserstellung gestaltet sich bei Verkäuferinnen und Verkäufern bei komplexen oder erklärungsbedürftigen Waren oder Dienstleistungen ganz unterschiedlich. Wichtig ist, dass Verkäuferinnen sich darüber bewusst sind, dass ihnen schlichtweg eine andere Vorgehensweise entspricht (sofern dies denn zutrifft – das muss eine jede von ihnen selbst analysieren). Dann brauchen sie kein schlechtes Gewissen mehr zu haben oder sich unter Druck zu setzen. Sie brauchen nicht so schnell zu sein wie die Männer, um das passende Angebot zu extrapolieren, denn sie haben ja auch viel detailliertere Daten gesammelt, die sie erst einmal auswerten müssen. Frauen müssen eine Grundsatzentscheidung fällen:
  - Entweder sie gestalten ihre Bedarfsanalyse oberflächlicher, dann können sie schneller eine Angebotsauswahl für den Kunden erstellen;
  - oder sie entscheiden sich für die gründliche Variante, was dann jedoch bedeutet, dass sie sich auch mehr Zeit für die Auswahl lassen müssen.

Beide Vorgehensweisen sind legitim. Die Verkäuferinnen müssen lediglich einen Weg für sich finden, nicht unter den Druck zu geraten, dem Kunden, der vor ihnen sitzt, eine schnelle Antwort geben zu müssen. Wir empfehlen Verkäuferinnen, den Kunden darüber zu informieren, dass sie nun ein paar Minuten über das Gesagte nachdenken oder in Ruhe das Passende auswählen möchten. Sobald es eine große Anzahl von Möglichkeiten gibt, sei es bei Geldanlagen, im Tourismus oder bei Produkten mit einer hohen Modellbreite, braucht eine gewissenhafte Beraterin eben Zeit, um das optimale Angebot herauszusuchen. Um diese Zeit zu überbrücken, soll sie dem Kunden dann zum Beispiel einen Kaffee, eventuell auch etwas zu lesen anbieten. Es gilt, den Kunden auf eine ihm angenehme Weise zu beschäftigen und sich selbst den Druck herauszunehmen, auf Anhieb die perfekte Lösung zu finden. Voraussetzung dafür ist, ein Selbstverständnis dafür zu entwickeln, dass diese Vorgehensweise in Ordnung ist.

Wenn der Kunde vor Ort warten soll oder will, dann braucht er eine Beschäftigung, immerhin schicken Zahnärzte ihre Patienten auch noch einmal in den Warteraum, bis die Betäubungsspritze ihre volle Wirkung entfaltet hat. Das Warten zwischen Bestandsaufnahme und der Fortsetzung der Prozedur im nächsten Schritt ist Kunden also durchaus bekannt. Ganz hervorragend wäre es, wenn der Kunde in einer Lounge Platz oder einen Getränkeservice in Anspruch nehmen könnte. In Autowerkstätten gibt es meistens einen Wartebereich mit Kaffee-Ecke für die Selbstbedienung, auch wenn diese zu oft eine wenig einladende Atmosphäre ausstrahlen. Weibliche Kunden sind bezüglich der Hygiene sehr sensibel, und auch vielen Männern ist sie keineswegs gleichgültig. Ein Zeitschriftenangebot, das zu den Interessen beider Geschlechter passt und aktuell ist, hilft sehr. (Auch da denken wir an jene Autowerkstätten, wo beim Zeitschriftenangebot noch nie jemand auf die Idee gekommen ist, dass zu der Kundschaft auch Frauen zählen.) Obwohl wir längst in einer Zeit der Smartphones mit Internet-Flatrates leben, sind bei weitem noch nicht alle Kunden mit entsprechender Technologie versorgt. Außerdem strengt ein so kleiner Bildschirm die Augen vieler an. Eine Möglichkeit, die E-Mails zu checken oder im Internet zu surfen, würden viele Kunden sicherlich begrüßen, um ihre Wartezeit zu überbrücken, zumal damit für den Anbieter heutzutage wahrlich keine nennenswerten Kosten mehr verbunden sind.

Ein beschäftigter Kunde kommt nicht in Stress, wenn ihm zuvor ein Zeitrahmen benannt wurde und dieser überschaubar ist und wenn der Kunde genügend Zeit mitgebracht hat. Steht allerdings der Verkäufer unter Druck, dann überträgt sich die Nervosität automatisch auf die Kunden, und das erschwert das Verkaufsgespräch deutlich.

Bei männlichen Verkäufern haben wir bei der Angebotsauswahl oft dies gesehen:

• In der Regel empfehlen männliche Verkäufer bei einer geringen Informationslage gerne das neueste und/oder das teuerste Produkt. Dahinter können verschiedene Gründe stecken: Sie bieten es an, weil dieses Produkt oder diese Dienstleistung

- das Produkt mit den meisten Features ist,
- das neueste ist,
- ihrer Ansicht nach am coolsten ist,
- am teuersten ist,
- am häufigsten verkauft wird (und somit ja kein schlechtes Angebot sein kann).
- Da männliche Verkäufer oft keine vollständige Bedarfsanalyse durchführen, stellen sie ihre persönlichen Interessen bzw. Motive in den Fokus ihrer Betrachtung und kümmern sich nicht ausreichend um die Kunden und ihre Interessen bzw. Motive. Die Verkäufer suggerieren, sie hätten das passende Produkt schon korrekt ausgewählt und setzen insbesondere Kundinnen gerne noch unter Entscheidungsdruck. Die Wahrscheinlichkeit, dass sie auf diese Weise dennoch einen Kaufabschluss erzielen, ist bei solchen Verkäufern weitaus höher als bei einer unschlüssigen Verkäuferin, die keinen Rat geben kann, obwohl ihre Herangehensweise deutlich fundierter ist.
- Männliche Verkäufer verfügen auch über eine hohe Selbstsicherheit oder strahlen zumindest solch eine Aura aus. Das bringt manche Kundinnen und Kunden dazu, ihnen den Experten abzunehmen, das Produkt zu kaufen und erst daheim festzustellen, dass sie schlecht beraten wurden.
- Es kommt aber auch vor, dass die Käuferinnen und Käufer nie merken, dass sie das für ihren Bedarf falsche Produkt erstanden haben. Sie haben beim Kauf zugestimmt, ja gesagt. Mit jedem Ja wird das folgende Nein unwahrscheinlicher. Das ist die psychologische Salamitaktik und so funktioniert auch Gehirnwäsche. Mit jedem Ja wird die Einsicht erschwert, dass man eine Fehlentscheidung getroffen hat. Es bedarf eines sehr ausgeprägten Bewusstseins, die einmal getroffene Kaufentscheidung im Nachhinein als falsch zu erkennen und sie sich einzugestehen. Wenn Menschen sich einmal zu einer Entscheidung durchgerungen haben, pflegen sie diese im Nachhinein in aller Regel nur noch immer und immer wieder zu bestätigen, auch wenn die ursprüngliche Entscheidung falsch war. Das Bedürfnis, in Übereinstimmung mit den eigenen früheren Entscheidungen zu bleiben, hat sein Entdecker, der Sozialpsychologe Russel Fazio, *Konsistenzprinzip* genannt. So kann es durchaus sein, dass eine Fehlent-

scheidung hinsichtlich eines Kaufs vor sich selbst geleugnet wird. Allerdings empfehlen wir niemandem, seine Verkaufstaktik auf diesem Phänomen aufzubauen, auch wenn genau dies eine Technik in der *Neurolinguistischen Programmierung* (NLP) ist. Im NLP wird *Future Pace* durchgeführt, um die Entscheidung für die Zukunft zu festigen. Es werden Fragen gestellt wie:»Wenn Ihre Frau nach Hause kommt und sie fragt Sie nach Ihrem Kauf: Wie begründen Sie, dass sie richtig entschieden haben?«»Wenn Sie nach Hause kommen und Ihr Nachbar fragt Sie: Was werden Sie sagen?« Das ist Manipulation. Damit werden bereits die»richtigen Reaktionen« auf Widerstände und Kaufreue im Käufer verankert. Der Käufer soll sich selbst begründen, wieso er die richtige Kaufentscheidung getroffen hat.

- Für die meisten männlichen Verkäufer ist der schnelle Erfolg wichtiger als die perfekte Lösung. Außerdem beraten sie, wie sie sich als Käufer verhalten. Sie beschränken sich auf ein bis maximal drei Kernkriterien und gehen davon aus, dass all ihre Kunden denselben Prioritätsumfang haben. Auf Kundinnen trifft das natürlich nicht zu. Wenn Verkäufer bei der Kundin ihre zwei bis drei Kernkriterien identifiziert haben, dann empfehlen sie schon ein Produkt, was diese Anforderungen erfüllt. Dabei ignorieren sie, dass der Kriterienkatalog der Kundin weitaus länger ist.

Angebotspräsentation

> Die Aufgabe des Verkäufers besteht vornehmlich darin, dem Kunden das Leben dadurch enorm zu erleichtern, indem er eine Vorauswahl trifft und so die Anzahl aller möglichen Optionen entsprechend der Kundenkriterien reduziert.

Der gesamte Verkaufsgesprächsverlauf hängt von der richtigen Angebotsauswahl ab. Bei der Angebotspräsentation ist abhängig vom Geschlecht des Kunden grundsätzlich so vorzugehen:

- Unterbreiten Sie Adam ein bis maximal drei Angebote, Eva eher drei bis sechs.
- Gehen Sie immer strukturiert vor, indem Sie ein Angebot nach dem anderen vollständig vorstellen. Erst wenn Sie ein Angebot dargestellt haben, wechseln Sie zum nächsten über. Wenn Ihr

Kunde mehrere Dinge zu kaufen beabsichtigt, zum Beispiel ein Gerät plus Zubehör, dann konzentrieren Sie sich auf den Hauptartikel. Wenn dieser Kauf beschlossen ist und der Kunde sich noch immer in Kauflaune befindet, können Sie die kleineren Dinge auch noch durchsprechen. Überfordern Sie den Kunden nicht, indem Sie alles in einer Kaufentscheidung abzuhandeln versuchen.

• Handelt es sich bei Ihrem Gesprächspartner lediglich um jemanden, der sich ursprünglich nur informieren wollte, dann können Sie sein sofortiges Kaufinteresse womöglich für einen kleinen Artikel wecken, auch wenn Sie kaum etwas daran verdienen. Wenn es Ihnen gelungen ist, aus einem Interessenten einen Kunden zu machen, der sich über die erstandene Kleinigkeit freut, dann wird er mit einer hohen Wahrscheinlichkeit wiederkommen.

Vertrauen Sie darauf, dass Sie für Ihren Kunden eine gute Auswahl getroffen haben. Wenn Sie das Gefühl haben, dass Ihr Angebot das ist, was zum jeweiligen Kunden passt, und dass es stimmig ist, dann können Sie es sicher präsentieren. Dann können Sie sich besser auf das *Wie der Präsentation* konzentrieren als auf das *Was des Angebots*. Dann können Sie auf *Schlüsselworte*, vor allem aber auf die Zeichen der *Resonanz* achten. Zur Angebotspräsentation gibt es so viele Techniken und Regelwerke, wie es Bücher über Verkaufstechniken gibt. Wenn Sie über Empathie verfügen, sich auf Ihren Kunden einlassen und an seinem Wohl interessiert sind, dann senden Sie im Wesentlichen schon alle überzeugenden Signale. Wir möchten uns an dieser Stelle lediglich auf zwei Punkte beschränken, die wir für wesentlich halten.

• Verwendung von Schlüsselworten:
Der Kunde sagt in der Bedarfsanalyse: »Funktionalität ist mir wichtig.« Also notiert sich der Verkäufer diesen Begriff und sagt in der Angebotspräsentation: »Dieses Produkt ist im Design einfach gehalten, dafür in der Funktionalität großartig.« Er verwendet das Kriterium entsprechend der originalen Wortwahl des Kunden und zeigt, worin das ausgewählte Produkt dessen Wünschen entspricht.

• Zeichen der Resonanz:
Resonanz kann durch verbale Zustimmung gezeigt werden, indem der Kunde klar sagt, dass ihm das Angebot aus einem

oder aus allen genannten Gründen teilweise oder vollständig zusagt, jedoch auch durch nonverbale Zeichen, darunter heftiges Kopfnicken, Lächeln oder durch ein klares Freudestrahlen der Augen.

Sollte ein Kunde bereits bei der ersten ihm angebotenen Lösung große Zustimmung zeigen, dann ist es unter Umständen ratsam, ihm die anderen Varianten überhaupt nicht mehr zu unterbreiten. Der größte Vorteil, den Sie vielen Ihrer Kunden bieten können, ist Zeitersparnis aufgrund Ihres Vorsprunges an Fachwissen und Kundennutzungserfahrungen. Erfahrungsgemäß wird diese Situation weit eher bei einem männlichen Kunden eintreten als bei einer Kundin. Es kann sich daher durchaus empfehlen, den Kunden zu fragen, ob dieser die anderen Optionen überhaupt noch kennenlernen möchte, oder ob er sich gleich entscheiden will. Wenn er vor Begeisterung bereits brennt, sollte er nicht mit der Präsentation weiterer Produkte vom Kauf abgehalten werden, wenn er sie nicht sehen will, nur weil der Verkäufer sich so viel Mühe gegeben hat, schöne Angebote rauszusuchen. Doch diese Entscheidung obliegt dem Kunden.

Einige kritische Momente sollen auch in diesem Abschnitt nicht unerwähnt bleiben:

- Menschen schließen stets von sich selbst auf andere. Und Menschen handeln meistens in bester Absicht. Das ist auch Verkaufsmitarbeitern nicht zu verdenken. Schwierig wird es allerdings dann, wenn ihre Motive von denen des Kunden stark abweichen. So wollen Verkäuferinnen (weit häufiger als männliche Verkäufer) oft ihre Motive mit denen ihres aktuellen Kunden vereinen und beide Ansprüche erfüllen. Das ist unproblematisch, wenn der Kunde darauf eingeht. Kunden wehren sich dagegen eher als Kundinnen. Kundinnen gehen seltener in die offene Auseinandersetzung, ziehen sich dann aber still und leise aus der Verkaufssituation zurück. Manchmal greifen sie auf nicht anwesende Dritte als Ausrede zurück. Dann ist es die Mutter, die plötzlich angeblich andere Bedürfnisse hat oder der nicht anwesende Partner, der auf etwas anderes bestanden haben soll. Verkäuferinnen reagieren allzu häufig sehr persönlich auf die Abweisung ihrer Kunden. Sie wollten doch nur das Beste für den anderen und können schwer verdauen, dass ihre gute Absicht derart brüsk zurückgewiesen wird. Dann ist leider zu beobachten, dass solch gekränkte Beraterinnen distanziert oder gar schnippisch reagieren.

- Verkäuferinnen haben das Bedürfnis, sich mit ihrem Produkt zu identifizieren. Sie haben große Schwierigkeiten, etwas zu verkaufen, hinter dem sie nicht stehen. Das führt insbesondere dann zu einem Dilemma, wenn das von ihnen favorisierte Angebot nicht zu den Kundenbedürfnissen passt.

- Wenn Verkäufer das Helfersyndrom haben, wird es schwierig. Sie meinen dann, sie wüssten besser, was für den Kunden gut ist. Das mag fachlich vielleicht zutreffen, aber der Kunde ist ein erwachsener Mensch. Wer sich als Verkäufer gegen den Kunden durchsetzen will, verletzt dessen Entscheidungsautonomie! Man kann ihn auf die bessere Lösung, Konsequenzen und Gefahren hinweisen, aber er entscheidet für sich selbst. Basta. Zwischen Fachwissen und Besserwisserei liegt der Mariannengraben: »Ich kann Ihnen doch keinen Mietwagen für Ägypten anbieten! Das ist doch viel zu gefährlich!«, das geht gar nicht!

- Manche männliche Verkäufer neigen dazu, ihre Angebotspräsentation zu schnell, zu oberflächlich und zu wenig auf die individuellen Bedürfnisse und Bedarfe des jeweiligen Kunden abgestimmt durchzuführen. Sie brauchen mehr Sorgfalt, Gewissenhaftigkeit, Geduld und Zeit.

- Manche Verkäuferinnen sollten lernen, ihren Perfektionsanspruch zu vergessen und Mut zur Lücke zu zeigen. Sie sollten ein Produkt anbieten, das ihnen passend erscheint, und schauen, ob der Kunde in Resonanz damit kommt. Diese Verkäuferinnen müssen lernen, dass es überhaupt nicht problematisch ist, wenn das erste Angebot nicht perfekt passt. Sie können jederzeit erneut in den Auswahlprozess einsteigen bzw. das Angebotene modifizieren. Wenn der Kunde die Stirn runzelt, dann ist das keinesfalls als Ablehnung ihrer Person gemeint, sondern nur ein Zeichen, dass er etwas anderes sehen möchte, ein Angebot, das seiner Ansicht nach besser zu ihm passen würde. Wer sich nicht sicher ist, kann ja fragen: »Ich sehe, Sie runzeln die Stirn. Was passt noch nicht?«

Informationsbedarf – wie viel ist richtig, wie viel ist zu viel?

Männer benötigen weniger Informationen. Sie fühlen sich früher ausreichend informiert als Frauen. Gesättigt klinkt sich der Mann aus einer Verkaufspräsentation aus, weil ihm weniger Informationen ausreichen als einer Frau. Selbst wenn es sich um eine Abenteuerreise handelt, um die Befahrung der Route 66 mit einer Harley etc., würde eine Kundin für dieselbe Reise mehr Informationen nachfragen und brauchen als ein Kunde, um das Gefühl zu haben, gut informiert und für eine Kaufentscheidung bereit zu sein. Es ist alles eine Frage des Bezugssystems!

Oft erleben wir, dass ein männlicher Kunde hinsichtlich seines Informationsbedarfs bereits zufriedengestellt ist und längst kaufen möchte. Die Verkäuferin geht jedoch von ihrem Informationsbedarf als Frau aus und möchte gerne alles loswerden, was sie für wichtig hält. Wenn er aussteigt, deutet sie sein Verhalten als Desinteresse und wird nervös! Tatsächlich handelt es sich um Desinteresse, jedoch ist es kein Grund für Nervosität, höchstens dann, wenn sie nicht unverzüglich zum Abschluss schreitet. Typischerweise jedoch besteht das typisch menschliche Verhalten bei Desinteresse des Gegenübers darin, *mehr desselben* zu geben, statt auszusteigen und etwas anderes zu tun. Verkäufer, die meinen, ihren Kunden nicht begeistern zu können, geben noch mehr Informationen, vielleicht in Kombination mit der Erhöhung des eigenen Begeisterungspegels. Der andere muss sich doch endlich mal mitreißen lassen! Mit dieser Taktik beginnen sie jedoch, den Kunden zu verlieren. Wenn der Kunde nicht begeistert ist, dann gilt es erst einmal zu klären, woran das liegt. Und oft liegt die Ursache in der Kombination Kunde und Verkäuferin darin, dass er genügend Informationen hat, um sich zu entscheiden. Wenn sie über diesen Punkt hinaus weiterspricht, betreibt sie *Overselling*. Umgekehrt begeistert ein männlicher Verkäufer Kundinnen oft nicht, weil er eben nicht genügend Informationen gibt, weil er nicht alle Kriterien, die der Kundin wichtig sind, berücksichtigt hat, weil zu viele Fragen offen geblieben sind und sie nicht sehen kann, wieso das Angebot, das er herausgesucht hat, überhaupt auf sie passen soll.

Entscheidend ist demnach nicht, wie viele Informationen man als Verkäuferin oder Verkäufer geben will, sondern wie viele und welche der Kunde oder die Kundin benötigen. Nicht mehr und nicht weniger. Laut dem Bezugssystem des männlichen Kunden will er übrigens durchaus eine Menge wissen, doch gemessen an einer Kundin will er deutlich weniger. Dennoch ist das, was er an Informationen benötigt, nicht wenig, sondern aus seiner Sicht *ausreichend*.

Die Bedenkenklärung

Diese Phase im Verkaufsprozess wird oft als Einwandbehandlung bezeichnet. Doch die Kunden haben in der Regel keine Einwände, sondern Fragen und Bedenken.

Bedenken gehören zu jedem Kaufabschluss dazu! Es gibt keinen Verkauf eines höher- oder hochwertigen Produkts ohne Bauchgrummeln auf Kundenseite! Es handelt sich nun einmal um eine höhere Investition, und diese muss gut bedacht werden! Daher ist davon auszugehen: Je schneller die Bedenken geäußert werden, umso näher ist man am Geschäftsabschluss, denn Bedenken stehen in der Kaufkurve kurz vor dem Abschluss. Immer. Wenn die Produktpräsentation abgeschlossen ist, kommen immer die Bedenken. Bedenken sind ein sicheres Anzeichen dafür, dass der Kunde am Entscheidungspunkt ist. Er stellt sich die Frage:»Will ich oder will ich nicht?«

Es gilt auch: Die Kunden müssen die Legitimation haben, jederzeit nein sagen zu dürfen! Allerdings darf das auf gar keinen Fall zu gleichgültigem Verhalten beim Verkaufspersonal führen! Und auch der Verkäufer muss sich erlauben, einen Geschäftsabschluss auszuschlagen, falls triftige Gründe dagegen sprechen. Solche triftigen Gründe können für einen Verkäufer sein:

• Er hat kein passendes Angebot;
• er will keinen Kontakt mit dem Kunden;
• der Kunde ist unangenehm, ein Neonazi etc.;
• das Geschäft lohnt nicht, weil der Kunde einen so hohen Rabatt verlangt, dass kein Gewinn zu machen ist;
• es werden andere Dienstleistungen verlangt als angeboten werden;
• etc.

Grundsätzlich geht es darum, den anderen und sich selbst als Menschen mit eigener Entscheidungsfreiheit zu akzeptieren und entsprechend zu behandeln.

Wenn Kunden nach der Angebotspräsentation ins Gespräch einsteigen, dann ist das in aller Regel ein sicheres Zeichen dafür, dass ernsthaftes Interesse besteht. Es handelt sich nur dann um echte *Einwände*, wenn sie dazu benutzt werden, um dem Verkäufer zu signalisieren, dass es sich um das falsche Angebot handelt und dass der Kunde dies so nicht akzeptieren wird. Es handelt sich hingegen um *Vorwände*, wenn das, was der Kunde vorbringt, das Gespräch so schnell es geht beenden soll. Ein Vorwand zum Ausstieg ist beispielsweise die Aussage, der Partner oder die Mutter würden das Angebotene nicht gutheißen, sofern derjenige, der das sagt, nicht ein weiteres Produkt sehen möchte.

Es handelt sich um keinen Vorwand, wenn eine Kundin eine Anschaffung mit ihrem Partner besprechen möchte, insbesondere, wenn es sich um eine größere Investition handelt. Frauen möchten unbedingt eine gemeinsame Kaufentscheidung mit ihrem Partner und womöglich sogar mitsamt den Kindern treffen. Dabei übersehen die Frauen oft, dass ihr Partner sich dafür, was er mitentscheiden soll, herzlich wenig interessiert. Lieber würde er sich einer Wurzelbehandlung ohne Narkose unterziehen, als den Samstagnachmittag im Möbelhaus bei der Auswahl eines Schlafzimmerschranks zu verbringen oder sich sämtliche Vorzüge einer bestimmten Tapetenfarbe anzuhören.

Es ist ebenfalls kein Vorwand, wenn ein Mann sagt, er müsse eine Anschaffung erst mit seiner Frau besprechen. Wir haben schon erwähnt, dass Männer sehr großen Wert auf ihre Autonomie legen, doch es gibt Produkte und Partnerschaften, bei denen Männer sich unbedingt das Okay ihrer Partnerin sichern wollen. Der Eigentümer einer High-End-Autotuning-Firma für Wagen der Marke *BMW* machte diese Erfahrung, seit er sein Unternehmen gegründet hatte. Seine Dienste begannen dort, wo alle anderen Tuner aufhörten, einschließlich der BMW-eigenen Dienste. Seine Kunden kamen aus vielen Ländern, gerne auch aus dem reichen arabischen Raum. In vielen Jahren hatte er kaum jemals einen Kunden gehabt, der seine Kaufentscheidung sofort auf der Stelle und vor allem allein getroffen hatte. Fast alle sagten, sie müssten dieses neue Tuning mit ihrer Partnerin besprechen, und bei keinem dieser Kunden war es eine Frage des Preises. Geld hatten alle mehr als genug. Spätere Nachforschungen ergaben exakt dasselbe Verhalten auch in anderen ausgesprochen männlichen Produktbereichen, darunter auch bei Heimwerker-Tools.

Bedenken können sehr persönlicher Natur sein. Niemand gibt gerne zu, dass er sich etwas, das er sich vielleicht sehnlichst wünscht, nicht leisten kann. Niemand wird gerne zugeben, dass er sich die schlankmachende Unterwäsche kauft, weil er eigentlich traurig über sein Übergewicht ist, und über alles, was womöglich als Ursache dafür in seiner Seele steckt. Kunden mögen sich so etwas schon selbst nicht gerne eingestehen, umso weniger einem fremden Verkäufer, der sich nicht sehr sensibel verhält. Es sind schmerzliche Momente, deswegen reagieren Kunden mit Abwehr – gegen sich selbst und gelegentlich auch gegen den Verkäufer. Wenn Kunden also ihre Bedenken äußern, dann verdienen sie, damit ernst und angenommen zu werden. Vor allem aber verdienen sie einen gewissenhaften Umgang mit ihren Bedenken.

Bedauerlicherweise gibt es auch immer wieder Verkäufer, die den Kundenbedarf und die Bedenken von Kunden ignorieren. Sie wenden gerne die folgende, womöglich in einem Seminar erlernte Technik an: Sie überhören Einwände systematisch und gezielt. Stattdessen wiederholen sie immer und immer wieder die vermeintlichen Benefits ihres Angebots aus ihrer Sicht. Diese Verkaufstechnik wird zuweilen auch *Sprung in der Schallplatte* genannt. Männliche Verkäufer wenden sie in der Praxis weitaus häufiger an als Verkäuferinnen. Doch auch wenn diese Technik manchmal zum Abschluss führt, so ist sie bestens geeignet, auch bei den bestgelaunten Kunden Kaufabbrüche zu provozieren. Diese Technik ist eine äußerst wirkungsvolle Methode, Frauen gehörig auf die Palme zu bringen. Es wurden bereits Kundinnen mit Schaum vor dem Mund gesichtet. Ich selbst (Diana Jaffé) erlebte einmal eine sehr abstruse Situation: Heutzutage verrate ich wohl kein zu intimes Detail mehr, wenn ich von einem meiner letzten Versuche berichte, einen Epilierer für die Beinenthaarung zu erstehen. Es ist schon einige Jahre her, dass ich die Geschäftsräume eines der ganz großen Elektronik-Händler betrat. Ich kam mit der vagen Absicht, meinen uralten, noch funktionierenden Epilierer durch ein neues Modell zu ersetzen, denn das gute Stück machte seit einigen Jahren bedenklich laute Geräusche, die sicherlich auch schon meine Nachbarn nervös machten. Ich hatte in den vergangenen zwei bis drei Jahren schon mehrere Anläufe gemacht, hatte aber nie verstehen können, was die zahlreichen Geräte außer im Preis unterscheidet. In diesem Geschäft nun, bei den Epilierern, stand überraschenderweise ein Verkäufer im Alter von schätzungsweise Anfang bis Mitte fünfzig. Als ich an das Regal herantrat, schaute er an mir vorbei und begrüßte mich mit den Worten:»Ich bin zwar ein Mann, aber ich kann bei diesem Produkt beraten.« Kein »guten Tag«, nur dieser Einstieg.»Nun«, dachte ich,»da bist du ja genau an die Richtige geraten, und wenn du deine vermeintlichen Fähigkeiten derart herausstellst, dann wollen wir doch mal sehen, ob du dein Versprechen auch halten kannst.« Ich hatte mir keineswegs vorgenommen, ihn hart zu prüfen! Ich stieg also eigentlich in seine Bedarfsanalyse ein, indem ich ihn briefte:»Ich möchte einen Epilierer für die Beine.« Es folgt die verkürzte (!) Fassung der Ereignisse:

Der Verkäufer:»Hier haben wir den *Braun* Haselfasel, unser neuestes Gerät. Mit dieser XY-Technik kann man sich die Haare auch unter der Dusche oder in der Badewanne entfernen. Es ist vollständig wasserdicht und akkubetrieben …«

Ich (unterbreche ihn):»Ich pflege mir die Beine nicht im Wasser zu epilieren. Also brauche ich auch kein Gerät mit Akku. Eins mit Kabel tut's auch. Außerdem sehe ich, dass es ohnehin das mit Abstand teuerste Gerät ist. Ich brauche diese Features nicht. Welches andere Gerät können Sie mir zeigen, das nicht unter Wasser arbeitet und das ein Kabel hat?«

Der Verkäufer:»Mit diesem Gerät können Sie *unter Wasser* enthaaren! Es ist unser neuestes Gerät, mit der neuesten Technik. Und es hat einen *Akku*!«

Ich:»Aber ich sagte Ihnen doch gerade, dass ich es gar nicht unter Wasser verwenden will! Und einen Akku will ich auch nicht! Was haben Sie denn sonst noch da?«

Der Verkäufer (allen Ernstes, hat mich bisher noch immer nicht einmal angeschaut):»Dieser Epilierer funktioniert in der Badewanne und in der Dusche …«

Ich (aus reinem Sportsgeist und beruflicher Neugier):»Wie oft soll ich Ihnen denn noch sagen, dass ich diesen Epilierer nicht brauche?! Da liegen mehr als 10 andere Haarentferner. Können Sie mir irgendetwas über einen der anderen sagen, die ja auch weitaus günstiger sind?«

Herbei tritt eine junge Frau und beginnt zuzuhören.

Der Verkäufer: »Der Braun Haselfasel ist das neueste Gerät mit der neuesten Technik. Er hat einen Akku und arbeitet unter Wasser …« Hier schaltete ich langsam weg, weil ich befürchtete, meine Ohren würden bald anfangen zu bluten.

Die junge Frau: »Das ist aber ein tolles Gerät! Das will ich haben!«

Ich zu der jungen Frau: »Lassen Sie mich raten: Sie arbeiten in einem technischen Beruf, irgendwas mit Internet.«

Die junge Frau (mit weit aufgerissenen Augen): »Ja! Woher wissen Sie???«

Ich zu der jungen Frau: »Sie stehen auf neueste Technologien und mögen die Darstellung der Geräte-Features dieses Herren.«

Die junge Frau (noch immer mit weit aufgerissenen Augen): »Ja, stimmt! Ich bin Mediengestalterin!«

Und dann begann sie, mir von ihren früheren Epilierern zu erzählen, die ihr zuhauf kaputt gegangen waren. Ich ermunterte sie, mit mir die Details über gebrochene Kabel und ins Wasser gefallene Akku-Epilierer zu teilen, was sie sehr bereitwillig tat. Während dieser gesamten Zeit schaute der Verkäufer uns nicht einen Moment an, sagte kein Wort, hatte aber ein sehr verdutztes Gesicht, vor allem, weil er in unserem mehrere Minuten andauernden Gespräch annahm, dass wir ihn vollständig vergessen hatten. Er wusste schlichtweg nicht, wie er sich verhalten oder wieder ins Gespräch bringen sollte. Nachdem ich all meine Marketing-Informationen beisammen hatte, wandte sich die junge Frau wieder dem Verkäufer zu. Er war sichtlich heilfroh, einen Verkauf getätigt zu haben, sah aber aus, als wüsste er nicht, wie es ihm gelungen war. Den Karton aus dem verschlossenen Regal zu nehmen, entlastete ihn jedoch von mir. Ohne mich noch einmal anzuschauen, wandte er sich in Richtung Kasse. Ich wünschte der jungen Frau eine dauerhafte und glückliche Verbindung mit diesem Gerät und trollte mich. Sie hat nur gekauft, weil das, was der Verkäufer vorbrachte, zufällig genau ihren Wünschen entsprach. Es war also keineswegs ein Beleg dafür, dass der *Sprung in der Schallplatte* funktioniert! Hätte sie so lange wie ich zuhören müssen, wie das, was sie sagt, geflissentlich ignoriert wird, hätte sie garantiert nicht gekauft. Da mich über Jahre niemand hatte gut beraten können, habe ich schließlich, wiederum zwei oder drei Jahre später entnervt das billigste Markengerät gekauft. Für alle Fälle habe ich mein früheres Schätzchen aber behalten. Dieses Geschäft habe ich aber nur noch ein paar Male zu reinen Studienzwecken betreten. Wer seine Mitarbeiter so schulen lässt, verdient so schnell keine zweite Chance.

Für die Bedenkenklärung gilt also:

- Nehmen Sie das, was der Kunde an Bedenken äußert, ernst. Gehen Sie darauf ein. Klären Sie Fragen und identifizieren Sie, was den Kunden noch zurückhält. Helfen Sie dem Kunden, seine Unsicherheit abzubauen.
- Informieren Sie gut und fachlich korrekt.
- Nehmen Sie seine Abwehrreaktionen nicht persönlich. Der Kunde hat mit sich selbst zu kämpfen, ist womöglich frustriert. Sie kriegen das vielleicht gerade zufällig ab, aber Sie sind nicht gemeint.
- Drängen Sie den Kunden nicht zum Abschluss, auch wenn Sie das in anderen Trainings gelernt haben.
- Wenn Sie durch die Bedenkenklärung feststellen, dass Sie ein noch besser passendes Angebot haben, dann schlagen Sie dieses vor. Es ist wie beim Monopoly: »Rücke vor bis auf Los, ziehe 4000 ein.«
- Sorgen Sie dafür, dass Ihr Kunde eine Kaufentscheidung trifft, die er nicht bereuen wird, weil es eine gute Kaufentscheidung war. Nicht, weil Sie eine manipulierende Technik eingesetzt haben, mit der er sich selbst und seine Frau überzeugen soll, dass die suboptimale Entscheidung doch eine tolle war.

Kundinnen und Kunden gehen in dieser Phase sehr unterschiedlich vor. Es ist sehr wichtig, auf ihre spezifischen Verhaltensweisen einzugehen. Dazu mehr in den Kapiteln »Evas Kaufverhalten« und »Adams Kaufverhalten«.

Preisfragen

Oft führen Kunden an, der Preis sei zu hoch. Damit können sie meinen, dass sie nicht geplant haben oder außerstande sind, so viel auszugeben. Oder aber sie meinen, das Preis-Leistungs-Verhältnis stimme nicht. Oder vielleicht fällt die Preisfrage überhaupt nicht.

Der Preis ist tatsächlich überhaupt keine feststehende Größe. Wir bemessen Preise immer relativ zu etwas anderem. Es gab wissenschaftliche Untersuchungen, in denen Probanden zuerst an die ersten drei Ziffern ihrer Telefonnummer denken und gleich danach beurteilen sollten, ob ihnen der Preis für ein vorgegebenes Produkt teuer oder billig erschien. Für jemanden, dessen Telefonnummer mit der Ziffer 1 begann, erschien ein Preis von rund 500 US-Dollar höher als für jemanden mit einer Telefonnummer mit der Ziffer 9 am Anfang. Aus diesem Grund verwenden kluge Händler sogenannte Anker-Produkte: Um einen Fernseher in der mittleren oder auch in der gehobenen Preisklasse zu verkaufen, bedarf es eines riesigen Bildschirms mit den neuesten Technologien und den brillantesten Farben zu einem geradezu astronomischen Preis, der daneben steht. Den kauft natürlich fast niemand, aber im Vergleich dazu nimmt sich jedes andere Angebot geradezu vernünftig aus. Derselbe Effekt stellt sich bei Brotbackautomaten, Häusern, Pralinen, Urlaubsreisen und allem anderen ein. Daniel Kahneman, Barry Schwartz und Dan Ariely beschreiben diese und viele andere Effekte im Zusammenhang mit Entscheidungsfindung ausführlich in ihren ausgesprochen lesenswerten Büchern (siehe Literaturverzeichnis).

Der Preis stellt für Kunden einen weiteren wichtigen Indikator dar: Wenn jemand wertvollen Schmuck kaufen will und dabei von Schmuck nichts versteht, dann wird er einen hohen Preis als Zeichen für hohe Qualität auslegen. In diesem Fall wird er bereit sein, mehr oder sogar viel Geld auszugeben. Versteht ein Kunde jedoch viel von Schmuck, wird er sich viel preisbewusster verhalten. Da er die Preise für jede Güteklasse kennt, wird er den besten Preis für die gebotene Leistung suchen.

Interessanterweise spielt die Fairness beim Preis auch eine gewisse Rolle. Frauen suchen seltener als Männer nach Schnäppchen. Kundinnen zeigen eine weitaus höhere Bereitschaft, einen *fairen* Preis zu zahlen. Sie wollen ein gutes Preis-Leistungs-Verhältnis, was bedeutet, dass sie sich leichter dafür sensibilisieren lassen, wie ein Preis zustande kommt. Wenn sie also die Erklärung bekommen, dass die Kaffeebauern besser entlohnt, dass ein Produkt ohne Kinderarbeit erzeugt oder eine Baumwolle ohne gesundheitsschädigende Pestizide angebaut wurde, sodass dadurch keine missgebildeten Kinder mehr geboren werden, dann ist das für mehr Frauen als Männer ein Grund, tiefer in den Geldbeutel zu greifen. Natürlich müssen solche Aussagen auch der Wahrheit entsprechen.

Die Kaufentscheidung und der Abschluss

Untersuchungen haben gezeigt, dass Menschen mit guter Laune sich leichter und besser entscheiden als schlechtgelaunte Menschen. In einem Versuch wurden Ärzte mit einer Diagnose konfrontiert und sollten daraufhin entscheiden, welches Medikament sie verabreichen würden. Es wurden zwei Gruppen gebildet. Die erste Ärztegruppe erhielt vor der Entscheidung eine Praline, die zweite nicht. Wirklich! Jeder Arzt und jede Ärztin erhielt jeweils nur eine läppische Praline, sonst war alles gleich. Es stellte sich heraus, dass diese eine Praline bewirkte, dass sie die Laune der Ärzte enorm hob, was zum Ergebnis hatte, dass diese Ärzte sich viel schneller und sicherer für das optimale Medikament entschieden als jene, die von einer Praline nichts wussten.

Der Verkäufer kann, wie bereits gezeigt, durch sein Verhalten eine Menge zur guten (oder auch schlechten) Laune des Kunden beitragen. Dazu kann man Kaffee, Kekse oder Pralinen reichen, oder aber auch nicht. Noch viel effektiver ist soziale Akzeptanz und Anerkennung, insbesondere, wenn weder Kaffee noch Pralinen zur Verfügung stehen. Allerdings ist die Kombination aus beidem am wirksamsten: Zeigen Sie

- männlichen Kunden, dass Sie sie respektieren;
- Kundinnen, dass Sie sie mögen.

Die klassischen Regeln besagen, dass ein Verkäufer unbedingt die Abschlussfrage stellen muss, sonst käme es nie zu einem Abschluss. Tatsächlich scheinen Männer die besseren Verkäufer im Sinne der getätigten Abschlüsse zu sein, weil sie genau das tun: Sie steuern zielgerichtet auf den Abschluss zu. Sie haben in der Regel keine Angst vor der Abschlussfrage. Oftmals stellen sie sie sogar viel zu früh. Männliche Verkäufer wollen zum Punkt kommen. Manche männliche Verkäufer merken nicht, wenn sie den Kunden auf dem Weg unterwegs zu ihrem angestrebten Ziel verlieren.

Viele Verkäuferinnen hingegen haben Angst vor Ablehnung. Da sie Beziehungsmenschen sind, nehmen sie ein Nein persönlich. Aus diesem Grund fürchten sie sich, die Abschlussfrage zu stellen. In solchen Momenten ereignet es sich häufig, dass der Kunde, wenn er denn einigermaßen versiert ist, selbst die Zielfragen stellen muss, weil die Verkäuferin dazu nicht imstande ist.

Doch es gibt noch einen weiteren, sehr wichtigen Grund: Verkäuferinnen stellen die Abschlussfrage oftmals nicht, weil sie glauben, dass der Kunde seine Kaufabsicht schon von sich aus mitteilt, wenn das Angebot stimmt. Denn Frauen tun genau das: Sie signalisieren selbst, wann sie so weit sind. Die meisten Verkäuferinnen verstehen nicht (weil sie von sich selbst auch auf männliche Kunden schließen), dass überhaupt eine Notwendigkeit dafür besteht, die Abschlussfrage zu stellen. Wenn hingegen ein männlicher Verkäufer die Abschlussfrage bei Kundinnen stellt, die ihre Bereitschaft dazu noch nicht signalisiert haben, ist er mit hoher Wahrscheinlichkeit zu früh dran.

> Die Abschlussfrage muss bei männlichen Kunden gestellt werden, bei Kundinnen jedoch nur in seltenen Fällen. Kundinnen signalisieren selbst, wann sie für eine Kaufentscheidung bereit sind.

Die Mehrzahl der Verkäuferinnen ist in Bereichen am stärksten, in denen sie nur indirekt verkaufen und sich vielmehr als Beraterinnen verstehen können. Frauen sind im Pharmavertrieb sehr erfolgreich, weil sie hier die Abschlussfrage nicht stellen müssen, sondern beraten und ausbilden, um Verschreibungen zu erzielen. Doch es gibt auch Hilfe für jene, die klassisch verkaufen sollen: Wenn die Verkäuferin Angst vor einem Nein des Kunden hat, dann muss die Frage so formuliert werden, dass es kein Nein als Antwort geben kann. In der Fachsprache wird dafür der Begriff *Testabschluss* verwendet. Es geht dabei nicht um spezielle Formulierungen, sondern darum, das Prinzip zu verstehen. Eine typische direkte Abschlussfrage wäre: »Möchten Sie diese Reise nun buchen?« Ein Testabschluss hingegen wäre: »Könnten Sie sich eventuell vorstellen, dass es so passt?« Oder: »Sagt Ihnen das nun so zu?« Darauf ist ein Ja oder Nein als Antwort möglich! Das Ja bzw. Nein bezieht sich dann aber auf den *Test*. Bei einem Nein ist die Tür nicht zugeschlagen, sondern die Verkäuferin kann ihr Angebot modifizieren und sich an ein kaufbares Angebot herantesten, bis sich der Abschluss automatisch ergibt. Beim Testabschluss geht es darum, ganz bewusst den Konjunktiv oder eine Nebenfrage (eine Frage, die sich auf einen Nebenschauplatz bezieht) zu verwenden und sich damit eine Hintertür zu schaffen! »Kaufen Sie oder nicht?« kann auch ersetzt werden durch »Könnten Sie sich vorstellen, dort Urlaub zu machen?« oder: »Wäre das Ihr neues Notebook?« Selbst wenn der Kunde/die Kundin mit einem Nein antwortet, ist das kein Nein für die Verkäuferin, denn sie hat es als Konjunktiv formuliert. Und dieses Nein ermöglicht sogleich die Fortführung des Gesprächs, statt es abrupt zu beenden, da es ja noch Klärungsbedarf signalisiert. So entsteht die Möglichkeit, beliebig nachzubessern. Gemeinsam optimieren Verkäuferin und Kunde schrittweise die Lösung bis zum Ja. Mit dieser Methode kommen Frauen gut zurecht, wenn sie die Antwort als Abschluss zu interpretieren vermögen. Wenn der Kunde auf die Frage »Wäre das also Ihr Urlaub?« mit Ja antwortet, ist das der Abschluss! Dann kann die Verkäuferin den nächsten Schritt im Abschluss tun, indem sie fragt: »Was halten Sie davon, dass wir das jetzt so buchen?« Oder: »Was halten Sie davon, dass wir jetzt noch den Mietwagen, die Reiseversicherung etc. dazu heraussuchen?« So geht sie dann gleich weiter zu den Zusatzprodukten. Bei einem männlichen Verkäufer passt eine direkte Herangehensweise besser, zum Beispiel: »Gut, dann lassen Sie uns doch gleich zur Tat schreiten.« »Möchten Sie, dass ich das jetzt so für Sie buche?«

Die Höhepunkt-Schluss-Regel – was sich Kunden vom Verkaufsgespräch merken

Daniel Kahneman und Amos Tversky haben eine ganz erstaunliche Entdeckung gemacht: Menschen merken sich von einem beliebigen Ereignis nur, wie es ganz am Ende gewesen ist. Es ist für die Erinnerung völlig unerheblich, wie das *gesamte* Ereignis war. Die Erinnerung an ein Erlebnis ist jedoch von entscheidender Bedeutung dafür, ob wir es künftig wiederholen. Für dieses Phänomen haben Kahneman und Tversky sehr unterschiedliche Beobachtungen angestellt. Eine der frühen Entdeckungen stammte aus der Beobachtung von Darmspiegelungen. Jeder, der jemals eine Darmspiegelung machen lassen musste, berichtet in der Regel von einem wenig schönen Erlebnis: Da fuhrwerkt ein Arzt eine ganze Weile lang mit einer Sonde im Magen-Darm-Trakt herum bis zu einem abrupten Ende. Das Ende bei dieser klassischen Vorgehensweise ist also genauso unangenehm wie jede Sekunde davor während der gesamten Prozedur. Ein Teil der beobachteten Probanden erhielt eine Darmspiegelung *deluxe*: Der Luxus-Zusatz bestand darin, die Sonde nach Abschluss der Untersuchung noch für weitere 20 Sekunden bewegungslos im

Darm zu belassen, bevor sie endgültig herausgezogen wurde. Das war sicherlich nicht angenehm, aber nicht so unangenehm wie mit Bewegung. Die Standard-Darmgespiegelten erlebten also eine gleichmäßig unangenehme Behandlung, während die Luxus-Darmgespiegelten eine unangenehme Behandlung mit einem geringfügig angenehmeren Ende erhielten. Nach der Behandlung wurden die Patienten befragt. Diejenigen, die die 20 Extra-Ruhe-Sekunden erhalten hatten, beurteilten die Behandlung als weniger unangenehm. Vor allem aber kamen deutlich mehr von ihnen nach Jahren zur Folgeuntersuchung wieder, da sie die Behandlung als nicht so schlimm im Gedächtnis behalten hatten.

Dieser Effekt wurde in zahlreichen anderen Zusammenhängen ähnlich beobachtet, unter anderem auch mit Urlaubsreisen. So wurde festgestellt, dass eine Urlaubsreise mit der Dauer von einer Woche, die einen tollen Abschluss hatte, als bessere Erinnerung gespeichert wurde als eine Reise von drei Wochen, bei der die erste Woche einfach großartig war, die zwei nachfolgenden Wochen zwar weiterhin schön, allerdings nicht mehr spektakulär waren.

Die Höhepunkt-Schluss-Regel ist also nicht nur für Gastroenterologen und Zahnärzte eine wichtige Erkenntnis, sondern auch für Verkäufer und die verkaufte Leistung. Der Verkaufsprozess sollte nicht vernachlässigt werden, um mit einem furiosen Abschluss zu glänzen, doch das ist sicherlich immer noch besser, als ein insgesamt schlechtes Verkaufsgespräch abzuliefern.

> Verkäufer sollten sich stets bemühen, ein gutes Verkaufsgespräch zu führen und es mit einem glänzenden Ende abzuschließen.
> Dienstleistungen sollten so konzipiert werden, dass ihr Finale mit einem besonderen Erlebnis versehen wird.

Zusatzverkäufe

Gerade Handelsketten folgen gerne dem Credo im Einzelhandel, Zusatzverkäufe ließen sich mit Kleinartikeln immer machen. In Seminaren und Fachartikeln werden gerne die zusätzlichen Umsätze mit fantastischen Zahlen unterlegt. Was die Untersuchungen zeigen, mag tatsächlich die kurzfristige Umsatzsteigerung durch den Absatz billiger Halstücher sein. Was die Statistik nicht zeigt, weil sie es nicht untersucht, ist das mittel- und langfristig verlorene Geschäft dadurch, dass Kundinnen das Geschäft künftig meiden, weil sie es verabscheuen, etwas aufgedrängt zu bekommen. Und eine verlorene Kundin ist genau das: ein Verlust.

Die folgende Geschichte ist ebenfalls aus dem vollen Leben gegriffen: Der Besucherin einer Apotheke wurde von der Apothekerin zusätzlich zum Kauf eines Präparats ein weiteres Nahrungsergänzungsmittel empfohlen. Die Kundin kaufte es. Es bot sich an, denn es schien gut zu ihrer verschriebenen Arznei zu passen. Als dieselbe Kundin nach einigen Tagen die Apotheke erneut aufsuchte, um etwas völlig anderes zu erstehen, wurde ihr dasselbe Nahrungsergänzungsmittel vorgeschlagen wie beim ersten Mal, obwohl ihr diesmaliger Kauf überhaupt nicht darauf schließen ließ, dass sie dieses Produkt benötigen würde. Außerdem war nicht davon auszugehen, dass die Apothekerin sich noch daran erinnerte, dass genau diese Kundin das angebotene zusätzliche Präparat bereits bei ihr gekauft hatte. Die Kundin machte bei einem dritten Besuch schon wieder die Erfahrung, dass ihr dasselbe Mittel zusätzlich angedreht werden sollte – ohne für sie ersichtlichen Grund, außer dass die Apothekerin einen nur für sie interessanten Zusatzverkauf tätigen wollte. Dies wurde dann auch der letzte Besuch dieser Kundin bei dieser Apotheke. Es gibt schließlich zumindest in Stadtgebieten eine ausgesprochen hohe Apothekendichte und damit ausreichend Auswahl.

Zugegeben: Dieses Verhalten ist gerade in Apotheken ausgesprochen selten anzutreffen, da die Mitarbeiter hier erfahrungsgemäß weit eher vor Zusatzverkäufen zurückschrecken. Für viele von ihnen verstoßen Zusatzverkäufe gegen ihre hohen moralischen Ansprüche an sich selbst, wie wir in der unmittelbaren Zusammenarbeit erfahren haben. Doch außerhalb von Apotheken ist es manchmal ermüdend. Die bereits erwähnten Los Wochos bei *McPaper* habe ich (Vivien Manazon) bei einem Auftrag so erlebt: Die Verkäuferin *muss* beim Kassenvorgang ein vorgegebenes Produkt anbieten, unabhängig davon, ob der Kunde es gerade benötigt oder nicht. Die Kassiererin findet diese unflexible Anweisung anscheinend so falsch, dass sie entnervt ist, was sich schließlich auf ihr gesamtes Verhalten auswirkt.

Sie ist vollständig demotiviert und folgt diesem Befehl nur gezwungenermaßen. Ich habe noch nie erlebt, dass in so einer Situation auch nur ein einziger Kunde das Angebot angenommen hat. Die Mitarbeiterin wird durch solche Arbeitsanweisungen total zermürbt! Sie muss den ganzen Tag lang standardisierte Frage stellen! Das ist die vollkommen falsche Strategie. Vorbild hierfür war die spanische Bekleidungskette *Zara*, wo ein kleines Tüchlein zusätzlich verkauft wurde, was angeblich sehr gutes Zusatzgeschäft gebracht hat. Dieses Konzept gelangte schließlich in Lehrbücher und wurde schließlich auf Geschäfte übertragen, wo dieses Vorgehen nicht gut funktioniert. Einer Mitarbeiterin wie im McPaper-Beispiel ginge es viel besser, wenn sie beim Zusatzangebot eine Flexibilität zugebilligt bekäme. So könnte sie anhand der gekauften Waren sehen, was noch gut dazu passen könnte. Sie dürfte ihr eigenes Gehirn benutzen! Und wenn sie sähe, dass die Kunden gelegentlich tatsächlich zugreifen, dann würde es sie sehr motivieren, auch künftig zu empfehlen. So wandeln sich Zusatzverkäufe vom Zwang für die Mitarbeiter im Verkauf zu Empfehlungen. Das entlastet gerade viele Verkäuferinnen ungemein. Für Verkäufer gilt zwar prinzipiell dasselbe, jedoch sind in der Praxis überwiegend Frauen in diesen Geschäftstypen anzufinden.

Also nochmals: Das Zusatzgeschäft muss zum Hauptgeschäft passen. Wer einem Kunden, der zwei Wochen nur am Strand in der Sonne liegen will, einen Mietwagen zu verkaufen versucht, liegt grandios daneben. Wer seinen Mitarbeitern *Los Wochos* aufzwingt, tut niemandem einen Gefallen! Vorgaben, unbedingt Mietwagen zu verkaufen, kommen eben nicht jedem Kunden entgegen. Das passende Zusatzgeschäft für den Strand-Faulpelz kann das Zimmer im Hotel direkt am Strand sein, das natürlich etwas teurer ist als das weiter weg gelegene. Wer Erholung nötig hat, freut sich womöglich über Wellness-Angebote und All-you-can-Drink an der Hotel-eigenen Strandbar, natürlich alles zum Extrapreis.

Der richtige Zeitpunkt für den Zusatzverkauf ist *nach* dem kompletten Kaufabschluss des Hauptprodukts. Ideen für passende Zusatzprodukte sollten jedoch während des gesamten Beratungsprozesses gewonnen und im Stillen gemerkt werden. Dabei ist darauf zu achten, dass der Kunde noch genügend Geduld und Lust hat, sich mit einem weiteren Angebot zu befassen. Wenn das Verkaufsgespräch zum Hauptprodukt schon die Geduld des Kunden überstrapaziert hat, dann will er nichts mehr hören.

Wird einem männlichen Kunden ein Zusatzprodukt angeboten, an dem er nicht interessiert ist, sagt er schlicht nein, nimmt es nicht persönlich und wird mit hoher Wahrscheinlichkeit das Geschäft dennoch immer wieder aufsuchen. Wird jedoch einer Kundin ein Zusatzgeschäft angeboten, vielleicht sogar mit einem gewissen Nachdruck, bleibt sie höflich und still, kauft unter Umständen dennoch. Sie wird das Geschäft jedoch *spätestens* nach zweimaligem Erlebnis nicht wieder aufsuchen und all ihre Freundinnen vor dem Besuch ausdrücklich warnen.

Zusatzgeschäft hin oder her – die Zeiten wandeln sich: Früher sorgte der zusätzliche Verkauf ungeplanter Produkte für das Zusatzgeschäft. Heute ist es die Vereinfachung des Kaufprozesses in Kombination mit einer vernünftigen Kundenbindung.

Umgang mit Beschwerden

Kommt es in Trainings und Schulungen zum Thema »Beschwerden«, werden gerne Handlungsanweisungen und Verfahrensregeln zum Umgang mit der *Situation* gegeben. Dabei wird von den Trainern (und auch vielen Buchautoren) übersehen, dass Menschen, die zum Mittel der Beschwerde greifen, zutiefst emotional empfinden. Was ihnen also ganz sicher nicht hilft, ist, wenn sie den Eindruck gewinnen, dass ihnen floskelhaft und nach Vorschrift begegnet wird. Verkäufer benötigen zum Umgang mit aufgebrachten Kunden somit keine Tipps für den Umgang mit der Situation, sondern mit dem *Menschen.*

Das folgende Beispiel beschreibt eine Verkettung unglücklicher Umstände, vor der niemand gefeit ist. So etwas kann immer mal vorkommen, gerade, wenn es niemand beabsichtigt. Und doch mischten sich auch einige schwere Patzer in das Ereignis, die eben nicht hätten sein müssen.

Einer Kundin war ein Spezialgeschäft für Unterwäsche und Dessous empfohlen worden, da sie in gewöhnlichen Kaufhäusern für ihre Figur nicht so recht fündig wurde. Die Größen, die sie benötigte, wurden nur selten geführt, und das Vorhandene sah meistens aus, als würde nicht einmal ihre Oma es tragen wollen. Der Unterwäsche-kauf war also schon immer ein leidiges Thema. Die Kundin suchte das empfohlene Fachgeschäft auf, das zu einer kleinen internationa-len Kette gehört. Sie fand eine gute Auswahl vor und wurde von der Filialleiterin auch hervorragend beraten. Beide sprachen zudem noch über die besondere Bedeutung guter Beratung.

Zufällig endete an diesem Tag eine Sonderaktion. Alle Einkäufe während des Aktionszeitraums wurden mit 20 Prozent rabattiert. Also schlug die Kundin kräftig zu. Sie kaufte diverse Sets Unterwäsche für diverse hundert Euro und erhielt ein Paar hübscher Söckchen oben-drauf. Leider war nicht alles vorrätig, einige Teile mussten bestellt wer-den. So konnte die Kundin nur einen Teil mitnehmen, doch ihr wurde zugesichert, dass die Bestellung in drei Tagen im Haus sein sollte. Die Kundin bezahlte die volle Rechnung im Voraus, hinterließ ihre Adres-se und Telefonnummer, registrierte sich für den Firmenclub sowie den Newsletter und verließ das Geschäft hochzufrieden.

Anderthalb Wochen später hatte sie noch immer nichts von die-sem Geschäft gehört. Sie rief an und erfuhr, dass die bestellten Teile noch immer nicht im Hause seien, sonst hätte man sich schon bei ihr gemeldet. Sie war etwas unangenehm berührt, aber angesichts der Erinnerung an das erste gute Erlebnis noch ruhig. Als sie weitere neun Tage später nichts gehört hatte, rief sie erneut im Geschäft an. Die Mitarbeiterin am Telefon prüfte den Wareneingang und verkün-dete, man habe versucht, die Kundin am Vortag zu erreichen, aber sie sei ja nicht ans Telefon gegangen. Die Kundin versicherte, dass sie ihr Handy permanent bei sich gehabt hatte und keine Anrufmeldung bekommen habe. Daraufhin korrigierte die Verkäuferin ihre Aussa-ge, die hinterlassene Nummer sei falsch gewesen. Die Waren seien aber nun da und könnten jederzeit abgeholt werden. Es sei übrigens gut, dass sich die Kundin gemeldet habe. Am nächsten Tag hätte man die Waren sonst zu den anderen Waren in den Verkaufsraum ge-hängt. Die Kundin schluckte ihre leichte Verärgerung herunter und kam am nächsten Tag in den Laden. Statt *drei Tagen* waren inzwi-schen *drei Wochen* seit dem Kauf vergangen.

Im Geschäft wurde ganz schnell offenbar, dass zwei Slips falsch be-stellt worden waren. Die Filialleiterin selbst war erkrankt, eine regulä-re Verkäuferin war nicht zugegen. Lediglich zwei Aushilfen standen im Geschäft, von denen eine versuchte, das Problem zu lösen. Sie telefoniert hektisch mit zwei oder drei Stellen und eröffnete der wartenden Kundin schließlich, dass die gewünschten Slips nirgends mehr erhältlich seien. Sie könne den bereits gekauften und mitgenommenen BH zurückbringen und erhielte dann einen *Gutschein* über den Kaufpreis. Eine Auszahlung sei nicht möglich. Firmenpolitik. Die Kundin wunderte sich selbst, wie deutlich sie daraufhin wurde. Sie erklärte der Mitarbeiterin zuerst, dass sie sich sehr darüber ärgere, drei Wochen statt der versprochenen drei Tage gewartet zu haben. Dann fragte sie, ob das Geschäft tatsächlich der Ansicht sei, dass sie als Kundin die Mühe auf sich nehmen müsste, die Waren auf eigene Kosten und unter Aufwendung der eigenen Zeit durch die Gegend zu fahren. Die Aushilfe schwieg. Noch immer war keine Entschuldigung über ihre Lippen gekommen. Schließlich wies die Kundin zurück, sich auch noch mit einem Gutschein zufriedengeben zu müssen. Es war ja schließlich nicht ihre Schuld, dass sie die Waren, die sie ja auch schon Wochen zuvor bezahlt hatte, nicht erhalten hatte! Sie hatte ja nichts von sich aus zurückgebracht. Das Geschäft hatte *ihr* viele Unannehmlichkeiten gemacht – nicht sie dem Geschäft. Die Aushilfe zuckte mit den Schultern: Sie könne nichts für die Firmenpolitik. Noch immer keine Spur einer Entschuldigung. Die Kundin erklärte, dass sie erwarte, dass sich jemand um das Problem kümmert und es für sie löst. Sie hinterließ abermals ihre Telefonnummer und verließ das Geschäft.

Daheim angekommen, fragte sie sich, was eigentlich der Grund ihrer tiefen Verärgerung war, die sie unter all dem Verdruss über den schlechten Geschäftsstil spürte. Nach einigem Grübeln kam sie darauf: Sie wollte den nun überflüssigen BH nicht zurückgeben! Sie hatte sich in diesem Set wirklich gut gefallen, es war das Schönste all ihrer Einkäufe gewesen. Nun spürte sie große Enttäuschung darüber, es doch nicht zu haben. Entscheidungsforscher haben herausgefunden, dass Menschen ungern wieder hergeben, was sie bereits besitzen. Deswegen lernen Verkäufer in Schulungen, Kunden Produkte in die Hand zu geben oder sie in Autos zu setzen, um bei ihnen den Eindruck zu erwecken, bereits deren Besitzer zu sein. Ist das Besitzergefühl erst geweckt, ist es schwierig, den Kaufvertrag nicht zu unterschreiben. In unserem Beispiel hatte sich der BH nicht nur Minuten, sondern bereits drei Wochen im Besitz der Kundin befunden. Was sie verspürte, war tatsächlich schwerer *Trennungsschmerz*!

Am nächsten Morgen, einem Samstag, klingelte prompt das Telefon. Die stellvertretende Geschäftsleiterin war dran. Sie erklärte der Kundin, dass es in der deutschen Firmenzentrale eine Beschwerde-E-Mail-Adresse gebe. Die Kundin solle dorthin schreiben und ihren Fall schildern. Sie selbst könne nichts machen. Den Preis zurückzahlen ginge nicht. Firmenpolitik. Die Kundin, inzwischen schon fassungslos, erklärte der stellvertretenden Geschäftsleiterin, dass sie Verständnis habe, dass eine Bestellung schiefgehen könne, dass sie jedoch keineswegs bereit sei, noch mehr Zeit und Mühen in die Angelegenheit zu investieren, um zu ihrem guten Recht zu kommen. Sie erwarte, ihr Geld zurückzuerhalten. Es war nicht ihr Versäumnis, sondern ein Fehler des Geschäfts, dass sie ihre Ware nicht erhalten hatte! Niemand könne von ihr verlangen, dass sie nach allem, was geschehen sei, Kundin dieses Geschäfts bleibe. Ganz sicher sei von Kaufvergnügen keine Rede mehr. Sie wolle keinen Gutschein, weil sie nie wieder in diesem Geschäft kaufen wird! Sie erwarte, dass die stellvertretende Geschäftsleiterin oder irgendjemand sonst das Problem für sie löst. Das Gespräch wurde beendet, ohne dass eine Entschuldigung gefallen wäre. Die Ex-Kundin kochte inzwischen vor Wut. Außerdem war sie unglücklich, weil sie die Sachen noch immer nicht wieder zurückgeben wollte. Sie waren hübsch und es war so schwierig gewesen, sie zu finden.

Am Montagvormittag klingelte das Handy erneut. Eine Mitarbeiterin aus der deutschen Firmenzentrale war dran. Sie eröffnete das Gespräch mit einer ausführlichen Entschuldigung. »Endlich!«, dachte die Ex-Kundin. Die Mitarbeiterin aus der Firmenzentrale fuhr fort: Man bedaure das Vorkommnis sehr. Sie habe die zwei Slips doch noch irgendwo auftreiben können und nach all den Unannehmlichkeiten wäre es das Mindeste, sie ihr, der Ex-Kundin, zu schenken. Wenn sie zur Abholung ins Geschäft käme, würde der Ex-Kundin nicht nur der bereits bezahlte Preis zurückgezahlt, der ja den Rabatt enthielt, sondern der originale Kaufpreis der Slips. Die Ex-Kundin freute sich sehr und erlebte einige Tage später, dass die Zusagen in der Tat eingehalten wurden. Sie wurde zwar erneut gefragt, ob sie einen Gutschein nehmen würde, bekam ihr Geld aber ausbezahlt, als sie darauf bestand. Sie verließ das Geschäft schließlich als zukünftige Wieder-Kundin.

Die Erkenntnisse aus diesem Beispiel lassen sich folgendermaßen zusammenfassen: Erst wurde die Kundin unverschuldet vom Geschäft in eine ärgerliche Situation gebracht, die ihr große Mühen verursachte: Die Kundin musste zuerst entgegen allen Beteuerungen wochenlang warten und dann Zeit und Geld für die Problemklärung und Fahrerei zum Geschäft aufwenden, die ihr niemand ersetzte. Es dauerte sogar bis zum Schluss, bis sich überhaupt jemand für den Fehler, der den Mitarbeitern unterlaufen war, entschuldigte. Der größte Fehler von allen aber war, dass niemand dies erkannt hatte:

> Kunden sind nicht so sehr verärgert, wenn etwas schiefgeht, wie enttäuscht darüber, wenn sie etwas zurückgeben müssen, was sie schon als ihr Eigenes angenommen haben. Sie empfinden *Trennungsschmerz*.
> Kunden sind umso enttäuschter und trauriger, je mehr sie sich über einen Kauf gefreut haben!

Es muss nicht immer alles so dramatisch vonstattengehen. Es können auch sehr kleine Dinge sein, über die Kunden mit Enttäuschung reagieren, und sei es nur, dass in einer Apotheke ein bestimmtes Präparat oder am Kiosk ihre Lieblingszigarettenmarke ausverkauft ist. Wann immer Sie von der Heftigkeit einer Kundenreaktion unvorbereitet überrascht werden, bedenken Sie:

> Je unvorbereiteter die Erwartung oder Hoffnung eines Kunden enttäuscht wird, desto heftiger fällt seine emotionale Reaktion aus.

Solange der Kunde von seinen Emotionen vereinnahmt wird, kann er sich auf keine andere Information konzentrieren. Was er zuerst braucht, ist eine *Beruhigung*. Die beste Beruhigung erfährt er durch *Anteilnahme*. Ist der Kunde beruhigt, kann er wieder sachlich werden.

> Zeigen Sie Anteilnahme an der Enttäuschung Ihres Kunden: Sagen Sie ihm, dass es Ihnen leidtut, dass sein Produkt ausverkauft, vergriffen, nicht in dieser Kombination, in dieser Farbe oder zu diesem Preis oder Datum erhältlich ist. Fühlen Sie seine Enttäuschung, auch wenn er Ihnen Ärger zeigt.
> Seien Sie empathisch!

4
Evas Kaufverhalten

Kaufarten und Kaufentscheidungsprozesse

In diesem Kapitel schauen wir uns den Einkauf und das Shopping an. Der Einkauf bedarf keiner Beratung. Das Gespräch mit Verkäufern wird beim Shopping hingegen oft benötigt. Hier gilt: *Je länger und angenehmer der Kontakt zu Verkäufern ausfällt, desto mehr wird die Kundin kaufen.* Um die Besonderheiten des Shoppings zu verstehen und um der Vollständigkeit willen, erläutern wir zunächst den Einkauf.

Der Einkauf

Der Einkauf umfasst Produkte, die Frauen kaufen *müssen*.

Wenn Frauen *einkaufen*, dann besorgen sie Dinge des täglichen Bedarfs, also die klassischen Verbrauchsgüter wie Lebensmittel, Hygieneartikel, Putzmittel etc., auf Denglisch auch Fast Moving Consumer Goods (FMCG) genannt. Der Einkauf ist nicht vergnüglich, sondern lästig, da er im ohnehin überfüllten Tagesablauf von Frauen neben Job, Kindern, Behördengängen, ehrenamtlichen Tätigkeiten, Fortbildungen, Pflege der Eltern und dem Haushalt irgendwie auch noch untergebracht werden muss.

Der Ablauf eines typischen Einkaufs besteht aus drei Teilen:
1. der geplante Kauf der bereits bekannten Produkte,
2. der geplante Kauf neuer, unbekannter Produkte,
3. der Spontankauf.

Der erste Teil ist sehr übersichtlich: Eva weiß, dass sie Milch, Brot und Zucker benötigt und wo diese Produkte in ihrem Supermarkt stehen. Da auch die Zahnseide so gut wie alle ist, wird sie nach dem Supermarktbesuch nebenan ihre Drogerie aufsuchen, wo sie ihre Zahnseide immer kauft.

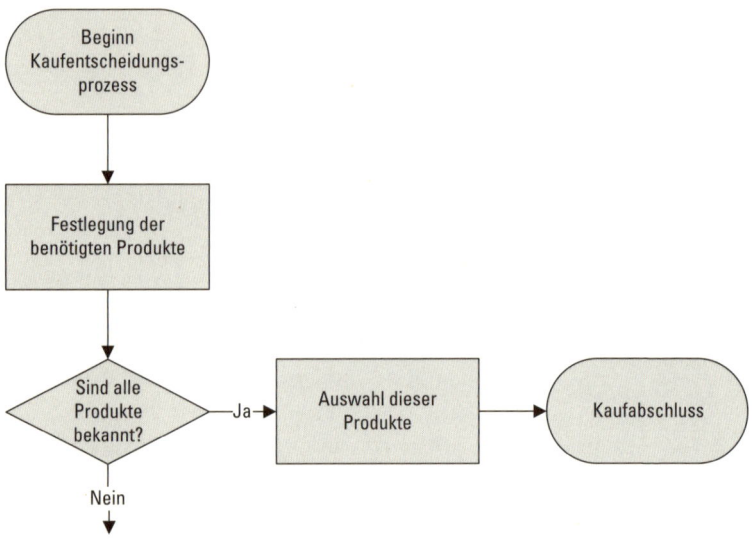

Abb. 8 Weiblicher Kaufentscheidungsprozess: Der Einkauf – Teil 1: die bekannten Produkte
Quelle: Diana Jaffé, Bluestone AG 2011

Leider benötigt Eva diesmal auch laktosefreie Milch und muss schauen, ob sie glutenfreien Kuchen erhält, da eine Freundin mit entsprechenden Allergien zu Besuch kommen wird. Mit solchen »Spezialitäten« kennt sie sich nicht aus. Also überlegt sie, welche Produkte ihr Supermarkt zu bieten hat. Sie wird alle Produktverpackungen so sorgfältig studieren, wie sie nur kann, auch wenn sie es sehr eilig hat. Bevor sie sich entscheiden kann, muss sie das Gefühl bekommen, für eine wirklich gute Wahl ausreichend informiert zu sein. Sie kann doch ihrer Freundin nicht etwas auftischen, was diese nicht vertragen würde! Während des Auswahlprozesses stellt sie fest, dass es Alternativen zu laktosefreier Milch gibt, so beispielsweise Sojamilch in verschiedenen Geschmacksrichtungen und koscheren, weil veganen Kaffeeweißer. Alle Produkte haben gewisse Vor- und Nachteile, die es gegeneinander abzuwägen gilt. Hat Eva am Ende ihres Informationsprozesses mehrere gleich gut geeignete Produkte zur Auswahl, dann entscheidet wahrscheinlich der Preis oder die bekanntere Marke, sofern Eva überhaupt keine Erfahrung mit einem dieser Produkte oder etwas Artverwandtem hat.

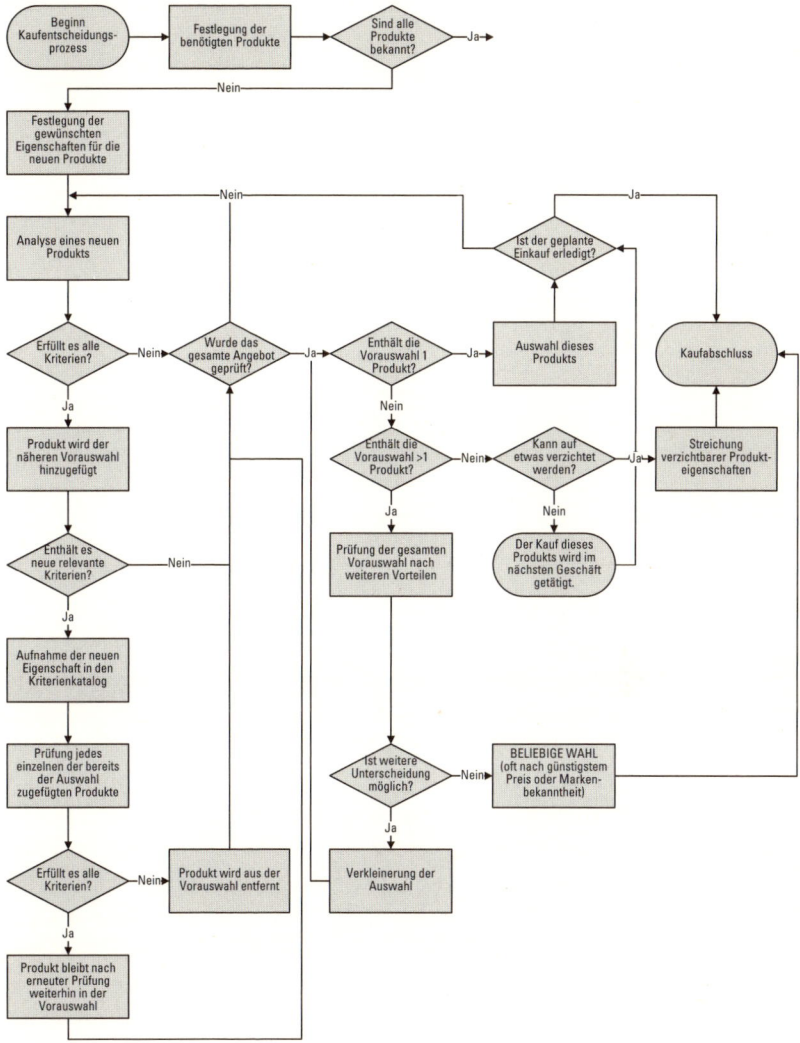

Abb. 9 Weiblicher Kaufentscheidungsprozess: Der Einkauf – Teil 2: die unbekannten /
neuen Produkte
Quelle: Diana Jaffé, Bluestone AG 2011

Eva ist also zielstrebig in ihrem Supermarkt unterwegs. Und doch fallen ihr immer wieder auch Produkte ins Auge, die sie noch nie gesehen hat oder schon immer mal probieren wollte. Egal wie eilig sie es hat: Immer wieder landen jene ungeplanten Waren in ihrem Einkaufskorb, jedoch stets nur solche, von denen Eva sich eine gute Erfahrung verspricht. Eva würde nie auch nur einen Becher Joghurt kaufen, wenn sie nicht ziemlich sicher wäre, dass er ihr auch schmeckt, selbst wenn der Joghurt nur 29 Cent kostet.

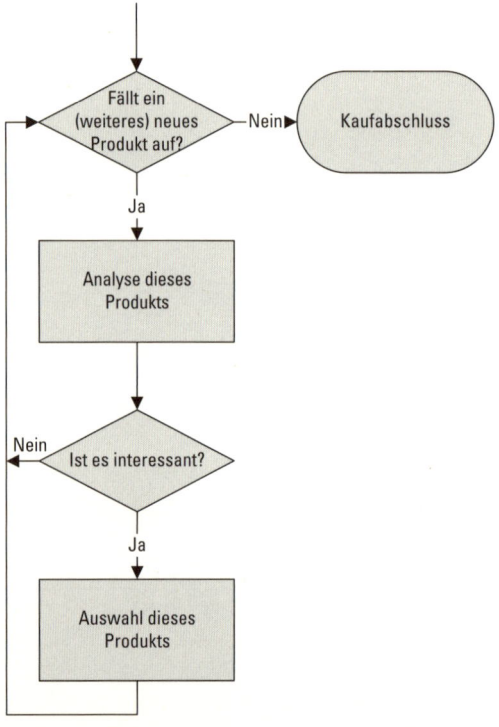

Abb. 10 Weiblicher Kaufentscheidungsprozess: Der Einkauf – Teil 3: die spontanen Anteile des Einkaufs
Quelle: Diana Jaffé, Bluestone AG 2011

Alles zusammen sieht ein Einkauf also so aus:

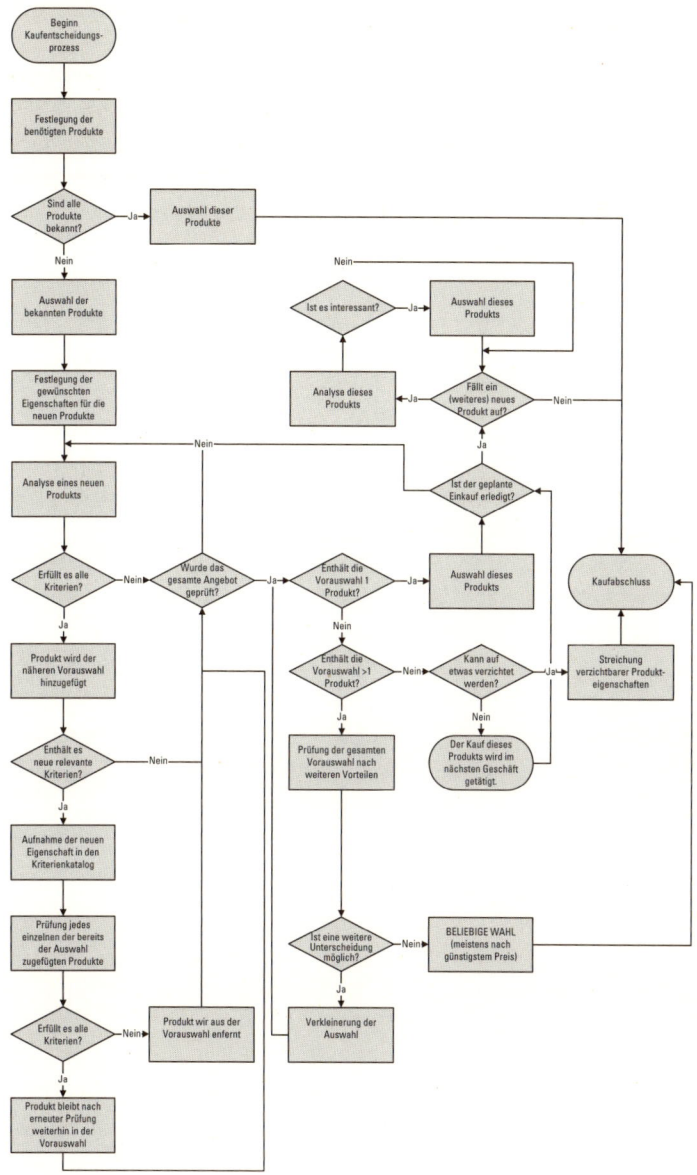

Abb. 11 Weiblicher Kaufentscheidungsprozess: Der vollständige Einkaufsvorgang
Quelle: Diana Jaffé, Bluestone AG 2011

Beim Einkauf verhalten sich Kundinnen teilweise wie Satisficer und teilweise wie Maximizer.

Potenzielle Störfaktoren

Das Leben der heutigen Frauen ist, wie inzwischen hoffentlich allseits bekannt, extrem stressig. Neben all den unzähligen Aufgaben bleibt der Einkauf der täglichen Güter meistens auch noch immer an den Frauen hängen. Wenn sie also auch noch die Besorgungen erledigen, dann muss diese Aufgabe möglichst leicht zu erledigen sein.

> Beim *Einkauf* reagieren Kundinnen sensibel auf alles, was die Angelegenheit *noch weiter erschwert*.

Das können fehlende Parkplätze sein, eine unzureichende Anzahl von Einkaufswagen zu Stoßzeiten, ausverkaufte Waren, nervige Musik, lange Schlangen vor den Kassen und und und. Männer sind in diesem Punkt deutlich weniger empfindlich. Erstens kaufen sie weitaus seltener ein als Frauen, weil männliche Singles zum Beispiel sehr häufig auswärts essen. Zweitens aber verfügen sie über einen in solchen Lebenslagen unbezahlbaren Tunnelblick. Sie nehmen die langen Schlangen vor der Kasse zwar auch wahr, aber die vielen Unannehmlichkeiten rotten sich in ihren Köpfen nicht so zusammen wie in denen der Frauen, um dann einen unerträglichen Berg zu bilden. Männer stehen alles sequenziell durch, also ein Ärgernis nach dem anderen.

Das Shopping

> Das Shopping umfasst Produkte, die Frauen kaufen *wollen*.

Das Shopping ist für viele Frauen der reinste Genuss. Shopping hilft ihnen, den Alltag zu vergessen und sich zu entspannen. Der vergnügliche Teil des Shoppings dreht sich bevorzugt um drei große Produktkategorien: die persönliche Schönheit und Attraktivität (Bekleidung, Kosmetik, Sportbedarf, Accessoires, Schmuck etc.), die Verschönerung des eigenen Heims (Möbel, Wohnaccessoires), das

Selbst, bestehend aus der eigenen Entwicklung (Fortbildungskurse, Bücher etc.) sowie der Pflege verschiedener emotionaler Bedürfnisse (Sportkurse und andere Dienstleistungen). Aber natürlich kaufen Frauen inzwischen schon längst Technik, und das nicht nur, weil sie Arbeitsgeräte benötigen, sondern auch, weil Handys und Laptops bzw. Tablets inzwischen zu den Lifestyle-Produkten gehören. Doch sie werden sich nie so für Gadgets begeistern können wie Männer. Als Partnerinnen, Mütter oder Omas kaufen sie auch für Kinder, Enkel, Partner sowie Geschenke zu Anlässen für den Freundes- und Kollegenkreis.

Eine gemeinsame Umfrage der *Popkomm*, *Brigitte Online* und Bluestone im Herbst 2004 ergab, dass der Kauf und Besitz von Dingen für junge Frauen ein wichtiger Bestandteil des Shoppings ist. Mit zunehmendem Alter nimmt die Bedeutung des Kaufakts und des Besitzes jedoch beinahe dramatisch an Bedeutung ab. Für Frauen ab Ende vierzig sind Kauf und Besitz weitaus weniger wichtig als für Frauen bis Ende zwanzig. Sie sind ja bereits vollständig ausgestattet und benötigen im Vergleich zu jungen Frauen nur noch selten etwas Neues. (Oft erleben Frauen mit zunehmendem Alter auch eine Zunahme beim Körperumfang. So wird es immer schwieriger, wirklich attraktive Kleidung zu finden, und sie unterlassen es nach und nach, sich bei jeder Anprobe dem Frustgefühl auszusetzen.)

Vor allem aber hat die Studie ergeben, dass es für alle Frauen sehr wichtig ist, *Neues zu entdecken*. Neues zu entdecken entspricht unserem natürlichen Lernen und aktiviert unser Belohnungszentrum im Gehirn.

Wenn Eva sich eine Anschaffung vornimmt, dann bereitet sie sich sehr gründlich darauf vor. Sie überlegt genau, was sie braucht und wie sie das jeweilige Produkt verwenden will. Außerdem denkt sie nicht nur an sich selbst, sondern auch an andere: Plant sie den Kauf eines Sofas, dann bedenkt sie nicht nur Modell, Größe, Form, Farbe und wie es sich mit den anderen, schon vorhandenen Möbeln kombinieren lässt, sondern auch eine Vielzahl anderer Aspekte: Kann Eva auch an Tagen mit Rückenschmerzen gut darauf sitzen? Hält es die Konstruktion aus, wenn die Kinder mit ihren Freunden darauf rumtoben, sobald sie sich unbeobachtet wähnen? Welche Spuren hinterlassen die Chipskrümel ihres Partners, wenn er bei einem Thriller nicht merkt, dass nicht alle Kartoffelscheiben in seinem Mund gelandet sind? Wird das Sofa genügen, wenn auch mal beruflicher Besuch nach Hause kommt? Und wie übersteht der Bezug die kotzende Katze? Ist er waschbar und geht auch wirklich alles raus?

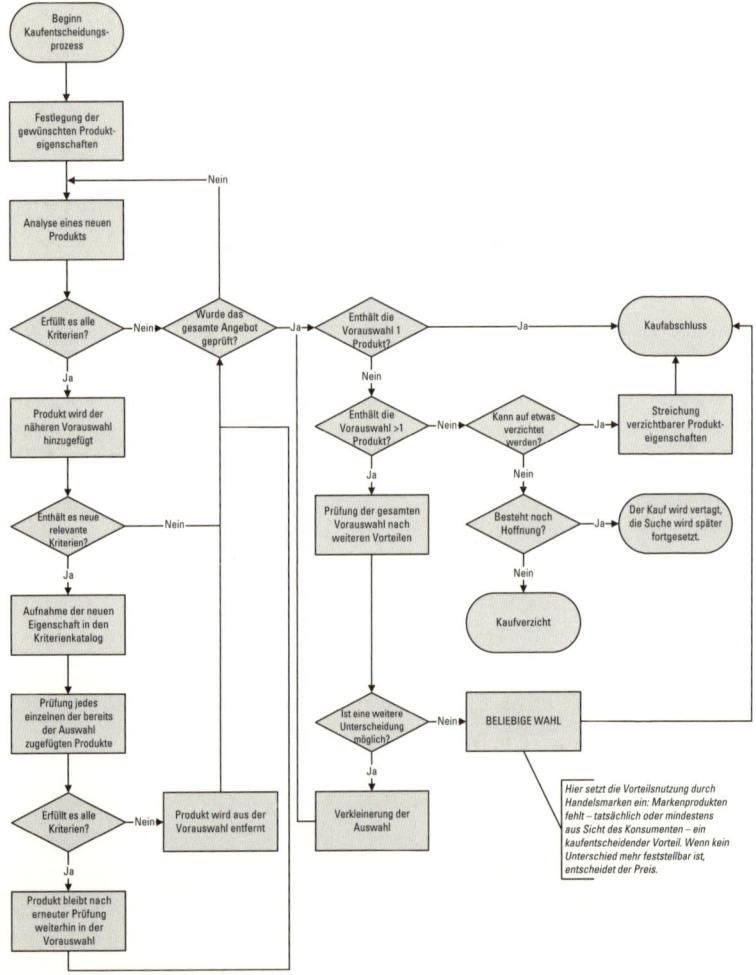

Abb. 12 Weiblicher Kaufentscheidungsprozess: Das weibliche Shopping
Quelle: Diana Jaffé, Bluestone AG 2006

Evas Kaufentscheidungsprozess als Single

Nehmen wir an, Eva ist Single oder alleinerziehende Mutter mit kleinen Kindern. Dann trifft sie ihre Kaufentscheidungen alleine. In diesem Fall sieht ihr Kaufentscheidungsprozess etwa so aus: Sobald Eva ihren bereits recht ausführlichen Kriterienkatalog erstellt hat, liest sie einige Wohnzeitschriften sowie Produktempfehlungen im Internet und besucht die Homepages einiger Hersteller und Online-Shops. Zwischendurch mailt sie Bilder, die ihr besonders gut gefallen, der einen oder anderen Freundin, um zu erfahren, ob jene diese Sofas auch schön finden. Eva sucht Bestätigung. Dann, wenn sie endlich das Gefühl hat, dass sie sich einigermaßen informiert hat, geht Eva ins Möbelhaus und nimmt sich ein Sofa nach dem anderen vor, um es eingehend zu untersuchen. Selbst wenn es unter Sofas einen Testsieger der Stiftung Warentest oder das ultimative Traumsofa gäbe und dieses ganz zuvorderst stehen würde, müsste Eva alle Sofas eingehend studiert und verglichen haben. Sie ist nicht so einfach zufriedenzustellen, denn sie ist ein leidenschaftlicher *Maximizer*. Sie ist nur bereit, das absolut Beste zu akzeptieren. Vor allem aber ist Eva stolz darauf, die *beste aller möglichen Wahlen* treffen zu können! Um das beste und schönste und praktischste und widerstandsfähigste und überhaupt tollste Sofa zu finden, ist Eva gewillt, mehrere Geschäfte aufzusuchen und das gesamte erhältliche Angebot zu vergleichen. Niemals würde sie sich mit dem ersten Produkt abfinden, das ihren gesamten Kriterienkatalog zu erfüllen vermag! Sie scheut keine Kosten und Mühen, um sich einen ordentlichen *Überblick über das Gesamtangebot* zu verschaffen. Einige der ersten Sofas hatten Eigenschaften, an die sie vorher gar nicht gedacht hat. Das erste Sofa hatte verstellbare Arm- und Rückenlehnen, das zweite war eine Eckkombination und wesentlich größer als geplant, allerdings sehr praktisch, weil mit eingebautem Schlafsofa. Das dritte konnte man nach Bedarf immer wieder zu einer neuen Wohnlandschaft zusammenstecken und das vierte hatte einen Stoff, der sich einfach traumhaft anfühlte und dennoch besonders strapazierfähig war, allerdings gab es keine zu ihrer übrigen Einrichtung passenden Farben. Der Kriterienkatalog wird also analog zum individuellen Lernprozess spontan erweitert: Schlafsofa und Stoffqualität müssen unbedingt sein, modulare Steckweise wäre nett, wenn sich ein bezahlbares Modell fände. Auf die verstellbaren Arm- und Rückenlehnen kann sie verzichten, wenn ein anderes Sofa grundsätzlich so bequem ist, dass es ihren Rücken entlastet. Während Eva also alle Sofas gründlich untersucht, derer sie habhaft werden kann, lernt sie permanent dazu. Zwischendurch, wenn sie etwas Interessantes entdeckt hat, unterhält sie sich mit einem Verkäufer, fragt nach Lieferfristen und Modellvarianten und Qualitätsstandards. Sie fragt, wieso das eine Sofa so viel teurer ist als das andere, das doch ganz ähnlich aussieht. Und als sie in einem Möbelhaus fertig ist, fährt sie ins nächste, dann ins übernächste, dann ins überübernächste und so weiter. In manchen Möbelhäusern kriegt sie einen Verkäufer zu fassen, in anderen nicht. So kann sie sich mehr oder weniger informieren. In manchen könnte sie das Sofa sofort mitnehmen, in anderen müsste sie es zuerst bestellen, und die Lieferfrist würde mehrere Wochen betragen. Zum Schluss hat sie drei Sofas gefunden, die alle ihre Kriterien zu erfüllen scheinen und sich einigermaßen im vorgesehenen Preisrahmen bewegen. Leider kann Eva keine weiteren Unterscheidungskriterien erkennen, und obwohl alle Sofas unterschiedlich aussehen, kann sie sich zunächst nicht entscheiden, weil ihr alle gut gefallen. Wenn Evas Herz nicht ein klein wenig stärker für eines der drei Sofas schlägt, dann wird sie sich am Ende wahrscheinlich für das günstigste entscheiden, besonders dann, wenn die Preisunterschiede groß sind. Eva fühlt sich gut. Sie hat tatsächlich wieder einmal das Beste innerhalb eines riesigen Angebots ausfindig gemacht! Sobald die Couch bei ihr daheim ist, erwartet sie von ihren Freundinnen Lob und die Bestätigung für ihre grandiose Wahl.

Evas Kaufentscheidungsprozess in einer Partnerschaft

Lebt Eva mit einem Partner zusammen, dann will sie eine gemeinsame Kaufentscheidung mit ihm treffen. Es ist ihr wichtig, dass er sich in ihrem gemeinsamen Zuhause genauso wohl fühlt, wie sie. Und auch wenn er ihr schon dreißig Mal gesagt hat, dass er sich für Sofas nicht interessiert, dass er ihrem Geschmack vollständig vertraut und den Samstag viel lieber daheim verbringen oder endlich mal wieder zum Sport gehen würde, kann sie es einfach nicht verantworten, eine so wichtige Entscheidung wie das neue Sofa ganz allein zu treffen. Nicht auszudenken, wenn er dann doch nicht zufrieden wäre! Eva versteht nicht, dass das neue Sofa für ihren Liebsten einfach so gut wie keine Bedeutung hat! Er muss darauf sitzen können, aber diesen Anspruch erfüllt wohl jedes Sofa, sonst wäre es ja keines. Wieder einmal setzt sich Eva durch und er muss mit. Schon die Fahrt zum ersten Möbelhaus ist schwierig. Er mosert wie ein bockiges Kind. Eva versteht überhaupt nicht, wie man sich so anstellen kann. Als sie im ersten Geschäft ankommen, lässt der Kerl sich doch glatt in die allererste Sitzgelegenheit fallen und will nicht mehr aufstehen! Er ist bereit, gleich dieses erste Sofa zu kaufen, und erntet dafür völlig verständnislose Blicke von Eva. Eva fängt ja jetzt erst an! Für ihren Mann jedoch sollte es jetzt schon vorbei sein. Kaufen und gut. Ist ja nur ein Sofa. Nachdem er auf Evas Geheiß nun schon fünf Sofas probegesessen hat, ist seine Geduld erschöpft. Als er sich nun auch noch auf ein sechstes setzen soll, weigert er sich. Eva aber besteht darauf, dass er die Polsterung testet. Der Ton zwischen den beiden wird schärfer, das Zischen lauter. Dann geht es weiter. Evas Partner quengelt und drängelt mit immer mehr Druck. Er will nur noch heim! Zwischendurch schaut sie sich auch den einen oder anderen Couchtisch, Schrankwände und ein paar Kerzenleuchter an, die auf dem Weg ausgestellt werden. Sie kann halt nicht anders! Ihr Mann sieht nur noch Farben. Dann will Eva Details zu dem 20. und dem 33. Sofa wissen und sucht einen Verkäufer. Der hat nun den Salat! Eine aufgedrehte Kundin und ein völlig fertiger Partner, der nur noch raus will. Das Beste, was er tun kann, denkt der Verkäufer, ist, den Mann zu ignorieren. Der schaut ja ohnehin nur noch apathisch. Als Eva weiß, was sie wissen wollte, sammelt sie ihren Partner wieder ein und ist nun bereit für das zweite Möbelhaus. Dort wiederholt sich alles, jedoch deutlich schneller, denn der anfängliche leidvolle Blick des Partners ist inzwischen zu einer echten Aggression ausgewachsen. Eva fühlt sich gehetzt und unzufrieden, doch die Partnerschaft ist ihr so wichtig, dass sie versucht, einen Kompromiss zwischen seinem Bedürfnis nach Heimkehr und ihrem Bedürfnis, das tollste Sofa aller Zeiten zu finden, zu erreichen. Eine Vertagung auf einen anderen Termin ist keine Option. Eva weiß, dass sie ihren Mann in den nächsten acht Jahren nicht noch einmal zum Sofakauf in ein Möbelgeschäft kriegt. Im vierten Möbelhaus entscheidet sich Eva schließlich für ein Sofa, nachdem sie mit dem Verkäufer nur noch das Nötigste klären konnte. Das Grollen, das inzwischen aus ihrem Mann kommt, ist ihr nicht geheuer. Ihr Gefühl sagt ihr deutlich, dass es nicht das tollste Sofa der Welt ist. Es ist schön, ja, aber eben nicht das

Abb. 13 Kleiderschränke sind für die meisten Männer Frauensache
Quelle: Diana Jaffé, 2010

Tollste! Eva ist geknickt, weil sie ihre Mission nicht erfüllen konnte. Sie weiß, dass sie nicht die beste aller möglichen Entscheidungen getroffen hat. Und doch wird sie es beim nächsten Mal wieder genauso machen. Sie wird die nächste Kaufentscheidung nicht alleine treffen, wenn sie Evas Ansicht nach sie beide betrifft. Sie wird dieses gemeinsame Martyrium wieder durchstehen. Und er auch. Dabei ginge es doch allen Beteiligten besser, wenn Eva das nächste Mal mit ihrer Schwester oder einer Freundin ginge!

Umsatzrelevante Faktoren

Der US-amerikanische Einkaufsforscher Paco Underhill hat herausgefunden, dass es von fundamentaler Bedeutung für den Umsatz ist, wie lange eine Frau sich in einem Geschäft aufhält. Eine Zählung in einem Haushaltswarengeschäft ergab folgende Durchschnittswerte bei der Verweildauer:

- Frauen, die mit weiblicher Begleitung unterwegs sind: 8 Minuten 15 Sekunden,
- Frauen mit Kindern: 7 Minuten 19 Sekunden,

- Frauen allein: 5 Minuten 2 Sekunden,
- Frauen mit Männern: 4 Minuten 41 Sekunden.

Ein weiterer Faktor ist die Dauer des Verkaufsgesprächs bzw. überhaupt des Kontakts mit Verkaufsmitarbeitern. Je länger das Gespräch andauert und je besser es läuft, desto mehr kauft die Kundin.

> Je länger eine Kundin sich in einem Geschäft aufhält und je ausgiebiger sie Kontakt mit einem Verkäufer hat, desto mehr Geld gibt sie aus.

Beim Shopping verhalten sich Kundinnen eindeutig wie Maximizer.

Potenzielle Störfaktoren

Kundinnen reagieren, wie gezeigt, beim Einkauf sensibel auf alles, was diesen noch weiter erschwert.

Abb. 14 Erschöpfte Männer warten im Einkaufszentrum (Riga, Lettland) darauf, dass ihre Frauen wiederkommen und sie endlich wieder nach Hause gehen dürfen. Da sie draußen sitzen, stören sie ihre Partnerinnen nicht beim Shoppen.
Quelle: Diana Jaffé, 2009

> Beim *Shopping* reagieren Kundinnen sensibel auf alles, was die Angelegenheit *in ihrem Vergnügen schmälert*.

Die Kundin erwartet beim Shopping vor allem eins: Vergnügen. Und sie findet es nicht amüsant, wenn ihr Vergnügen getrübt oder gar vermiest wird.

> Die Kundin erwartet vom Shopping ein tolles Erlebnis.

Also bereiten Sie es ihr damit, was Ihnen zur Verfügung steht: Ihrer Aufmerksamkeit, Ihrer Freundlichkeit, Ihrem Engagement für sie.

Das Kaufinteresse-Modell bei Kundinnen

Das Kaufinteresse bei Frauen folgt demselben Prinzip wie das Grundmodell, allerdings zeigen sich im Vergleich dazu enorme Verzerrungen. Der gesamte Kaufprozess dauert wesentlich länger, ist aber dafür auch *langfristig* angelegt. Der Kundin geht es nicht nur um diesen einen Kauf, sondern um eine langfristige Geschäftsbeziehung. Wenn sie also beim Erstbesuch prüft, ob ihr das Geschäft und das Sortiment gefallen, ob sie dem Verkäufer ausreichend vertraut, um einmal hier zu kaufen, prüft sie gleichzeitig, ob sie sich vorstellen kann, künftig auch alle weiteren Käufe dieser Art (oder zumindest einen beträchtlichen Teil davon) in diesem Geschäft zu tätigen.

> Die Kundin prüft beim Erstbesuch, ob sie dieses Geschäft und seine Mitarbeiter künftig immer wieder zum Kauf aufsuchen möchte. Es geht ihr um die Etablierung einer langfristigen Geschäftsbeziehung. Insbesondere männliche Verkäufer sind hingegen auf einen einzigen, nämlich diesen einen Verkauf fixiert. Oft ist ihnen nicht bewusst, dass es um eine womöglich lebenslange Treue der Kundin geht.

Ist die erste Hürde genommen und sie hat gekauft, wird sie künftig bei jedem Besuch erwarten, dass ihr Kauferlebnis und ihre Kaufzu-

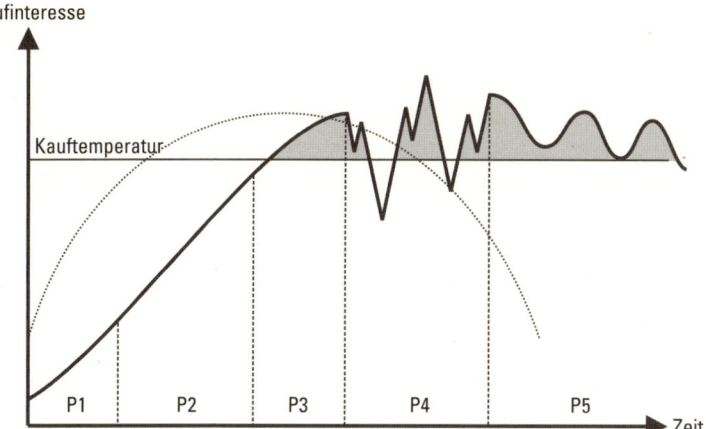

Abb. 15 Der Verlauf des Kaufinteresses bei Kundinnen
Quelle: Vivien Manazon, (Diana Jaffé)

friedenheit mindestens auf dem hohen Niveau des ersten Males bleiben. Einen Fehler verzeiht sie, zwei auch noch, aber spätestens beim vierten Mal steigt sie aus. Wenn es gravierende Fehler oder sehr schlechte Erfahrungen waren, dann ist sie als Kundin für immer verloren. Zufriedene Kundinnen hingegen sind ausgesprochen treu. Wie unsere Untersuchungen immer wieder zeigen, gibt es sogar Kundinnen, die auch nach ihrem Umzug ans andere Ende einer Großstadt »ihrem« Biomarkt die Treue halten und wöchentlich extra dafür hinfahren, obwohl sich um die Ecke ihrer neuen Wohnung ebenfalls ein guter Bio-Supermarkt befindet.

Eine Berlinerin kauft ihre Autos immer nur bei einem bestimmten Händler in ihrer Heimatstadt in Thüringen. Sie fährt extra für alle Inspektionen und sogar zum Wechsel ihrer Sommer- und Winterreifen hin. Diese Reisen verbindet sie zwar mit Kurzbesuchen bei ihren Eltern, doch da sie beruflich sehr stark eingebunden ist, würde sie viel Aufwand sparen, wenn sie zu einer der vielen Berliner Vertragswerkstätten wechseln würde. Doch das genau tut sie eben nicht. Sie bleibt »ihrem« Händler treu, denn dort weiß sie, was sie erwartet. Vor allem aber weiß sie, dass sie dort vor schlechten Erfahrungen sicher ist.

In allen 5 Phasen des Kaufprozesses geht Eva gründlich vor. Sie prüft in der Kontaktaufnahme ausführlich und lange, ob der Verkäufer vertrauenswürdig ist. Der Verkäufer muss sich einer Untersuchung auf Herz und Nieren unterziehen. Dann erst darf er mit der Bedürfnis- und Bedarfsanalyse beginnen. Eva steigt an einem sehr frühen Punkt ihres Orientierungs-, Informations- und Entscheidungsprozesses in das Verkaufsgespräch ein. Sie hat noch keinerlei Ergebnis im Kopf, höchstens einige prinzipielle Vorstellungen.

Da Eva, wie gezeigt, viele Ansprüche an ihre Neuerwerbung stellt, ist ihr Kriterienkatalog lang. Außerdem sind ihr trotz aller Überlegungen sicherlich nicht alle ihrer eigenen Motive so klar gewesen. Auf einige der Fragen hat sie gar keine schnelle Antwort und muss daher nachdenken. Sie denkt übrigens sehr häufig laut. Viele männliche Verkäufer kommen gar nicht auf die Idee, dass die Geschichten, mit denen sie ihn gerade furchtbar langweilt und mit denen sie ihm wertvolle Zeit stiehlt, ihre Denkwege zur Antwort sind. Das, was sie da tut, heißt *Sprechdenken*. Sprechdenken aktiviert bei Frauen neuerer Gehirnforschung zufolge das Belohnungszentrum im Gehirn. Das heißt, dass das Gehirn auf das laute Denken ebenso Freude erzeugende Botenstoffe ausstößt wie – auch bei Männern – beim Genuss von Schokolade, Lieblingsmusik, Drogen und gutem Sex. Frauen sprechdenken also gern, weil es sie zu Ergebnissen bringt, und weil es sich auch noch gut anfühlt. Deswegen dauert eine gründliche Bedürfnis- und Bedarfsanalyse vergleichsweise lange. Doch während Eva sprechdenkt, bringt sie sich auch selbst immer mehr in Kauflaune.

Obwohl Eva sich vorab informiert hat, hat sie nur eine vage Vorstellung davon, was sie kaufen möchte. Sie möchte die Artikel im Geschäft sinnlich erfahren und durch die Beratung mit einem fachlich guten und freundlichen Verkäufer herausfinden, welches das perfekte Produkt für sie ist. Was sie sucht, ist nicht nur eine Ware oder Dienstleistung, sondern nichts weniger als die *perfekte Lösung für ein Problem* oder die *perfekte Entsprechung für ihr Gefühl*.

Die Angebotssuche ist anspruchsvoll, denn schließlich soll ein Angebot gefunden werden, das tatsächlich möglichst alles enthält, was Eva wichtig ist. Es muss also möglichst ihren gesamten Kriterienkatalog abdecken. Die Angebotspräsentation selbst ist keine große Herausforderung. Dann aber kommt der Hauptteil: Eva hat noch Fragen und Bedenken, sogar eine ganze Menge davon! Eva beginnt erneut mit dem Ritual des Sprechdenkens. Gerade männliche Verkäufer würden hier so manches Mal den großen Verdienstorden am goldenen Geduldsfaden verdienen, doch viele patzen an dieser Stelle – und versagen. Männer haben bei Kaufprozessen einfach andere Abläufe und Zeithorizonte als Frauen. Was die Kundin braucht, ist ein verkäuferisches Gegenüber, das Verständnis für ihre inneren Vorgänge aufbringt. Fachliche Fragen müssen unbedingt sachlich richtig beantwortet werden, ohne sie mit Zahlen, Daten und Fakten totzuschlagen. Evas Bedenken müssen so geklärt werden, dass sich ihre Unsicherheit, ob es eine gute Kaufentscheidung wäre, beruhigt. Sie ist sehr sicherheitsbedürftig, sodass es für sie keine gute Option darstellt, die Ware mitzunehmen und wieder zurückzubringen, falls sie doch nicht passt. Diesen Ärger will sie nicht! So viel Zeit hat sie auch gar nicht! Und allein die Befürchtung, jemandem erklären zu müssen, weshalb sie die Ware doch wieder zurückbringt ... Nein, das würde sie ganz sicher nicht wollen! Jede ungeklärte Frage oder jedes Bedenken will geklärt sein, sonst kommt es zum Kaufabbruch. Und selbst wenn ein Verkäufer all ihre Bedenken nach bestem Wissen und Gewissen behandelt hat, kann es sein, dass sie die Kaufentscheidung noch aufschiebt. Doch das Geschäft ist keinesfalls verloren, wenn Eva sagt, sie möchte sich das Angebot noch einmal in Ruhe überlegen. Denn genau das bedeutet, was sie sagt: Es ist keine faule Ausrede, sondern sie möchte es sich wirklich noch einmal gründlich überlegen, insbesondere wenn es sich um eine größere Investition handelt. Also wird sie es sich überlegen. Und wenn das Angebot gut passte und ihre Fragen entsprechend geklärt wurden, dann stehen die Chancen gut, dass sie wiederkommt.

Es ist überhaupt keine gute Idee, Eva während ihrer Bedenkenphase zum Abschluss zu drängeln. Sie wird sich schon bemerkbar machen, wenn sie sich zum Kauf entschieden hat. Auf Druck reagiert sie äußerst empfindlich. Wenn sie aber einmal so weit ist, wenn sie den höchsten Punkt ihres Kaufinteresses erklommen hat, dann ist sie nicht nur zu einer Entscheidung bereit, sondern oft gleich zu mehreren! Kundinnen sind nach dem Abschluss weiterhin in einem Bereich hohen Kaufinteresses, das heißt: Zusatzprodukte, die in unmittelbarem emotionalem Zusammenhang stehen, können meist problemlos sofort angeboten werden. Ihre »Kauftemperatur« fällt nicht rapide wieder ab, sondern sie bewegt sich in Wellen. So hatten sie diese ganzen Zusatzprodukte überhaupt nicht geplant, aber weil es gerade so schön ist, greifen sie gerne gleich mehrfach zu. Es fühlt sich so gut an. Wenn der Verkäufer Glück hat, dann sinkt das Kaufinteresse erst nach mehreren Wellenbewegungen unter die notwendige »Kauftemperatur« ab. Sie werden nicht jeden beliebigen Krempel kaufen, aber es kann durchaus sein, dass ihnen einige Dinge in diesem Zeitraum schöner und/oder notwendiger erscheinen als noch vor einer Viertelstunde.

> Faustformel für die richtigen Zeitabläufe:
> Männliche Verkäufer: Planen Sie grundsätzlich mindestens 50 Prozent *mehr* Zeit für Kundinnen ein, vor allem am Anfang des Verkaufsgesprächs, also in der Bedarfsanalyse. Sie werden dadurch bis zu 80 Prozent Abschlüsse erreichen und ersparen sich dadurch eine Menge Zeit, genau wie Sie deutlich weniger Kaufabbrüche erleben.

Das braucht die Kundin

Vor dem Verkaufsgespräch

Vorab-Informationsverhalten
Frauen kennen zielgerichtete und weniger zielgerichtete Arten zu shoppen. Manchmal wissen sie sehr genau, was sie wollen. Sie betreten ein Geschäft dann eigentlich nur noch, um den Kauf zu vollenden. Wenn sie sich vor dem Gang zur Kasse noch zwischen anderen Artikeln umschauen, dann höchstens, um sich erneut davon zu überzeugen, dass sie sich bereits richtig entschieden haben. Eine Kundin, die so kauft, ist entweder eine Expertin in diesem Produktbereich oder sie hat ihre Informationsphase vorher abgeschlossen. Da bei diesen Käufen keinerlei Beratung (mehr) in Anspruch genommen wird, brauchen wir sie im Weiteren nicht näher zu beleuchten.

Falls die Kundin das Gefühl hat, von einem Produktbereich wenig zu verstehen, dann informiert sie sich. Und das tut sie sehr ausführlich. Untersuchungen haben gezeigt, dass es von der Produktgattung abhängt, wo bzw. bei wem Frauen sich bevorzugt erkundigen. In vielen Produktbereichen nutzen Frauen das Internet als Informationsquelle viel ausgiebiger als Männer. Neutrale Seiten von Organisationen, Testseiten, klassische Textbeiträge in Magazinen und auf Portalen, aber auch Herstellerseiten werden viel und gerne genutzt. Communities, Foren und Social Media sind hingegen deutlich weniger beliebt, weil viele Unbekannte Informationen hinterlassen, deren Qualität entweder schwer einzuschätzen oder auf den ersten Blick wenig hilfreich ist.

Frauen lieben das Gespräch, weil sie im Kontakt mit anderen, dadurch dass sie laut denken können, besser herausfinden können, was sie wollen. Freundinnen und Verwandte sind als Informationsquellen sehr beliebt, da ihre Hinweise leicht einzuschätzen sind. Man kennt sich lange, teilt zumindest in gewissen Lebensbereichen ähnliche Werte und vertraut sich. Die Kundin fragt nur jene Leute aus ihrem Freundes- und Bekanntenkreis, von denen sie annehmen kann, dass sie einen ähnlichen Qualitätsanspruch und Geschmack haben, dass sie gleiche Prioritäten setzen. Wenn es um Gesundheits- und ähnlich spezielle Fachfragen geht, wird sie Spezialisten bevorzugen. Hat eine Kollegin einen Freund, der ein ausgewiesener Computerfachmann ist, dann wird dieser vor der Anschaffung eines neuen Rechners selbstverständlich befragt, auch wenn man sich sonst überhaupt nicht kennt. Im Prinzip übernimmt der Spezialist in solchen Gesprächen bereits Aufgaben des Verkäufers: Er hilft, den eigenen Bedarf und die Muss-Kriterien zu ermitteln. Er bietet Orientierung, indem er die Auswahl durch sein Fachwissen einschränkt. Doch solche Gespräche führen fast nie so weit, dass die Festlegung auf ein konkretes Produkt erfolgt.

> Frauen benötigen länger als Männer, bis sie kaufbereit werden. Sie verwenden mehr Zeit darauf, mit mehr Leuten zu sprechen, damit sie mehr Fakten und Meinungen sammeln können.

Grundsätzliche Einstellungen
Der weibliche Stil
Frauen haben ihren ganz eigenen Stil, eigene Ziele, eigene Weltanschauungen. Und wenn es um das Kaufen geht, gilt dasselbe. Connie Podesta fasst die Einstellungen zum Kaufakt so zusammen:

> Sie [Frauen] wollen nicht mit Ihnen konkurrieren, nicht um den besten Deal streiten. Sie wollen nicht, dass der Prozess schwierig

oder ein Test für ihr Durchhaltevermögen wird. Sie wollen keinen Zusammenstoß verschiedener Willen. Sie wollen nicht, dass es viel Kraft kostet. Und sie wollen ganz sicher nicht »verlieren«, damit Sie »gewinnen« können – tatsächlich wollen sie nicht einmal, dass Sie verlieren, damit sie selbst gewinnen können. Frauen verbringen ihre gesamten Leben damit, um sich und die Menschen, die ihnen etwas bedeuten, davor zu bewahren, Enttäuschung, Verletzung, Verlust und Unglück zu erfahren. Als Ergebnis dessen finden die meisten Frauen nichts Erfreuliches an der Aussicht, bei einem Kauf konkurrieren zu müssen, um auf Kosten eines andern zu gewinnen – und sie wollen auch mit niemandem Geschäfte machen, der so denkt.[10]

Der Weg ist das Ziel

Die Kundin geht *prozessorientiert* ins Verkaufsgespräch. Nicht das Ziel, also der Kauf ist das Wichtigste, sondern der *gesamte* Vorgang bis zum Kaufabschluss!

Das gilt gleichermaßen für Kundinnen und Verkäuferinnen. Männliche Verkäufer hingegen sind in der Regel genauso *zielorientiert* wie männliche Kunden. Wenn männliche Verkäufer auch mit Kundinnen schnell zum Abschluss kommen wollen, dann ergibt das offensichtlich einen Zielkonflikt. Kundinnen halten übermäßig zielorientierte Verkäufer für sozial inkompetent und ihres Vertrauens unwürdig. Deswegen müssen männliche Verkäufer lernen, prozessorientiert zu verkaufen. Sie müssen sich auf den *Weg bis zur Kaufentscheidung* konzentrieren.

Die Prozessorientierung ist immer *langfristig* ausgelegt. Sie beschränkt sich nicht auf diesen einen Kauf. Vielmehr sucht die Kundin eine lange während Geschäftsbeziehung, am liebsten eine, die so lange hält und sie zufriedenstellt, wie sie lebt.

10 Übersetzung durch Diana Jaffé.

Und wenn Kundinnen zufrieden sind, dann werden sie all ihre Freundinnen mitbringen, für die das Geschäft ebenfalls das Richtige bietet. Zufriedene Kundinnen sind also unermessliche Multiplikatorinnen! Ein guter Verkauf bringt somit über Jahre zahllose weitere.

> Im Verkauf an Frauen geht es also gar nicht um *einen* Verkauf, sondern um *unzählige* Verkäufe!

Alles ist wichtig

Frauen denken ganzheitlich. Das bedeutet, dass jeder einzelne Aspekt im Zusammenhang mit einem Kaufvorhaben stimmen muss oder zumindest nicht stören darf. Wenn schon der Blick von außen auf oder in die Geschäftsräume vermuten lässt, dass sie sich darin nicht wohlfühlen wird, dann betritt die potenzielle Kundin das Geschäft oder die Büroräume gar nicht erst. Wenn sie den Verkäufer als unhöflich empfindet oder feststellt, dass seine Aussagen unzuverlässig oder gar falsch sind, dann wird sie das Gespräch schnell beenden. Sie beantwortet ihren ersten Eindruck mit den Füßen.

Eine Kollegin wollte sich ein Ultrabook kaufen, als die Geräte noch so neu waren, dass davon kaum welche im Geschäft erhältlich waren. Im Internet hätte sie eine weitaus größere Auswahl gehabt, aber sie wollte keinesfalls blind bestellen. Sie wollte sich unbedingt einen eigenen Eindruck von der Bauweise, dem Gewicht und der Tastatur verschaffen. Sie brauchte ein leichtes Gerät für Vortragsreisen. Deswegen musste sich der Laptop an jeden Beamer anschließen lassen, ob nun per VGA-Stecker oder HDMI-Anschuss. Sie suchte mehrere Geschäfte auf und lief zwischen ihnen wiederholt hin und her. Dabei war sie ganz verblüfft, wie freundlich alle jungen Berater in all diesen Geschäften waren. Das war in Elektronikmärkten früher anders. Einer dieser freundlichen Verkäufer, der sie beriet, erzählte ihr voller Überzeugung, dass es vom HDMI-Anschluss keinen Adapter auf VGA gäbe. Lediglich ein Hersteller außer Apple hätte ein spezielles System entwickelt, um dies zu ermöglichen. Vom anderen Hersteller gab es allerdings nur Geräte mit herkömmlichen drehenden Festplatten, sie jedoch wollte eine SSD-Platte. Und sie wollte auf keinen Fall ein MacBook. So rief sie kurzerhand ihren Technik-Experten an, der sie schnell beruhigen konnte, dass es sehr wohl Adapter für HDMI auf VGA gibt. Diese Kundin machte sich anschließend nicht mehr die Mühe, in dieses Geschäft zurückzukehren und mit einem anderen Verkäufer zu sprechen, der sich womöglich besser ausgekannt hätte. Dieser durchaus engagierte und freundliche Berater hatte ihrem Empfinden nach fachlich grob versagt, und dieser Eindruck übertrug sich bei ihr auf das ganze Geschäft. Sie kaufte noch am selben Tag bei einem Wettbewerber.

Was immer wieder gerne übersehen wird, sind die Toiletten. Saubere Toiletten sind für Frauen ein Grund, bestimmte Geschäfte, Tankstellen und Restaurants aufzusuchen – oder eben nicht. Sauberkeit sollte eine echte Selbstverständlichkeit sein, ist sie aber nicht. Türen, die sich nicht abschließen lassen, kaputte Kacheln, leere Toilettenpapier-Behälter, Hinterlassenschaften ferkeliger Vorgäste, überfüllte Abfallbehälter, kaputte Glühbirnen, leere Seifenspender ... Wir könnten diese Liste noch eine ganze Weile fortführen. In leider noch sehr seltenen Ausnahmefällen findet man nicht nur tadellose Bedingungen auf den Kundinnen-Toiletten vor, sondern auch so manche Extras: einen Kamm, ein Deo, Handcreme, Haarspray und – ganz, ganz wichtig! – eine kleine Auswahl an Tampons und Binden. Wer den Dienst an der Kundin in klassischen Büroräumen erbringt, kann all diese Annehmlichkeiten bereitstellen, ohne fürchten zu müssen, dass jeden Tag jemand den kompletten Service-Bestand einpackt und nach Hause trägt. Selbst wenn nur wenige der weiblichen Gäste das Angebot nutzen sollten, fällt mit Sicherheit allen auf, dass die Geschäftsinhaber bzw. Mitarbeiter dieser Firma sehr aufmerksam und zuvorkommend sind. Und auch dieser Eindruck hat Einfluss auf das Bild, das die Kundinnen sich davon machen, was sie erwartet, wenn sie Kundinnen dieses Unternehmens werden.

Für Mütter mit Kindern ist Sauberkeit und Kinderfreundlichkeit von besonderer Bedeutung. Wickeltische sind noch immer nicht die Regel, und es gibt kaum je Einrichtungen mit speziellen Kindertoiletten.

Das alles bedeutet nicht, dass Frauen empfindlich oder womöglich zickig sind. Sie sind einfach nur keine Männer. Ihr Denken und ihre Wahrnehmung sind stark assoziativ angelegt. Sie sehen viel mehr Verbindungen und schließen von einem Aspekt auf einen anderen.

Abb. 16 Toilettenkabine für Mutter/Vater und Kind
Quelle: Diana Jaffé

Der Mehrzahl der Männer bleiben die meisten dieser Verbindungen verborgen.

Alles ist noch möglich

Wenn Kundinnen ein Geschäft betreten oder zum Telefonhörer greifen, dann haben sie noch überhaupt keine Vorentscheidung getroffen. Sie sind gänzlich offen, auch noch etwas völlig Neues in Betracht zu ziehen. Männer hingegen steigen meistens mit einer auf zwei bis drei Optionen reduzierten Vorauswahl in ein Beratungsgespräch ein. Sie wollen meistens nur noch Argumente hören, die mehr für eines dieser zwei oder drei Produkte sprechen.

Frauen haben oft schon genauso viel oder sogar mehr Zeit in die Vorab-Information investiert als Männer, aber die Phase des Einstiegs ist eine andere. Wenn Frauen ins Verkaufsgespräch kommen, dann sind sie am Gesamtangebot interessiert und daran, die für ihre Zwecke beste Lösung zu finden. Durch ihre absolute Offenheit, neue Informationen aufzunehmen, bringen sie einen viel größeren Kenntnisbedarf mit. Frauen wollen mehr wissen. Während des Verkaufsgesprächs werden ausgiebigere Informationen ausgetauscht, Optionen erwogen und wieder verworfen. Im Gespräch ist noch Vieles möglich. Der gedankliche und emotionale Weg, den Frauen bis zur Kaufentscheidung gehen müssen, ist somit unverkennbar länger. Und er beginnt bei einer deutlich niedrigeren »Kauftemperatur« als bei Männern.

Typische Fehler von Verkäufern aus Unwissenheit

Judith Tingley und Lee Robert untersuchten in den USA, welches Verhalten von männlichen Verkäufern Kundinnen am meisten stört. Dies sind die Highlights: Männliche Verkäufer

- fragen zu wenig danach, was gebraucht und gewünscht wird und sprechen zu wenig darüber;
- hören zu wenig zu, was gesagt wird;
- drücken zu stark auf den Verkauf dessen, was sie haben, statt darauf, was gewünscht wird;
- spielen ein ihnen vertrautes Verkaufsspiel nach genauen Vorgaben und sind genervt, wenn Kundinnen dieses Spiel nicht kennen oder nicht nach den Regeln spielen;
- sind interessiert am Verkauf, nicht an der Beziehung zu Kunden, daher spielen sie das Verkaufsspiel entsprechend dem vorgeschriebenen Ritual;
- denken an das Hier und Jetzt, daran, den Deal unter Dach und Fach zu bringen, während Verkäuferinnen im Gegensatz dazu eher an langfristige Beziehungen denken.

Natürlich ist diese Liste nicht vollständig. Wir können jedoch feststellen, dass diese Unzufriedenheiten auch in unserem Kultur- und Sprachraum dominieren. Fallen lauern überall. Am unangenehmsten sind die unbewussten. Ein Autoverkäufer, der Frauen wegen des »typisch weiblichen« Fahrstils nicht respektiert, wird Kundinnen niemals gut beraten können. Daher ist es sehr nützlich, sich seines eigenen Verhaltens zu versichern. Eine gute Methode ist, andere um ihre Beobachtungen und Einschätzungen zu bitten. Vorzugsweise sollte es sich dabei um Kollegen handeln, die bei der weiblichen Zielgruppe erfolgreich verkaufen und dauerhafte Zufriedenheit generieren.

Im Verkaufsgespräch

Die Phase der Kontaktaufnahme

>>Viele Kundinnen werden nicht von Ihnen kaufen, weil sie verstehen, was Sie verkaufen, sondern weil Sie sie verstehen.<<
(Delia Passi)

Manchmal sind Verkäufer geradezu verliebt in ihr Angebot, sodass sie ihre Begeisterung darüber nicht zügeln können. Sie sprechen dann nur von den Dingen, statt zu realisieren, dass es nicht um eine perfekte Beschreibung der Funktionen und Eigenschaften geht, sondern darum, dass die Kundschaft sie versteht. Gerade Kundinnen sind an einer vollständigen Auflistung aller Zahlen, Daten und Fakten kaum interessiert. Sie wollen nur wissen, welches Produkt das Richtige für *sie* ist. Deswegen muss die gesamte Kommunikation von Anfang an auf die Kundin fokussiert sein, nicht auf Produkte.

Vertrauen ist das A und O

Eine Kundin wird niemals etwas kaufen, wenn sie dem Verkäufer nicht vertraut.

Als Empathinnen haben Kundinnen sehr feine Antennen für andere Menschen. Und obwohl jahrzehntelang so manche überteuerte Schafswolldecke auf Kaffeefahrten an die Frau gebracht wurde, können die meisten Frauen doch sehr wohl erkennen, ob ihr Gegenüber lautere Absichten hat oder nicht. Selbst wenn sie sich ein- oder zweimal übers Ohr hauen ließen, so werden sie es irgendwann doch herausfinden, und wenn eine gute Freundin ihnen erst zu dieser Einsicht verhelfen muss.

Frauen sind grundsätzlich sehr sicherheitsbedürftig und risikoavers. Sie wollen sich darauf verlassen, dass sie gut beraten werden. Sie wollen sicher sein, das beste Produkt für ihre Bedürfnisse gefunden zu haben. Sie wollen nicht etwas nach Hause mitnehmen, um dort festzustellen, dass es doch nicht das Richtige war. Und schon gar nicht wollen sie das Gekaufte zurück in den Laden bringen, um dort womöglich noch eine Diskussion darüber führen zu müssen, weshalb es nun zurückgeben möchten. Frauen wollen Konflikte und Frustrationen vermeiden. Sie nehmen alles sehr persönlich, was für die meisten Männer einfach nicht nachvollziehbar ist. Bei einem Verkäufer suchen Frauen genau das: Sicherheit. Da Kundinnen an langfristigen Geschäftsbeziehungen interessiert sind, bedeutet Verkauf bei ihnen vor allem Beziehungsarbeit. Gute Verkäuferinnen und Verkäufer zeichnen sich dadurch aus, dass sie genau das bei beiden Geschlechtern beherrschen. Es zeigt sich in der Praxis immer wieder, dass männliche Verkäufer auf diesem Gebiet den größten Nachholbedarf haben.

Wenn Frauen ein großes Vertrauen zu einem Verkäufer haben, dann spart es ihnen viel Zeit und Mühe. Sie verlassen sich dann auf ihren Berater und informieren sich bei Wiederholungskäufen nicht mehr detailliert im Voraus. So kann man in Bekleidungsboutiquen recht oft beobachten, wie eine Kundin zur Verkäuferin kommt und sagt:»Du weißt ja, was ich will.« Und dann sucht die Verkäuferin etwas Passendes raus. Leider fühlen sich manche Verkäuferinnen von diesem Vertrauen überfordert, weil sie meinen, es eben doch nicht zu wissen. Dann trauen sie sich bedauerlicherweise nicht immer, nachzufragen. Sie geraten aus Unsicherheit unter Druck, und es entstehen am Ende häufig Missverständnisse, die zu vermeiden gewesen wären. Durch die empfundene Unsicherheit präsentiert die Verkaufsberaterin viel zu viele Angebote, die zwar letztlich meist zum Abschluss führen, zu denen der Weg aber deutlich kürzer hätte sein können. Eine Kundin stört sich an einer Mehrpräsentation nicht, sofern sie Zeit hat und sich auch für das andere interessiert. Sie freut sich darüber, Neues kennenzulernen, falls es nicht völlig fernab ihrer Vorstellungen liegt. Ein Mann wäre schon längst genervt ausgestiegen.

Frauen verlassen sich auf eine gut etablierte Beziehung. Männer nicht. Männer werden selbst als Stammkunden immer eine gewisse Portion Vorsicht walten lassen.

Wenn eine Kundin eine Beziehung zu einem Verkäufer eingeht, wenn sie ihm als Mensch vertraut und ihm Kompetenz zubilligt, dann geht sie davon aus, dass diese Person ihr *Verbündeter* ist. Sie setzt dann voraus, dass dieser Verkäufer ihr mit besten Absichten begegnet, ihre Interessen wahrt und daher immer das beste Angebot für sie sucht.

Eine fachlich ausgezeichnete Beratung kann dazu führen, dass man der Kundschaft von einem Kaufvorhaben auch mal abraten muss. Insbesondere Kundinnen berichten von großer Zufriedenheit, selbst wenn sie ihr Problem dadurch nicht gelöst bekamen. Die ehrliche Beratung bewies den Kundinnen die fachliche Kompetenz und vor allem die Vertrauenswürdigkeit des Verkäufers. Diese Kriterien können nicht hoch genug bewertet werden, denn für Frauen sind dies die besten Gründe, um immer wiederzukommen. Alle Kundinnen, die von solchen Erfahrungen berichteten, suchten die Geschäfte später gerne erneut auf. Wenn man heute kein Geschäft macht, dann macht man es eben morgen – mit denselben Kundinnen.

Die richtige Einstellung der Kundin gegenüber

Ein gutes Verkaufsgespräch sollte das Highlight des Verkaufsprozesses sein, sozusagen das Sahnehäubchen auf dem leckersten Kuchen. Die wichtigsten Faktoren dafür sind:

- Vertrauenswürdigkeit,
- Gesprächsführung auf Augenhöhe,
- Prozessorientierung,
- Fachkompetenz,
- Freundlichkeit,
- ausreichend Zeit und Geduld,
- Bestätigung.

Die Geschäftsräume

Kundinnen legen größten Wert auf Ausstattung, Ambiente und Atmosphäre von Geschäftsräumen, völlig gleich, ob es sich um ein Ladengeschäft oder ein Büro handelt. Einrichtung, Ordnung, Übersichtlichkeit, Helligkeit, Geruch, Sauberkeit und Hygiene spielen für sie eine weitaus größere Rolle als für Männer. Ein Ladengeschäft muss von außen einsehbar sein und sicher erscheinen. Dazu gehört auch, dass die Warenregale inmitten des Raums nicht zu hoch sind, sodass sie noch drüber hinwegschauen kann. Frauen brauchen zum Kaufen Raum. Sobald sie von jemand anders gestört werden, führt das zu Kaufabbrüchen. Sogar in Fast-Food-Restaurants gilt: Männer schmeißen sich ins zentrale Getümmel, Frauen dagegen sitzen lieber privater, zurückgezogen, abseits. Sehen Kundinnen bereits vom Eingang oder durchs Schaufenster etwas, das ihnen nicht gefällt, gehen sie einfach vorbei. Wenn eine Kundin mit einem männlichen Berater, der ihr fremd ist und der ihr nicht empfohlen wurde, einen Termin in seinem Büro vereinbart, sollte ihr beim Eintritt nicht mulmig werden. Dabei ist es gleich, ob es sich um einen Web-Designer oder einen Versicherungsagenten handelt.

Das Verkaufsgespräch im Sitzen

Die Sitzpositionen sind im Verkaufsgespräch sicherlich nicht immer entscheidend, doch auch keinesfalls völlig unwichtig, zumal das Wissen um die geschlechtsspezifischen Präferenzen mühelos umsetzbar ist.

Männer bedenken nie, dass Frauen zuweilen Röcke oder Kleider tragen, denn sie selbst tun es ja hierzulande nicht. Daher haben sie gar nicht auf dem Schirm, was es insbesondere bei kürzeren Rock- und Kleidermoden bedeuten kann, zum Beispiel in einem niedrigen Sessel Platz nehmen zu müssen. Transparente Glastische sind ebenso fatal.

Sitzecken sollten immer auch für kürzere Rocklängen geeignet sein. Bei der Auswahl eines Tisches für Beratungen ist es ratsam, keine transparenten Glasplatten zu wählen. Wir empfehlen, Möbel vor der Anschaffung einem »Rocktest« zu unterziehen. Sind die Möbel in den Geschäftsräumen angekommen, sind weitere Tests sinnvoll: Kann jemand aus anderen Räumen, Etagen oder sogar durch das Schaufenster von der Straße aus ungebührlichen Einblick nehmen? Das kommt weitaus häufiger vor als angenommen!

Auch Verkäuferinnen benötigen Sitzplätze, die für Röcke geeignet sind. Sie bevorzugen meist große Tische, damit ihnen vor allem männliche Kunden nicht so einfach zu nahe kommen. Für all diese Fälle muss eine gute Lösung gefunden werden.

Auch sollten Tische nicht zu breit sein, weil Frauen ihrem Gesprächspartner gern gegenübersitzen und in die Augen schauen. Ist der Tisch zu weitläufig, erscheint er schnell wie ein unüberbrückbares Hindernis, das das Verkaufsgespräch enorm erschwert und sogar zum Scheitern bringen kann. Große Räume und wuchtige Möbel können schnell einschüchternd wirken, denn der Mensch erscheint darin winzig, fühlt sich schnell seiner Bedeutung beraubt. Frauen empfinden das stärker als Männer so.

Alternativ zur Sitzposition gegenüber bietet sich mit der Kundin auch das Sitzen über Eck an. Eine angemessene Nähe bei ausreichender Distanzwahrung wirkt vertrauensfördernd. Außerdem kann man sich sowohl gegenseitig anschauen als auch gemeinsam Unterlagen betrachten.

Die Kontaktaufnahme

Jede Kontaktaufnahme sollte mit einem freundlichen Gruß beginnen. Was wie eine Selbstverständlichkeit klingt, wird in der Praxis in Ladengeschäften erstaunlich oft vergessen, insbesondere dort, wo Verkäufer von Kunden »eingefangen« werden müssen.

Kunden und Gäste sollten immer das Gefühl bekommen, willkommen zu sein. Das ist mit Standard-Floskeln nicht zu erzielen. Auch wer tausend Menschen am Tag sieht und abends froh ist, daheim die Tür hinter sich schließen zu können, sollte sich bewusst machen, dass er nicht tausend Kunden begegnet ist, sondern tausend Mal einem Menschen. Kundinnen brauchen explizit, dass man ihnen das Gefühl gibt, angenommen zu sein, sonst fühlen sie sich zurückgewiesen. Das Gefühl von Ablehnung erzeugt bei Frauen enormen Stress. Stress ist allerdings eine äußerst schlechte Ausgangsbasis für ein gutes Kauferlebnis.

> Kundinnen wollen gemocht, nicht selten sogar geliebt werden!

Was von Männern als Akt der Aggression ausgelegt werden könnte, ist für Frauen von großer Bedeutung: einander in die Augen blicken. Augenkontakt ist ein Zeichen von Respekt und dafür, dass eine Verbindung entsteht. Findet keine Begegnung der Augen statt, fühlen sich Kundinnen schnell ignoriert oder vermuten unlauteres Verhallen beim Verkäufer. Aber bitteschön: Die Menge macht's! Also nicht starren wie der Wolf auf das Rotkäppchen!

Einige Vertriebstrainer empfehlen, den Namen des Kunden so oft wie möglich zu nennen. Abgesehen davon, dass ein Übermaß oft die beabsichtigte Wirkung in ihr Gegenteil verkehrt, gilt es, bei Kundinnen besondere Vorsicht walten zu lassen. Überall dort, wo eine Kundin an einem Counter steht und andere Kunden selbst mit dem auf dem Boden eingezeichneten Abstand mithören können, beispielsweise in Hotels und Banken, verbietet es sich, ihren Namen für alle gut vernehmbar durch die Gegend zu posaunen. In Banken geht niemanden etwas an, wer sie ist und ob sie gerade ohne Begleitung 10 000 Euro in bar abhebt. In Hotels mag das Bankgeheimnis nicht gelten, aber insbesondere hier gilt: Ihr Name und ihre Zimmernummer sind nichts für fremde Ohren.

Männliche Verkäufer machen natürlich nicht nur Fehler. Sie können im Beziehungsaufbau mit Kundinnen sogar sehr erfolgreich sein. Oft verwenden sie dafür die Flirt-Schiene, die bei vielen Frauen auch gut funktioniert. Wenn ein Verkäufer mit einer Kundin flirtet, fühlt sie sich häufig gut von ihm verstanden. Manche Verkäufer verfügen allerdings lediglich über diese Masche, dabei setzen sie gerne auch Humor ein. Das funktioniert allerdings nicht bei allen Frauen. Manche fühlen sich dabei unwohl. Sie empfinden solche »Annäherungen« dann als unseriös.

Die Bedürfnis- und Bedarfsermittlung

Die Bedarfsanalyse bei Kundinnen kann schnell doppelt so lang dauern wie bei Kunden. Viele Fragen in der Bedarfsanalyse dienen lediglich dem Aufbau der Beziehungsebene. Den Bedarf und die Lebensumstände der Frauen abzufragen, eröffnet viele Einblicke in den Menschen – und das führt zu einer Beziehung, denn die Preisgabe vieler dieser Informationen ist ein ziemlich intimer Akt. Allerdings sind Frauen in diesem Punkt oft großzügiger, als es so manchem männlichen Verkäufer lieb ist. Kundinnen beginnen oft bei Adam und Eva, erzählen eine ellenlange Vorgeschichte, bis sie zu dem Punkt kommen, weshalb sie sich einen neuen Computer zulegen wollen. So manchem Verkäufer möchten wir in solch einer Situation »Ruhig, Brauner!« zuraunen. Doch das Kommunikationsziel von Kundinnen besteht darin, zu verstehen und verstanden zu werden.

Sie wollen gründlich sein und erwarten dieselbe Gründlichkeit auch vom Verkäufer.

Das Gespräch verläuft bei Kundinnen und Kunden in manchen Punkten geradezu konträr. Kundinnen gehen immer mehr ins Detail, wollen viele Punkte klären.

> Frauen interessieren sich für Details. Frauen komplizieren. Männer dagegen wollen simplifizieren. Frauen wollen mehr Details, Männer wollen Punkte reduzieren, bis sie bei der Essenz angekommen sind.

Kundinnen steigen zu einem sehr frühen Zeitpunkt innerhalb des gesamten Kaufentscheidungsprozesses in das Verkaufsgespräch ein. Sie haben keine Ergebnisse und oft nur vage Vorstellungen im Kopf. Für Kundinnen ist die Kommunikation während der Bedürfnis- und Bedarfsanalyse sehr wichtig, um *selbst* zu entdecken, was sie eigentlich brauchen und wollen. Bekanntlich sind Frauen ja stolz darauf, die beste aller Lösungen finden zu können. Also sollten sie dieses Erlebnisses auch nicht beraubt werden. Wichtig ist, dass die Kundinnen ihre Situation erläutern, sprechdenken und schließlich selbst zu ihren Erkenntnissen kommen können.

> Die wesentlichen Aufgaben von Verkäufern bestehen darin,
> - Orientierung im Überangebot zu geben und eine Vorauswahl zu treffen, sowie
> - der Kundin in allen Phasen des Kaufprozesses ein guter Gesprächspartner zu sein, damit sie durch Sprechdenken selbst auf die beste Lösung kommen kann.

Sinnliches Erleben

Die weiblichen Sinne sind nach heutigem Stand der Wissenschaften mindestens doppelt so fein wie die der Männer. Es gibt nur Weniges, was bei Männern besser angelegt ist. So haben Männer mehr spezifische Ganglienzellen im Auge, mit denen sie Schwarz-weiß-grau-Töne und vor allem Bewegung besser sehen können. Und sie können Tierstimmen besser hören, erkennen und imitieren. Frauen sehen unzählige Farben, während rund 8 Prozent aller Männer farbfehlsichtig sind (Frauen: 0,4 Prozent). Sie riechen, schmecken und hören – bis auf besagte Tierstimmen – mehr. Wenn sie etwas berühren, dann sagen ihnen ihre Fingerspitzen und auch andere Hautpartien sehr viel mehr über die Beschaffenheit des berührten Objekts, als ein Mann je durchs Anfassen darüber erfahren könnte. Der Tastsinn vermittelt Informationen über ein Produkt, die die anderen Sinne einfach nicht liefern können, und Frauen wissen das. In jedem Geschäft kann man beobachten, dass Frauen alle interessanteren Objekte in die Hand nehmen, um sich einen Eindruck davon zu verschaffen. Sie spüren die Materialoberfläche, die Temperatur des Materials, das Gewicht. Sie können sich vorstellen, wie die Seidenbluse sich auf der Haut anfühlt oder das Handy, wenn sie es täglich stundenlang verwenden. Einer der Gründe für Apples gigantische Markterfolge der vergangenen Jahre ist, dass ihr Produktdesign beim Anfassen das Gefühl vermittelt, es handle sich um etwas sehr Hochwertiges. Kein anderer Hersteller von Handys, Laptops etc. beherrscht diese Art, Technik zu designen. Apple ist unter anderem durch diese Fähigkeit im Jahr 2011 zum wertvollsten Unternehmen der Welt geworden. Aus all diesen Gründen ist daher überhaupt nicht nachzuvollziehen, dass Verkäufer Frauen viele Dinge nicht einfach buchstäblich in die Hand geben! Es ist insbesondere dann nicht zu verstehen, wenn man den Besitztumseffekt kennt: Wann immer Menschen eine Ware »verinnerlicht« und sie als ihren Besitz akzeptiert haben, selbst wenn sie sich nur vorstellen, dass sie mit dem Cabrio, in dem sie gerade sitzen, eine Küstenstraße entlangfahren, wollen sie sie nicht mehr hergeben. Anfassen ist gut. Sehr gut sogar! Ein Bitte-nicht-berühren-Schild gehört bestenfalls ins Museum, aber nicht in ein Geschäft. Gute Handwerker und Inneneinrichter arbeiten mit Materialkoffern, um diese sinnlichen Erfahrungen bieten zu können. Geschäfte beschallen und beduften die Räume für teures Geld. Nur Verkäufer vergessen, dass man Kaschmirdecken, Computer und sogar Autos streicheln kann.

Schwieriger ist es mit Produkten und Dienstleistungen, die nicht anfassbar sind, beispielsweise Versicherungen, Reisen oder Handytarife. Hier kann mit gegenständlichen Symbolen gearbeitet werden. Sinnigerweise werden Dokumentenmappen für die Unterlagen mitgegeben, auch, um das Unanfassbare dennoch als berührbar zu si-

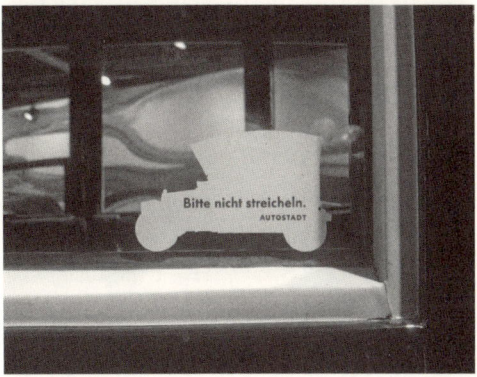

Abb. 17 und 18: Aufkleber im Museum der Autostadt in Wolfsburg; auf jedem Auto prangt ein freundlicher Aufkleber mit dem Umriss des jeweiligen Wagens.
Quelle: Thomas M. Vogel

mulieren, doch nur in seltenen Fällen sind die Dokumentenmappen von hochwertiger Qualität. Die meisten vermitteln kein Gefühl von Wertigkeit. Hier liegen noch bedauerlich viele vertane Chancen. Die Übergabe der Unterlagen in einer visuell ansprechenden, haptisch angenehmen und inhaltlich professionellen Aufmachung erfüllt alle Bedingungen der Höhepunkt-Schluss-Regel und hinterlässt einen rundum exzellenten Eindruck, der die Kundin wiederkommen lässt.

Typische Motive bei Frauen

Wie wir bereits im Kapitel »Das Kaufinteresse-Modell« festgestellt haben, gibt es im Prinzip unzählige Motive bei Menschen. Dennoch existieren geschlechtsspezifische Prioritäten bei Motiven, die festgestellt werden können, ob man an die gängigen evolutionsbiologischen Theorien glaubt oder nicht. Selbstverständlich gehen wir davon aus, dass die biologische Ebene mit der psychologischen und kulturellen untrennbar verzahnt ist, doch eine ernst zu nehmende Vertiefung, ob geschlechtsspezifisch oder nicht, würde ohnehin an dieser Stelle viel zu weit führen. Daher fokussieren wir uns auf die Basis-Motive aus anthropologischer, psychologischer, neurologischer sowie evolutions- und soziobiologischer Sicht.

Die Evolution hat in uns, wie in allen anderen Lebewesen, die Arterhaltung verankert, zu der Partnerwahl, Fortpflanzung und Überlebenssicherung der Nachkommenschaft gehören. Der Mensch bildet Gruppen und Gesellschaften, da diese dem Überleben unserer Gattung dienlicher sind als Einzelgängertum. Und so haben sich Dinge entwickelt wie gesellschaftliche Regeln oder geschlechtsspezifische Arbeitsteilung und daraus resultierend auch unterschiedliche Gehirnstrukturen sowie männliches und weibliches Verhalten, das nach heutigem Wissensstand nur teilweise auf Kultur und Erziehung zurückzuführen ist. Einige zentrale weibliche Motive, die sich auch in Kaufentscheidungen niederschlagen, möchten wir hier aufzeigen.

- Menschenzentrierung
  Frauen sind, als geborene Empathinnen, menschenbezogen. Ein Produkt oder eine Marke interessiert sie nur, wenn man ihnen erklären kann, wie sie ihnen selbst oder einem anderen Menschen, der für diese Frauen wichtig ist, nützt. Die anderen, das sind ihre Kinder, Partner, Eltern, Freunde, Kollegen, Tiere, fremde Kinder, hilfsbedürftige Personen, die Welt. In etwa dieser Reihenfolge.
- Ganzheitlichkeit und Langfristigkeit
  Frauen sehen die Welt in viel mehr Zusammenhängen als Männer. Sie denken wesentlich assoziativer und sehen so, wie eines mit dem anderen verknüpft ist und welche Konsequenzen aus Handlungen entstehen. Bio, Fair Trade und andere Nachhaltigkeitsthemen erzeugen bei Frauen weitaus größere Resonanz als bei Männern, vorausgesetzt, es wird nicht zu technisch.
- Beziehungen
  Frauen sind keine Einzelkämpfer, sondern Beziehungsmenschen. Frauen brauchen die Gemeinschaft und sind in der Gruppe am stärksten. Partnerschaft, Familie, Freundschaften, Kollegenkreis,

Gemeinde, Kirchenkreis, Elternbeirat an Schulen, Chor, Sport-gruppe, der regelmäßige Besuch im Altenheim und noch viel mehr füllen Frauenleben.

Die Neuropsychiaterin Louanne Brizendine schreibt in *Das weibliche Gehirn*:»Mädchen sind empfindlicher, wenn es um Belastungen in den zwischenmenschlichen Beziehungen geht, Jungen, wenn ihre Autorität angezweifelt wird.«

Mit anderen verbunden zu sein ist für Frauen eine Leistung, auf die sie stolz sind. Für viele Männer hingegen ist die Art, in der sich Frauen verbinden, ein Zeichen von Inkompetenz, Unsicherheit und Abhängigkeit. Intimität ist der Schlüssel in weiblichen Beziehungen. Die US-amerikanische Linguistin Deborah Tannen fasste die weibliche Beziehungsessenz so zusammen:»Wir sind uns nah, und wir sind gleich.« Sie bezeichnet weibliche Beziehungen als *symmetrisch*, das heißt, Frauen wünschen zumindest unter Erwachsenen Beziehungen auf Augenhöhe. Unterschiede müssen minimiert, Übereinstimmungen angestrebt, Freundschaften etabliert und gestaltet werden. Wichtig aber ist immer, dass Frauen das Gefühl haben, gemocht und anerkannt zu werden. Soziale Anerkennung ist ihnen immens wichtig, und es ist inzwischen wissenschaftlich nachgewiesen, dass das Ausbleiben der sozialen Akzeptanz im Gehirn als tatsächlicher Schmerz verarbeitet und somit von der Betroffenen als sehr qualvoll empfunden wird. So werden häufig Produkte gekauft, insbesondere Statussymbole, um von anderen anerkannt und in Gruppen aufgenommen zu werden. Dazu kann es sogar nötig sein, geringerwertige Marken zu kaufen, als man sie sonst gewöhnt ist. Im Allgemeinen jedoch wird versucht, sich mit Statusobjekten Beliebtheit zu verschaffen, die in der jeweiligen Gruppe als hochwertig angesehen werden.

Frauen haben Angst, aus einer Gruppe ausgeschlossen zu werden, auch wenn sie selbst bereit sind, andere streng zu sanktionieren, die ihrer Ansicht nach aus dem Rahmen fallen. Doch sie sind auch in hohem Maße hilfsbereit und gehen für andere, selbst für Fremde, oft über ihre eigenen Grenzen hinaus. Sie handeln aus großem Mitgefühl und weil es sich für sie richtig anfühlt, sich um andere zu kümmern, die nicht für sich selbst sorgen können.

- Kooperation
  Frauen ziehen die Kooperation einer Wettbewerbssituation und schon gar einem offenen Konflikt immer vor. Dafür ordnen sie sich nötigenfalls auch bereitwillig unter. Frauen vermeiden Konflikte sehr lange und fechten einen Kampf erst dann aus, wenn er sich nicht länger vermeiden lässt und es um etwas für sie Wichtiges geht. Wenn sie es aber auf einen Kampf ankommen lassen, dann bedeutet das Krieg, und auch jeder Mann weiß, dass er besser schnell Deckung sucht, weil dann keine Gefangenen gemacht werden. Ein mehr oder weniger spielerisches Kräftemessen kennen Frauen nicht.

- Liebe und Romantik
  Hierzu ist in einer endlosen Anzahl von Liebesromanen alles gesagt worden.

- Schönheit
  Die Partnerwahl geht bei Frauen und Männern unterschiedlich vor sich. Männer suchen ihre Partnerinnen nach Schönheit und Gesundheit aus, während Frauen erst, seitdem Kosmetik auch an Männer vermarktet wird, etwas mehr auf das Aussehen eines Mannes achten. Doch die primäre Aufgabe des Mannes ist nach wie vor, ein guter Versorger zu sein, wie eine umfangreiche Studie von David Buss mit zehntausenden Probanden in diversen Kulturen gezeigt hat. Schön zu sein ist die Aufgabe der Frau, denn Schönheit steht unter anderem auch für gesunde Gene, sodass eine schöne Frau wie ein Versprechen für gesunden und überlebensfähigen Nachwuchs ist. Schönheit ist das Kapital einer Frau, um den bestmöglichen Partner zu finden. Über ihr Aussehen konkurriert sie mit anderen Frauen um den besten Mann, den sie für sich gewinnen und dauerhaft an sich binden will. Und eine schöne Frau ist auch ein beliebtes Statussymbol bei Männern. Es mag noch so viele Sprüche über die Bedeutung der inneren Werte geben, und sie mögen auch noch so wahr sein, doch schöne Herzen müssen oft über Gebühr lange warten, bis sie entdeckt werden, wenn sie in einem nicht besonders ansehnlichen Körper stecken. Und das wissen Frauen ganz genau, sonst gäbe es weder Mode, noch Make-up und schon gar keine Schönheitschirurgie. Die meisten Frauen wollen attraktiv sein, also ist Schönheit ein sehr starkes Motiv.

- Ästhetik

  Der feminine Schönheitssinn ist vielfältig ausgeprägt. Er zeigt sich auch im weiblichen Sinn für Ästhetik. Frauen umgeben sich gern mit schönen Dingen. Sie schmücken sich selbst und ihre Umgebung. Frauen interessieren sich mehr für Kunst, Oper sowie Theater und buchen häufiger Kulturreisen als Männer. Sie statten ihr Zuhause liebevoll mit Möbeln, Stoffen, Kerzen und Blumen aus. Die Hersteller von Raumdüften beispielsweise entwickeln so kuriose Verpackungen wie künstliche Steine für ihre Raumbedufter, damit diese Gegenstände an prominenter Stelle zwischen anderen Deko-Artikeln nicht unangenehm auffallen. Computerhersteller treffen den Geschmack asiatischer Frauen, indem sie rosa Laptops (sogar im Hello-Kitty-Design) oder Handys mit Blumenaufdrucken produzieren. Frauen kaufen teure Dessous, weil sie denken, dass ihre Partner den Hauch von Nichts genauso schön finden wie sie selbst (und täuschen sich, aber immerhin gefallen sie sich selbst so gut, dass es ihre Attraktivität noch weiter steigert). Frauen lieben schöne Dinge und alles, was ihnen eine schönere Lebensumgebung beschert.

- Gesundheit

  Dass Frauen weitaus mehr auf ihre Gesundheit achten als Männer, zeigt ein Blick in Ärzte-Wartezimmer, in Sportstudios und Yoga-Zentren, in die Einkaufswagen in Supermärkten sowie auf Teller in Restaurants und Imbissen. Wer auf die in der Mehrzahl männlichen Marathon-Läufer verweist, vergisst leicht, dass nach neuesten Erkenntnissen mehr als schätzungsweise zwei Drittel von ihnen schon vorsorglich vollgestopft mit Schmerzmitteln an den Start gehen. Wenn sie laufen, haben sie alles gesundheitlich Erwähnenswerte bereits weit hinter sich gelassen.

  Frauen achten nicht nur auf die eigene Gesundheit, sondern auch auf die ihrer Familie. Sie sind somit quasi die Gesundheitsministerinnen. In den USA treffen Frauen 80 Prozent aller Gesundheitsentscheidungen und entscheiden über rund zwei Drittel aller Gesundheitsausgaben (entsprechende Studien für Europa fehlen noch immer).

- Für sich selbst etwas tun/sich selbst verwöhnen

  Obwohl das Wellness-Thema seit Jahren von einer inzwischen unübersehbaren Anzahl von Marktteilnehmern ausgiebig gemolken wird, erschöpft es sich nur bedingt. Die Anforderungen an die Menschen wachsen weiterhin, also steigt auch der Stresspegel noch immer an. Alle stehen unter enormem Leistungsdruck: Männer, Frauen und Kinder. Im Gegensatz zu den Männern, die sich noch immer hauptsächlich um ihren Beruf kümmern, steigen die gesellschaftlichen Ansprüche an Frauen weiterhin überproportional: Sie sollen nicht nur berufstätig sein, eine Familie haben und sich darum kümmern, dass alles perfekt läuft. Neuerdings müssen sie zu alledem auch noch unbedingt Karriere machen und ins Topmanagement aufsteigen. Wo und wie sie das machen sollen? In Männerberufen (in naturwissenschaftlichen Berufen sowie in den Informations- und Kommunikationstechnologien) und das bitte auf die männliche Weise, um endlich die Glasdecke zu durchstoßen und an die Spitze zu gelangen, wie unzählige vermeintliche Karriere-Coaches in ihren Büchern und in TV-Talk-Runden empfehlen.

Solchen Anforderungen kann niemand gerecht werden. Viele Frauen versuchen es dennoch und erleben das Scheitern an übermenschlichen Aufgaben als ganz persönliches Ungenügendsein. Ihr Selbstwert speist sich nicht aus ihren Erfolgen, sondern leidet unter den nicht erfüllbaren Anforderungen. Die wahren Konsequenzen gehen so tief und sind so fundamental, dass sie mit Konsum keinesfalls behoben, geschweige denn geheilt werden können. Doch viele finden in diesem überfüllten Leben auch keinen Moment, um sich ihre Situation zu vergegenwärtigen. Sie suchen eine schnelle, kleine Erleichterung. Mehr ist einfach nicht drin.

Auf oberflächlicher Ebene möchten sich Frauen verwöhnen oder auch entschädigen. Luxusprodukte und -marken eignen sich hervorragend als Kompensation und Entschädigung. Was aber wirklich helfen würde, wäre, wenn diese Frauen mal zur Ruhe kommen und Kraft schöpfen könnten, und sei es nur, weil diese Kraft sofort wieder eingesetzt werden soll, um noch mehr zu schaffen. Frauen brauchen Abwechslung – und Belohnungen.

- Sicherheit
Frauen haben, verglichen mit Männern, ein großes Bedürfnis nach Sicherheit. Sie setzen ihr Leben und ihre Gesundheit nicht so leicht bei Extremsportarten aufs Spiel. Ihre Partnersuche kon-

zentriert sich kulturübergreifend noch heute auf die Fähigkeit des Mannes, sie zu versorgen. Auch wenn die Frauen selbst hervorragend verdienen oder auf ein eigenes Vermögen zurückgreifen können, binden sie sich nur in Ausnahmefällen an Männer, die ihnen weniger bieten können. (Dann aber heißen sie meistens Madonna, Jennifer Lopez oder so ähnlich. Für Top-Verdienerinnen ist die Auswahl an Männern, die noch besser verdienen, vergleichsweise klein.) Frauen fahren vorsichtiger Auto und haben weitaus weniger Unfälle als Männer, wie nach wie vor jede Versicherungsstatistik beweist, selbst wenn jüngere Frauen ihren Fahrstil heute immer mehr an den der jungen Männer anpassen. Frauen gehen häufiger zu Vorsorge-Untersuchungen zum Arzt und schleppen ihre Kinder bei dem kleinsten Anzeichen auch hin. Sie kaufen nicht, wenn sie sich nicht ganz sicher sind, dass jenes Produkt genau das ist, was sie brauchen und wollen. Sie vermeiden alle erdenklichen Risiken, was auch bedeutet, dass sie sich auf Stellenausschreibungen nicht bewerben, wenn sie sich nicht ganz sicher sind, alle genannten Anforderungen auch tatsächlich schon vom ersten Tag an erfüllen zu können. Und natürlich spielt soziale und wirtschaftliche Sicherheit eine immense Rolle: Selbst in Deutschland mit Hartz IV als Grundversorgung fühlen sich Frauen kaum sicherer als in Ländern ohne soziale Grundsicherung oder vor hunderten von Jahren. Unser evolutionäres Erbe beinhaltet das Ur-Wissen, dass das Überleben einer Frau und ihrer Kinder durch die Sippe oder Gruppe gesichert würde, falls ein Mammut sich aus Versehen zufällig auf ihren Gatten gesetzt hätte.

- Das Streben nach Perfektion
Wie bereits gezeigt, sind Frauen Maximizer: Sie suchen nach dem für sie (und ihre Liebsten) Besten im Rahmen ihrer Möglichkeiten. Und wenn das Beste knapp über ihren Möglichkeiten liegt, dann schauen sie, ob sie es nicht doch erreichen können, wenn sie sich nur ein wenig strecken.

Der Nutzen
Was die meisten Theorien über Kaufmotive entbehren, ist der von Kunden erwünschte bzw. erhoffte Nutzen eines Produkts oder auch die Nutzweise. Dieser Ansatz ist besonders typisch für Frauen. Wir

haben schon unzählige Male beobachtet, wie Frauen an einen Verkäufer herantraten und erzählten, was sie mit einem Produkt tun oder wie sie es benutzen wollten. Statt die Eigenschaften des Produkts zu benennen, beschreiben sie ihre Vorgehensweise oder die Anforderungen. Eine beträchtliche Anzahl männlicher Verkäufer hat Schwierigkeiten, den Bedarf der Kundinnen anhand dieser Herangehensweise zu ermitteln, denn diese Denkweise entspricht überhaupt nicht ihren Sortiermustern. Männer bilden andere Strukturen und Cluster als Frauen.

So ist es für viele männliche Verkäufer schwierig, den tatsächlichen Bedarf zu ermitteln, wenn Eva umständlich erzählt, wie sie bisher gewohnt war, ihre Wäsche zu waschen, wie ärgerlich es doch ist, wenn sie die Wäsche in den Garten gehängt hat und es anfing zu regnen, just als die Wäsche fast trocken war, dass ihre Kinder Dreckspatzen sind und dass sie selbst am liebsten Seidenblusen trägt. Okay, das war jetzt ein klein wenig übertrieben, aber im Grunde laufen viele Erläuterungen darauf hinaus. Eine schwer kurzsichtige Dame wird wahrscheinlich sagen:»Ich brauche ein Handy, bei dem ich die Tasten gut erkennen kann.« Sie wird nicht sagen:»Ich brauche ein Handy mit großen Tasten.« Die Übertragung auf Produkteigenschaften findet häufig nicht statt.

Villeroy & Boch hat vor Jahren eine Fokusgruppe von Frauen gefragt, was sie sich im Bad noch so alles wünschen. Eigentlich wollten sie mit der Frage erfassen, welche Art von neuem Badmöbel-Design gewünscht wird. Die Frauen antworteten allerdings, dass sie mit dem Angebot vollauf zufrieden seien. Doch wäre es toll, so fuhren sie fort, wenn man das Bad nicht immer so viel putzen müsste! Nun hätten es die Mitarbeiter von Villeroy & Boch weiterhin den Herstellern von Putzmitteln überlassen können, dieses Problem zu lösen. Aber das taten sie eben nicht. Stattdessen entwickelten sie eine Badserie mit einer Oberfläche, die weitaus weniger verschmutzt. Dafür führten sie eine hochporöse Oberfläche ein, ähnlich der von Blättern der Lotosblume, auf denen auch alles abperlt. Und diese Badserie mit Lotoseffekt verkauft sich seither wie geschnitten Brot, obwohl sie signifikant aufwändiger in der Herstellung und damit auch teurer ist. Der Nutzen, den die Frauen sich wünschten, aber gar nicht im Sinne eines Badmöbels umsetzen konnten, war: weniger putzen! Und hätte man sie gefragt, so wären sie – als Laien – überhaupt nicht auf die Möglichkeit gekommen, die Keramikoberflächen auf diese Weise zu verarbeiten, zu veredeln oder zu gestalten. Woher sollten sie es auch wissen? Sie waren ja nicht vom Fach.

Adam hingegen befasst sich mit Produkteigenschaften. Er schaut sich immer an, was ein Gerät kann. Adam empfindet Freude daran, die Möglichkeiten eines Produkts zu erkunden, bis hin zur Faszination. Eva interessiert das überhaupt nicht. Sie will wissen, wie das Produkt ihr oder Menschen ihres Umfelds, die mit diesem Produkt in Berührung kommen, nützt.

> **Frauen denken in Menschen, Männer in Produkten.**

Doch betrachtet man den Nutzen allgemeiner, umfasst er noch viel mehr. Er beschränkt sich nicht auf die objektiven Produkteigenschaften und die Weise, wie sie eingesetzt werden können. Vielmehr kann der Nutzen darin bestehen, der Kundin Freude zu bereiten, die Schwester zum Lachen zu bringen, Kompetenz auszustrahlen, sich selbstsicher zu fühlen, schön auszusehen, gesellschaftlich anerkannt zu werden und vieles, vieles mehr. So entsteht ein Zusammenhang zwischen Motiv und Nutzen.

> Um den gewünschten Nutzen zu erkennen und bedienen zu können, kommt es auf die *Eigenerfahrung* des Verkäufers mit einem Produkt bzw. mit möglichst vielen verschiedenen Produkten an.

Kundenfeedback, Erfahrungen von Kollegen oder anderen Kunden, Produktschulungen der Hersteller können hilfreich sein, sie ersetzen die selbst gemachte Erfahrung jedoch nie.

Eine optimale Beratung hängt davon ab, ob der Verkäufer weiß, was sich mit einem Produkt alles machen und auf welch vielfältige Weise es sich verwenden lässt. Eine typische Situation entsteht, wenn ein Paar vor einem Verkäufer steht. Sie hat ihren Partner extra mitgenommen, weil sie sich nicht zutraut, eine gute Kaufentscheidung bei einem technischen Gerät allein zu treffen. Jedoch handelt es sich um einen Produktbereich, in dem er sich auch nicht auskennt, zum Beispiel um Waschmaschinen. Weder das Paar noch der Verkäufer weiß, wie sich die verschiedenen Geräte tatsächlich in der Praxis unterscheiden (Wirkung auf Materialien, Lautstärke, bestimmte Eigenschaften und Unterscheidungsmerkmale etc.). Die Männer richten sich nach ihren eigenen Interessen und wollen oft die technisch innovativsten Geräte. Natürlich sind diese viel spannender für sie! Oft lässt sich sogar beobachten, dass die Männer ihren Frauen anbieten, das teurere Gerät selbst zu zahlen oder zumindest die Differenz zu dem, das sie genommen hätte. Am Ende landen viele Frauen mit ihren Beschwerden bei uns und berichten, dass sie sich ärgern, sich erneut breitschlagen gelassen zu haben, weil sie mit diesen Geräten einfach nicht klarkommen. Und natürlich benutzen nicht die Männer die Waschmaschine, den viel zu schweren Staubsauger oder die Super-Duper-Fritteuse, die sie unbedingt haben wollten! Und am Ende kann das Gerät nicht einmal, was die neue Besitzerin damit tun wollte.

Aktive Wahrnehmung

Die Grundlagen zur aktiven Wahrnehmung haben wir bereits im Kapitel »Das Kaufinteresse-Modell« erläutert. Ergänzend zu benennen sind noch die folgenden Aspekte.

Der Hinweis, dass das Zuhören für einen Verkäufer eine weitaus wichtigere Fähigkeit ist als das Sprechen, ist alles andere als eine Neuheit. Frauen haben dennoch oft das Gefühl, dass männliche Verkäufer ihnen nicht aufmerksam zuhören. Häufig stimmt das tatsächlich noch. Doch manchmal stimmt es eben auch nicht. Was diesen Frauen fehlt, sind die *Bestätigungszeichen* für das Zuhören. Es würde sicherlich zu keiner ernsthaften Verletzung der Halswirbelsäule führen, wenn kommunikativ eher sparsame Verkäufer sich ab und zu ein Nicken sowie eine gelegentliche Veränderung des Gesichtsausdrucks abringen könnten. Es ist doch wirklich schade, wenn ein ausgezeichneter Verkäufer nur nicht als solcher wahrgenommen werden kann, weil ihm solche Kleinigkeiten im Weg stehen. Deswegen haben wir hier noch einige weitere Empfehlungen.

Es ist alles andere als ratsam, auf eine Antwort zu insistieren und immer weiter zu bohren, wenn sich schon bei der ersten Frage zeigt, dass die Kundin sie nicht beantworten kann. Beliebt sind immer wieder solche Situationen: Eva ist im Auto ihrer Freundin mitgefahren, und es gefiel ihr ausnehmend gut. Da bei ihr nun auch ein neues Auto schon seit einer Weile überfällig ist, begibt sie sich zu einem Autohändler. Eva hat bedauerlicherweise überhaupt kein Gedächtnis für Modelle, und die Technik interessiert sie nicht im Mindesten. Sie würde die meisten Automarken auf der Straße gar nicht auseinanderhalten können. Das hält sie auch keinesfalls für überlebenswichtig. Als sie also die Räumlichkeiten dieses Autohändlers betritt, ist sie schon zufrieden, dass sie sich die Automarke merken konnte. Der Verkäufer ist sehr bemüht. Er hat verstanden, dass Eva genau das gleiche Auto haben will wie ihre Freundin, aber es nutzt niemandem von beiden, wenn er nach der Modellreihe, der Motorisierung oder anderen Feinheiten bohrt. Sie weiß es schlichtweg nicht. Doch dank moderner Zeiten könnte er sie ja fragen, ob sie ihre Freundin vom Handy aus anrufen und nachfragen mag. Oder er bittet sie gleich, dass die Freundin schnell ein Foto macht und es rüberschickt, als E-Mail oder MMS. Oder sie lädt es auf eine der unzähligen sozialen Plattformen (*flickr, MySpace, Facebook, Pinterest* und wie sie alle heißen), auf die man von jedem Ort der Welt zugreifen kann. Die Technik macht's möglich. Und viele Frauen sind sehr versiert im Umgang damit. Man sollte sich auch nicht vom Alter täuschen lassen. Es gibt durchaus auch Frauen jenseits der Siebzig, die sich für die modernen Kommunikationsmittel interessieren, vielleicht noch nicht so viele, aber es werden täglich mehr. Es lohnt sich also zu fragen, ob die nötigen Informationen schnell beschafft werden können. Und wenn nicht, dann bleibt die klassische Beratungsarbeit. Und die ist doch auch schön.

In solch einem Fall könnte der Verkäufer fragen, was Eva an dem Auto ihrer Freundin so gefiel, wodurch sie sich darin so wohlfühlte. Nach einer klassischen Bedürfnis- und Bedarfsanalyse kauft Eva womöglich ein völlig anderes Auto, in dem sie sich aber genauso gut oder sogar noch besser fühlt als in dem ihrer Freundin.

Wie bereits gezeigt, trifft es keineswegs zu, dass Frauen emotionale und Männer rationale Kaufentscheidungen treffen. Doch Frauen haben einen direkteren Zugang zu ihren Gefühlen und leben in einem weitaus stärkeren Einklang damit. In der weiblichen Welt sind Gefühle weit mehr als nur legitim. Nachweislich ist das Überleben von Säuglingen zumindest in der ersten Lebensphase direkt von den empathischen Fähigkeiten der Mutter abhängig. Frauen dürfen nicht nur, sondern sollen auch gefühlvoll sein, wobei ein ebensolcher Mann von vielen Geschlechtsgenossen als Weichei tituliert würde.

Für das Gelingen der Kommunikation ist es sehr viel hilfreicher, eine Frau nicht zu fragen, was sie *denkt*, sondern wie sie *fühlt*. Wir nennen diese Art Fragen *Befindlichkeitsfragen*. Sie beziehen sich auf das Empfinden und die Intuition, also die unbewusste Wahrnehmung. Damit kann sehr umfassend erfasst werden, was die Kundin mit einem Konzept, Produkt, Angebot etc. verbindet. Natürlich handelt es sich dabei um *offene Fragen*. Beispielfragen können sein:

- Was ist Ihnen dabei besonders wichtig?
- Wie fühlen Sie sich am wohlsten mit ...
- Worauf legen Sie Wert?
- Nicht: »Wohin wollen Sie damit?«, sondern: »Wie geht es Ihnen damit?«
- Welche Erfahrungen haben Sie bisher damit gemacht?
- Was bedrückt Sie an der derzeitigen Situation?
- Wie wollen Sie das Produkt nutzen?
- Woran ist es bisher gescheitert?

Übrigens ist es keine gute Idee, das, was die Kundin sagt, in Zweifel zu ziehen oder hart zu hinterfragen. Wenn sie keine Altbauwohnung mit hohen Decken will, dann ist es völlig wurscht, ob die gerade groß in Mode sind und jedem Makler aus den Händen gerissen werden. Die Kundin will keine Altbauwohnung mit hohen Decken. Sie muss keines Besseren belehrt werden. Niemand ist gezwungen, ihren Geschmack zu teilen. Es ist Pech, wenn dieser Makler nur Altbauwohnungen mit hohen Decken anbieten kann, aber dann kann er dieses Geschäft ohnehin nicht machen.

Laden Sie Ihre Kundin ausdrücklich zum Sprechdenken ein! Fragen Sie beispielsweise: »Was sind aktuell Ihre Überlegungen dazu?« – das hilft ihr sehr bei dem Entscheidungsprozess. Hören Sie aufmerksam zu, was sie wirklich meint. Und hören Sie ausreichend lange zu. Die Kundin hat in aller Regel weitaus mehr als ein bis drei Hauptkriterien.

Vor allem aber spürt eine Kundin, wenn ihr der Verkäufer nicht zuhört. Das wird sie zuerst frustrieren und dann stark daran zweifeln lassen, ob dieser Verkäufer der Richtige ist, um ihren Bedürfnissen gerecht zu werden. Aus ihrer Sicht ist er ja schon auf der ersten Stufe gescheitert.

Achten Sie auf ihre nonverbalen Signale! Die nonverbale Kommunikation ist bei Frauen deutlich ausgeprägt, während sie bei Männern im Vergleich dazu meistens stark reduziert ist. Vor Freude strahlende Augen sind bei Frauen leichter erkennbar, ebenso wie gerötete Wangen, Missstimmungen, Anzeichen für Freude, Verärgerung etc. Somit sind diese Signale bei Kundinnen viel offensichtlicher.

Paraphrasieren Sie, was Sie wahrgenommen haben, um zu prüfen, ob alles stimmt. Lassen Sie sich dabei Zeit. Sie sitzen nicht an der Kasse eines Discounters, wo die Geschwindigkeit gemessen wird, mit der Sie die Waren über den Scanner ziehen! Stellen Sie sicher, dass Sie alle nötigen Informationen beisammen haben. Versichern Sie sich vor allem, dass Sie *alle* Faktoren kennen, die der Kundin im Zusammenhang mit der Neuanschaffung wichtig sind! Sie können fragen: »Was erwarten Sie von einem Finanzberater, das Sie bislang nicht bekommen haben?« Die Kundin könnte antworten: »Ich möchte bei Bedarf einen schnellen Produktwechsel, einen persönlichen Berater und eine klare sowie kontinuierliche Information zu den besten Optionen für mich, insbesondere, wenn es bessere Anlagemöglichkeiten gibt.« Zeigen Sie Ihrer Kundin, dass Sie sie verstehen, indem Sie das, was sie sagte, mit eigenen Worten in Form einer Ich-Botschaft wiederholen: »Das klingt für mich, als ob Sie einen Partner für Ihre Finanzen suchen, der fachlich top ist, der vollständig in Ihrem Interesse agiert und der immer für Sie da ist.« Achten Sie darauf, ihr nicht sofort »über«zuhelfen, dass Ihr großartiges Finanzunternehmen nun zufällig genau das bringt, was sie will. Zügeln Sie sich noch ein wenig. Zeigen Sie ihr erst, dass Sie sie verstehen. Wenn sie sich verstanden fühlt, dann kommt sie schon ganz von selbst darauf, dass Sie Ihr die Geschäftspartnerschaft bieten können, nach der sie sucht. Doch denken Sie immer daran, Ihre Versprechen auch tatsächlich zu erfüllen.

Wiederholungen des Gehörten können folgendermaßen eingeleitet werden:

- »Ich möchte sichergehen, dass ich Sie richtig verstanden habe …«
- »Es scheint mir, dass …«
- »Für mich sieht es so aus, dass …«
- »Ich höre aus Ihren Worten heraus, dass …«
- »Das klingt für mich, als ob …«
- »Das fühlt sich an, als ob …«

Wenn die Kundin etwas für eine andere Person erstehen will, einen Ausbildungsfonds für die Kinder einrichten will, ein Geschenk für die Schwiegermutter, einen gemeinsamen Urlaub mit der Familie des Bruders, dann kann ein Verkäufer sich sicherlich nicht alle Namen merken, aber doch die Position im Beziehungsgeflecht: Patenkind, Vater, Freundin, Kollege etc.

Typische Fehler von männlichen Verkäufern aus Unwissenheit

Manche Verkäufer haben Schwierigkeiten, ihren Kundinnen zuzuhören, wenn diese ausschweifend werden und von Schwierigkeiten berichten, weil die Männer dann denselben Impuls verspüren wie im Privatleben: Sie denken, sie müssten das Problem der Frauen lösen. Doch mit dieser Annahme liegen Männer fast immer falsch. Oder um es mit Friedemann Schulz von Thun zu sagen: Männer denken, dass Frauen in diesen Situationen sich auf der Sach- oder Mitteilungsebene (»da hat etwas nicht funktioniert«) bewegen und dabei eine Selbstaussage tätigen (»ich brauche Hilfe«), dabei können sie nicht sehen, dass jene in Wahrheit auf der Beziehungsebene (»du und ich sind verbunden«) unterwegs sind und diese mit einem Appell gekoppelt haben (»bestätige mich in meinem Gefühl!«). Frauen möchten sich mit demjenigen, dem sie von ihrem Problem berichten, *verbunden* und *verstanden* wissen. Wenn die Bestätigung der Verbundenheit ausbleibt, fühlen sich Frauen *persönlich infrage gestellt* oder sogar angegriffen. Darum geht es! Im Gegensatz zum Privatleben müssen Verkäufer in gewisser Hinsicht auch ein Problem ihrer Kundin lösen. Aber das gilt nur, *sofern es überhaupt auf einen Kauf bezogen und lösbar ist.* Wenn eine Kundin sich darüber echauffiert, was ihr in einem anderen Geschäft widerfahren ist, wie abscheulich dieser Mensch von Verkäufer sich ihr gegenüber verhalten hat, und dass sie am Ende nicht bekommen hat, was sie wollte, dann will sie zwar im Grunde noch immer kaufen, was sie ursprünglich beabsichtigt hat. Sie will es auch von dem Verkäufer kaufen, bei dem sie sich gerade beschwert. Doch vor allem prüft sie ihn mit ihrer Geschichte auf der Beziehungsebene. Denn bevor sie zum Kauf kommen kann, will sie Verbundenheit spüren, denn nur die Verbundenheit gibt ihr das Vertrauen zum Verkäufer. Bevor er ihr sachliches Problem lösen kann, muss er sich vielleicht nicht gleich mit der Kundin in ihrer Empörung verbünden, aber er tut gut daran, ihr das Gefühl zu geben, dass er versteht, dass sie gut behandelt werden will. Und indem er ihr sein Verständnis für ihre eigentliche Botschaft signalisiert, zeigt er auch, dass er ihr Vertrauen verdient. Erst wenn sie sich beruhigt hat und sich ihr subjektives Sicherheitsgefühl wieder eingestellt hat, ist sie bereit und imstande, sich wieder Produktfragen zuzuwenden. Wenn ein Verkäufer es schafft, sie wieder in die Sicherheitszone zurückzuführen, kann das der Beginn einer wunderbaren Geschäftsbeziehung sein. Eine von anderen enttäuschte Kundin ist eine große Chance auf viele gute Verkäufe.

Manche männliche Verkäufer fragen in der Bedarfsanalyse nicht nach, weil sie mit den Erzählungen und dem Sprechdenken der Frauen nicht klarkommen. Was sie aus lauter Verzweiflung tun: Sie blenden so gut sie können und versuchen, eine Lösung zu verkaufen, die in Wahrheit weit unter dem Optimum liegt. Die einzige echte Lösung besteht jedoch darin, zu üben: Aktiv zuhören, selbst zusammenfassen, eisern und tapfer bleiben. Dann werden sie schon bald Fortschritte erkennen können.

Es kommt auch vor, dass männliche Verkäufer bei Kundinnen nicht nachfragen, weil diese ihnen dann zu hohe Anforderungen nennen. Zunächst sind sie von der schieren Anzahl der Kriterien überfordert. Zweitens wissen sie, dass sie kein Angebot zu diesem Kriterienkatalog machen können. Dies ist eine Situation, die sie vermeiden wollen. Drittens: Wenn sie kein passendes Angebot unterbreiten können, müssen sie eingestehen, dass sie die Anforderung nicht erfüllen können. Da Verkaufen für Männer ein Spiel darstellt, haben sie an solch einer Stelle aus ihrem Empfinden heraus einen Spielzug verloren. Deswegen bluffen sie lieber, indem sie der Kundin frühzeitig signalisieren, dass sie ja ganz genau wüssten, was sie bräuchte. Oder sie blocken ab mit »hamwa nich«.

Das Angebot
Die Angebotsauswahl
Die richtige Angebotsauswahl beschränkt sich bei Kundinnen nicht bloß auf die Erfüllung ihres umfangreichen Kriterienkatalogs. Vielmehr gilt:

Für Frauen ist es wichtig, mit dem Produkt oder einer Marke eine perfekte Entsprechung für das eigene Empfinden zu finden.

Eigentlich wurden die Grußkarten für Männer erfunden, die dank Aufdruck nicht länger nach den richtigen Worten suchen, sondern nur noch einen vorgegebenen Spruch unterschreiben müssen. Doch tatsächlich suchen Frauen bei Grußkarten viel länger nach einem Exemplar, das ihre Gefühle richtig widerspiegelt.

Die Kundin erwartet, dass das Angebot all ihre Kriterien erfüllt. Es muss schon einen guten Grund geben, wenn das Produkt, das ihr der Verkäufer empfiehlt, die gestellten Anforderungen verfehlt. Ich (Diana Jaffé) wollte viele Jahre lang ein Handy, das nicht nur MP3-Player, USB-Stick, Kalender, Internet-Browser, Adressverzeichnis, Radio und Navigationsgerät und, ach ja, Telefon ist, sondern auch noch diverse andere Office-Funktionen enthält. Jahrelang musste ich mir von Fachleuten anhören, dass es ein solches Gerät nicht gibt, weil niemand so arbeitet wie ich. Ich war jedes Mal schrecklich enttäuscht und blieb Jahr um Jahr bei meinem alten Handy. Ein Umstieg lohnte sich nicht für mich, denn ich wollte ja alles in einem Gerät. Ich war nicht bereit zu faulen Kompromissen. Und dann, eines wunderbaren Tages, war das Smartphone geboren. Dabei konnte es schon recht bald noch viel mehr, als ich mir je erträumt hatte. Und plötzlich gab es ganz viele Menschen, die genauso mit ihrem Handy arbeiten wollten wie ich. Oder noch ganz anders. Und heute können die Dinger mehr, als ich mir je zu wünschen gewagt habe. Wann immer ich mit meinem Handy eine Aufgabe oder ein Problem lösen kann, liebe ich das Ding einfach, denn ich weiß, wie lange ich auf diesen Luxus warten musste.

Das Mindeste, was ein Produkt- oder Dienstleistungsangebot tun sollte, ist, den Kriterienkatalog der Kundin zu erfüllen. Wenn es jedoch richtig gut ist, dann übertrifft es ihre Erwartungen sogar!

Das Mitmach-Angebot

Die Kundin möchte, dass das Angebot etwas mit ihr zu tun hat, mit ihren Bedürfnissen, mit ihr als Person. Sie will nichts von der Stange, sondern es soll wie nur für sie gemacht sein. Wenn Eva in einer Bar mitbekommt, dass der Kerl, der sie gerade angemacht hat, es auch bei anderen Frauen versucht, dann ist sie verärgert, auch wenn sie ihn hat abblitzen lassen. Eva will Exklusivität. Und so exklusiv soll sich auch das von einem Verkäufer ausgewählte Produkt anfühlen. Manche Hersteller haben das inzwischen verstanden, selbst wenn es sich um eine Jeans von der Stange handelt. Nicht umsonst gibt es inzwischen von diversen Marken verschiedene Passformen für den Apfel-, Birnen-, Tomaten- und wer weiß welch einen anderen Hintern noch. Aber das war ja nur die Form des Pos. Dazu kommen noch verschiedene Bundhöhen, Beinweiten, Längen und Stiefelschnitte.

Kundinnen erwarten von Verkäufern, dass sie gut zuhören und das Richtige zusammenreimen. (Gelegentlich sollen sie auch Gedanken lesen können.) Wenn eine Frau von ihrem Verehrer Blumen geschenkt bekommt, setzt sie voraus, dass er sich darüber Gedanken gemacht hat. Wenn sie also in seinem Strauß Blumen vorfindet, die sie nicht ausstehen kann, dann nimmt sie ihm das sehr, sehr übel, insbesondere, wenn sie irgendwann fallen gelassen hat, dass sie diese Blumensorte nicht mag. Selbst wenn sie ihm das bei der Beerdigung seiner geliebten Mutter vor zehn Jahren gesagt hat, erwartet sie, dass er sich erinnert. Und auch diesen Ärger bekommt der Verkäufer ab, falls er ein Angebot mit einer Komponente macht, die sie nicht haben will.

> Eine Kundin will nicht nur das Ergebnis präsentiert bekommen, sondern möchte über die Überlegung informiert und sogar in den Auswahlprozess involviert werden.

Am liebsten wäre ihr, sofern sie es nicht fürchterlich eilig hat, wenn der Verkäufer bei der Angebotsauswahl selbst sprechdenken und seine Auswahl begründen würde. Wenn Verkäuferinnen das mit männlichen Kunden machen, treibt es jene nach wenigen Minuten in den Wahnsinn und gleich darauf unverrichteter Dinge zurück auf die Straße. Wenn männliche Verkäufer hingegen als Antwort nur eine Verpackung ohne ein weiteres Wort vor die Kundin stellen, dann findet Eva das weder nachvollziehbar noch witzig.

Kundinnen wollen mit dem Fachverkäufer *gemeinsam* etwas entstehen lassen, insbesondere, wenn sie selbst nicht vom Fach sind bzw. von der Produktgruppe zu wenig verstehen (oder dies glauben). Am liebsten will die Kundin mitgestalten, wo immer es etwas zu gestalten gibt, zum Beispiel bei der Konfiguration des neuen Autos (ja, das macht der Kunde auch gern), beim Entwurf des neuen Hauses, bei der Kücheneinrichtung, beim Design von Einbauschränken, bei der Mischung von Wandfarben, bei der Gestaltung des Gartens, bei der Zusammenstellung von Reisen etc. Wenn sie mitgestaltet, dann steigt ihre »Kauftemperatur« wie von selbst. Und die Kundin hat später wesentlich weniger Fragen und Bedenken, weil sie den Prozess und das angebotene Produkt versteht, ja wirklich kennt. Außerdem stellt sie sich während der Mitkreation schon so lebhaft vor, wie das Produkt ihr gehört, dass sich damit automatisch der Besitztumseffekt einstellt. Das Produkt gehört ihr also schon – und sie will es nicht wieder hergeben!

Die Angebotspräsentation

Eine Kundin bewertet nicht nur das Angebot, sondern auch denjenigen, der es vorträgt! Wenn der Verkäufer die Etablierung der Beziehungsebene verbockt hat, dann kann er das schönste Angebot der Welt präsentieren, aber sie will es von ihm nicht kaufen, selbst wenn sie ihm soweit glaubt, dass das Angebot gut ist. Lieber geht sie zu jemandem, den sie mag, und kauft dasselbe dort, selbst wenn es sie Extra-Mühe kostet.

> Bei Kundinnen gilt besonders: Eine gute Angebotspräsentation ist immer ein Dialog.

Grundlage aller Verkaufsgespräche sollte die *Erzeugung von Resonanz* sein. Das bedeutet, dass die Angebotspräsentation kein Monolog, sondern ein Dialog ist. Noch während er spricht, muss der Verkäufer beobachten, was er damit, was und wie er es sagt, bei der Kundin auslöst. Das können bisher leider die wenigsten. Die meisten Verkäufer sind bei der Angebotspräsentation in irgendeiner Weise mit sich selbst beschäftigt, statt alle Antennen auf den Kunden zu richten. Der Spruch »Fachidiot schlägt Kunde tot« hat durchaus seine Berechtigung: Der Verkäufer erzählt, was er im Kopf hat, statt beim Kunden zu sein. Worauf springt der Kunde an? Wo fangen die Augen an zu strahlen? Selbstverständlich muss die Präsentation an den weiblichen Kommunikationsstil angepasst sein. Und das bedeutet in erster Linie:

> Die Kundin will nicht unter Bergen von Zahlen, Daten oder Fakten zum Produkt begraben werden! Vielmehr will sie wissen, wie ihr das Produkt nutzt und wie es ihre Motive erfüllt.

Falls das, was sie sucht, nicht für sie selbst gedacht ist oder von anderen mitbenutzt werden soll, dann will sie natürlich wissen, ob das vorgestellte Produkt für die anderen tut, was es soll. Und sie soll sich gut fühlen, wenn sie sich vorstellt, wie dieses Produkt, ein Geschenk womöglich, jemand anderem eine große Freude bereitet.

Die Kundin ist keine Spezialistin im jeweiligen Produktsegment, sonst würde sie das Beratungsgespräch nicht suchen. Was sie jedoch nicht sucht, ist jemand, der sie herablassend behandelt, nur weil sie vieles nicht weiß.

> Die Kundin will Informationen auf eine verständliche Weise vermittelt bekommen, jedoch keineswegs so, als wäre sie gehirnamputiert oder ein kleines Kind. Sie benötigt umfassende Informationen, die ihr auf Augenhöhe dargereicht werden.

Im Übrigen sei noch angemerkt: Wer andere herablassend behandelt, hat selbst ein geringes Selbstbewusstsein, auch wenn er alles anstellen würde, um der Welt das Gegenteil zu beweisen. Wer andere klein macht, hat es nötig, um sich selbst groß zu fühlen. Selbstsichere Menschen müssen auch niemals zu aggressiven Verkaufstechniken greifen oder Druck ausüben, um zu kriegen, was sie wollen, schon gar nicht, wenn es um einen Geschäftsabschluss geht.

Kundinnen sind oftmals unspezifischer, als so mancher Verkäufer es sich wünschen würde. Sie kann sagen, mit welchem Produkt sie sich wohlgefühlt hat, aber womöglich nicht, woran es lag. Ein Verkäufer sollte trotzdem versuchen, das, was ihr so gut gefallen oder gut getan hat, herauszufinden. Dann kann er ihr zeigen, dass das Produkt, das er ihr empfiehlt, dieselben Eigenschaften hat oder jene sogar übertrifft. Umgekehrt gilt dasselbe: Gefiel ihr an einem anderen Produkt etwas explizit nicht, dann lässt sich zeigen, um wie viel besser die neue Empfehlung hinsichtlich dieser Funktion oder Eigenschaft ist.

Auch wird es die Kundin sehr wahrscheinlich interessieren, ob eine andere Kundin in derselben oder zumindest einer ähnlichen Situation gute Erfahrungen mit dem Produkt gemacht hat, für das sie sich nun entscheiden soll. Hat ein Verkäufer eine tatsächliche Erfahrungsgeschichte zu erzählen, dann sollte er es unbedingt tun. Menschen tendieren dazu, Einzelgeschichten eine große Bedeutung zuzumessen. Sie können sich hundert Testberichte über ein Auto durchgelesen und sich daraufhin auch ganz fest für ein Modell mit einer ganz bestimmten Ausstattung entschieden haben. Doch sobald sie einem Freund auf dem Weg zum Autohaus begegnen, wo sie wenige Minuten später den Kaufvertrag unterzeichnen werden (so zumindest der Plan), der ihnen von einem Freund eines Bruders eines Kumpels von einem Kollegen erzählt, der sich genau dieses Auto auch gekauft hat und damit Scherereien hatte, werden sie dieser Geschichte mehr Bedeutung beimessen als allem anderen zuvor. Und dann werden sie wahrscheinlich doch nicht kaufen und ihre Suche von vorn beginnen. Scheinbar persönlichere Informationen werden höher gewichtet als alle Testberichte und Auszeichnungen. Dieses Phänomen heißt *Verfügbarkeitsheuristik* und entfaltet auch bei Männern seine Wirkung, aber die haben weniger Geduld und Interesse, sich Geschichten von Fremden anzuhören. Vor allem aber funktioniert es eben auch in der positiven Version: Wer Frauen Erfahrungen von anderen Frauen erzählen kann, die mit dem gleichen Kauf einfach nur glücklich sind, überzeugt leichter.

Die Kundin setzt übrigens voraus, dass der Verkäufer immer mitdenkt. Sollte es Gründe geben, die für sie gegen das Produkt sprechen, von denen sie nichts weiß, erwartet sie, dass der Verkäufer dies rechtzeitig erkennt und sie darauf hinweist. Bei der folgenden Geschichte tat der Verkäufer genau das nicht, wie die Kundin überzeugt war: Eine Reisebüro-Inhaberin hat ein Flachbild-TV-Gerät mit eingebautem DVD-Player gekauft, um im Reisebüro Reisefilme von DVDs abzuspielen. Nachdem sie das Gerät erstanden hatte, stellte sie in ihrem Geschäft fest, dass es nicht alle DVDs abspielt, da einige aus anderen Ländern stammen und daher einen anderen Ländercode als den deutschen aufweisen. Das war ihr nicht bewusst, aber sie erwartete, dass der beratende Verkäufer dies hätte ahnen müssen. In diesem Fall ist dem Verkäufer tatsächlich kein Vorwurf zu machen, da er nicht wissen konnte, dass die Dame DVDs ausgerechnet aus dem Ausland besitzt. Dies ist kein alltäglicher Vorgang. Die Kundin ärgerte sich zwar, brachte den Kauf aber auch nicht innerhalb der Umtauschzeit zurück. Nun ist sie Besitzerin eines Geräts, das nicht all das tut, was sie von ihm erwartet hat. Sie ist wütend auf den Verkäufer, dem objektiv betrachtet kein Versagen nachzusagen ist, und sie kauft in diesem Geschäft seither nicht mehr. Diese Kundin ist überzeugt, dass der Verkäufer ihre Gedanken hätte erraten müssen.

Ganz anders hingegen wird bei der englischen Schuhhandelskette *Russel & Bromley* verfahren: Die Verkäufer sind angewiesen, einer Kundin nicht nur die nachgefragte Schuhgröße zur Anprobe zu bringen, sondern die zwei jeweiligen Nachbargrößen auch noch. Insgesamt stehen dann drei Paare vor jeder Kundin – und eine genau passende Handtasche dazu!

Hier noch ein paar Tipps, die wirklich alter Hut sein sollten, aber leider noch immer recht häufig in der Verkaufspraxis vorkommen:

- Frauen wollen nicht als Dummchen behandelt werden oder als jemand, der sich etwas nicht leisten kann. Wenn sie etwas nicht verstanden hat, dann wurde es ihr noch nicht gut erklärt.
- *Tech-Sprech* ist zu vermeiden, ebenso wie Kleinkind-Sprache.
- Man protzt nicht mit Herrschaftswissen, sondern liefern Sie Erklärungen in Alltagssprache, die auch für Laien verständlich sind.
- Bei Kundinnen dürfen Verkäuferinnen während ihrer Angebotsvorstellung durchaus selbstbewusster werden, wohingegen männliche Verkäufer an dieser Stelle im Verkaufsprozess weniger selbstüberzeugt auftreten sollten.

Zwischenfragen

Jeder Verkäufer kennt das: Kaum hat er Luft geholt und gerade mal den allerersten Satz seiner Präsentation gesprochen, wird er von der Kundin sogleich wieder unterbrochen. Da hat die doch glatt schon die erste Frage! Nach nur einem Satz! Wie kriegt die das hin?

Frauen denken *assoziativ* und *vernetzt*. Ein einziges Stichwort kann eine ganze Kaskade von anderen Gedanken, Ideen, Wünschen und Fragen auslösen. Und bevor die Kundin alles davon vergisst, während sie sich auf die Angebotspräsentation zu konzentrieren versucht, will sie wenigstens die wichtigsten Überlegungen loswerden. Und außerdem wird schon der zweite Satz des Verkäufers, wenn er gut und gehaltvoll ist, das nächste Feuerwerk in ihren Gedanken auslösen, wie sie weiß.

Frauen können mitten in der Angebotspräsentation mit eigenen Fragen irritieren. Oder aber die Bedarfsanalyse stellt sich als doch noch gar nicht abgeschlossen heraus. Der Kundin fallen plötzlich neue Kriterien ein, die sie gerne erfüllt hätte. Erst durch die Angebotspräsentation wurden neue Überlegungen angestoßen, sie wurde an etwas erinnert, was sie eigentlich vergessen hatte etc. Das bedeutet keineswegs, dass der Verkäufer in der Bedarfsanalyse unsauber oder unzureichend gearbeitet hat. Es ist völlig natürlich, dass Frauen durch ihr assoziatives Denken während des gesamten Verkaufsprozesses noch Neues einfällt. Das ist kein Grund zur Sorge! Wichtig ist, diesen Gedanken folgen zu können. Werden Fragen gestellt, auf die der Verkäufer während der Präsentation ohnehin gekommen wäre, kann er die Beantwortung solcher Fragen auf den passenden Zeitpunkt verschieben, muss dies aber kenntlich machen. »Dazu wollte ich etwas später kommen, ist das in Ordnung für Sie?« ist eine ebenso gute Aussage wie »Darf ich darauf später zurückkommen?« Wichtig ist, ihr Einverständnis einzuholen!

Optimal ist es allerdings, wenn man Eva auf ihrem Gedankenweg folgt und das, was man zu sagen geplant hat, im Hinterkopf behält. Ein typisches Ereignis mit in der Regel männlichen Verkäufern vom Typ »ausgeprägter Systematiker« ist, wenn der Verkäufer unbedingt seinem Gedankengang folgen muss, weil es ihn sonst völlig aus seinem Konzept haut. Es ist zuweilen zu beobachten, dass solch ein Verkäufer die Kundin vor lauter Konzentration darauf, was er sagen will, verliert und es nicht einmal merkt. Die Kundin fühlt, dass etwas nicht stimmt, wenn sie sich dem Verkäufer anpassen muss und nicht er ihr. Immerhin ist sie doch diejenige, die auf unbekanntem Fachterrain eine womöglich für sie schwierige Kaufentscheidung treffen muss, während es doch vertrautes Gebiet für den Fachverkäufer ist oder zumindest sein sollte. Empathen können den Gedanken einer

Kundin wesentlich leichter folgen. Hier wird jedoch im Extremfall der Verkauf aus dem Auge verloren, weil das Gespräch durch die vielen Assoziationen zu weit wegführt. Das Gespräch zerfasert so stark, dass eine Rückkehr zum Geschäftlichen nicht mehr geschafft wird. Die Kauftemperatur ist völlig erkaltet, selbst wenn die beiden eine ausgezeichnete Beziehung zueinander hergestellt haben.

Durch die Zwischenfragen der Kundin wird alles »größer«, das Produktumfeld wird vergrößert, die Anforderungen werden komplexer, der Anspruch steigt, mehr Benefits werden erwartet. Sie will sozusagen immer mehr in eine einzige Lösung packen. Ein männlicher Kunde agiert an solchen Stellen erneut völlig gegensätzlich: Er stellt Zwischenfragen, um Abkürzungen zu schaffen, um schneller zu seinem Ziel zu kommen. Der Verkäufer erzählt noch etwas, und der Kunde fährt dazwischen mit »Und was kostet das Ganze?« oder fragt nach einem bestimmten Feature, das ihm wichtig ist.

> Der männliche Kunde schlägt seinen schnellsten Weg zum Kauf ein.
> Die Kundin schlägt viele Haken und ist zu großen Umwegen bereit, um das optimale Produkt zu finden.

Typische Fehler von männlichen Verkäufern aus Unwissenheit

Es gibt zuweilen Verkäufer, die die Kundin während der Präsentation irgendwo unterwegs verlieren. Sie steigt aus, weil die Präsentation zu viele Daten enthält oder vielleicht, weil der Verkäufer »Tech-Sprech« verwendet, sie also nur Bahnhof versteht. Wie aber lässt sich erkennen, dass die Kundin aus dem Gespräch aussteigt? Nun, ihr Körper spricht Bände! Und so kann es aussehen:

- Die Kundin sieht gelangweilt, genervt oder sogar verärgert aus.
- Sie nimmt die Brille ab und reibt ihre Augen.
- Sie streckt den Hals, rollt mit dem Kopf.
- Sie beißt sich auf die Lippe, runzelt die Stirn, schüttelt den Kopf im Sinne von »nein«.
- Sie atmet schwer, seufzt vielleicht sogar.

All dies sind sichere Zeichen, dass sie ein Problem mit der Präsentation hat. Der Verkäufer sollte dadurch nicht nervös werden, sondern die Produktvorstellung sofort unterbrechen und durch offene Fragen herausfinden, wo der Kundin der Schuh drückt. Wer im Verkaufsgespräch in eine Sackgasse gerät, dem hilft niemals mehr Tempo, sondern nur schnellstmöglich »zurück auf Los«.

Wenn der Verkäufer versucht, die manipulativen Verkaufstechniken anzubringen, die er gelernt hat, wird sie es zumindest diffus spüren, auch wenn sie sein Verhalten nicht sofort durchschaut. Sie wird sich auf keinen Wettkampf einlassen, sondern »mit den Füßen abstimmen«, also weggehen und dann wegbleiben. Vielleicht kauft sie sogar beim ersten Mal, aber sie kommt niemals mehr wieder und wird all ihren Freundinnen von ihrem schlechten Erlebnis erzählen. Der Verkäufer hat dann einen Verkauf getätigt – und eine Kundin und ihren Familien- und Freundeskreis womöglich sogar für immer verloren. Der Schaden für das Unternehmen ist immens! Das Problem ist, dass solch ein Verkäufer oft überhaupt nicht bemerkt, was vor sich geht. Ihm ist auch nicht bewusst, dass sein eigenes Verhalten ihren Kaufabbruch auslöst. In der Verkaufssituation signalisiert die Kundin dem Verkäufer oberflächlich, dass alles in Ordnung ist, aber eine gut geschulte Verkäuferin würde sofort erkennen, dass in Wahrheit nichts in Ordnung ist. Sie würde der Kundin wie in Zeitlupe beim Absprung zusehen. Kundinnen gehen nicht in den Konflikt. Sie sagen einem Verkäufer nicht, dass sie nicht zufrieden sind. Sie zeigen es womöglich auf eine subtile Weise, die die meisten männlichen Verkäufer nicht wahrnehmen. Solchen Verkäufern fehlt das Feedback, dass sie Mist gemacht haben. Allerdings wollen sie meistens auch nicht hören, dass sie es schlecht gemacht haben. Böse Zungen würden hier eine Parallele zum Sex entdecken: Wenn sie ihm den Orgasmus vorspielt, dann wird er nie erfahren, dass er sie im Bett nicht befriedigt. Im Prinzip passiert in den Verhandlungssituationen dasselbe. Dabei meinen die Kundinnen, dass sie signalisieren, was sie wollen oder auch nicht. Dass männliche Verkäufer darauf überhaupt nicht reagieren, interpretieren die Kundinnen dann als Ignoranz. Es käme ihnen nie in den Sinn, dass die meisten Männer derart subtile Botschaften einfach nicht wahrnehmen können. Das hat durchaus nichts mit Ignoranz zu tun. Allerdings täten männliche Verkäufer gut daran, ihre Wahrnehmung für subtile Signale von Kundinnen zu trainieren. Diese Fähigkeit lässt sich mit Übung durchaus verbessern. Folgende sind eindeutige Anzeichen für einen Kaufabbruch:

- Sie gibt keine Zustimmungssignale mehr, wird immer stiller.
- Die Kundin fängt an, Gründe vorzuschieben, weshalb sie gehen muss.
- Sie sagt, dass sie darüber nachdenken muss, will in Wahrheit aber die Situation schnellstmöglich beenden.
- Sie wendet sich körperlich ab, lehnt sich zurück, macht einen Schritt zurück.
- Falls sie vorher gelächelt hat, ist ihr Gesicht jetzt versteinert.
- Sie schaut auf ihre Uhr oder durch die Gegend.
- Ihr Gesicht spannt sich an, vielleicht auch ihr Körper.
- Sie lässt sich leicht ablenken.

Wenn Sie diese Signale auffangen, dann ist es das Klügste, die Kundin direkt darauf anzusprechen. Zeigen Sie ihr, dass Sie durchaus wahrgenommen haben, dass für sie etwas nicht stimmt. Fragen Sie Ihre Kundin, ob Sie ihren Bedarf nicht richtig verstanden haben. Achten Sie auf die Antwort: Spricht sie über Produkteigenschaften oder fühlt sie sich in irgendeiner Hinsicht nicht wohl? Seien Sie wieder ganz bei ihr.

Männliche Verkäufer erscheinen während ihrer Präsentation überheblich, arrogant, »väterlich«, nicht beziehungsorientiert. Sie schauen nicht auf eine langfristige Kundenbeziehung, sondern nur auf diesen einen Verkauf. Kundinnen fühlen sich durch ein solches Verhalten abgefertigt. Oder den Verkäufern unterläuft belehrendes Verhalten in der Angebotspräsentation. Sie wollen nicht, dass die Kundin sie versteht, sondern sie wollen sich unbewusst auf Kosten der Kundin erhöhen, indem sie Herrschaftswissen verteilen. Sie halten einen Vortrag in einer bevormundenden Art, die Frauen zu unmündigen Kindern macht. Doch niemand will klein gemacht werden, auch Männer nicht. Und dieser spezielle Verkäufer schon gar nicht, sonst hätte er es nicht nötig, sich über die Kundin zu stellen! Mit männlichen Kunden machen das diese Verkäufer ebenso, doch meistens lassen sich diese Kunden das nicht gefallen. Dann entbrennt ein Ringen um die Oberhand. Frauen reagieren sehr empfindlich auf Herablassung, denn sie erwarten eine Beratung auf gleicher Augenhöhe, wie sie ja überhaupt fast jede Beziehung auf Augenhöhe suchen. Fühlen sich Frauen schlecht behandelt oder klein gemacht, gehen sie in die Trotzposition. Der Verkäufer nimmt das zwar wahr, kann es aber nicht verstehen. Dann ist die Kundin eben eine Zicke, wie so häufig für Männer, die nicht merken, dass sie ihr Verhalten womöglich selbst – unbeabsichtigt – ausgelöst und es nur nicht bemerkt haben.

Die Bedenkenklärung

Kundinnen äußern fast immer mehr Bedenken als männliche Kunden, allein, weil Frauen einen viiiiiiiiiiel längeren Kriterienkatalog haben. Hier also brauchen Verkäufer und Kundin viel Zeit. Frauen stellen meistens alle Fragen, die sie haben. Männer nicht. Männer zeigen nicht alles, was sie nicht wissen, da dies unter Männern als Schwäche angesehen und bei Bedarf gegeneinander verwendet wird. Frauen sind deswegen nicht blöder als Männer, weil sie mehr Fragen stellen, obwohl gerade männliche Verkäufer sie deswegen unbewusst als dümmer einschätzen. Sie wollen eben alles klären. Also gibt es nur Eines: alle Fragen eingehend beantworten.

Überhaupt ist es von größter Bedeutung, wie ein Verkäufer auf die erste Frage der Kundin reagiert, denn davon hängt ab, ob sie auch all ihre anderen Fragen anbringt. Hört sie schon nach der ersten Frage auf, dann bedeutet das bei größeren Investitionen und bei erklärungsbedürftigen Produkten immer, dass der Verkäufer sich (und ihr) irgendwie ein Ei gelegt hat. Folgefragen hingegen sind ein sicheres Zeichen dafür, dass sie noch im Spiel ist.

Wenn Frauen ein Nein in sich fühlen, dann handelt es sich manchmal zunächst nur um ein diffuses Bauchgefühl. Die Kundinnen können nicht auf Anhieb identifizieren, woher das Nein-Gefühl kommt. Für sie ist dann das Sprechdenken das Mittel der Wahl, um den Gründen hinter diesem Gefühl auf die Spur zu kommen.

Häufig jedoch wissen Kundinnen, weshalb sie nicht wollen. Das kann auch durchaus etwas mit dem Verkäufer zu tun haben. Dann mögen sie gar nicht so genau sagen, welche Bedenken sie haben, und steigen mit einer recht hohen Wahrscheinlichkeit aus dem Gespräch aus, um einen Konflikt mit dem Verkäufer zu vermeiden. Sie hat vielleicht Bedenken hinsichtlich des Preises und sagt:»Das ist doch ganz schön teuer.« Reagiert der Verkäufer zum Beispiel mit Druck, mit der beliebten Frage»Im Vergleich wozu?« oder mit einer der anderen typischen Einwandbehandlungstechniken, fühlt sie sich noch unwohler und verlässt das Geschäft auf schnellstem Wege.

Frauen äußern ihre Bedenken oftmals gar nicht. Stattdessen ziehen sie sich aus dem Verkaufsprozess zurück! Es ist daher von allergrößter Wichtigkeit, eine Atmosphäre zu schaffen, wo sie sich traut und so gut aufgehoben fühlt, dass sie ihre Bedenken auch zum Ausdruck bringt. Sie möchte angenommen sein! Männliche Kunden wollen das auch, aber etwas anders. Beide Geschlechter wollen akzeptiert werden, bei der Kundin muss die Akzeptanz jedoch schon frühzeitig spürbar sein, damit sie ihre Bedenken äußert. Ein männlicher Kunde äußert seine so oder so. Die Kundin sollte am besten sogar explizit auf ihre Bedenken hin angesprochen und zu deren Äußerung aufgefordert werden: »Ich sehe, Sie haben da noch ein Bauchgrummeln.« Oder: »Ich sehe, Sie haben noch Bedenken. Darf ich fragen, welche das sind?« Es empfiehlt sich, proaktiv zu handeln, damit sie sich nicht zurückzieht und den Kaufprozess vorzeitig abbricht. Die Kundin möchte oft nicht offen sagen, was sie stört. Sie möchte niemanden verletzen. Sie befürchtet womöglich, dem anderen zuzufügen, was sie selbst nicht erleben möchte: dass der andere sich abgelehnt fühlt. Oder sie möchte den Verkäufer schlicht nicht enttäuschen. Für Kundinnen sind das alles Gründe für einen stillen Ausstieg.

> Das Beste, was ein Verkäufer tun kann, wenn die Kundin Bedenken hat: auf der Gefühlsebene bleiben und sie in ihren Bedenken erst einmal annehmen!

Jemanden annehmen ist mehr, als jemanden zu akzeptieren. Wird die Kundin nur akzeptiert, kann der Verkäufer anderer Ansicht und auf Distanz bleiben. Sie hat ihre Meinung, er hat seine. So kommen sie aber nie zusammen. Wenn der Verkäufer hingegen Verständnis signalisiert und auch nachvollziehen kann, dass ihre Ausgangslage eine andere ist als seine, dann muss er noch lange nicht ihrer Meinung sein, aber es entsteht keine trennende Kluft. Das kann so weit gehen, dass die Kundin aus Vernunftgründen schweren Herzens auf etwas verzichten muss, das sie wirklich sehr gern gekauft hätte. Der Verzicht fällt ihr sehr schwer, und der Verkäufer kann viele Punkte für die Zukunft sammeln, wenn er sich daran erinnert, dass sie ja ohnehin an langfristigen Geschäftsbeziehungen interessiert ist. Dann nämlich erkennt er die Schwere ihres Verzichts – und wird das einzig

Richtige tun: Anteil nehmen und ihr bestätigen, dass es wirklich schade ist, auf ein so schönes Stück zu verzichten, aber dass sie recht daran tut, sich so zu entscheiden! Und dann wird er ihr etwas anderes Schönes zeigen, etwas Passenderes, und er wird genau auf die Signale achten, ob sie darauf anspringt oder nicht. Und wenn sie es nicht tut, dann verabschiedet er sie nach einer angemessenen »Trauerzeit« *bis zum nächsten Mal*. Dann wird sie auch garantiert bei der allernächsten Gelegenheit wiederkommen.

Aber so muss die Situation ja gar nicht ausgehen! Das Empfinden von Verständnis für die Bedenken der Kundin ist im besten Fall ein Brückenschlag, um gemeinsam einen gangbaren Weg zu finden. Sie erinnern sich? Die Kundin wünscht sich im Verkäufer einen Partner, einen Alliierten an ihrer Seite. Mitgefühl ist genau der Weg vom Verhandlungsgegner zum Partner. Mitgefühl ermöglicht dem Verkäufer, die Kundin und ihre Welt tatsächlich zu verstehen. Wenn beide wollen, ist es kaum noch möglich, *keine* Lösung zu finden. Wichtig ist, dass sich der Verkäufer selbst vollständig herausnimmt und sich auf die Kundin konzentriert, indem er Verständnis zeigt, Gemeinschaft herstellt, sie bestätigt: »Ja, das kann ich gut verstehen. Das ging mir auch schon so.« Manchmal bietet es sich an, statt eines »Sie« und »ich« ein »wir« zu verwenden, um die Gemeinschaft anzuzeigen, doch bitte keinesfalls übertrieben, sondern dezent. Wer zusammengehört, ist kein Gegner, sondern Verbündeter. Und das schafft Vertrauen.

Auseinandersetzungen und Konflikte

Vermeiden Sie um Himmels willen Auseinandersetzungen und Konflikte!

> Wettbewerbe und Streitgespräche wirken auf Männer belebend. Ihr Gehirn wird dann von berauschenden Hormonen beflügelt. Männer fühlen sich dann toll. Für Frauen sind Konkurrenz und Konflikte ein Albtraum!

Viele Vertriebsbücher erwecken den Eindruck, Verkauf sei Kampf. Im B2B-Bereich mögen die Beteiligten Verhandlungen als sportliche Disziplin begreifen, doch im B2C-Bereich gilt das für Kundinnen ebenso wenig wie für Verkäuferinnen. Die Kundin will nicht diskutieren, streiten oder gar kämpfen. Eine abweichende Meinung macht – aus Sicht von Frauen – ein Gespräch nicht interessanter, sondern mindestens unerfreulich. Zustimmung ist gut, Teilendes schlecht. Harmonie ist wunderbar! Also stellen Sie Harmonie her.

Das Preisargument

Frauen und Preise sind so eine Sache. Laut dem US-amerikanischen Einkaufsforscher Paco Underhill schauen durchschnittlich 86 Prozent aller Frauen beim Einkauf und beim Shopping auf das Preisschild. Ihm zufolge sind Frauen weitaus preisbewusster als Männer. Europäische Studien hierzu sind Mangelware. In einer explorativen Studie, die Bluestone im Jahr 2011 für einen der weltweiten Marktführer bei Getränken durchgeführt hat, haben wir festgestellt, dass zwar fast alle Frauen sagen, dass sie auf den Preis achten, doch bei genauerem Nachfragen stellte sich heraus, dass sie viele Preise falsch benennen. Sie schauen zwar auf Preisangebote, kennen aber weder die regulären Preise, noch haben sie monatliche Budgets für Warengruppen.

Frauen sind öfter bereit als Männer, einen höheren Preis zu akzeptieren. Insbesondere, wenn es um Investitionen geht, ist ihnen der *Wert* des jeweiligen Produkts wichtiger als der Preis. Allerdings muss es ein Wert sein, der für sie von Belang ist, der also unmittelbar mit ihren Wünschen und Bedürfnissen zusammenhängt. Es hilft gar nichts, ihr den Wert einer Ware zu vermitteln, der für sie keine Rolle spielt. Wenn sie kein Interesse an Bekleidung aus Bio-Baumwolle hat, dann nützt es eben nichts, ihr die Vorzüge dieses Rohstoffs zu erklären. Ist ihr Partner hingegen Allergiker, dann freut sie sich, wenn ihr die allergiefreie Bettdecke genauer erläutert wird. Im Zweifelsfall wird sie dann auch noch einen Luftreiniger zusätzlich erstehen.

All dies unbenommen, hat es etwas zu bedeuten, wenn Frauen einwenden, das angebotene Produkt sei ihnen zu teuer. Es bedeutet: Es ist ihnen zu teuer!

Mögen Frauen oft alles noch so indirekt und verklausuliert verpakken – bei solchen Dingen sprechen sie Klartext. Wenn es Eva zu teuer ist, dann ist es ihr zu teuer. Es ist kein Spruch, mit dem sie sich interessant machen will. Sie muss einen guten Grund haben, um die Bereitschaft aufzubringen, diesen Preis doch zu akzeptieren. Entweder ist mit dem Angebot ein besonders gutes Preis-Leistungs-Verhältnis verbunden, das ihr die Extra-Euros wert ist, oder sie hat diesen Betrag schlichtweg nicht. Sie sagt nicht einfach nur »zu teuer«, um den Verkäufer zu ärgern.

Was aber noch viel wichtiger ist: Frauen, die eine gute Beratung erfahren, sind oftmals gar nicht mehr daran interessiert, anderswo einen besseren Preis zu kriegen.

Typische Fehler von männlichen Verkäufern aus Unwissenheit

- Der häufigste Fehler männlicher Verkäufer besteht darin, in diesen Für- und Wider-Prozess einzugreifen. Wenn sie dann mit Ratschlägen kommen (»also an Ihrer Stelle würde ich das so und so machen«), zerstören sie alles. Oft signalisiert der Tonfall auch noch Ungeduld und Herablassung. In solch einem Fall der Bevormundung wird sich die Kundin zurückziehen.
- Die klassische männliche Einwandbehandlung trainiert Wortwendungen. Das funktioniert mit einer Kundin aber nicht. Der Verkäufer muss verstehen, dass er in dieser Sprechdenk-Phase nichts anderes zu tun hat, als sie permanent zu bestätigen: »Ja, ich verstehe ja, dass das jetzt eine schwierige Entscheidung ist. Es ist gut, dass Sie alles gründlich bedenken, denn es soll ja auch das Richtige für Sie sein!« »Mir ist es auch ganz wichtig, dass Sie glücklich sind.« Das Entscheidende ist allerdings, dass dies keine heruntergespulten Sprüche sind, sondern dass der Verkäufer tatsächlich in Kontakt mit der Kundin tritt. Frauen spüren, wie wahrhaftig ihr Gegenüber ist. Eva wird sofort wissen, ob diese Sprüche einstudiert sind oder ob ihr Gegenüber empfindet, wie er sagt. Seine Mimik, sein Tonfall und seine Körpersprache sprechen für sie Bände, denn sie bezieht ja, wie erwähnt, nur 10 Prozent aller Informationen aus dem gesprochenen Wort, während 90 Prozent aus der nonverbalen Kommunikation kommen.
- Es kommt noch immer erstaunlich häufig vor, dass ein Verkäufer schlichtweg improvisiert und sich etwas ausdenkt, wenn er auf eine Frage keine Antwort hat. Solchen Verkäufern ist es so peinlich, dass sie etwas nicht wissen, dass sie es vor sich schon kaum zugeben können, doch vor anderen schon mal gar nicht. Oder man stelle sich vor, dass die Kundin auch noch sehr attraktiv ist und der Verkäufer überhaupt nicht anders kann, als ihr imponieren zu wollen. Ist alles schon vorgekommen! Wir sind alle nur Menschen!

Trotzdem ist die Lüge der falsche Weg. Die Kundin schätzt Ehrlichkeit. Sie hat kein Problem damit, dass eine Information besorgt oder nachgereicht wird (im Gegensatz zu vielen Männern). Und als Frau hat sie kein Verständnis für übermäßiges »Gegockel«. Wenn sie aufgrund einer falschen Aussage das Falsche kauft, wird sie wenig Verständnis dafür aufbringen können, dass der Verkäufer vor ihr gut dastehen wollte, denn ihr ist ein realer Schaden entstanden. Wahre Stärke entsteht aus Wahrheit. Jede Frau schätzt die Antwort »das weiß ich leider nicht« höher als jede andere, wenn dies den Tatsachen entspricht. Und je schöner die Frau, desto mehr wird sie einen aufrichtigen Berater schätzen, denn sie hört oft genug Märchen, die den, der sie erzählt, prächtig wie den Prinz von Persien aussehen lassen sollen.

- Leider ist bei Missverständnissen bei manchen Verkäufern noch sehr beliebt, den Verständnisfehler bei der Kundin aufzuhängen. *Sie* war dann diejenige, die etwas falsch verstanden hat, während der Verkäufer alles richtig geschildert hat.
  Falsch! So geht das nicht! Niemand ist schuld, die Kundin am allerwenigsten. Der Verkäufer klärt das Missverständnis und gut ist es. Wenn er nicht nur die Pflicht, sondern auch die Kür bringen will, dann kann er bemerken, dass er sich zuvor wohl nicht ganz klar ausgedrückt hat. Und das entspricht für all jene der Wahrheit, die von ihren Kundinnen verstanden werden wollen.
- In vielen Verkaufsschulungen wird gelehrt, in der Bedenkenphase die Abschlussfrage zu stellen. Aber Frauen halten sichtbar zielorientierte Verkäufer für sozial inkompetent und ihres Vertrauens unwürdig.
- Wenn Verkäufer zum Abschluss drängen, fühlen sich Kundinnen verständlicherweise nicht wertgeschätzt und gehetzt. Tatsächlich werden sie ja auch zum Abschluss getrieben. Das lässt den Kundinnen keine Zeit, die optimale Kaufentscheidung zu treffen, also werden sie sie aufschieben – und wahrscheinlich in einem Geschäft treffen, wo sie die Zeit bekommen, die sie brauchen.
- Ein Verkäufer sollte nie, und schon gar nicht nach jeder Beantwortung jeder ihrer Fragen seine ultimative Frage stellen: »Sind wir nun fertig?«
- Wenn ein Verkäufer merkt, dass die Kundin eine ganze Reihe von Einwänden vorbringt, die mit der eigentlichen Sache nichts

zu tun haben, dann sollte er sich fragen, ob die Kundin ihm überhaupt vertraut. Denn offen wird sie ihr Misstrauen niemals äußern. Wenn kein Vertrauen besteht, dann sollte er versuchen herauszubekommen, woran das liegt und den Missstand daraufhin beheben. Alternativ dazu könnte es nützen, einen Kollegen oder eine Kollegin zu Rate zu ziehen. Vielleicht kriegen diese beiden einen besseren Draht zueinander. Die Überleitung zum Kollegen sollte jedoch nicht erfolgen, indem dargelegt wird, dass man sich offensichtlich nicht gut versteht. Vielmehr sollte ein Hinweis erfolgen in der Art:»Genau für solche Fragen haben wir einen Experten. Den würde ich gerne schnell dazuholen.« Dieser Abschluss kriegt wieder eine Chance – und eine ganze Reihe von Folgeaufträgen. Wenn allerdings auch all das nicht klappt, dann sollte man die Kundin ziehen lassen.

Die Kaufentscheidung und der Abschluss

In erstaunlich vielen Verkaufsbüchern kann man lesen, dass es beim Abschluss gilt,»den Sack zuzumachen«. Was für ein Bild!

Mit Kundinnen macht man keine Säcke zu. Man hat sie nach ihrer positiven Kaufentscheidung auch nicht»im Sack«. Kundinnen und Verkäufer sind keine Gegner. Frauen kaufen auch nicht von Feinden. Wer»seinen« Abschluss auf Kosten oder zum Nachteil der Kundinnen machen will, wird auf Dauer teuer dafür bezahlen.

Frauen pflegen in aller Regel einen kooperativen Lebensstil (zugegeben: mit einigen Ausnahmen, aber mit deutlich weniger, als Männer oft denken). Also erwarten sie auch, dass andere mit ihnen ein Team bilden wollen. Als Kundinnen wollen sie den Verkäufer oder Verhandlungspartner nicht über den Tisch ziehen, also wollen auch sie selbst nicht übervorteilt werden. Sie möchten nicht einmal permanent davor auf der Hut sein müssen.

> Wer an Frauen verkauft, muss eine Win-win-Lösung suchen. Alle müssen gewinnen, sonst ist es ein schlechtes Geschäft.

Entscheidungen

Der Kaufabschluss bei höherwertigen Produkten bereitet allen Kunden Stress, weil sie Geld hergeben müssen, obwohl sie nicht sicher wissen, dass das Produkt oder die angebotene Leistung genau dem entspricht, was sie wollen. Dabei müssen es nicht immer sehr große Dinge sein. Was als höherwertig gilt, ist individuell bzw. sozial verschieden. Beide, Frauen und Männer, empfinden bei der Entscheidung für oder gegen einen Kauf bzw. eine Investition Stress. Beide Geschlechter haben jedoch gänzlich unterschiedliche Verarbeitungsmechanismen für diesen Stress. Da Frauen jedoch insgesamt weitaus sicherheitsorientierter sind als Männer, setzt der Stress bei ihnen häufig schon bei geringwertigen Gütern ein.

In einer meiner (Diana Jaffé) Schulungen für *IKEA* arbeitete ich meine Lieblingsübung ein: Nach einem kurzen, aber speziellen Briefing schickte ich die Einrichtungshaus-Chefs in das IKEA-Haus, in dem die Schulung gerade stattfand. Sie sollten mindestens eine Stunde lang Kundinnen beobachten. Dabei blieb es ihnen überlassen, ob sie für kurze Zeit mehreren Kundinnen quasi über die Schulter schauten, oder ob sie die gesamte Zeit lediglich einer Kundin widmeten, die allein oder in Begleitung ins Einrichtungshaus gekommen war. Durch diese Übung nehmen Geschäftsführer und Mitarbeiter aus dem Handel oder auch von Herstellern erstmals wahr, dass Kunden sich auf jede mögliche Weise verhalten, nur eben nicht, wie sie laut Plan sollen. (Deswegen zweifle ich sehr am Sinn von Mystery Shopping, sofern es zeigen soll, ob sich die getestete Einrichtung kundenfreundlich und kundenkonform verhält. Wenn es lediglich darum geht, Sauberkeit in Hotels und den Chlorgehalt im Hotelpool zu prüfen etc., ist es selbstverständlich sinnvoll.) Nach der Beobachtung sollen die Seminarteilnehmer berichten, was ihnen besonders aufgefallen ist. Sie können auch die Fragen aufwerfen, die sich ihnen bei den Beobachtungen gestellt haben. Und nach einer dieser Beobachtungen stand da dieser Einrichtungshaus-Chef, der Folgendes berichtete:»Ich bin zum Eingang und habe eine Kundin gleich beim Betreten des Hauses abgefangen und bin ihr wie ein Schatten die ganze Stunde lang gefolgt.« Er erzählte zunächst von einigen anderen Beobachtungen, bevor er zu seinem Schlüsselerlebnis kam:»Die Kundin stand in der Selbstbedienungshalle vor diesem Duschvorhang. Sie betrachtete ihn, befühlte ihn, ließ ihn wieder los, nahm ein verpacktes Exemplar in die Hand, legte es wieder weg. Dann befühlte sie das hängende Exemplar wieder, ließ es wieder los, starrte es an, schaute wieder weg. Das ging geschlagene 20 Minuten lang so! Ich habe wirklich die Zeit gestoppt! 20 Minuten!!! Was um Himmels willen tat sie da 20 Minuten lang? Dieser Duschvorhang kostet gerade mal 14,95 Euro! Ich hätte den gekauft, zu Hause ausprobiert, und wenn er nicht gepasst hätte, dann hätte ich ihn wieder zurückgebracht! 20 Minuten für einen Duschvorhang für 14,95 Euro! Wieso macht sie das nicht einfach auch so? Wieso braucht sie 20 Minuten, um über diesen Duschvorhang nachzudenken? Was ging ihr da nur durch den Kopf?!«

Dieser Einrichtungshaus-Chef sorgte mit seiner Fassungslosigkeit für große Erheiterung, nicht nur bei den Teilnehmern dieses Seminars, sondern auch bei allen anderen, denen ich bei passenden Gelegenheiten davon erzählte, doch eine Antwort hatten die Wenigsten für ihn. Natürlich hat diese Kundin innerlich ihren vollständigen Kriterienkatalog abgearbeitet. Ihr Sicherheitsbedürfnis führte jedoch dazu, dass sie eben genau nicht tun konnte, was der Geschäftsführer (als Mann) getan hätte: Sie suchte die absolute Sicherheit, dass dieser Duschvorhang für sie die perfekte Wahl darstellte. Der Preis spielte dabei keine Rolle.

Eine Frau pflegt während ihrer Entscheidungsphase das Sprechdenken. Sie erläutert das vollständige Für und Wider. Und wenn sie niemanden zum »Laut-Sprechen« hat, dann tut sie dasselbe lautlos. Aber sie empfindet es meistens als besser, wenn sie jemanden hat, der ihr zuhört. Sie braucht Bestätigung, Unterstützung, Kommunikation, also die volle Packung Austausch.

Die Abschlussgeschwindigkeit

Ob Ferienimmobilien, Geldanlagen oder Rabattcoupons von *Groupon*: Überall dort, wo es darum geht, die Ausgabe höherer Beträge in sehr kurzer Zeit zu beschließen, sagen Frauen häufig schnell ja. Aber darauf folgt auch oft das nachträgliche Nein. Woran liegt das? Ist das etwa der finale Beweis, dass Frauen wankelmütige Wesen sind?

Wer Frauen im Verkaufsgespräch unter Zeitdruck setzt, hört vielleicht schnell ein Ja, das jedoch keine echte Zustimmung darstellt. Dieses ausgesprochene, doch nicht gemeinte Ja kann Diverses bedeuten:

- Es ist eine Chance für die Kundinnen, aus dem als unangenehm empfundenen Verkaufsgespräch zu entkommen.
- Sie wollen den Verkäufer nicht direkt zurückweisen. Dieses Ja ist so ähnlich wie das sprichwörtliche Ja bei Japanern, also ein Zeichen von Höflichkeit, um den anderen nicht durch Ablehnung

bloßzustellen. Oder die Kundinnen wollen den Verkäufer nicht verletzen.

- Bei einem zeitlich begrenzten Angebot wollen sie eine gute Gelegenheit nicht verpassen, doch bei genauerem Nachdenken stellen sie fest, dass sie das Produkt doch nicht brauchen oder wollen.

Groupon, das Coupons für vergünstigte Produkte und Dienstleistungen online ohne Beratung verkauft, hat in der Regel ein Zeitfenster von einem oder zwei Tagen, in denen das jeweilige Preis-Super-Sonderangebot gilt. Die mit Abstand meisten Rückgaben erfolgen im höherpreisigen Segment.

Tingley und Robert legen nah, langsamer vorzugehen und auf Druck zu verzichten. So erhielten Verkäufer womöglich nicht so viele schnelle Jas, aber dafür auch weniger nachträgliche Rücknahmen.

Selbst wenn es sich um Käufe handelt, die nicht zurückgebracht werden, so kann es dennoch sein, dass die Frauen im Nachhinein unzufrieden mit einer unter Zeit- oder auch sonstigem Druck getroffenen Entscheidung sind. Dann werden sie sich nicht beschweren, doch der Anbieter wird nie erfahren, wieso seine Wiederkaufrate bei seinen Kunden so gering ist.

Insbesondere für aufwändige und investitionsintensive Verkäufe an Frauen empfehlen Tingley und Robert,

- die Verkaufssituation mit einer Frau nicht als einmaliges Ereignis, sondern als Prozess zu betrachten;
- die Kundin das Tempo für den Verkaufsprozess bestimmen zu lassen und auf ihre Signale zu achten, wann sie bereit ist, die nächste Stufe im Verkaufsstadium zu nehmen;
- keinen Druck auszuüben, um eine schnelle Entscheidung herbeizuführen.

Oder für alle, die eine Eselsbrücke brauchen: Die Abschlussgeschwindigkeit verhält sich analog zu den Bedürfnissen der meisten Frauen und Männer beim Sex: Männer mögen meistens den direkten und kurzen Weg zum Orgasmus, Frauen gehen lieber den längeren und für sie genussvolleren.

Die Abschlussfrage

Somit erübrigt sich, was in den meisten Verkaufstrainings gelehrt wird: das Stellen der knallharten Abschlussfrage, denn sie erzeugt bei der Kundin nur Druck. Das gilt umso mehr, wenn männliche Verkäufer auch noch zu früh damit kommen. Schade, wenn sie sich dessen nicht bewusst sind und daher regelmäßig Abschlüsse versemmeln. Stattdessen sollte der Kundin zum Abschluss hin nochmals die Sicherheit einer guten Entscheidung gegeben werden. Wenn Verkäufer hundertprozentig hinter ihrem Produkt stehen, wird die ausgestrahlte Sicherheit die Kundin weitaus stärker zum Kauf motivieren als vermeintlich ausgeklügelte Abschlusstechniken.

Folgendes lässt sich bei guten Verkäuferinnen beobachten:

> Die Verkäuferin geht davon aus, dass das Beratungsgespräch auf der Inhaltsebene stattfindet. Sie stellt die Abschlussfrage nicht, weil sie davon ausgeht, dass die Kundin schon signalisiert, dass sie kaufen will, sobald das Angebot für sie stimmig ist.

Und für Kundinnen stimmt das sogar! Sie sollten nur bei männlichen Kunden nicht dieselbe Taktik anwenden.

Aus diesem richtigen Verhalten kann sich allerdings bei Testkäufen ein Problem ergeben, wenn der Auftraggeber um die Richtigkeit nicht weiß. In der Praxis lässt sich immer wieder dies beobachten: Die Testkäuferin bekommt die Aufgabe, unter anderem abzuprüfen, ob die Abschlussfrage gestellt wird. Die Verkäuferin geht jedoch davon aus, dass sie mit einer Kundin kommuniziert und dass die Kundin ihr Kaufinteresse von sich aus bekundet, sobald sie so weit ist. Die Kundin spielt kein Spiel, ebenso wenig wie die Verkäuferin! Die Kundin spricht ihren dezidierten Kaufwunsch aus oder sie drückt gefühlsgelagerte Bedenken aus. Somit stellen Verkäuferinnen mit einem tiefgehenden Verständnis für Kundinnenverhalten den Mystery-Shopperinnen selten die Abschlussfrage und werden dafür schlecht benotet. Oft sogar schreiben die Testkäuferinnen ins Protokoll, dass sie es schade fänden, dass die Abschlussfrage nicht gestellt wurde. Dabei ist ihnen selbst überhaupt nicht bewusst, dass sie, wenn sie selbst als echte Kundinnen unterwegs sind, im Beratungsgespräch gar keine Abschlussfrage von anderen Verkaufsberaterinnen erwarten. In ihrer Privatrolle kennen sie den Kommunikationsstil unter Frauen und verhalten sich konform. Dort fehlt ihnen die Abschlussfrage überhaupt nicht. In ihrer dienstlichen Funktion setzen sie ihren Fokus jedoch auf die Vorgaben, ohne ihre Sinnhaftigkeit zu hinterfragen. (Ihren männlichen Gegenparts ergeht es natürlich ebenso.)

Das braucht die Kundin nicht: ungebetene Ratschläge

Nur selten kommen männliche Verkäufer auf die Idee, männlichen Kunden ungebeten Ratschläge zu erteilen. Bei Frauen finden es manche aus unerfindlichen Gründen aber völlig in Ordnung. Sie nehmen sich heraus zu glauben, dass sie besser wissen, was für die Kundin gut ist, als jene es für sich selbst weiß. Solche Verkäufer merken nicht, dass ihre Besserwisserei gar nicht gut für ihr Geschäft ist.

> Nichts ist schlimmer, als die Kundin mit ungebetenem Rat zu bevormunden. Mit einer Empfehlung könnte sie noch leben.

Die Entwicklung von Überlegungen ist hingegen völlig in Ordnung. Man kann der Kundin Alternativen anbieten, zum Beispiel indem man neue Kombinationen und Ideen erwägt. Die Entscheidung bleibt aber *ausnahmslos immer* bei der Kundin!

Wenn die Kundin Sie von sich aus nach Ihrer Meinung fragt, dann sollten Sie erkennen, ob tatsächlich Ihre Expertenmeinung oder Ihre persönlichen Ansichten gefragt sind, oder ob die Kundin Bestätigung sucht. Sucht sie tatsächlich eine zweite Meinung, dann gilt es, alles Gute zu betonen, Kontras vorsichtig und zurückhaltend zu formulieren, Wettbewerber niemals zu diskreditieren. Greifen Sie niemals Personen an! Konkret:

- Zuerst stellen Sie ausführlich alle positiven Aspekte ihrer Wahl heraus.
- Danach dürfen Sie vorsichtig und zurückhaltend Ihre Bedenken formulieren, sofern Sie welche haben.
- Schlagen Sie im Falle von Bedenken eine Alternative vor.
- Akzeptieren Sie eine eventuelle Ablehnung Ihres Vorschlags.

»Das muss ich mir noch einmal überlegen.«

Manchmal brauchen die Kundinnen einen größeren Abstand für ihre Überlegungen. Frauen lassen Bekleidung häufig zurücklegen, um sich räumlich davon zu entfernen und in sich hinein zu fühlen. Dann erst können sie ermessen, wie wichtig ihnen dieser Pullover tatsächlich ist. Manchmal kommt die Kundin gar nicht bis zum nächsten Geschäft, obwohl sie sich dort auch noch einmal umschauen wollte, weil sie bereits an der Rolltreppe spürt, dass sie den zurückgehängten Pullover wirklich, wirklich, wirklich haben will.

Solch ein Angebot kann ein gutes Gefühl und viel Sicherheit vermitteln, sofern die Kundin sich tatsächlich bei der Familie rückversichern will: »Wenn Sie sich noch einmal mit Ihrer Familie besprechen möchten, reserviere ich Ihnen das Produkt gerne für ein bis zwei Tage.«

Doch nicht immer geht es nur um Pullover. Es geht um eine Alarmanlage fürs Haus, um einen Dachumbau, um ein neues Auto, um eine Altersvorsorge. Dann will sie alles Gehörte noch ein- oder mehrmals »überschlafen«, was nach neurologischen Erkenntnissen eine ausgezeichnete Entscheidung ist, weil die Informationen erst im Schlaf verarbeitet werden können. Oder sie möchte sich mit Menschen ihres Vertrauens, mit Spezialisten oder ihrem Partner beraten.

Ob die Kundin sich »aus dem Staub machen« will oder ob sie tatsächlich Bedenkzeit braucht, kann man ihr ansehen. In beiden Fällen tut ein Verkäufer am besten daran, ihr freundlich anzubieten, dass sie sich jederzeit wieder vertrauensvoll an ihn wenden kann, wenn sie noch Fragen hat oder Unterstützung benötigt.

Sollten Sie sich aber wirklich unsicher sein, ob die Kundin kaufen wird, dann können Sie eine Methode anwenden, die wir nur sehr ungern als Trick bezeichnen wollen. Wenn Sie wirklich wissen wollen, wie es um das Geschäft und die Kundin steht, dann ist es genau genommen auch keiner. Und so geht's: Entschuldigen Sie sich dafür, dass Sie die Vorzüge des Angebots nicht gut genug erklärt haben. Die Kundin wird dies als Einladung auffassen, in den Dialog zurückzukehren. Sie wird Sie nicht in dieser »Schuld« hängen lassen, wenn ihr tatsächlicher Grund an anderer Stelle liegt. Mehr noch: Sie wird Ihnen mit sehr hoher Wahrscheinlichkeit sagen, was sie wirklich zurückhält. Und dieser Aussage können Sie bedenkenlos trauen.

Kaufsignale von Kundinnen

Oft sind die Kaufsignale von Kundinnen für den ungeübten Beobachter versteckt, verklausuliert und leicht zu übersehen. Dies sind einige ganz typische Kaufsignale:

- »Meinen Sie denn wirklich, dass das das Richtige für mich ist? Sollte ich nicht mit XY noch einmal darüber sprechen und noch mal darüber nachdenken?«
- »Sind Sie sich sicher, dass wir jetzt das Beste gefunden haben? Vielleicht können Sie doch noch einmal schauen, ob Sie noch etwas Besseres finden?«
- »Ich weiß wirklich nicht, was meine Familie dazu sagt.«

Mal ehrlich: Hätten Sie diese Aussagen als Kaufbereitschaft erkannt? Was bedeuten diese seltsamen Äußerungen?

Sobald die Produktauswahl beendet ist, *wechseln* Frauen von der Beschäftigung mit dem Produkt auf der Sachebene (Kriterien-Klärung und Abgleich) auf die emotionale Ebene. Das bedeutet, dass sie die Überlegungen zum eben dargelegten Produkt abgeschlossen haben. Es hat keinen Sinn und es ist unnötig, weitere Produktvorteile oder Eigenschaften zu präsentieren. Jetzt ist ihre Befindlichkeit dazu dran.

Wie also sollen Sie damit umgehen? Was können Sie tun, um gemeinsam mit der Kundin die letzten Meter des Kaufs zurückzulegen?

Geben Sie der Kundin Bestätigung für die Auswahl – und ihre Wahl.

Bestätigung

Bestätigung verläuft auf zwei Ebenen. Zunächst geht es um die Bestätigung des angebotenen Produkts: »Dieses Telefon ist dafür, wie Sie es nutzen wollen, genau das Richtige/das Beste. Es hat eine Freisprecheinrichtung, einen großen Nummernspeicher, Sie können mehrere Geräte zusammenschalten. Und es ist robust, wenn Ihr Kind es auch mal fallen lässt.«

Und dann geht es um den Menschen: Kundinnen brauchen *Bestätigung*, und sie vertragen auch sehr viel davon. Männliche Kunden hingegen wollen für ihre Kaufentscheidungen *gelobt* werden. Das ist bei genauerer Betrachtung ein enormer Unterschied: Lob bezieht sich auf eine Tat oder Leistung, Bestätigung auf eine Person. Bestätigung erfolgt auf Augenhöhe, Lob enthält ein Gefälle: Der Lobende steht über dem Gelobten. Lob klingt so: »Das hast du toll *gemacht*!« Bestätigung ist: »Ich finde, das war toll von *dir*!« Ein einfaches »Das war toll von dir!« wird von Frauen als anscheinend objektive Beurteilung und somit als eine Art Lob empfunden, da die Person, die solches sagt, sich als Beurteiler über sie stellt. Ein persönlicher Ausdruck (»ich finde«), schafft die nötige Augenhöhe.

Die Kundin will im Zusammenhang mit ihrer Kaufentscheidung als Mensch bestätigt werden, also in ihrem Sein. Der Kunde hingegen will für seine Handlung gelobt werden. Frauen reagieren auf Lob empfindlich und gar nicht freudig! Sie empfinden das vermeintliche Kompliment als Herabsetzung ihrer Person, weil sie das Gefälle fühlen. Und bei Lob, das sie als übertrieben empfinden, werden sie ohnehin höchst misstrauisch.

Wenn Sie also eine Kundin bestätigen, dann kann das zum Beispiel so klingen: »Ich bin überzeugt davon, dass Sie eine wirklich gute Entscheidung getroffen haben. Das Gerät war zwar nun ein klein wenig teurer als Sie beabsichtigt hatten, aber dafür haben Sie jetzt etwas, woran Sie lange Freude haben werden. Und wenn doch mal etwas damit sein sollte, was ich nicht glaube, können Sie sich jederzeit an mich wenden. Ich gebe Ihnen gleich noch meine Karte mit.«

Resonanzfragen

Wenn Sie sich nicht sicher sind, wo die Kundin steht und ob Sie vielleicht subtilste Signale überhört haben, können Sie vorsichtig antesten. Die folgenden Vorschläge sind jedoch keine Abschlussfragen im klassischen Sinn!

- »Was halten Sie davon?«
- »Wie sehr gefällt Ihnen das?«
- »Könnten Sie sich vorstellen, das Produkt zu nutzen?«
- »Was meinen Sie dazu?«

Nutzen Sie auch die Sinneskanäle:

- »Wie sieht das für Sie aus?«
- »Wie fühlt sich das für Sie an?«
- »Wie klingt das für Sie?«
- »Spricht Sie das an?«
- »Sagt Ihnen das zu?«

An der Antwort werden Sie feststellen können, ob die Kundin noch über das Produkt sprechen möchte oder schon bei ihren Befindlichkeiten ist und Ihnen damit ihre Kaufbereitschaft zeigt.

Typische Fehler von männlichen Verkäufern aus Unwissenheit

Man stelle sich folgende Situation vor: Eine Steuerberaterin zieht um und will sich neu einrichten. Sie besucht Möbelgeschäfte, lässt sich beraten, entscheidet sich nach mehreren Möbelgeschäften für eins, wo sie ein Verkäufer absolut vorbildlich, ja geradezu entzückend berät. Er gibt ihr alle Infos, die sie braucht, nimmt sich alle Zeit der Welt, ist überaus freundlich, sie witzeln gemeinsam herum. Dann kommt es zur Unterzeichnung der Bestellung und der Besprechung der Zahlungsbedingungen. Plötzlich spricht er langsamer und sagt: »Ich will Sie durch dieses ganze Finanz-Zeugs so schnell wie möglich durchbringen, um Sie nicht zu langweilen. Und ich mache es so einfach, wie es nur geht.« Was ist da geschehen? Wie kann sie von einem Moment auf den anderen von der intelligenten und respektierten Kundin zu einer Frau mutieren, die die Raten eines einjährigen Nullprozent-Kredits nicht ermitteln kann? Dieser Verkäufer kommt nicht einen winzigen Moment lang auf die Idee, dass diese Frau mehr über das Finanzwesen weiß, als er je wissen wird. Dann klopft er ihr glatt noch auf die Schulter und meint, er würde ihr helfen, falls sie ihre Raten in einem Jahr doch noch nicht abbezahlt haben sollte. Diese Geschichte hat sich, wie alle andern in diesem Buch, tatsächlich ereignet.

Wir erleben es als Kundinnen relativ häufig, dass wir männliche Verkäufer exakt dazu briefen, was wir suchen oder benötigen. Wir sprechen die Männersprache und strukturieren akribisch unsere jeweilige Problemstellung. Wir nehmen ihnen die Bedürfnis- und Bedarfsanalyse fast vollständig ab. Sie hören sich das an, haben auch die Infos, die sie benötigen, fragen jedoch nie nach. Ihre Antwort lautet dann häufig: »Hab ich nicht.« Und dann schweigen sie still. Dann müssen wir nachfragen, was sie denn dahätten, was dem genannten Bedarf am nächsten kommt. Wir wollen wissen, welche Abstriche wir machen müssten bzw. könnten. Vielleicht wären wir dann ja dazu bereit, uns auf ein Produkt einzulassen, das eben nicht alles erfüllt, was wir wollen. Aber wenn wir nicht konkret danach fragen, wenn wir nicht sämtliche Charakteristika noch einmal aufzählen und dann ein Kriterium weglassen und diesen Prozess unter Umständen mehrfach wiederholen und dabei jedes Mal ein anderes Kriterium weglassen, dann kriegen wir keine Antwort. Wir erleben oft, dass männliche Verkäufer sich außerstande fühlen, eigenständig die Kriterien zu reduzieren und ein entsprechendes Angebot als Vorschlag zu unterbreiten. Es ist wenig erstaunlich, dass sie dasselbe »Verhalten« aufweisen wie die Programmierung von Produkt-Findern auf Websites, denn deren Programmierer sind in der Regel ja auch Männer. Wer immer bei seinem Telefon-Provider ein neues Handy aussuchen möchte, kann den dortigen Handy-Finder verwenden. Man gibt alle Wunschkriterien ein, nur um am Ende bei Base die Meldung zu kriegen: »Keine Handys gefunden. Leider gibt es keine Handys mit den von Ihnen gewählten Eigenschaften.« Bei den anderen großen Providern gibt es nur noch einen weißen Bildschirm. Da erscheint kein überflüssiges Wort. Wer will, kann an den Kästchen und Reglern lange herumspielen, um sich anzeigen zu lassen, welche Kombinationen überhaupt in irgendeinem Handy realisiert wurden. Männern mag das Spaß machen, Frauen oftmals gar nicht. Noch schlimmer ist nur, wenn überhaupt kein »Finder« angeboten wird. Dann wären Frauen gezwungen, sich alles anzuschauen, um sich einen Gesamtüberblick zu verschaffen. Und das würden die meisten gar nicht mehr tun wollen. Wenn Amazon hingegen einen zusammengesetzten Suchbegriff nicht findet, bietet die Datenbank Ergebnisse, die ein Kriterium weglassen und einer gewissen Logik folgen. Somit besteht die Möglichkeit, sich in den Amazon-Vorschlägen umzuschauen, die dem, was man suchte, womöglich nahekommen. Frauen wünschen sich Verkäufer, die nicht wie Handy-Finder der Telefon-Provider funktionieren, sondern wie die Produktsuche bei Amazon.

Vielen Männern fällt es schwer, Fehler oder Versehen zuzugeben, und sie wissen das. Einige von ihnen würden sich lieber einer Prostata-Untersuchung unterziehen als sich zu entschuldigen. In den USA gibt es einen Witz: Die drei Wörter, die eine Frau in einer persönlichen Beziehung von einem Mann am liebsten hören möchte, sind nicht »Ich liebe dich«, sondern »Ich hatte Unrecht«. Eine schlichte Entschuldigung kann in dem Moment, in dem sie ausgesprochen wird, ein Geschäft retten. Sie ist kein Eingeständnis von Schuld oder Schwäche, sondern ein Ausdruck eines Bedauerns darüber, dass etwas schiefgelaufen ist. Wer im Eifer des Gefechts eine falsche Zahl notiert hat (oder gar keine), der hat das selbstverständlich nicht mit Absicht gemacht. Unterbreitet er deswegen ein falsches Angebot, dann kann er sich entschuldigen und anschließend das richtige vorbereiten. Entschuldigt er sich nicht, dann will die Kundin ihm womöglich kein zweites Mal Gehör schenken.

Zusatzverkäufe: Nach dem Kauf ist noch mitten im Kauf

Das weibliche Kaufinteresse-Modell fällt am Ende nicht abrupt ab, sondern weist eine Wellenbewegung auf. Die Kundin hat sich »warmgelaufen« und ist mit hoher Wahrscheinlichkeit Zusatzkäufen gegenüber aufgeschlossen. Doch Achtung:

> Die Kundin muss tatsächlich noch kaufbereit sein, und das Produkt muss passen!

Mit dem richtigen Angebot, der passenden Ergänzung zum Hauptkauf, wird sie wiederum sehr zufrieden sein. Die passende Handtasche zum Ballkleid ist ein Muss. Kauft sie sich einen Laptop, dann benötigt sie eine passende Hülle oder Tasche dafür, denn fast kein Hersteller liefert etwas dergleichen gratis mit. In den einschlägigen Geschäften hängen die Wände voll mit diesen Schutz- und Transportbehältnissen, doch kein Verkäufer weist aktiv darauf hin. Netbooks, Subnotebooks und Ultrabooks sind so klein und schlank, dass sie keine CD-/DVD-Laufwerke mehr eingebaut haben. Externe Laufwerke sind dafür notwendig, werden aber genauso wenig angeboten wie USB-Verteiler, Docking-Stations, Drucker oder jedes beliebige andere Zubehör. Nun ließe sich einwenden, dass Männer dieses Zubehör ebenso benötigen, wenn sie diese Geräte kaufen, und dieser Einwand ist berechtigt. Allerdings ist die Geduld der meisten Männer mit dem Hauptkauf bereits erschöpft. Darüber hinaus aber kaufen viele von ihnen solches Zubehör inzwischen im Internet dazu.

Die Weiterempfehlung

Nichts ist leichter, als nicht nur eine, sondern ganz viele Weiterempfehlungen von Frauen zu erhalten. Darum muss man sie nicht einmal bitten, das machen die ganz von selbst! Und das auch noch viel öfter als Männer.

Aber Achtung: Frauen geben positive Erfahrungen weiter – doch auch negative, und diese noch viel öfter, nämlich rund 33 Mal je schlechte Erfahrung! Jede Frau ist ein personifiziertes Schneeballsystem. Sie beeinflusst die sie direkt umgebenden Menschen, die wiederum Empfehlungen an ihr Umfeld weitergeben. Auf diese Weise verbreiten sich positive Erfahrungen schnell und effizient, Unzufriedenheit allerdings noch schneller und noch effizienter. Es lohnt sich daher doppelt, glückliche und zufriedene Kundinnen zu haben: Sie sind bis zu ihrem Lebensende treu, wenn man ihnen nicht drei Male hintereinander einen Grund zur ernsthaften Verärgerung gibt, und sie sorgen bei jeder sich bietenden Gelegenheit für einen stetigen Strom weiterer Interessentinnen.

Empfehlungen gehören zum grundlegenden Kommunikationsstil von Frauen. Da wird ein bestimmter Arzt empfohlen, ein rein pflanzliches Beruhigungsmittel, der beste Kindergarten, ein vielversprechender Ort, um einen Partner kennenzulernen – den Empfehlung keine Grenze gesetzt! Der Besitz derselben Marken, die Betätigung in der gleichen Sportart, der Besuch gleicher Friseure, Konzerte und Urlaubsorte verbinden.

Empfehlungen dienen als sozialer Kitt. Sie sagen viel über die Lebenswelt der Empfehlenden aus, und sie zeigen, dass diese Frau ihren Freundinnen, Verwandten, Kolleginnen und selbst Wildfremden etwas Gutes tun will, indem sie ihr Wissen, ihre Erfahrungen und Geheimtipps teilt. Frauen sprechen miteinander, erzählen sich, was gerade in ihrem Leben passiert, wo gerade Probleme auftauchen. Sie hören einander zu, fühlen mit, wollen helfen, Schaden von der Freundin abzuwehren und ihr wieder zu einem guten Gefühl zu verhelfen. Sie filtern alle erhaltenen Informationen darauf, ob sie einen guten Rat geben können, der der Freundin hilft. Dabei wählen sie die perfekten Verkaufsargumente, weil sie die Bedürfnisse der anderen genau kennen. So werden Kundinnen selbst zu Markenbotschafterinnen, zu überzeugenden Werberinnen, genau genommen sogar zu Verkäuferinnen. Eine zufriedene Kundin stellt sich vollkommen in den Dienst eines Produkts, für das sie sich begeistert, und erzählt allen davon.

Genau genommen lassen sich Frauen gar nicht davon abhalten, anderen etwas zu empfehlen. Da werden Produktproben weitergegeben, Kinderwindeln getauscht, die neue Eissorte probiert, die die

Eine gekauft hat, Bücher empfohlen, Kleidung verliehen, Sonderangebote kommuniziert, Fachinformationen gemailt und und und. Sie als Verkäufer müssen lediglich dafür sorgen, dass Sie ganz persönlich mit auf die Empfehlungsliste Ihrer Kundinnen kommen. Es liegt ja nicht in ihrem Interesse, dass Ihre Kundinnen lediglich weiterempfehlen, was sie bei Ihnen gekauft haben (außer, es ist nur bei Ihnen zu kriegen), sondern sie sollen ihre Freundinnen *für Sie* interessieren! Wenn Sie also an ihren glänzenden Augen merken, dass Ihre Kundin dabei ist, das Geschäft aufgrund Ihrer ausgezeichneten Beratung in einer glücklichen Verfassung zu verlassen, dann bitten Sie sie schlicht darum, Sie weiterzuempfehlen, wenn sie zufrieden war. Und wenn Sie wissen, wer auf wessen Empfehlung kommt, dann bedanken Sie sich bei der Empfehlungsgeberin, falls Ihnen das möglich ist. Das genügt vollauf.

Persönliche Empfehlungen sind immer glaubwürdiger als Werbung – und sie kosten nur Fachwissen und Freundlichkeit.

Das ist zu tun

Zusammengefasst sind dies unsere Tipps für Verkäuferinnen und Verkäufer im Umgang mit Kundinnen:

- Frauen wollen: Neues kennenlernen, angenehm überrascht werden, schöne Erlebnisse beim Kauf, dass ihre Erwartungen übertroffen werden und dass das Verkaufspersonal netter ist als erwartet.
- Frauen benötigen genügend Verkäufer als Ansprechpartner. Mehr (gutes!) Verkaufspersonal bedeutet mehr Verkäufe.
- Gestalten Sie den Verkauf grundsätzlich, immer und unbedingt win-win-orientiert. Suchen Sie immer nach einer Lösung, die die Interessen der Kundin ebenso erfüllt wie Ihre Geschäftsinteressen.
- Konzentrieren Sie sich auf Ihre Kundin, nicht auf einen möglichen Geschäftsausgang, sonst können Sie nicht gut beraten.
- Trauen Sie sich, der Kundin große Teile der Gesprächsführung zu überlassen, allerdings sollten Sie das Gesprächsziel ganz grundsätzlich im Auge behalten.

- Denken Sie daran: Die Kundin ist ein intelligentes Wesen – auch wenn sie womöglich anders »tickt« als Sie.
- Bauen Sie eine gemeinsame Beziehungsebene mit ihr auf.
- Versuchen Sie nicht, alles schnell abzuhandeln. Das weibliche Kaufinteresse entwickelt sich über einen längeren Zeitraum als das von Männern. Es ist einfach so. Das können Sie nicht ändern.
- Planen sie ca. 50 Prozent mehr Zeit ein als bei männlichen Kunden.
- Begegnen und sprechen Sie mit ihr auf Augenhöhe; zeigen Sie, dass Sie beide gleichartig und gleich viel wert sind.
- Stellen Sie Gemeinsamkeiten mit ihr heraus, sofern es welche gibt.
- Verhalten Sie sich als Mann wie ein echter Gentleman – nicht zu ruppig und nicht übertrieben.
- Seien Sie zuverlässig, ehrlich und hilfreich auf die Weise, auf die die Kundin »hilfreich« definiert.
- Zeigen Sie Ihre Vertrauenswürdigkeit. Vermeiden Sie manipulative Verkaufstechniken.
- Vermeiden Sie Konflikte und Kritik.
- Für einen Mann sind Sie ein guter Verkäufer, wenn Sie *ehrlich* sind. Für eine Frau sind Sie gut, wenn Sie ehrlich und vor allem *freundlich* sind.
- Entscheiden Sie sich, die Kundin und ihre Bedürfnisse zu erkunden, statt alles immer zu erklären.
- Hören Sie aktiv zu, wiederholen Sie ihre Aussagen so, wie Sie sie verstanden haben (wenn auch mit anderen Worten), um zu prüfen, ob Sie beide dasselbe meinen.
- Sagen Sie ihr, wenn Sie etwas nicht verstanden haben, und bitten Sie die Kundin um eine Erklärung.
- Zögern Sie nie, sie zu fragen! Sie freut sich über Ihr Interesse und Engagement.
- Sie dürfen, sofern es passt, höflich fragen, ob sie eine Preisvorstellung hat. Bleiben Sie dabei locker, egal, was sie antwortet. Jede Antwort ist gut.
- Stellen Sie Menschen in das Zentrum Ihres Gesprächs, nicht Dinge. Das Wichtigste ist nicht das Produkt selbst, sondern wie es seiner Besitzerin nützt.

- Sprechen Sie nicht zu lange, halten Sie keine Vorträge. Kommen Sie auf den Punkt, bleiben Sie bei der Beantwortung ihrer Frage. Denken Sie daran: Eine Angebotspräsentation ist immer ein *Dialog.*
- Halten Sie sich mit Zahlen und Daten zurück. Sie will keine Fachausbildung absolvieren.
- Üben Sie sich darin, niemals Dinge zu sagen, die klingen, als hätten Sie die Lösung für all ihre Probleme.
- Gestalten Sie das Produkt, wann immer es geht, gemeinsam mit Ihrer Kundin. So nimmt sie Besitz davon.
- Sorgen Sie für sinnliche Informationen: Geben Sie der Kundin nicht nur etwas zum Anschauen, sondern auch etwas zum Riechen, zum Anfassen, zum Hören und zum Schmecken. Eine Frau erfährt durch eine Berührung mit dem Produkt oft mehr als durch einen Fachvortrag.
- Bauen Sie persönliche Geschichten in das Gespräch ein, die Ihre Aussagen zum jeweiligen Produkt bekräftigen.
- Erlauben Sie ihr, alle Fragen, die sie hat, zu stellen, ohne dass sie sich dumm vorkommen muss.
- Beantworten Sie ihr jede Frage, als ob es die klügste Frage der Welt wäre: respektvoll und verständlich.
- Denken Sie daran, dass Ihre Kundin bei einem Besuch bei Ihnen *lernt.* Und Lernen muss Spaß machen.
- Falls Sie nach Preisen gefragt werden, verweisen Sie ruhig auf den »Rolls Royce« in Ihrem Angebot und relativieren Sie wieder, indem Sie auf ein sehr schönes, günstigeres Ausstellungsstück verweisen. So kriegt die Kundin ein Gefühl für mögliche Preisspannen.[11]
- Bleiben Sie cool, wenn das Geschäft voller Interessentinnen ist. Bieten Sie Getränke für die Wartezeit und Beratungstermine an.

---

[11] Ausführliches zu Ankerpreisen haben beispielsweise Daniel Kahneman, Barry Schwartz und Dan Ariely erforscht und u. a. in den von uns empfohlenen Büchern beschrieben.

- Sorgen Sie für Wohlbefinden und gute Laune – dann kann sie sich besser entscheiden und ist mit ihrer Entscheidung zufriedener. Oft reicht schon eine gute Praline aus.
- Ratschläge geben Sie natürlich nur dann, wenn Sie ausdrücklich darum gebeten werden.
- Werden Sie um Ihre Meinung gebeten, bestärken Sie sie, sofern Sie einverstanden sind. Andernfalls halten Sie diese *Regel* ein: Zuerst stellen Sie ausführlich alle positiven Aspekte ihrer Wahl heraus. Danach dürfen Sie vorsichtig und zurückhaltend Ihre Bedenken formulieren. Schlagen Sie eine Alternative vor. Akzeptieren Sie eine eventuelle Ablehnung Ihres Vorschlags.
- Ihr Gast bestimmt das Tempo: Sie nehmen sich so viel Zeit, wie Ihre Kundin braucht.
- Helfen Sie ihr, sich im großen Angebot zu orientieren, indem Sie die Vorschläge vorfiltern. Sie will zwar alles sehen, um eine hervorragende Entscheidung treffen zu können, doch ihre Zufriedenheit sinkt, wenn sie auf zu viel verzichten muss. Denken Sie also an die Opportunitätskosten! Werden Sie zu ihrem Führer durch den unübersichtlichen Angebotsdschungel! Sparen Sie ihr damit viel Zeit und Mühe! So steigern Sie auch die Zufriedenheit der Kundin.
- Wenn Sie eine andere Herangehensweise oder Lösung vorschlagen möchten, dann wiederholen Sie zunächst den Standpunkt der Kundin, bevor Sie Ihren äußern.
- Bestärken Sie Ihre Kundin möglichst oft. Treffen Sie dabei persönliche Aussagen (»ja, das finde ich auch schön«, »ja, ich finde auch, dass sich dieses Material gut anfühlt«, »das finden Sie gut? Dann wird Ihnen das da ganz besonders gefallen!« etc.). Doch bleiben Sie bei der Wahrheit!
- Unterstützen Sie Ihre Kundin darin, *die beste Wahl* zu treffen.
- Denken Sie langfristig: Manchmal dauert es länger, bis ein Geschäft zustande kommt. Doch egal ob 10 Besuche oder 10 Jahre. Solange Ihre Interessentin glücklich ist, wird sie Sie weiterempfehlen und selbst bei Ihnen kaufen, sobald sie kann.
- Sorgen Sie für ein sicheres und schönes Gefühl als Höhepunkt zum Abschluss der Beratung. Dann wird sie Sie mit einem Hochgefühl verlassen – und bald wiederkommen!

5
Adams Kaufverhalten

Kaufarten und Kaufentscheidungsprozesse

Auch wenn Frauen den Löwenanteil aller privaten Kaufentscheidungen treffen, so gibt es durchaus Dinge, über deren Kauf die Männer selbst bestimmen. Entgegen allen Annahmen sind es jedoch nicht gerade Anschaffungen von Autos. Tatsächlich werden in Deutschland weniger als 20 Prozent aller Autokäufe ausschließlich von Männern, völlig ohne Zutun einer Frau, beschlossen.

Männer geben in Befragungen gerne an, dass sie über viele Vertragsabschlüsse oder Anschaffungen für sich, die Lebensgemeinschaft oder Familie selbst und allein entschieden haben. Genauere Untersuchungen zeigen jedoch, dass dies zwar ihrer Wahrnehmung, nicht jedoch den Tatsachen entspricht. Zu glauben, als Mann eine hohe Entscheidungsgewalt wirklich auszuüben, ist praktisch das Gegenstück zu der Annahme von Frauen, viele Kaufentscheidungen gemeinsam mit dem Partner getroffen zu haben. Schaut man genau hin, lässt sich erkennen, dass Frauen das gerne täten, jedoch bei alledem nicht wahrnehmen, dass ihr Partner an der Auswahl von Duftkerzen und vielem mehr einfach nicht beteiligt sein will.

> Der männliche Bedarfskauf umfasst alle Produkte, die Männer nicht interessieren und deren Beschaffung ihnen niemand abnimmt. Vieles, was für Frauen zum genussvollen Shopping gehört, verzeichnen Männer als lästige Notwendigkeit.

Wer kann, delegiert auch die Anschaffung von Socken und Unterwäsche an eine Frau, und sei es die Mutter oder gar Oma, wenn keine Partnerin da ist, um diese Aufgabe zu übernehmen. Überhaupt ist das Thema Bekleidung für die meisten Männer ein überaus leidiges

Thema. In Herrenabteilungen lässt sich zuweilen beobachten, wie manche Kunden vier Exemplare der exakt gleichen Hose kaufen, sobald sie eine gefunden haben, von der sie meinen, dass sie passt. Nur zehn Prozent haben jemals allein ein Möbelstück erstanden. Möbelhäuser sind einer der qualvollsten Orte für Männer, wie wir bei unzähligen Beobachtungen feststellen konnten. Fast alle Männer, die in Einrichtungshäusern anzutreffen sind, wurden von ihren Partnerinnen zum Besuch genötigt.

Wirft man hingegen einen Blick in die einschlägigen Elektronikmärkte, wird man verblüfft feststellen, dass eine beträchtliche Anzahl von Männern nicht nur ihre Freizeit, sondern auch ihre Mittagspause damit verbringt, hier technische Neuerungen zu studieren. Unterhaltungselektronik und Computerzubehör gehören ebenso wie Sportzubehör, Luxusuhren und Modellbau zu dem Segment der Luxuskäufe.

Bei Vorträgen wird uns relativ häufig die Frage gestellt, wie Männer es mit den Lebensmitteleinkäufen halten. Bei der hohen Anzahl von Single-Haushalten müssten sich schließlich auch alleinstehende Männer ernähren. Untersuchungen (und ein geschärfter Blick) zeigen jedoch, dass Männer gerne unterwegs möglichst unkompliziert Nahrung aufnehmen. Sie bilden den Großteil der Gäste von Imbissbuden, Pizza-Bringdiensten, Mittagstischen und regulären Angeboten von Restaurants. Selbst das Gros der Männer, die gerne kochen, tut dies zu besonderen Anlässen, doch nicht im Alltag. Eine Studie von *National Starch Food Innovation*, einem Zulieferer für die Lebensmittelindustrie, stellte fest, dass der Anteil der Lebensmittel, den Männer für sich kaufen, beinahe verschwindend gering ist. Fast nicht mehr messbar ist die Lebensmittelmenge, die Männer für andere, zum Beispiel Familienangehörige, besorgen. Bei Frauen hingegen ist es umgekehrt: Sie entscheiden den Kauf von 90 Prozent aller Lebensmittel, und die mit Abstand meisten davon sind für andere, vornehmlich Familienmitglieder.

Was Männer in der Mehrheit kaufen, unterscheidet sich also teilweise gravierend davon, was Frauen im Großen und Ganzen kaufen. Neben dem *Was* ist es jedoch auch das *Wie*, das bei den Geschlechtern differiert. In diesem Kapitel betrachten wir die Kaufarten der Männer genauer: den Bedarfskauf und den Luxuskauf. Beim Bedarfskauf wird nicht beraten, beim Luxuskauf unter gewissen Bedingungen schon.

> »Shop like a man!« möchten wir ausrufen, denn die beiden
> männlichen Kaufstile zeichnen sich vor allem durch zwei Merk-
> male aus: Zielgerichtetheit und Unabhängigkeit.

Der Bedarfskauf

Die meisten Käufe von Männern sind Bedarfskäufe und sehen so aus:

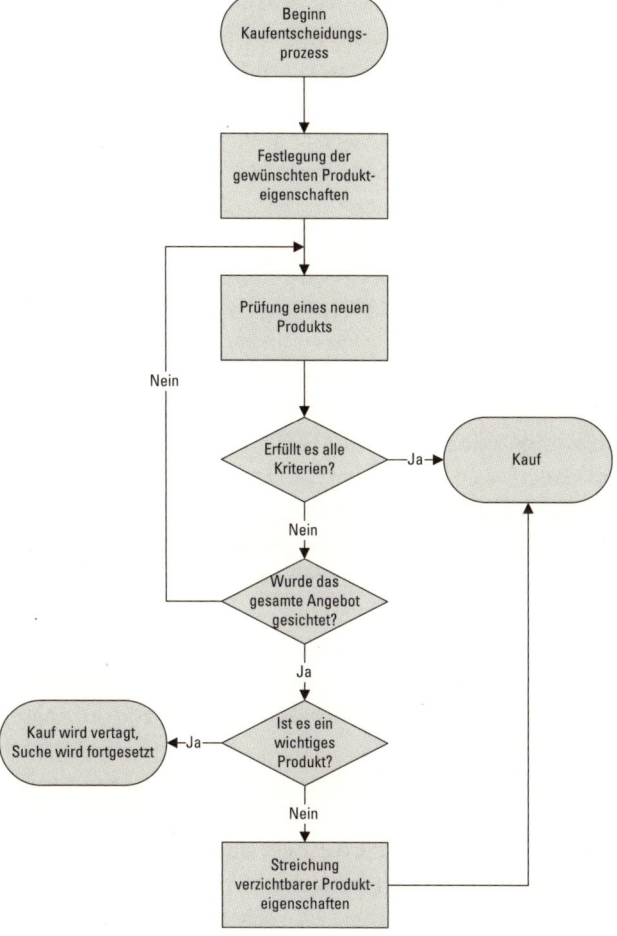

Abb. 19 Männlicher Kaufentscheidungsprozess: Der männliche Bedarfskauf
Quelle: Diana Jaffé, Bluestone AG 2006

Adam ist ein »typischer« Mann. Er erledigt Bedarfskäufe nur dann, wenn das niemand anderes für ihn tun kann und wenn die Besorgung unaufschiebbar geworden ist. Es handelt sich jedoch nicht um einen Bedarfskauf im üblichen Sinne, wenn Adam mit einem von seiner oder irgendeiner anderen Frau geschriebenen Einkaufszettel losgeht, denn in diesem Fall hat er nicht selbst entschieden.

Beim Bedarfskauf verfährt Adam stets gleich: Er ermittelt, was er benötigt, und erstellt daraufhin einen Kriterienkatalog, der die ein bis maximal drei wichtigsten Eigenschaften umfasst, die das Produkt für ihn allein erfüllen muss. Das reicht ihm völlig aus, denn es entspricht haargenau der Organisation in seinem Gehirn. Die Stärke dieses fokussierten Denkens liegt in den Situationen, in denen schnelle Entscheidungen wichtig sind. Seine Schwachstellen zeigt dieses Entscheidungssystem jedoch bei komplexen Sachverhalten, weil Männer weniger Informationen aufnehmen, dadurch so manche Zusammenhänge übersehen und Konsequenzen nicht ausreichend überblicken können. Die Fokussierung kostet weniger Zeit und Mühe, was schlicht und ergreifend kurzfristig Ressourcen spart.

Adam verschwendet keinen Gedanken an andere Leute, Familienmitglieder oder seinen Hund, wenn er etwas kauft. Adam ist keineswegs ein fieser Egoist! Er denkt einfach nicht daran!

Mit seinem kurzen Kriterienkatalog begibt sich Adam also ins Geschäft (oder in einen Online-Shop) und nimmt ein Produkt nach dem anderen aus dem (virtuellen) Regal. Jedes Produkt, das ihm in die Hand fällt, überprüft Adam auf seine Eigenschaften. Er testet nur, ob es seine Kriterien erfüllt. Alle anderen Eigenschaften werden beim Bedarfskauf schlicht ausgeblendet. Er konzentriert sich auf das Wesentliche! Das erste Produkt, das ihm in die Hand fällt und das seinen Anforderungen entspricht, wird zur Kasse getragen. Adam ist froh, wenn er das Geschäft wieder verlassen kann. Er will also quasi – man verzeihe uns die etwas abgedroschene Metapher – seine Beute schlagen und damit so schnell wie möglich den Ort des Geschehens wieder verlassen.

Würde Adam Schwierigkeiten haben, das richtige Produkt zu identifizieren, oder hätte er Schwierigkeiten, das gesuchte Regal überhaupt zu finden, würde er nie und nimmer das Verkaufspersonal fragen! Um Hilfe zu bitten bringt er nur im allerärgsten Fall über sich, und Einkaufen fällt ganz sicher nicht in diese Kategorie! Legendär sind die Witze aus Vor-Navigationsgerät-Zeiten, bei denen Männer in ihren Autos durch fremde Städte irrten und ihre Frauen zum Wahnsinn trieben, weil sie nicht zugeben wollten, dass sie sich verfahren hatten. Um keinen Preis der Welt wollten sie einen Ortsansässigen nach dem Weg fragen! Ebenso verhält es sich noch heute in Geschäften: Männer fragen nicht nach dem Weg. Basta! Lieber suchen sie nach einem kurzen schweifenden Blick das nächste Geschäft auf, als so tief zu sinken und zuzugeben, dass sie sich nicht zurechtfinden. Die auffindbare Platzierung der Waren für männliche Kunden ist daher von entscheidender Bedeutung.

Adam liest nicht gerne lange Produktinformationen oder gar Packungsaufdrucke. Eigentlich möchte er intuitiv verstehen, ob das Produkt, das er gerade in seiner Hand hält, seine Wunscheigenschaften in sich vereint. Packungsaufdrucke und Bedienungsanleitungen sind was für Memmen! Lieber lebt er damit, das Falsche gekauft zu haben, und trägt es zur Not eventuell wieder zum Umtauschen zurück, als sich länger als unbedingt nötig mit der Auswahl zu befassen. Männer zaudern nicht! Männer entscheiden!

Adam ist beim Bedarfskauf ein *Satisficer*. Er sucht genau so lange, bis er ein Produkt gefunden hat, das seine Ansprüche gerade mal so erfüllt. Welches Angebot darüber hinaus existiert, ob es womöglich etwas Höheres/Schnelleres/Weiteres gibt, interessiert Männer beim Bedarfskauf nicht die Bohne. Daher ist es auch oft ein Ergebnis des Zufalls, welcher Artikel zur Kasse getragen wird. Es hängt davon ab, welches von allen Produkten, die im Regal stehen und seine Kriterien erfüllen, er zuerst gegriffen hat.

Der Ausnahmefall

Die Auswahl von Dienstleistungen funktioniert beim Bedarfskauf geringfügig anders als der klassische Warenkauf: Bei virtuellen Produkten oder solchen, die erst im Kundenkontakt entstehen, wie beispielsweise touristische oder Finanzprodukte, lässt sich der Kontakt mit Beratern nicht vermeiden. Adam muss etwas anschaffen, das ihn aber nicht extraorbitant interessiert, und dafür mit Verkäufern kommunizieren. Normalerweise wird er versuchen, das Verkaufsgespräch so kurz wie irgend möglich zu halten.

Trotzdem kann es vorkommen, dass gerade ältere Kunden das Verkaufsgespräch künstlich in die Länge ziehen, was auffällig häufig bei jungen, attraktiven Verkäuferinnen passiert. Doch die Motive dafür sind eindeutig nicht bei der Auswahl des Produktes zu finden. Solche Kunden zeigen eine völlig unnatürliche Geduld beim Zuhören der Ausführungen der Verkäuferinnen. Einhergehen damit ein verträumter Blick, gelegentlich ein Witz oder sogar Zwischenfragen zu Details. Vor allem aber lieben sie es, die unerfahrenen und hübschen Verkäuferinnen zu provozieren. Diese Herren genießen die anschließende zarte Rötung auf den jungen Wangen. Den Verkäuferinnen ist meistens nicht klar, dass diese Kunden aus rein sexuellem Interesse kommen. Allerdings verkaufen die Mädels stets gut an sie. Problematisch wird es lediglich dann, wenn die Ehefrau die nette Beraterin auch einmal kennenlernen möchte.

Der Luxuskauf

Von allen Einkaufsarten bei Frauen und Männern zusammengenommen, hat sich in den vergangenen Jahren der Luxuskauf wohl am stärksten verändert. Das Internet bietet jederzeit eine Fülle von Informationen. Nie war es leichter, auf jedem erdenklichen Gebiet selbst zum Experten zu werden.

Männer sind gerne Spezialisten, denn Spezialistentum garantiert die Anerkennung anderer Männer. Anerkennung von anderen Geschlechtsgenossen ist Männern sehr viel wichtiger als Anerkennung von Frauen (von denen will Adam bewundert werden). Spezialisten werden in männlichen Hierarchien von den meisten Statuskämpfen verschont. Wer über Wissen verfügt, das für die anderen Gruppenmitglieder wertvoll ist, steigt im Ansehen aller. Fachwissen wird demonstriert und zelebriert, ganz im Gegenteil zu Frauen. Unter Frauen gibt es ebenfalls viele Expertinnen, doch es ist oft gerade im Berufsleben zu beobachten, dass Frauen ihr Licht gewohnheitsmäßig unter den Scheffel stellen, Leistungen relativieren, Komplimente abwiegeln etc. Das liegt an der weiblichen Gruppendynamik. In weiblichen Gruppen gilt, dass alle gleich sein sollen. Offensichtliche Hierarchien werden nicht geduldet, und so wird es auch nicht geduldet, wenn eine Frau mit besonderen Leistungen für alle deutlich erkennbar herausragt. Das ist bestenfalls der Queen erlaubt. Wer als Frau über eine deutliche Spezialisierung verfügt und diese sichtbar macht, muss dies auf der Beziehungsebene kompensieren, also im zwischenmenschlichen Bereich wieder Augenhöhe herstellen. Aus diesem Grund akzeptieren selbst Frauen männliche Spezialisten auch viel eher als weibliche.

Aufgrund dieses Expertentums hat sich der Luxuskauf so verwandelt. Früher waren Männer viel mehr auf Fachverkäufer in ihrer Rolle als Spezialisten angewiesen. Es war für einen Laien oder völlig Unkundigen schwierig nachzuprüfen, ob das, was der Verkäufer ihm sagt, auch wirklich den Tatsachen entspricht. Heute lässt sich per Smartphone noch im Geschäft feststellen, ob eine eben gehörte Aussage stimmt. Ein Anruf bei einem Freund oder ein paar Blicke in Internet-Fachforen, in Preisvergleiche, auf die Herstellerseiten oder die Homepage eines Wettbewerbers fördern den kritischen und hochinformierten Kunden. (Es ist beinahe überflüssig zu bemerken, dass es unter dieser Art von Kunden so manchen gibt, der sein Wissen auch gern deutlich überschätzt.)

Männer vertrauen dem Wissen anderer nicht leichtfertig! Und die Kunden sind heute auch ganz anders erzogen als in früheren Zeiten. Es begann im Prinzip mit der Einführung von Geldautomaten: Die Banken wollten Personalkosten sparen und führten die Geldautomaten für die Selbstbedienung bei Bargeld ein. Diesem »Angebot« folgte bald das Btx- und nicht viel später das Internet-Banking. Die Kunden wurden dadurch von den Bankberatern entwöhnt wie Kinder von der Nuckelflasche. So lernten die Kunden, dass sie den Bankberater im Prinzip nicht benötigen, weil sie das Allermeiste selbst bewerkstelligen können. Nun, fast 20 Jahre später, haben die Banken durch ihre eigene Strategie das Nachsehen: Direktbanken, Finanzberater, andere Anbieter über das Internet und viele mehr haben ihnen große Marktanteile abgenommen. Unzählige, zumeist teure Versuche, die Kunden wieder in die Filiale zu kriegen, um ihnen neue Angebote unterbreiten zu können, scheitern. Die Banken haben den Kunden über Jahre beigebracht, dass sie ganz wunderbar ohne die Beratung durch die Banken leben können. Die Kunden waren indessen ausgezeichnete Schüler. Sie übertrugen diese Erkenntnis mit der Zeit auf so ziemlich alle anderen Branchen. Insbesondere diejenigen Teile der Kundschaft, die großen Wert auf Autonomie und Spezialistentum legten, machten sich die neuen Möglichkeiten ausgezeichnet zunutze, um sich von Verkäufern beinahe völlig unabhängig zu machen:

die Männer. Jahrelange gute Erfahrungen mit Käufen im Internet haben sie nur weiter in ihrer Kompetenz bestätigt. Und so haben unsere neuesten Untersuchungen gezeigt:

> Die meisten Männer vertrauen nicht darauf, dass Verkäufer genug von ihrem Fachgebiet verstehen. Viele zweifeln dies sogar offen an. Daher werden sie gerne selbst zum Spezialisten, damit sie auf eine Beratung gänzlich verzichten können.

Um den Luxuskauf zu verstehen, müssen wir uns auf die Metaebene begeben, denn er findet nicht mehr im Geschäft statt. Die Entscheidung fällt in aller Regel außerhalb der Verkaufsumgebung.

> Luxuskäufe finden bei Männern immer dann statt, wenn es ums Hobby oder um Status geht. Beide Segmente unterscheiden sich.

Sowohl bei Käufen für das Hobby als auch von Statussymbolen werden Verkäufer von den meisten männlichen Kunden bestenfalls zu einem frühen Zeitpunkt befragt, und auch dann nur fragmentarisch. Eine umfassende Beratung wird nicht mehr verlangt, weil den Verkäufern das Fachwissen einfach nicht mehr zugetraut wird. Dieser Verdacht bestätigt sich bei der Nachprüfung bedauerlicherweise auch immer wieder.

Wenn Adam also eine »Luxus-Anschaffung« plant, dann unterscheidet er sein Vorgehen danach, ob er sein Fachwissen als ausreichend gut einschätzt oder nicht. Ist er bereits Experte oder doch zumindest beinahe einer, dann kennt er das Angebot gut. Oft muss er sich nicht mehr groß informieren und entscheidet sich schnell für ein konkretes Produkt oder eine Marke. Falls Adam sich nicht ganz sicher ist, hat er seine Auswahl zumindest schon stark eingegrenzt. Er hat sich sein Bild gemacht und benötigt lediglich noch einige Detailinformationen, die er sich dann durchaus im Geschäft, also bei einem Verkäufer beschafft.

Ist Adam allerdings kein Spezialist für den jeweiligen Produktbereich, dann wird er sich zunächst einem ersten Informationsbeschaffungsprozess widmen. (Wie diese Informationsbeschaffung vonstat-

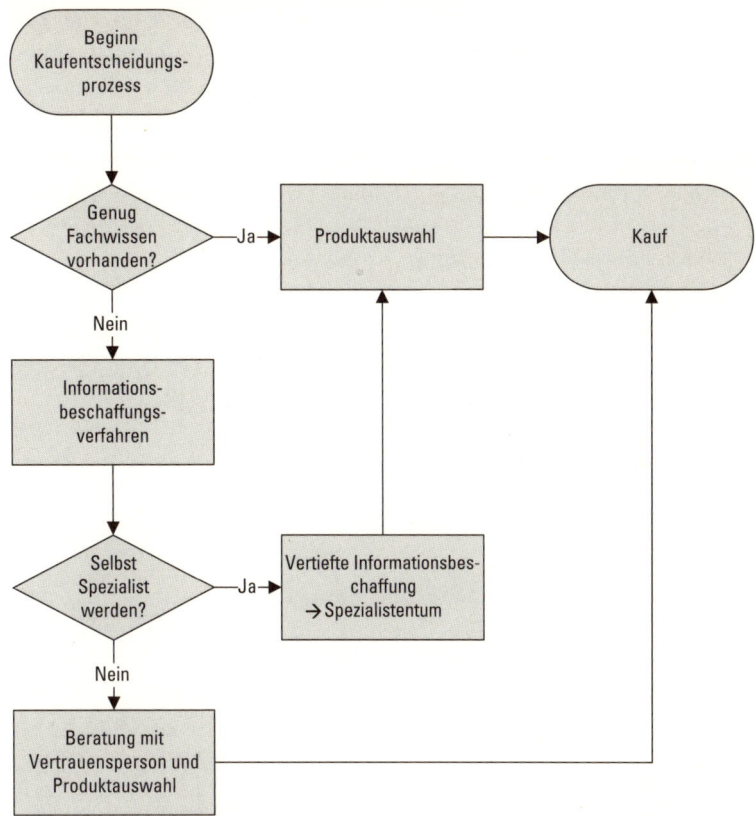

Abb. 20 Männlicher Kaufentscheidungsprozess: Der Luxuskauf
Quelle: Diana Jaffé, Bluestone AG 2011

tengeht, unterscheidet sich bei den Kategorien Hobby und Status, sodass wir sie nachfolgend getrennt voneinander betrachten.) Gedruckte Informationen, Videos, der Austausch mit anderen und die Identifikation der echten Experten unter ihnen sind heute Adams Lieblingsquellen. In dieser ersten Phase der Information sucht Adam als blutiger Anfänger durchaus gerne mal ein Fachgeschäft auf, um sich einen ersten Eindruck vom Angebot, seinem *look and feel* zu verschaffen. Bei dieser Gelegenheit spricht er auch gelegentlich mit einem Verkäufer, jedoch nur, um sich rudimentäre Kenntnisse zu verschaffen. Niemals würde Adam bei etwas so wichtigem wie einem Statussymbol oder dem neuen Hobby auf einen Wildfremden vertrauen!

Nach dieser ersten Orientierung entscheidet Adam, ob ihn der Produktbereich dermaßen interessiert, dass er selbst zum ultimativen Spezialisten werden will. Falls nicht, dann wird er sich jemanden suchen, dessen Fachwissen er vertraut. Dessen Kaufempfehlungen wird er dann folgen. Will Adam aber selbst zum Önologen, Auto-Tuner oder Fachmann für historische Akkordeons werden, dann wird er sich tief in die Materie einarbeiten. Auch er wird sich mit anderen Experten austauschen, allerdings mit dem Ziel, sein Wissen zu mehren. So hat Adam schon recht bald einen hohen Anspruch an das Angebot eines Händlers sowie dessen fachliche Qualifikation entwickelt. Als Spezialist (oder auf dem Wege dorthin) werden ihm das Sortiment und das Wissen des Händlers oftmals nicht genügen.

Adam trifft schon bald seine eigenen Kaufentscheidungen, mit oder ohne Hilfe anderer, denn er hat ja das Gefühl, sich für die anstehende Anschaffung schon ausreichend auszukennen. Anfangs wird er insbesondere bei einem neuen Hobby noch mehr Lehrgeld zahlen als später. Wenn Statussymbole ihre Wirkung verfehlen, lässt Adam sie heimlich, still und leise in einer Schublade verschwinden und vergisst sie dort, gleich neben den langweilig gewordenen elektronischen Spielsachen, den *Gadgets*.

So ist es schließlich ganz gleich, wo Adam sein Wunschprodukt am Ende kauft. Da er ja schlau ist, kauft er gerne im Internet, wenn er dort einen besseren Preis erzielt. Und wenn er die Rolex bei *eBay* günstiger bekommt, insbesondere, weil die Wahl eines älteren Modells eine besondere Kennerschaft oder schon lange bestehende Solvenz demonstrieren soll, freut er sich ganz besonders, wenn er ein Schnäppchen machen kann. Günstig zu kaufen fühlt sich für Adam an wie ein errungener Erfolg.

Im Unterschied zum Bedarfskauf werden die Kriterien für ein Produkt aus dem Luxuskauf-Segment *nicht dezidiert definiert*, denn hier handelt es sich nicht um einen *notwendigen*, sondern um einen *Spaßkauf*. Das Luxusprodukt hat bestimmte Eigenschaften, die bekannt sind, und nach denen es Adam gelüstet. Er sagt sich also nicht: »Meine neue Spielekonsole soll per Körperbewegung steuerbar sein und auf einen Controller verzichten. Ihre Erkenngenauigkeit soll von 3 bis 20 Meter reichen, weil mein Wohnzimmer so groß ist. Die Grafik soll so präzise wie es irgend geht sein und auch die Spieleumgebungen der kommenden zwei Spielgenerationen bewältigen können. Meine Spielergebnisse will ich in der *Cloud* speichern und von verschiedenen *Devices* abrufen können. Die Konsole soll darüber hinaus DVDs abspielen können, möglichst auch noch Blueray.« Etc. So läuft das nicht ab! Um das festzustellen, braucht er kein Beratungsgespräch.

Weil Adam an Computerspielen interessiert ist, entgeht ihm einfach nicht, wenn eine neue Konsolengeneration angekündigt wird. *Er weiß es einfach!* Und natürlich liest er die Ankündigungen, die schon lange vor dem tatsächlichen Verkaufsstart durch die Fach- und Publikumspresse verbreitet werden. Und wenn Adam darin liest, welche früher undenkbaren, jegliche Träume übersteigenden Finessen in den neuen Spielkonsolen stecken und welche Spiele in diesem Zusammenhang auch schon dafür angekündigt werden, dann sagt ihm sein Bauch bei der neuen *Microsoft Xbox, Nintendo Wii* oder *SONY Playstation* nur noch:»Geil! Will ich haben!«

Nun zu den feineren Unterschieden zwischen Hobby und Status.

Das Hobby

Wenn es sich um einen Luxuskauf im Bereich Hobby handelt, dann gilt es zu unterscheiden, ob es sich um eine komplette Neuanschaffung handelt, zum Beispiel um das vollständige Equipment für eine neue Sportart, oder um einen Nachkauf im Sinne eines Ersatzes oder einer Ergänzung. Die vollständige Neuanschaffung weist mit hoher Wahrscheinlichkeit darauf hin, dass der Kunde ein Einsteiger ist. Der Anteil derer, die nach langer Abstinenz wieder beginnen, ist vergleichsweise gering, doch auch sie sind in einem gewissen Sinn wieder Einsteiger, nämlich Wiedereinsteiger, falls dieses Wortspiel erlaubt ist. Je mehr Jahre vergangen sind, desto mehr hat sich in ihrem Interessensbereich verändert. Wer in den 8oer Jahren Windsurfing betrieben hat, wird nach über 20 Jahren Abstinenz feststellen, dass sich Boards, Segeltechnik und Zubehör seither enorm verändert haben. Es sind viele neue Marken entstanden und alte verschwunden. Also muss sich der Wiedereinsteiger erneut in die Informationsbeschaffung vertiefen. Seine bevorzugten Quellen werden sein:

- Publikums- und Fachmedien
  - Fachzeitschriften
  - Ratgeber
  - TV-Beiträge etc.

- ein oder zwei Besuche in Fachgeschäften (um sich einen qualitativen Eindruck zu verschaffen)
- Konsultation von Oberspezialisten, Gurus (setzt Suche und Identifikation voraus)
  - per Direktanfrage
  - Lektüre von Veröffentlichungen der Gurus
  - Bücher
  - Fachartikel
  - Vorträge
  - Fan-Outing auf Facebook etc.
- Befragung von Fachexperten im Verein, Club, Freundes- oder Kollegenkreis etc.
- Messebesuche
- Internet
  - Homepages der Hersteller
  - Publikationen von Fachverlagen
  - Internet-Foren (echte Fachforen – es gibt keine Publikumsforen für so etwas Ernstes wie Männer-Hobbys!)
    a) Beiträge lesen
    b) Experten identifizieren und befragen
    c) als Experte (oder auf dem Weg dorthin mit partiellem Fachwissen) selbst Tipps geben (nur empfehlenswert, wenn man tatsächlich zumindest in Teilbereichen Spezialist ist, weil sonst eine rasche Enttarnung als »Idiot mit gefährlichem Halbwissen« droht, was zu einem dauerhaften Statusverlust führt)
  - renommierte Blogs
  - *Youtube*-Videos
  - weniger Social Media, da es hier in der Regel noch zu wenig echte Informationen gibt und hier eher oberflächlich *geliked* oder bitterböse beschwert wird
- Besuch von Fachgeschäften mit und ohne Beratung zu Informationszwecken

Paco Underhill fasste die Medienpräferenzen der männlichen Kunden einst so zusammen: »Sie [Männer] möchten ihre Informationen aus erster Hand erhalten, bevorzugt aus gedrucktem Material, aus Videoanleitungen oder von Computerschirmen.« Auf jeden Fall lässt sich feststellen:

Wer ein neues Hobby beginnt, macht es gründlich. Also wird er zum Experten. Eine gelegentliche, lauwarme Beschäftigung ist ein sicheres Zeichen dafür, dass es sich nicht um ein echtes Steckenpferd handelt.

Der ausführlichen Informationssuche folgt die Auswahl aus dem gesammelten Informationswust und aus allen Empfehlungen. Die weiteren Phasen des Kaufprozesses sowie die Auswahl des Geschäfts, in dem der Kauf schließlich getätigt wird, hängen von der Komplexität, der Vorerfahrung sowie dem Grad des Expertentums oder der Güte der Empfehlungen aus dem Umfeld ab.

- Beispiel 1: Es soll ein Ersatzteil nachgekauft werden. Das entspricht einer geringen Komplexität, der Käufer ist Experte mit hinreichender Vorerfahrung auf dem Gebiet. Mit hoher Wahrscheinlichkeit wird er im Internet bestellen, insbesondere, wenn es sich um ein seltener nachgefragtes Teil handelt, denn dann weiß der Kunde, dass er das Ersatzteil ohnehin in keinem Fachgeschäft vor Ort mehr kriegen kann, weil niemand über eine solche Sortimentstiefe verfügt. Eine Beratung benötigt er ohnehin nicht, da er ja weiß, was er braucht.
- Beispiel 2: Der Kunde plant einen Neukauf auf einem für ihn neuen Gebiet. Sagen wir, er will mit dem Tennisspielen anfangen. Dann handelt es sich um eine mittlere bis höhere Komplexität bei der Kaufabsicht, wobei der Kaufwillige über nur geringe oder überhaupt keine Vorerfahrung verfügt. Der Sportneuling benötigt bei der Auswahl seines ersten Equipments (Schläger, Bälle, Schuhe) vergleichsweise viel Beratung, denn die Auswahl ist erschlagend groß. Sofern er vertrauenswürdige Freunde mit viel Ahnung hat, wird er diese konsultiert haben, und dennoch benötigt er einen echten Fachmann, der ihm sagt, was genau er braucht, zumal die falschen Schuhe zu gesundheitlichen Schäden führen könnten. Es ist aber um jeden Preis zu vermeiden, den Mann als Kunden spüren zu lassen, dass er keine Ahnung hat.

Es lässt sich also festhalten:

> Der Fachberater wird vor allem von Neueinsteigern bzw. Nicht-Experten unter den Kunden sowie bei innovativen Produkten oder neuen Technologien benötigt, also überall, wo der Kunde noch keine Kenntnisse besitzt.

> Je wertvoller ein männlicher Kunde eine Anschaffung empfindet, desto höher die Wahrscheinlichkeit, dass er in einem guten Fachgeschäft kauft – vorausgesetzt, es gibt ein solches Geschäft des Vertrauens, und das möglichst in einer erreichbaren oder dem Kaufpreis angemessenen Entfernung.

Beispiele für Hobbys:
- Sport (Breitensport, Vereinssport, Extremsport etc.),
- Technik (Modellbau, Computer, Hi-Fi etc.),
- Autos,
- Bonsai-Bäumchen,
- Reptilien-Züchtung,
- Sex.

Statussymbole

Statussymbole sind, wie der Name schon sagt, da, um den Status ihres Besitzers zu demonstrieren.

> Beim Kauf von Statussymbolen werden Männer zu Maximizern. Dann wollen sie das Beste für ihre Zwecke.

Der Status eines Menschen bezeichnet seinen aktuellen Stand innerhalb einer bestimmten Hierarchie. So kann der Status eines Mannes in seinem Job recht gering sein, weil er nur ein Beamter auf niedrigem Posten im Finanzamt ist, doch in seinem Schachclub ist er der Zweitbeste und wird dafür von allen anderen Mitgliedern bewundert. Status ist für Männer aus zwei Gründen wichtig:

1. Status bezeichnet den relativen Stand eines Mannes zu den anderen Mitgliedern einer Gesellschaft, Firma oder sonstigen Gruppe. Er besagt, wem der Mann über- oder unterstellt ist, wie viel er zu sagen hat, welche Macht und welchen Einfluss er geltend machen kann, wie gut er sich gegen Konkurrenten durchzusetzen vermag, wem er sich beugen muss. Der Status bestimmt zu einem beträchtlichen Teil das Verhalten des Mannes anderen gegenüber und wie viel er verdient. Und umgekehrt: Wie viel ein Mann besitzt und wie gut er sich gegen andere Männer durchsetzen kann, bestimmt seinen Status ebenfalls. Dabei ist Status keineswegs ein statischer Zustand, sondern dynamisch: Immer wieder gilt es, nach weiterem Aufstieg zu streben und Angriffe durch Konkurrenten von unten abzuwehren.

2. Frauen wählen ihre Partner selbst heute in westlichen Ländern noch danach aus, wie gut sie als Versorger einer künftigen gemeinsamen Familie sein werden. Auch wenn das kulturell tradierte Rollenmodell bei uns längst ausgedient hat und die meisten Frauen gerne oder notgedrungen berufstätig sind, verstehen sich noch immer die meisten Männer als Haupternährer der Familie. Das führen viele Wissenschaftler auf unser evolutionäres Erbe zurück. Das »Kapital« einer Frau bei der Partnerwahl ist ihre Gesundheit, die sich nach heutigem Kenntnisstand durch Schönheit ausdrückt. Je schöner eine Frau ist, desto höher ihr Wert, und desto stärker wird sie von Männern begehrt. Schöne Frauen kriegen mehr Angebote von Männern, insbesondere von solventen, als weniger attraktive. Je höher der Status eines Mannes, desto größer seine Auswahl unter attraktiven Partnerinnen. Aus diesem Mechanismus speist sich auch heute noch der »Nachschub« für Hugh Hefner, den Gründer des *Playboys*, dessen Geburt auf das Jahr 1926 datiert wird.

Die Philosophen der Biowissenschaften Matthias Uhl und Eckart Voland stellten aufgrund von Studien vieler verschiedener Kulturen fest: »Besitz korreliert regelmäßig mit Reproduktionserfolg.« Oder anders ausgedrückt: Großer Besitz ist gleichbedeutend mit einer hohen Anzahl von Nachkommen. Ein gewöhnlicher Yanomami-Indianer hat im Durchschnitt vier Kinder – ein Häuptling doppelt so viele. Beispielsweise bei den Mormonen und in diversen arabischen Ländern pflegen Männer, die es sich leisten können, die Vielweiberei, während arme Tagelöhner es sich schlicht nicht leisten können, eine Familie zu gründen.

Allerdings ist es wichtig, dass der künftige Partner sein Vermögen selbst erarbeitet hat. Lottogewinne machen einen Mann nicht sexy, eigener Erfolg hingegen schon. Selbst errungener Besitz ist daher ein Zeichen für die Handlungsfähigkeit eines Mannes, für sein Vermögen, etwas zu bewegen und sich durchzusetzen. Statussymbole sind also keineswegs Selbstzweck, sondern Mittel, mit denen Männer Frauen auf Partnersuche ihre Tauglichkeit und ihre finanzielle Potenz signalisieren.

> Männer kaufen Statussymbole, um sich optimal zu präsentieren, möglichst »hochwertige« Frauen anzulocken und Feinde abzuschrecken. Somit ist es bei der Auswahl von Statussymbolen wichtig, dass sowohl Konkurrenten als auch potenzielle Partnerinnen für eine langfristige Beziehung oder nur eine schnelle Paarung die Zeichen lesen können.

Statussymbole werden natürlich seit Anbeginn der Menschwerdung auch verwendet, um einen Status vorzutäuschen, der so vielleicht nicht ganz besteht. Uhls und Volands Buch heißt sicherlich auch deswegen *Angeber haben mehr vom Leben*.

Auch Frauen kaufen Statussymbole, allerdings nicht als Zeichen für Männer, denn Männern ist der Status ihrer Partnerin weitgehend gleichgültig, außer, sie sind zufällig der Kronprinz eines europäischen Königshauses, doch selbst in England und Norwegen sind die Schranken gegenüber »Bürgerlichen« längst gefallen. Ärzte heiraten selten Ärztinnen und weitaus häufiger Krankenschwestern. Besitzt oder verdient eine Frau mehr als ihr Partner, führt das noch immer in vielen Partnerschaften zumindest zeitweise zu Schwierigkeiten und gar nicht selten sogar zu Impotenz bei ihm. Frauen kaufen Statussymbole, um sich gegenüber anderen Frauen »auszuweisen«: Frauen signalisieren mit ihren Statussymbolen, welcher Gruppe sie angehören oder angehören wollen, und dass sie zu den anderen Mitgliedern jener Gruppe passen, doch dazu mehr im Kapitel »Evas Kaufverhalten«.

Statussymbole unterliegen selbst einer Hierarchie. Oftmals wird das über den Preis ausgedrückt: Eine Mercedes S-Klasse ist »höher«

und daher teurer als eine E- oder C-Klasse. Doch es gibt auch Status-symbole, die nicht käuflich sind.

Anfang 2005 rührte ein Skandälchen die Republik auf: Klaus Kleinfeld war zum Vorstandsvorsitzenden der *Siemens AG* ernannt worden und die PR-Agentur verwendete für diese Meldung ein älteres Foto – allerdings ein retuschiertes. Kleinfeld waren keine Falten entfernt worden, sondern seine Rolex-Uhr vom Handgelenk. Einige Journalisten nahmen an, dass diese Retusche im Zusammenhang mit der kürzlich angekündigten Entlassung von 1350 Angestellten stand. Allerdings war es viel wahrscheinlicher, dass die PR-Agentur die Uhr aus Statusgründen entfernen ließ. Solange Kleinfeld noch ein aufstrebender Manager war, symbolisierte die Uhr der Marke Rolex seinen Erfolg auf angemessene Weise. Für den Vorstandsvorsitzenden der Siemens AG jedoch war sie nicht mehr angebracht, denn der Status des Vorstandsvorsitzenden eines Unternehmens wie Siemens übersteigt den Status einer Rolex bei Weitem. Die Botschaft muss also einheitlich sein. Da die PR-Agentur auf die Schnelle kein Foto mit einer zum neuen Posten passenden Uhr beschaffen konnte, ließ sie die alte kurzerhand entfernen. Keine Uhr war noch immer besser als die falsche. Es war nur nicht beabsichtigt, dass die Wieder-verwendung des alten Fotos jemandem auffällt.

Anhand unseres Besitzes zeigen wir anderen also, wer wir sind. Statussymbole, die zur Schau getragen werden, lassen sich mit einem Blick »lesen«, wohingegen die viel beschworenen inneren Werte, die für eine dauerhafte Beziehung weitaus wichtiger sind, viel mehr Zeit benötigen. Mit Statussymbolen lässt sich also eine Vorauswahl treffen, die beim folgenden Kennenlernen weiter eingeengt wird. Dieser Mechanismus ist prinzipiell sehr sinnvoll, allerdings verliert er seine Bedeutung, wenn der zweite Teil vergessen wird und nur noch Äußerlichkeiten und Besitz zählen. Erich Fromm beklagte schon seit Mitte des 20. Jahrhunderts, dass die meisten Menschen es aufgegeben haben, sich um ihre Persönlichkeits- und Herzensbildung zu kümmern, dass sie also das *Haben* über das *Sein* stellen. Schon seit Jahrzehnten lässt sich selbst an Grundschulen beobachten, dass Kinder, die nicht »die richtigen Sachen« besitzen, gemobbt werden. Somit unterliegt Identität keinem inneren Prozess mehr, sondern sie wird gekauft. Die Marken, die wir tragen, nutzen oder fahren, definieren uns – nicht nur für andere, sondern auch für uns selbst. Oder um bei den Uhren zu bleiben: Für Kundige macht es einen Unterschied, ob ein Mann eine Rolex, eine *Lange & Söhne* oder eine Patek Philippe trägt.

Beim Statuskauf steht die Marke oder das Objekt der Begierde im Vordergrund. Bei allen, die sich das Wunschobjekt problemlos leisten können, besteht nur eine geringe Preissensibilität. Ein Statussymbol soll teuer erscheinen und darf es daher auch sein. Wer dennoch auf den Preis schauen muss oder es aus sportlichen Gründen tun will, schaut, ob er das Luxusstück gegebenenfalls günstiger bekommt, aber dann darf es womöglich sogar eine Nummer größer ausfallen, also eine oder zwei Modellstufen höher, bis das vorgesehene Budget ausgeschöpft ist. Die »zwei Stufen mehr« können durchaus zu einem Modell führen, das den tatsächlichen Status des Käufers übersteigt. Denselben Effekt haben Produktfälschungen, die als solche nicht sofort erkennbar sind.

Männliche Statussymbole zeigen

- den tatsächlichen Status an,
- »mehr Schein als Sein«,
- Understatement, wenn der Besitzer unter seinen Möglichkeiten bleibt oder darauf verzichtet, laute Botschaften zu senden.

Vor dem Kauf eines Statussymbols wird sich Adam selbstverständlich ausführlich informieren, denn das Geld will gut investiert sein. Er bezieht seine Informationen aus

- einem oder zwei Fachgeschäften, in denen er sich einen eigenen Eindruck von der Beschaffenheit oder den Funktionen von Artikeln der gewünschten Produktgruppe verschaffen will;
- seinem sozialen Umfeld bzw. der Gruppe, die er beeindrucken will;
- Publikums- und Fachmedien
  - Luxusbeilagen von Wirtschaftszeitschriften,
  - Themen-Hefte und Sonderausgaben etc.;
- Internet
  - Herstellerwebsites,
  - gegebenenfalls Austausch in Foren;
- Austausch mit Experten;

- Rankings in renommierten Top-Listen;
- Produkttests
  - bei Autos zum Beispiel Top Gear (www.topgear.com/uk/).

Beim Luxuskauf wächst die Wahrscheinlichkeit eines Kaufs in einem Geschäft vor Ort mit dem Preis, der investiert werden soll und mit der Notwendigkeit einer Nachbetreuung. Wer einen wertvollen Chronometer kauft, der regelmäßig gereinigt und gepflegt werden muss, ersteht ihn dort, wo dieser Dienst auch tatsächlich angeboten oder organisiert wird.

Wenn wohlhabende Männer den vollen Preis in einem Fachgeschäft bezahlen, dann ist auch ihnen wichtig, worauf Frauen beim Shoppen achten: das gehobene Umfeld und eine gute Atmosphäre. Status braucht Erlebnis und Abgrenzung, denn davon »lebt« er.

> Beim Kauf eines Statussymbols ist das besondere Erlebnis ein zentraler Bestandteil des Kaufakts. Darüber hinaus wird das Produkt auf diese Weise dauerhaft mit einem besonderen Gefühl verbunden.

Nur in Ausnahmefällen existiert ein Angebot ausschließlich im Internet, wie beim *Rally Fighter*, einem Auto von *Local Motors* (USA), das von einer Designer-*Crowd* online entwickelt wurde, und das nur über http://rallyfighter.com/buy-a-rally-fighter/ bestellt werden kann. Dafür wird das Erlebnis beim Rally Fighter 2012, dem zweiten Modell nach dem 2010er Modell, auf besondere Weise drei Monate nach dem Zeitpunkt der Kaufentscheidung zelebriert: Der künftige Besitzer baut sein eigenes Auto gemeinsam mit dem Ingenieurteam innerhalb von sechs Tagen zusammen. So besitzt er nicht nur ein Exemplar der auf 2 000 Stück limitierten Kleinserie, sondern hat quasi jedes Stück davon berührt und zusammengebaut. So hat er sechs Tage Zeit, um diesen außergewöhnlichen Wagen Stück für Stück in Besitz zu nehmen, Unterkunft und Verpflegung inklusive.

Zusammenfassend kann also festgestellt werden, dass ein »reales« Geschäft bevorzugt dann ausgesucht wird, wenn
- eine erste Orientierung gesucht wird;
- der Kunde sich einen Eindruck von der Funktionsweise eines zumeist technischen Produkts verschaffen will;

- in seltenen Fällen eine zweite Orientierungsschleife eingelegt werden muss, weil sich gravierende Abweichungen zwischen einer früheren Beratung und der getroffenen Vorauswahl ergeben haben;
- bestimmte Artikel oder Marken nur im Marken-Shop erhältlich sind, wie bei Autoherstellern, hochpreisigen Luxusartikel-Produzenten oder aber Marken-Outlet-Stores üblich;
- der Kunde mit direkten Wettbewerbern verhandeln will, um die besten Konditionen herauszuschlagen;
- Beratungsbedarf im Rahmen der Vorauswahl besteht, wenn also der Kunde seine Auswahl stark eingegrenzt hat, jedoch noch Informationen benötigt, um sich abschließend zu entscheiden;
- nach dem Kauf eine Nachbetreuung für das Produkt benötigt oder gewünscht wird;
- ein Statusobjekt so wertvoll ist oder als solches empfunden wird, dass es nach Ansicht des künftigen Besitzers nur bei speziellem Fachpersonal oder beim Chef gekauft werden kann. Der Statuskauf muss in seiner Besonderheit auch durch den Status des Verkäufers bestätigt werden. Das Erlebnis würde sonst enorm beschädigt.

Eine Geschäftsvariante kommt fast nur bei Männern vor: Ist der Käufer Mitglied eines Clubs oder Netzwerks (*Rotary* etc.), wird er mit hoher Wahrscheinlichkeit bei einem Clubbruder kaufen, selbst wenn dessen Angebot teurer ausfallen sollte als vom Fremdanbieter auf dem freien Markt. Erwartet wird dann im Gegenzug, dass der Clubbruder sich bei Bedarf bei allen sich bietenden nächsten Gelegenheiten mit einem Gegengeschäft revanchiert. Weiterhin gehören zu diesem Geschäft auch Weiterempfehlungen. Innerhalb dieses Rahmens gibt es keine Preisverhandlungen unter einer Untergrenze. Die Blöße, als Geizhals oder nicht solvent genug zu gelten, will sich niemand geben. Oftmals gibt es Sonderkonditionen für die Angehörigen dieser gemeinsamen Gruppe. Außerhalb dieser Konditionen wird jedoch nicht mehr gefeilscht. Es muss schon wiederholt etwas sehr Gravierendes vorfallen, damit mit einem Clubbruder keine Geschäfte mehr gemacht werden.

Und dann gibt es da noch die Käufe von Luxusartikeln für die Partnerin. Auch hier lohnt sich ein genauerer Blick. Tatsächlich entscheidet hier nicht die Marke, das Produkt oder sein Preis darüber, ob es sich überhaupt um einen Luxuskauf handelt. Maßgeblich ist, *ob sich der männliche Käufer dafür interessiert.* Tut er es nicht, dann handelt es sich lediglich um einen Bedarfskauf, auch wenn dieser sehr teuer ausfällt. Ob er sich für die Anschaffung selbst begeistert, hängt davon ab, ob er sich für das Kaufobjekt selbst interessiert und/oder ob er der Beschenkten wirklich eine Freude machen will. Letzteres ist allerdings bedauerlicherweise recht selten der Fall. Das Jahr ist voller Gelegenheiten für Geschenke. Viele Männer sehen Feiertage jedoch bestenfalls als Pflichtveranstaltungen. Ihre Last-Minute-Panikkäufe vor Geburtstagen und Weihnachten sind legendär. Die meisten haben keine Ahnung, was ihre Partnerin sich wünscht. Typische Geschenke von Männern sind, wie viele Studien Jahr für Jahr zeigen,

- »praktisch« (Küchengeräte etc.),
- etwas, das die Schenker selbst gerne hätten,
- teuer,
- oder schlicht und ergreifend einfach nur groß.

Mit »teuer« und »groß« kann sich die Beschenkte wenigstens sicher sein, dass ihr Adam Eindruck machen wollte, und das ist ja auch ein gutes Zeichen.

Verbindung aus Hobby und Status

Tatsächlich existiert auch die Symbiose aus Hobby und Status. Dazu gehören beispielsweise

- Kunstsammler,
- Piloten mit eigenem Flugzeug,
- Auto-Sammler und Auto-Tuner (egal in welchem Preissegment),
- Betreiber von als elitär geltenden Sportarten wie Golf, Hochseesegeln etc.

Der Kaufprozess setzt sich demnach auch aus Verhaltensweisen aus Hobby- und Statuskauf zusammen:

- Spezialisierung und Informationsverhalten entstammen dem Hobby-Segment
- und der Kaufprozess folgt dem Status-Konzept.

Wenn Hobby und Status verschmelzen, wird es für Adam hochemotional!

Und dann widerlegt sich die Behauptung, Frauen würden emotionale, Männer hingegen rationale Kaufentscheidungen treffen, ganz von selbst. Jeder Mann, der sich einen sehnlichen Traum erfüllt, weiß, wie sich große Freude anfühlt. Viele wachen nachts vor Aufregung auf und schleichen wochenlang in die Garage, um das neue Auto zu streicheln und laut dabei zu seufzen. Und was bitte ist so schlimm daran, dass man es nicht zugeben dürfte?

Das Kaufinteresse-Modell bei Kunden

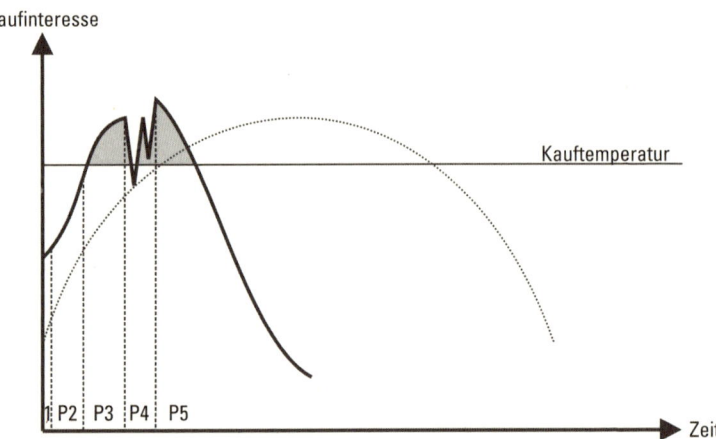

Abb. 21 Der Verlauf des Kaufinteresses bei Kunden
Quelle: Vivien Manazon, (Diana Jaffé)

Das Kaufinteresse-Modell bei Adam und seinen Geschlechtsgenossen entspricht im Prinzip vollständig dem »geschlechtsneutralen« Basismodell – mit einigen wenigen Ausnahmen.

Was zuerst auffällt, ist seine zeitliche Raffung. Adams Geduldsfaden ist sehr kurz, wenn es um den eigentlichen Kauf geht. Der Kaufakt soll nämlich vor allem eins sein: kurz – und schnell wieder vorbei. Adam ist ein Mann – der Tat: Er entscheidet sich und zieht die Entscheidung dann durch. Zack, bumm. Was gibt es da länger zu fackeln? Er kann einfach nicht verstehen, wozu Frauen eine Ewigkeit brauchen. Das, was er als weibliche Unentschlossenheit interpretiert, ist doch nicht zum Aushalten!

Wie bereits festgestellt, traut Adam der Expertise von Verkäufern ohnehin nicht. Und auch ihre sonstige Vertrauenswürdigkeit stellt er infrage, denn er selbst ist immer um den eigenen Vorteil bemüht, also geht er selbstverständlich auch davon aus, dass sein Gegenüber dieselbe Strategie verfolgt.

> Adams Welt besteht aus Hierarchien. Es gibt Überlegene und Unterlegene. Die Rangfolge muss immer wieder neu ausgekämpft, verhandelt, geklärt werden. In diesen Zweikämpfen gibt es immer genau einen Gewinner und einen Verlierer. Wenn Adam gewinnt, verliert der andere und umgekehrt. Selbstverständlich ist ein geschäftlicher Vorgang ebenfalls ein Zweikampf.

Das Konzept der Win-win-Situation ist in der Wirtschaft zwar spätestens seit Roger Fishers, William Urys und Bruce Pattons Standardwerk *Das Harvard-Konzept* und damit seit den 1980er Jahren bekannt, doch in der Praxis findet es nur selten tatsächlich Anwendung. Aus diesem Grund ist die Kennenlernphase bei einem männlichen Kunden extrem kurz. Sie dient ihm nicht dazu, Vertrauen zum Verkäufer zu fassen, sondern bestenfalls dazu, das Gegenüber abzuchecken und womöglich noch die Hierarchie zu klären. Das war's dann aber auch schon.

Adam betritt nur dann verhältnismäßig unbedarft ein Geschäft, wenn er sich ohnehin lediglich informieren will. Kommt er jedoch zum Kaufen, dann betritt er den Laden sozusagen vorgeglüht. Seine »Kauftemperatur« ist dadurch, dass er gut informiert ist und seine Vorauswahl schon getroffen hat, bereits deutlich erhöht. Er braucht nur noch den letzten Impuls, um über die letzte Hürde zu springen, und dieser Impuls besteht aus einigen letzten Informationen, die er für seine finale Entscheidung benötigt.

Adam will eine knackige, faktenorientierte Bedarfsanalyse und eine ebensolche Angebotspräsentation, die sich vor allem auf seine Vorauswahl beziehen soll. Sie darf keinesfalls »bei Adam und Eva« beginnen! Den Großteil seines Informationsprozesses hat Adam ja im Vorfeld bereits abgeschlossen. Es muss also schon ein besonderer Fall vorliegen, wenn ein Verkäufer Adam etwas völlig Neues vorlegt, das für seine Zwecke tatsächlich besser geeignet sein könnte als das, was er sich selbst vorher zurechtgelegt hatte!

Wenn Adam zu seinen Bedenken kommt, fackelt er auch nicht lange. Er hat ja, wie schon erwähnt, nur einen vergleichsweise kurzen Kriterienkatalog, der in der Regel ein bis maximal drei Prioritäten aufweist. In seiner Bedenkenphase prüft Adam diese wenigen Muss-Kriterien ab und ist auch damit schnell durch. Wenn er noch Fragen hat, dann stellt er nur einen Teil davon. Adam würde nie und nimmer sein ganzes Blatt aufdecken! Wenn er offen zugibt, was er alles nicht weiß, lässt er den anderen zu tief blicken und schwächt seine eigene Position womöglich damit. Wenn Adam seine Partnerin dabei hat (oder eine andere Frau, vor der er gut dastehen will), dann passt er ohnehin auf, dass er stets eine gute Figur macht, indem er klüger wirkt als der Verkäufer, statt wie ein ahnungsloser Idiot auszusehen.

Faustformel für die richtigen Zeitabläufe:
Weibliche Verkäufer: Straffen Sie das Verkaufsgespräch! Veranschlagen Sie maximal 50 Prozent der Zeit für männliche Kunden, die Sie für Kundinnen verwenden würden. Setzen Sie am Anfang ein Zeichen für Ihre Kompetenz und kippen Sie den Kennenlernprozess weitgehend. Unterbreiten Sie ihm zwei, höchstens drei Angebote. Es ist ein Mann! Er wird niemals so viel Geduld des Zuhörens und Überlegens aufbringen wie Sie. Sie schonen das Nervenkostüm Ihres Kunden, wodurch Sie bis zu 80 Prozent mehr Abschlüsse erreichen. Obendrein sparen Sie eine Menge Zeit und haben weitaus zufriedenere Kunden.

Hat der Kunde sich entschieden, dann kauft er. Für Zusatzgeschäfte besteht kaum Spielraum. Lediglich zwingend notwendiges Zubehör in Form eines Kabels ist noch drin. Und vielleicht noch die DVD-Box mit allen kompletten *Alien*-Filmen (Director's Cut!) in der Grabbelkiste direkt am Hauptweg zur Kasse.

Das braucht der Kunde

Hervorragende Produktkenntnisse sind durch nichts zu ersetzen, insbesondere dann nicht, wenn Sie mit männlichen Kunden zu tun haben.
Und es ist sehr wichtig, dass Verkäuferinnen die Fachkenntnis des männlichen Kunden anerkennen – selbst wenn sie aus professioneller Sicht nicht gerade berühmt ist.

Vor dem Verkaufsgespräch

Vorab-Informationsverhalten

Wir haben schon detailliert gezeigt, dass Männer sich beim Luxuskauf ausführlich vorab informieren, bevor sie mit einer festen Vorauswahl ins Geschäft kommen, und dass sie sich nicht in die Abhängigkeit von einem Verkäufer begeben wollen. Für die Information im Geschäft sei noch zu ergänzen, dass männliche Kunden nicht gerne lesen. Deswegen funktionieren Videos am POS bei manchen Produkten ganz ausgezeichnet. Die Kunden versuchen, grobe Informationen zu erhaschen und sich den Rest zusammenzureimen. Dies ist vor allem in Elektronik-Fachgeschäften wunderbar zu beobachten: Männer lieben es, alle möglichen technischen Geräte in die Hand zu nehmen, die dazu gemacht sind, in die Hand genommen zu werden. Sie schalten die Kameras, Handys oder sonstigen technischen Spielereien an, drücken alle vorhandenen Knöpfe und schauen, was passiert. Sie haben keinerlei Berührungsängste. Im Gegensatz zu Frauen würden sie nie denken, dass sie durch die falsche Bedienung etwas kaputt machen könnten. Sie probieren alles aus und spielen mit den Geräten. Die Kunden entdecken auf diese Weise quasi die Welt. Egal ob 6 oder 66 Jahre: Die Alten tun dasselbe wie die Jungen. Das entspricht ihrem Naturell.

Grundsätzliche Einstellungen

Viele Männer weisen im Zusammenhang mit ihrem Kaufverhalten bestimmte Eigenschaften auf, die so manche Frauen (und Verkäuferinnen) verblüffen. Die Geschlechter unterscheiden sich in diesen

Punkten sehr voneinander, was in der Verkaufspraxis häufig zu Missverständnissen führt. Deswegen wollen wir einige dieser Punkte an dieser Stelle zumindest kurz benennen.

- Männer gehen immer zielorientiert ins Beratungsgespräch. Das gilt gleichermaßen für Kunden wie für Verkäufer. Sie konzentrieren sich einzig auf das Ende: den vollendeten Kauf. Sie peilen das Zielergebnis an und lassen gern alles weg, was für sie nicht dazugehört. Small Talk? Wer braucht denn so was? Bei einem Rennwagen kommt es ja auch nicht auf Polsterungen, Airbags und irgendwelche Extras an. Motorleistung, ordentliche Reifen und für Weicheier noch ein Überrollkäfig, aber das war's dann auch schon!

- Männer sind weniger ablenkbar als Kundinnen. Das gilt insbesondere beim Einkauf/Bedarfskauf, aber auch beim Luxuskauf. Gelegentlich ist zu beobachten, dass auf ihr Kaufvorhaben fokussierte Männer vergammelte Salatköpfe in den Einkaufswagen legen. Die Aufgabe lautete schließlich »Salat kaufen«, nicht »alle Salatköpfe anschauen, bis der schönste und frischeste gefunden ist«. Viele Händler wissen das und können nicht von der Hand weisen, dass sie bereits verdorbene Ware nicht durch Abschreibung, sondern auf diesem Wege »entsorgen«.

- Männern ist es wichtig, sich selbst als kompetent zu erfahren. Es gibt also nichts Schlimmeres, als sie wie ahnungslose Trottel dastehen zu lassen. Dabei geht es nicht lediglich um die Frage, ob man sich dadurch ein Geschäft entgehen lässt. Es geht um die Frage, wie man mit anderen Menschen umgeht.

- Männer. Wollen. Respekt. Das bedeutet noch lange nicht, dass sie deswegen anderen angedeihen lassen, was sie sich selbst wünschen. Viele von ihnen verhalten sich selbst unangenehm oft respektlos Dritten gegenüber. Das hängt mit dem nächsten Punkt zusammen:

- Männer lieben den Wettbewerb und die Konkurrenz. Sie kennen viele Gelegenheiten und viele Arten, um herauszukriegen, wer durchsetzungsfähiger ist. Schon bei Kindern wurde nachgewiesen, dass Jungen 65 Prozent ihrer Spielzeit mit Wettbewerbsspielen verbringen, wohingegen es bei Mädchen nur 35 Prozent sind. Mädchen bevorzugen kooperative Spiele, und das bleibt auch so, wenn sie groß geworden sind. Für das Leben in der männlichen Hierarchie-Welt ist es hingegen wichtig, jederzeit zu wissen, wer

»Ober« und wer »Unter« ist. Wettbewerb wirkt auf Adam belebend, auf Eva jedoch alles andere als das. Gehirnforscher haben in den letzten Jahren herausgefunden, dass bei Männern vor Wettbewerbssituationen der Testosteronspiegel steigt und die Botenstoffe Dopamin, Cortisol und Vasopressin verstärkt ausgeschüttet werden. Männer verspüren in solchen Momenten also tatsächlich große *Lust*. Und die Lust wird durch den Anblick eines wütenden Gegners noch gesteigert! Die Natur hat mit alledem dafür gesorgt, dass Männer in Auseinandersetzungen zu ihrer persönlichen Höchstleistung auflaufen. Bei Frauen hingegen bleiben all diese Effekte aus. Sie verspüren keine freudige Erregung, sondern empfinden Auseinandersetzungen nur als belastend und sogar als Angst erzeugend. In direkten Wettbewerbssituationen bleiben Mädchen und Frauen meistens weit hinter ihren persönlichen Bestleistungen zurück. Interessant ist in diesem Zusammenhang auch, dass verärgerte Männer von beiden Geschlechtern stärker wahrgenommen werden als wütende Frauen. Mehr noch: Ärgerlichen Männern wird Kompetenz zugeschrieben, verärgerten Frauen dagegen wird die Kompetenz meistens abgesprochen.

• Frauen sagen häufiger, dass sie auf den Preis schauen, aber Männer sind die wahren Schnäppchenjäger. Gute Konditionen sind bei ihnen nicht der Notwendigkeit geschuldet, gut haushalten zu müssen, sondern eine Frage des Gewinnens. Demnach erzeugt die erfolgreiche Jagd auf einen »Schnapper« bei Männern das Gefühl, einen Gegner oder gar das Schicksal bezwungen zu haben.

Im Verkaufsgespräch

Die Phase der Kontaktaufnahme
Frauen nutzen die Kennenlernphase, um eine Beziehungsebene zum Verkaufsmitarbeiter herzustellen. Hier prüfen sie die Integrität ihres Gegenübers und entscheiden dann, ob sie eine (Geschäfts-)Beziehung mit ihm eingehen wollen, sonst sehen sie von einem Kauf ab.

Männern ist die Beziehungsebene bei Weitem nicht so wichtig wie Frauen. Sie nutzen diesen Abschnitt des Verkaufsvorgangs vielmehr dazu, die *fachliche Kompetenz* eines Verkäufers abzuchecken und sich in eine als komfortabel empfundene Situation zu bringen: die eines möglichst strahlenden Siegers. Ein männlicher Kunde erwartet von der Kennenlernphase sowie vom weiteren Verkaufsgespräch in vielen Punkten etwas anderes als eine Kundin.

Die Autonomie des Mannes

Männer fordern Verkäufer. Und das bringt mit sich, dass die männlichen Kunden ihrem Gegenüber gründlich auf den Zahn fühlen.

Wenn Frauen einmal einen guten Draht zu einem Verkäufer aufgebaut haben, dann verlassen sie sich auf ihren Berater und informieren sich bei Wiederholungskäufen oft nicht einmal mehr im Voraus, sondern lassen sich vom Verkäufer ihres Vertrauens Angebote unterbreiten. Männer hingegen würden niemandem blind vertrauen. Sie würden immer ihre eigenen Informationsrunden drehen, alle Fakten persönlich prüfen. Seine Autonomie ist dem Mann wichtiger, als sich auf die Kompetenz eines anderen zu verlassen. Selbst ist der Mann!

Es ist wie im richtigen Leben: Adam will seine Probleme vornehmlich allein lösen. Auch das definiert ihn als Mann. Sein geplanter Kauf ist seine *Aufgabe*, vielleicht sogar sein *Problem*, also muss er es allein lösen. Aus seiner Sicht können Verkäufer ihm bestenfalls Möglichkeiten und Alternativen aufzeigen. Doch die Entscheidung wird nicht aus der Hand gegeben.

Ratschläge sind daher ein ganz gefährliches Feld. Schon bei Kundinnen ist es alles andere als empfehlenswert, ungebetene Ratschläge zu erteilen. Grundsätzlich gilt bei männlichen Kunden:

> Auf gar keinen Fall darf man Adam einen Rat geben, wenn er nicht selbst darum bittet, sonst fühlt er sich kritisiert und entmündigt.

Umgekehrt lieben Männer es, selbst Ratschläge zu geben. Wann immer Kunden ihre Meinung loswerden dürfen, geht es ihnen gut. Einen Kunden nach irgendeinem Rat zu fragen, kann in jeder Phase des Gesprächs zu einer guten Atmosphäre beitragen und gegebenenfalls seine Kauflaune steigern.

Männer brauchen sehr lange, bis sie jemandem vielleicht doch einmal vertrauen. Sie werden ihre Kontrollmöglichkeiten nur im Ausnahmefall freiwillig aufgeben. Beim Erstkontakt lassen männliche Kunden bei ihrem »Gegner« nicht die kleinste Schwäche durchgehen. Erst nach bestandener Prüfung dürfen sich Verkäufer ein klein wenig entspannen. In dieser vom Verkäufer oft als harmonisch empfundenen Kundenbeziehung werden Kunden ihre Kontrollen viel seltener durchführen, also mehr nach dem Stichproben-Verfahren vorgehen. Auslöser für Prüfungen können externe Impulse sein, zum Beispiel preisgünstige Angebote von Mitbewerbern.

Die Bestrebungen der Kunden, von den Aussagen eines Verkäufers unabhängig zu sein, ihnen also nicht blind vertrauen zu müssen, hängen unmittelbar mit der Annahme zusammen, dass das Leben ein einziger Konkurrenzkampf ist, in dem nur einer gewinnt und alle anderen zwangsweise verlieren.

Das Kräftemessen

Adam geht davon aus, dass der Verkäufer gewinnen will. In der Psychologie wird die Unterstellung von Motiven, die in Wahrheit die eigenen sind, *Projektion* genannt. Wenn ein Mann also selbst kompetitiv veranlagt, sich dessen aber nicht wirklich bewusst ist, dann unterstellt er anderen mit hoher Wahrscheinlichkeit, sie würden ihn über den Tisch ziehen wollen. So entsteht sein Misstrauen. Er nimmt es gar nicht so wahr, es ist wie ein ständiges Grundrauschen in seinem Leben. Er kann damit umgehen und es ist nicht weiter von Bedeutung, weil es seinem Normalzustand entspricht.

Dennoch gibt es Situationen, die als unverzeihlich empfunden werden. Gegen einen männlichen Verkäufer zu »verlieren« ist nicht schön, aber zu verkraften. Tingley und Robert weisen jedoch auf eine Konstellation hin, die viele männliche Kunden nicht hinnehmen können:

Mit einem Kunden zu konkurrieren funktioniert nicht, gleich, welchem Geschlecht er angehört. Doch Frauen sollten besonders vorsichtig dabei sein, es mit männlichen Kunden aufzunehmen. Niemand verliert gerne sein Gesicht, und es gibt noch immer wirksame traditionelle Einstellungen in Bezug auf die Geschlechter – und eine davon besagt, dass insbesondere Männer nicht öffentlich von Frauen bloßgestellt werden wollen.

Insbesondere in Verkaufsgesprächen mit Verkäuferinnen kann sich daraus eine dem Geschäft abträgliche Eigendynamik entwickeln: Wenn ein Kunde prinzipiell davon ausgeht, dass es zu einem Kräftemessen kommt, weil er seinem Gegenüber die eigenen Motive unterstellt (gewinnen zu wollen), dann wird er sich zu einem Kampf rüsten. Er rechnet fest damit, dass es unweigerlich zu einem argumentativen und verbalen Schlagabtausch kommt. Die typische Verkäuferin hingegen hat ein kooperatives Weltbild. Für sie kommt es immer überraschend, wenn sie sich in einer Auseinandersetzung mit einem Kunden (aber auch sonst mit Männern) wiederfindet. Da Frauen Auseinandersetzungen allerdings als letztes Mittel begreifen, es für Männer jedoch mehr als Ritual zu verstehen ist, finden sich beide von der Reaktion des jeweils anderen massiv überrumpelt. Wenn Frauen in Konflikte geraten, wird lange versucht, alles friedlich und unter der Oberfläche zu regeln. Wenn es jedoch nicht gelingt, die Kontroverse beizulegen, und Frauen schließlich doch in den Kampf schreiten, wird es immer »blutig«. Männer fürchten Frauen im Kampfmodus, weil jene dort beginnen, wo männliche Auseinandersetzungen aufhören. Männer wollen ja nur den Status klären! In der männlichen Hierarchie ist Platz auch für den Schwächsten, der jede Auseinandersetzung verliert. Sobald alle ihren Platz kennen, tritt unter Männern (zumindest für eine Weile) Ruhe ein und jeder widmet sich den Aufgaben, die mit seiner Rolle verbunden sind. Frauen wissen das aber nicht, sondern fühlen sich ernsthaft angegriffen, da die weibliche und die männliche Konvention sich in diesem Punkt gravierend unterscheiden. Wenn sie also »typisch weiblich«, aus ihrem Verständnisrahmen heraus reagiert, schlägt sie massiv zurück, denn sie fühlt sich ernsthaft angegriffen. Männer sind von derartigen Reaktionen stets völlig überrascht! Sie wissen ja nicht, was sie ausgelöst haben! Die Wahrscheinlichkeit, dass dieses Verkaufsgespräch von einem erfolgreichen Abschluss gekrönt wird, tendiert gegen null.

Der Schutzmechanismus

Männliche Kunden brauchen das Gefühl, sich in einem Mindestmaß auszukennen, um das Verkaufsgespräch nicht zu verlieren. Sie unterstellen Verkäufern Eigeninteressen. Sie wollen jederzeit imstande sein, überprüfen zu können, ob ihnen nicht etwas angedreht wird, das dem anderen eine große Provision einbringt oder Ähnliches.

Kunden müssen einfach sicherstellen, dass sie nicht übervorteilt werden.

Männer werden sich immer so weit informieren, bis sie sich sicher genug fühlen, um sich in eine Verkaufssituation zu begeben. Kritische Hinweise aufnehmen und Warnsignale erkennen zu können, ist ihnen wichtig. Es muss schon eine echte Männerfreundschaft sein, die einen Mann zu einem anderen sagen lässt: »Mach mal. Ich mache, was du sagst.« Doch in der Regel gilt: Mindestwissen schützt. Mehr Wissen schützt mehr.

> Männer wollen sich mit Vorinformationen vor einem potenziellen Schaden schützen, denn sie nehmen, ohne dass es ihnen bewusst wäre, an, dass ein Verkäufer nur auf den eigenen Vorteil aus ist. Meistens bedeutet das in der Männerwelt, dass sie der Verlierer wären, falls sich der Verkäufer durchsetzt. Und das wollen die Kunden unbedingt vermeiden. Meistens ist es für sie unvorstellbar, mit Wildfremden auf Anhieb eine Kooperation zu etablieren.

Allerdings ist es natürlich auch nicht gänzlich von der Hand zu weisen, dass es sich auch um eine Frage des Egos handelt: Man(n) will auch gut vor anderen dastehen. Und schließlich ist es auch eine Frage der Stellung in der Hierarchie.

> Aus all diesen Gründen begeben Männer sich erst dann in unsichere Situationen wie ein Verkaufsgespräch, wenn sie sich gut vorbereitet, ja gewappnet haben: mit Argumenten, mit Fragen, mit Testurteilen, mit allem, was einem Mann hilft.

Die Herausforderung und die Prüfung (Pokern 1)

Es gibt zwei Situationen bzw. Zeitpunkte innerhalb eines Verkaufsgesprächs, in denen ein männlicher Kunde zum Mittel der offenen Herausforderung greift: in der Kennenlernphase und wenn er später seine Bedenken äußert (vorausgesetzt, das Gespräch kommt überhaupt so weit). Er beabsichtigt damit Folgendes:

1. Er will den Verkäufer prüfen – und eine Verkäuferin umso mehr –, wenn er ihm/ihr keine große Fachkompetenz zutraut. Hiermit testet er, ob er überhaupt einen Gesprächspartner auf Augenhöhe hat. Adam will wissen, was der Verkäufer (und wie gesagt: insbesondere die Verkäuferin!) kann, welche Stärken und Schwachstellen er/sie aufweist (fachlich, verhandlungstechnisch, wie schnell er/sie nervös wird etc.), und er will die Qualität der Aussagen einschätzen können.

2. Er will die eigenen Chancen ausloten, sei es für die hierarchische Stellungsklärung zu Beginn der Beratung oder für die Verhandlungsergebnisse am Ende des Verkaufsprozesses.

Und so geht der Kunde dabei (bewusst oder auch unbewusst) vor: Er verhält sich wie beim *Pokern*. Er hütet sein Blatt, fordert die Mitspieler heraus, blufft, versucht, sich jede eigene Regung zu verkneifen und niemandem zu zeigen, was er auf der Hand hat oder empfindet, gleichzeitig aber alles über die anderen zu erfahren. Und bei alledem ist er nicht unbedingt zimperlich.

Unter Männern ist dieses Spiel bekannt. Verkäufer sind natürlich als Männer sozialisiert und wissen mit dieser Situation umzugehen. Die beste Strategie für sie lautet »Erst *check*, dann *reraise*«. Oder mit anderen Worten: Erst passiv bleiben bzw. aussetzen, dann die vorherige Erhöhung auf das ursprüngliche Gebot nochmals erhöhen. Beiden, dem Kunden und dem Verkäufer, sind die Regeln dieses Spiels vertraut.

Anders bei Verkäuferinnen: Frauen kennen diese Spielarten nicht. In ihrem Kommunikations- und Verhaltensrepertoire kommt Pokern von Natur aus nicht vor. Dummerweise wird im Verlauf ihres Lebens so ziemlich überall versäumt, sie mit dieser Verhaltensweise vertraut zu machen. Und so kommt es so regelmäßig zu Missverständnissen zwischen Verkäuferinnen und Kunden, dass es manchmal beinahe an ein Wunder grenzt, dass es überhaupt zu Geschäftsabschlüssen zwischen den Geschlechtern kommt.

Eine Trainerkollegin erzählte uns folgende Begebenheit: Sie war von einem gemeinsamen langjährigen Kunden zusammen mit einem männlichen Kollegen zu Verhandlungen über die künftige Zusammenarbeit eingeladen worden. Es hatte einen Führungswechsel gegeben, sodass sie dabei auch die neue Führungskraft als zukünftigen Ansprechpartner kennenlernen würde. Sie blickte dem Treffen ausgesprochen zuversichtlich entgegen, denn sie arbeitete all die Jahre sehr erfolgreich für den Konzern und war schon auf ihren neuen Ansprechpartner gespannt.

Der neue Manager eröffnete das Gespräch unverzüglich mit einer Aufzählung darüber, was seiner Ansicht nach angeblich Stand der Dinge war: Die Trainingsmaßnahmen erzielten seiner Meinung nach überhaupt keine Ergebnisse und seien zu teuer. Für den Preis, den die Trainer verlangten, könnte er einen eigenen Trainer fest anstellen. Das Pokerspiel war eröffnet – und die Trainerin sprachlos. Mit einem solchen – sachlich auch noch falschen – Angriff hatte sie nicht gerechnet! Sie wollte gerade beginnen, sich zu rechtfertigen, was in ihren Augen die sachliche Richtigstellung der Fakten bedeutet hätte, was aber ihr »Gesprächsgegner« als Abwertung ihrer Qualitäten empfunden hätte. Was die Trainerin nicht verstanden hat, ist, dass der neue Entscheider sie überhaupt nicht zum Gespräch eingeladen hätte, wenn er sie nicht für kompetent gehalten hätte. Im Gespräch wollte er sich ein eigenes Bild über ihre Fachkompetenz verschaffen, was er am besten durch einen Schlagabtausch vermochte.

Erstaunt beobachtete sie in ihrer Fassungslosigkeit nun, wie ihr Trainerkollege zum Gegenschlag ausholte. Er griff den Konzern an, indem er auf Mängel hinwies, die in seinen Trainings offenbar wurden, und verwies seinerseits zur Lösung dieser »Probleme« auf einen Vorschlag, der das bisherige Trainingsvolumen sogar noch verdoppeln würde. Die Trainerin kannte die genannten Probleme, wäre jedoch im Traum nicht auf die Idee gekommen, die Mängel im Unternehmen so aggressiv, also unhöflich, zur Sprache zu bringen! Dafür war es nach ihrem Dafürhalten viel zu früh, denn Frauen behalten sich offene Aggressionen für die bereits sehr fortgeschrittenen Eskalationsstufen einer Auseinandersetzung vor. Doch anders Männer: Wer gekonnt droht, erzielt entscheidende Raumgewinne. Und so geschah, was geschehen musste, nachdem die Männer ihre Positionen klargemacht hatten:

Man besprach die Details der zukünftigen Zusammenarbeit und der neue Unternehmensentscheider erwähnte beiläufig, dass er auch von den Teilnehmern früherer Trainings schon viel Positives gehört habe. Die Beteiligten einigten sich auf einen Folgetermin zur Klärung der verbliebenen offenen Punkte und verabschiedeten sich in bester Stimmung.

Hier einige der typischen Fehler von Verkäuferinnen in Poker-Situationen und was sie stattdessen tun können:

- Die Verkäuferin kennt sich gut aus, ist dem Kunden also tatsächlich fachlich überlegen. Der Kunde fängt an, sie auf eine übliche Weise anzutesten:»Wer sind Sie überhaupt? Was können Sie?« Sie verliert daraufhin ihre Sicherheit und dazu noch ihre Contenance. Sie beginnt, hilflos zu stammeln (»Ja, ich bin hier die ...«) und wird dann ärgerlich und schließlich sogar pampig (»Wenn Sie denken, ich kann das nicht, dann gehen Sie doch zu jemand anderem!«). Sie hat persönlich genommen, was der Kunde nicht persönlich gemeint hat. Er wollte (aus seiner Sicht) ja nur wissen, welcher Güte die Informationen sein werden, die er von dieser Verkäuferin erhalten wird. Natürlich geht er davon aus, dass sie weiß, wie das Spiel geht!

- Machtspielchen tragen Männer nicht selten unter Zuhilfenahme gewisser Humorformen aus. Sie sticheln herum, setzen einander gegenseitig herab. Auch wenn männliche Kunden bei Verkäuferinnen vieles nicht tolerieren würden: Humor auf seine Kosten steckt er weg. Er *mag* es sogar! Frauen können dieses Sticheln nicht ausstehen. Es enthält immer eine gewisse aggressive Schärfe und verletzt durch den beabsichtigten Herrschaftskampf die Beziehungsebene, weil es eben um die Zerstörung der gleichrangigen Begegnung geht. Das »Wir« wird dadurch unmöglich gemacht, eine Trennung wird erzwungen. Verkäuferinnen fühlen sich damit ausgesprochen unwohl.

- Und auch hier gilt, was wir zuvor schon erläutert haben: Die Verkäuferinnen finden sich beim Pokern unvermittelt in einer von ihnen als Konflikt empfundenen Situation wieder. Sie empfinden das Verhalten des Kunden als unbegründete Aggression. Wenn all ihre subtilen Versuche scheitern, die Lage zu entschärfen, holen sie die Keule raus, und zwar die richtig große. Und sie schlagen damit zurück. Der Kunde, der meinte, sie nur harmlos anzupieksen, wundert sich über seinen nun eingeschlagenen Schädel. Dann ist die jeweilige Verkäuferin aus seiner Sicht die blöde Zicke, die sich völlig zu Unrecht so aufregt.

- Die Verkäuferinnen begeben sich in die Poker-Situation und schauen nur, welche Karten sie tatsächlich auf der Hand haben. Jedoch wissen wir, dass dies beim Pokern den beinahe unwichtigsten Teil darstellt. Viel entscheidender ist, wie man sein Blatt verkauft! Man wickelt den anderen um den Finger, blufft, täuscht an etc. Verkäuferinnen können lernen, solche Situationen zu erkennen und damit umzugehen. Sie sollten davon ausgehen, dass sie automatisch in eine Poker-Situation geraten, wenn sie mit einem Mann verhandeln.

- Eine vernünftige Vorgehensweise wäre, dass Verkäuferinnen sich als die Expertinnen, die sie ja nun einmal sind, sichtbar machen, ganz besonders gegenüber Männern. Das mögen manche Frauen vielleicht nicht so, denn ein ungeschriebenes Gesetz lautet, Frauen müssten bescheiden sein. Doch im Verkauf haben solche Glaubenssätze nichts verloren. Es geht nicht darum zu tröten. »Ich bin die Beste in dieser Firma/in dieser Branche und jeden Cent wert, den Sie für meine Dienste bezahlen« ist sicherlich kein guter Beleg für Kompetenz. Dafür aber: »Ich bin bereits seit 12 Jahren im Mobilfunk tätig, seit 4 Jahren Leiterin dieser Niederlassung, und ich schule meine Kollegen seit 3 Jahren einmal pro Monat innerhalb der firmeninternen Fortbildung.«

- Eine einfache, doch sehr empfehlenswerte Strategie für Verkäuferinnen lautet, ihm zuerst das Gefühl von Überlegenheit zu geben und ihn dann dazu zu bringen, »seine Hosen herunterlassen« zu müssen. Beim Pokern hieße das, erst *raise*, dann *call*. Das erreicht die Verkäuferin über die Kombination aus Komplimenten und einem direkten Angriff: »Wow, Sie haben ja schon sooo viel recherchiert! Was haben Sie denn herausgefunden?« In diesem Moment muss er sein Blatt zeigen. Er kann dieser Herausforderung zwar entgehen, doch dann führt dies unweigerlich auf die nächste Stufe. Er kann sich entziehen, indem er zum Beispiel sagt: »Na ja, ich wollte erst mal sehen, was Sie so haben.« Ihre passende Antwort wäre darauf: »Ich möchte Sie wirklich nicht langweilen mit Themen, die Sie sich schon erarbeitet haben.« Darin sind wieder ein Kompliment und die Aufforderung zum Zeigen enthalten. Eine Fachfrau und Verkaufsexpertin muss das Selbstvertrauen besitzen, dass sie einem nichtfachmännischen Kunden hinsichtlich ihres Fachwissens überlegen ist!

- Ist die Verkäuferin dem Kunden allerdings tatsächlich oder mit hoher Wahrscheinlichkeit fachlich unterlegen, dann sollte sie bei Komplimenten bleiben. Doch die Regel sollte sein, dass die Verkäuferin ihr Fach ordentlich beherrscht, dann kann sie sich auch die Sicherheit leisten. Ihre Sicherheit gibt dem Kunden wiederum die Gewissheit und das zufriedenstellende Gefühl, gut beraten zu werden.

Die Bedürfnis- und Bedarfsermittlung

Was männliche Kunden wollen, liegt oft auf der Hand. Es ist weitaus weniger kompliziert, ihre Bedürfnisse zu identifizieren als die von Kundinnen. Theoretisch.

In der Praxis kann es zuweilen etwas schwerer fallen zu verstehen, was er will und/oder braucht. Der männliche Kommunikationsstil ist prägnant, präzise und auf den Punkt gebracht. Auf eine Frage kriegt man eine Kurzzusammenfassung, am besten in einem Wort, keine Details. Adam redet nicht über Gefühle. Er sieht Kommunikation als eine Ansage, die keiner weiteren Informationen bedarf. Adam redet nur ausführlicher und detaillierter, wenn er sich mit einem Thema ernsthaft beschäftigt. Männliche Kunden antworten manchmal so sparsam, dass die Verkaufsperson Schwierigkeiten hat, den genauen Bedarf zu ermitteln, ohne viele weitere Fragen zu stellen. Fragt man einen Mann, welche Fähigkeiten er von seinem künftigen Computer im Vergleich zu seinem alten erwartet, kriegt man womöglich Antworten wie »ich brauche mehr Speicher«, »ich brauche mehr Geschwindigkeit« oder »Ich brauche mehr Leistung«. Und Verkäufer brauchen dann ganz gewiss mehr Informationen.

Im Grunde gibt es eigentlich nur drei wichtige Fakten, die Verkäufer über männliche Kunden wissen müssen, um eine gute Bedürfnis- und Bedarfsanalyse durchführen zu können:

1. Männer kaufen zielorientiert.
2. Männer haben ein bis maximal drei Kriterien, die das gesuchte Produkt erfüllen muss.
3. Männer genießen Anerkennung – und Lob.

Und nun alles etwas ausführlicher.

1. Männer kaufen zielorientiert

Während für Frauen der gesamte Prozess des Kaufs wichtig ist, zählt für Männer in der Regel nur das Ergebnis, und das ist der erfolgreiche, schnell absolvierte Kauf. Je schneller er an sein Wunschprodukt kommt, desto glücklicher ist der Kunde. Daher ist es wichtig, mit diesen Kunden rasch auf den Punkt zu kommen. Je schneller der Bedarf festgestellt werden kann, desto flotter können auch Angebotspräsentation, Bedenkenklärung und Kaufentscheidung »durchgezogen« werden. Nur beim Nachdenken braucht der Kunde womöglich plötzlich etwas Ruhe, doch dazu später mehr.

Dauern der Verkaufsprozess und insbesondere die Bedarfsanalyse zu lange, steigt ein männlicher Kunde einfach aus. In seiner Vorstellung muss – und kann! – der gesamte Kaufprozess knackig über die Bühne gehen. Wird seine Erwartungshaltung enttäuscht, ist er einfach nur genervt. Und womöglich bringt er nicht die Geduld auf, eine aus seiner Sicht unnötig in die Länge gezogene Beratung bis zum (bitteren) Ende durchzustehen. Aus diesem Grund ist es außerordentlich wichtig, eine konzentrierte Bedarfsanalyse durchzuführen. Dazu gilt es, den Vorwissensstand des Kunden abzurufen und zielorientierte Fragen zu stellen, um möglichst schnell herauszubekommen, welche ein bis drei Kriterien für ihn wichtig sind, und dann sofort in die Angebotspräsentation einzusteigen, den Small Talk und den ganzen »Beziehungsquatsch« stark zu verkürzen. Es gibt natürlich Ausnahmen, aber dann doch meistens bei den Herren, die ganz viel Bestätigung suchen.

Manche Verkäuferinnen sind besorgt darum, einen aggressiven, penetranten oder aufdringlichen Eindruck zu hinterlassen, wenn sie gestrafft vorgehen, denn sie selbst empfänden solche Verkäufer als Kundin unangenehm. Wenn sie es jedoch unvoreingenommen bei männlichen Kunden versuchen, dann werden sie die Erfahrung machen, dass diese es ihnen sogar danken.

2. Ein bis maximal drei Muss-Kriterien

Aus weiblicher Sicht betrachtet mögen Männer es unkompliziert, ja sogar simpel. Männer selbst bewerten ihr Verhalten natürlich ganz anders. Sich auf ein bis drei Produkteigenschaften zu beschränken, stellt für sie das notwendige Maß dar. Sich auf einige wenige Muss-Kriterien zu fokussieren genügt. Alles andere ist Zeitverschwendung. Ein Mann muss wissen, worauf es ankommt, und imstande sein, alles andere auszublenden. Es kommt natürlich vor, dass Männer neben den *Must-haves* auch *Nice-to-haves* berücksichtigen, aber dann muss es sich schon um ein sehr komplexes Produkt mit vielen Eigenschaften handeln, etwa um ein Spaßauto oder einen Flugzeugträger.

Schwierig wird es, wenn Verkäuferinnen das nicht wissen und sich somit auch nicht darauf einstellen. Frauen sind nicht nur als Kundinnen Maximizer, sondern auch als Verkäuferinnen! Sie suchen nach der perfekten Lösung unter Berücksichtigung des Gesamtangebots für ihre Kundschaft, auch wenn es sich um männliche Kunden handelt, die diesen Anspruch gar nicht mitbringen. Männliche Verkäufer verstehen es hingegen hervorragend, sich auf ein bis drei Prioritäten zu konzentrieren und das Erste anzubieten, was ihnen dazu in den Sinn kommt. Bei männlichen Kunden passt dieses Vorgehen prima, ausgesprochen problematisch wird es nur mit Kundinnen, für die das natürlich nie im Leben ausreicht. Somit sind männliche Verkäufer wie auch Kunden – gemessen an den Frauen – in aller Regel Satisficer.

Übrigens haben Männer ohnehin eine Vorliebe für Zahlen, Priorisierungen und eine überschaubare Anzahl von Argumenten. So finden sich viele Management-Bücher, die die besten 10 Tipps für die perfekte Unternehmensführung, Marketing-Systeme, die Konsumenten gerade mal in 3 Grundtypen teilen oder die die Personalführung mit nur 5 Prinzipien bieten. Dann gibt es natürlich 3er, 5er und 7er *BMWs*, bei *Men's Health* 7 Tipps, um jede Frau rumzukriegen, die neuesten 10 Sex-Stellungen, die jede Frau verrückt machen, und schließlich 4 Übungen, um in 6 Wochen jeden Schwabbelbauch in das schönste *Sixpack* zu verwandeln. Zahlen sind Trumpf, also lässt sich die Bedarfsanalyse auch kunstvoll mit der Ankündigung einleiten, man wolle fünf, sieben oder zehn Fragen stellen um herauszufinden, was der Kunde benötigt. So hat er immer eine gute Orientierung, was auf ihn zukommt, auf welcher Stufe des Prozesses er sich gerade befindet und wie nah das Ende der Befragung ist.

3. Lob, Bewunderung, Anerkennung
Der Kunde hat sich im Voraus informiert, womöglich ist er schon auf dem Weg zum (selbsternannten) Experten. Daher erwartet er auch, als Kenner angesehen und behandelt zu werden. Er erwartet für all die Mühen und Kosten, die er in Kauf genommen hat, um sein Wissen zusammenzutragen, Respekt und selbstverständlich auch Bestätigung. Erhält er dies, ist er schon recht zufrieden. Jedoch unterscheidet sich, was der Kunde von einem Verkäufer und, im Gegensatz dazu, von einer Verkäuferin erwartet.

Von einer Verkäuferin wünscht er sich Komplimente und Bewunderung, denn schließlich ist sie eine Frau und er ein Mann. Männer lieben unverhohlene Bewunderung, und es ist ein Schelm, wer Böses dabei denkt! (Klingt Ihnen da etwa zufällig Bully Herbigs Lied aus seinem Film *(T)Raumschiff Surprise – Periode 1* im Ohr, in dem es heißt: »Weil wir so schön sind, so schlau sind, so schlank und rank ...«?) Wissenschaftliche Studien haben bewiesen, dass das Testosteron bei Männern dazu führt, dass sie über ein starkes Selbstbild verfügen, was im Übrigen auch erklärt, weshalb Frauen so viel öfter an Selbstzweifeln leiden, und das selbst in den Fällen, in denen sie dafür weitaus weniger Grund hätten als beispielsweise männliche Kollegen. Männer lieben es, gespiegelt zu bekommen, dass sie großartig sind. Da spielt es keine Rolle, ob sie gerade als Kollege, Ehemann oder eben als Kunde unterwegs sind.

> Einer unserer besten Tipps für Verkäuferinnen im Umgang mit männlichen Kunden lautet daher kurz und bündig: *Streicheln, bis der Scheitel glüht!*

Als Frau können Sie es gar nicht übertreiben, ob Sie es glauben oder nicht! Er freut sich und fühlt sich wohl. Wenn Sie zufriedene Kunden wollen, dann geben Sie ihnen Gelegenheit zu glänzen! Mehr noch: Für eine Verkäuferin, die es mit einem männlichen Kunden zu tun hat, ist es von entscheidender Bedeutung, so viele Informationen über ihn zu erlangen, wie irgend möglich. Da er, wie wir noch sehen werden, mit Informationen über sich knausert, um den »Verhandlungsgegner«, soweit es ihm möglich ist, im Ungewissen zu lassen, müssen Verkäuferinnen sich der »Taktiken« bedienen, die ihnen dennoch die notwendigen Angaben verschaffen, die sie für eine gute Beratung benötigen. Und das Rezept dafür lautet eben: »Streicheln, bis der Scheitel glüht!«[12]

---

12 Achtung: Das funktioniert nur mit einzelnen männlichen Kunden. Versuchen Sie das nie, wenn seine Partnerin dabei ist! Bei mehreren Männern wird es komplizierter und anstrengender, weil dadurch oft ein Wettbewerb um mehr Anerkennung und Lob entfacht wird. Aber wenn separate Spezialistenbereiche ausgemacht oder Teamleistungen erkannt werden können, dann können die Streicheleinheiten entsprechend verteilt werden.

Was für Verkäuferinnen funktioniert, funktioniert zwischen Männern gar nicht. Für Verkäufer gilt also: Finger weg von Komplimenten! Stattdessen lautet das Zauberwort *Anerkennung*. Männer wollen von anderen Männern anerkannt werden. Anerkennung ist also gut, aber bitte verhalten formuliert.»Deine Firma läuft ja nicht schlecht« ist ein großes Zeichen von Anerkennung, wenn der Freund aus Kindheitstagen den Aktionären seines Unternehmens ein Rekordergebnis vorgelegt hat.

Die Bewunderung einer Frau und die Anerkennung durch einen anderen Mann erhöhen den Status eines Mannes. Und Männer freuen sich immer sehr über einen Statusgewinn.

Öffentliches Sprechen

Es heißt oft, dass Frauen um ein Vielfaches mehr reden als Männer. Neuere Untersuchungen haben jedoch ein ganz anderes Ergebnis zutage gefördert: Frauen sprechen mehr, wenn sie im privaten Kreis sind, Männer hingegen nehmen gerne viel Redezeit in Anspruch, wenn sie in der Öffentlichkeit sind. Das lässt sich auf Konferenzen feststellen, in Management- oder Teambesprechungen, wie auch in TV- und Radiosendungen mit Zuschauer- bzw. Zuhörerbeteiligung. Wenn Männer sich als wichtig erachten oder sich wichtig fühlen möchten, dann können sie lange reden, unabhängig davon, ob sie etwas Bedeutendes zu sagen oder einen guten Beitrag zu liefern haben. Die Tatsache, dass sie reden und andere ihnen zuhören (müssen), führt bei ihnen zu Wohlbefinden. Daher kommt auch, dass Chefs oft meinen, sie müssten ihren Mitarbeitern nicht zuhören, weil ihnen als Vorgesetzten genau das als Privileg zukommt. Reden und Anweisungen erteilen ist Kennzeichen des Höhergestellten, während Zuhören und das Befolgen von Anweisungen die Pflicht des Unterstellten ist.

Im Verkauf ist es immer hilfreich, den Kunden sprechen zu lassen. Man erfährt vieles über ihn, wenn vielleicht auch nicht alles wichtig ist, um daraus das passende Angebot zu entwickeln. Das länger ununterbrochene Sprechenlassen kann dem Kunden aber eben auch schmeicheln, weil er sich dadurch bedeutsam und ernst genommen fühlt.

Typische Motive bei Männern

Jetzt haben Sie die Kriterien Ihres Kunden abgefragt, aber Sie sind nicht sicher, vor welchem Hintergrund er seine Anforderungen definiert hat. Oder aber er will sich erst orientieren, und Sie sehen, dass er noch gar keinen Plan hat. Wie können Sie ihm helfen? Richtig! Indem Sie seine Motive identifizieren!

Abb. 22 Aufsteller für Wurst-Snacks, der direkt auf ein bestimmtes männliches Motiv abzielt
Quelle: Diana Jaffé

Wie bereits gezeigt, haben Menschen im Grunde eine unberechenbare Anzahl von Motiven, doch einige sind bei uns stärker wirksam und wesentlich häufiger anzutreffen als andere. Bei Männern sind die folgenden häufig anzutreffen:

• Hierarchie und Status
Wie schon diverse Male erwähnt, lebt Adam in einer Welt, die für ihn aussieht wie eine Treppe: Auf jeder Stufe stehen nicht viele, nicht drei, nicht zwei, sondern jeweils nur eine einzige Person,

und Adam ist, wie die meisten seiner Geschlechtsgenossen, heiß daran interessiert, eine möglichst hohe Position in der Hierarchie einzunehmen. Wann immer also ein Produkt, eine Marke oder Dienstleistung dafür geeignet ist, ihm zu mehr Anerkennung und somit zu einem höheren Status zu verhelfen, wird es oder sie ihn interessieren. Status ist kein Selbstzweck, denn die Natur hat es so angelegt, dass Status Männern dazu dient, eine genetisch hochwertige Partnerin zu finden, um mit ihr eine Familie zu gründen. Status hat beim menschlichen Mann dieselbe Funktion wie im Tierreich, nur verstärkt er dort die sekundären Geschlechtsmerkmale (Körperbau, Gesichtsform). So gesehen kann man sagen, dass ein Statussymbol ein sichtbares Mannbarkeitszeichen ist und somit dem Fell eines Silberrückens entspricht, dem führenden Männchen in einer Gorilla-Gruppe, oder dem prächtigen Federkleid eines Pfaus.

- Wettbewerb und Macht
  Die Erlangung von Status setzt im Prinzip immer den Wettbewerb voraus. Wie bereits gezeigt, empfinden Männer Lust am Kräftemessen, ganz im Gegensatz zu Frauen. Lustvoll ist auch, zu gewinnen und zuzusehen, wie der andere verliert. Wer gewinnt, darf über andere Macht ausüben. Es sind nicht nur die sogenannten Alphatiere, die sich nach Macht sehnen, aber sie tun es ganz besonders.

- Evolutionsbiologische Ziele: Partnerin finden, Nachwuchs zeugen, für das Überleben der Familie und der Gattung sorgen
  Wenn Sie zufällig herauskriegen, dass er noch Single ist und eine Partnerin sucht, wird er sich für alles interessieren, das ihn dabei unterstützen könnte. Auch wenn völlig übertrieben häufig lasziverotische oder gar billig-ordinäre Darstellungen williger Frauen verwendet werden, um beispielsweise etwas so Abwegigem wie Computerspielen den Nimbus zu verleihen, die pubertären Spieler würden als siegreiche Helden eine heiße »Schnecke« abbekommen, so ist eine in Aussicht gestellte Frau in korrespondierenden Zusammenhängen durchaus ein Kaufanreiz. Nicht umsonst sind Automobilmessen voller leichtbekleideter Hostessen! Autos sind in der breiten Bevölkerung *das* Statussymbol schlechthin. Also: Je höher der Wert oder Status eines Produkts oder einer Marke, desto größer ihr Potenzial, den Kunden künftig

dabei zu unterstützen, die schönste Frau, derer er habhaft werden kann, zu erobern.

Ist er allerdings schon Vater, insbesondere einer der sogenannten neuen Väter, dann ist er vernarrt in sein/e Kind/er. Er wird mit Vergnügen seine Abkömmlinge verwöhnen, zumindest solange es nicht völlig übertrieben ist. Seiner achtjährigen Tochter wird er wohl noch kein *iPad* schenken, aber über einen *iPod* lässt er vielleicht mit sich verhandeln. Er liebt seine Kinder – und den Spaß, den er mit ihnen hat. Die Aussicht auf ein glücklich strahlendes Kind bringt heute geschiedene Väter sogar dazu, mit ihren Töchtern Klamotten shoppen zu gehen.

Für viele Männer besteht der Sinn des Lebens darin, eine Spur zu hinterlassen. Kinder sind die intensivste Spur eines Lebens.

- Ein Mann sein!

Ein Mann will ein Mann sein. Und ein Mann ist alles andere als eine Frau! Zu einem Mann muss man erst werden. In den 80er Jahren gab es die Hundefutter-Werbung mit dem Claim »Ein ganzer Kerl dank Chappi«. Nun wollen Männer kein Hundefutter essen, aber viel Fleisch darf es sein, am besten rot und blutig. Sie wollen Mann sein und Dinge tun, die ein Mann gerne tut, ohne sich dafür entschuldigen oder schief ansehen oder von Frauen beschimpfen oder belächeln lassen zu müssen. Sie wollen all das tun, was sich durch das Testosteron in ihren Adern und in ihrem Gehirn großartig anfühlt. Sie wollen sich eben wie ein ganzer Kerl fühlen!

Abb. 23 Yorkie-Schokoriegel von Nestlé (Großbritannien)
Quelle: Nestlé

- Risiken eingehen

Es mag vielen Leserinnen und Lesern kurios erscheinen, doch bis zum Alter von Mitte zwanzig sterben viele Jungen und junge

Männer durch Unfälle, weil riskantes Verhalten ein evolutionärer Vorteil für Männer ist. Wenn ihr Vorhaben gelingt, können sie zum spektakulären Helden werden, wie all die Extremsportler, die von *Red Bull* gesponsert werden. Aber es kann auch schiefgehen und am Ende sogar das Leben kosten – was die meisten Männer ausblenden, denn sonst wären sie nicht bereit, die Risiken einzugehen. Spannenderweise tritt dieser Effekt auch bei geistigen Leistungen zutage. Risiko- und Leistungsbereitschaft hängen bei Männern unmittelbar zusammen, wie der Evolutionsbiologe Robert Trivers herausgefunden hat:

- Leistung erbringen

Leistung 1

Spitzenleistungen sind für Männer eine Möglichkeit, an der (bürokratischen) Hierarchie vorbei weit sichtbar zu werden. Trivers sagt, dass die Risikobereitschaft jener steigt, die nicht körperlich die Stärksten und damit Anführer der Horde sind, um von Frauen als potenzielle Partner wahrgenommen zu werden. Deswegen wollen Jungs so gerne Rockstars werden. Die heutigen Casting-Shows versprechen schnelleren und müheloseren Ruhm als je zuvor! Doch eigentlich geht es um etwas anderes: Obwohl es mehr als genug – auch durchaus erfolgreiche – Blender unter ihnen gibt, wollen Männer eigentlich echte Spitzenleistungen erbringen. Sie wollen ihr Tun zu einer Meisterschaft führen.

Die höchste geistige Leistungsfähigkeit korreliert mit dem Höchststand des Testosterons im Körper eines Mannes. Musiker schreiben ihre besten Songs meistens mit Mitte zwanzig. Albert Einstein stellte einst fest, dass ein Wissenschaftler, der sein Hauptwerk nicht bis dreißig veröffentlicht hat, nie mehr etwas wirklich Großartiges vollbringen wird. Nur Schriftsteller dürfen älter sein. Die Leistungskurve von Männern sieht aus wie eine umgedrehte Schultüte, die Spitze steht bei ca. Mitte zwanzig, während die gemessene Leistungskurve von Frauen wie ein zerbeulter Cowboy-Hut aussieht, mit der stärksten Ausprägung gegen Ende vierzig. Warum das so ist, wissen die Forscher noch nicht, doch sie vermuten, dass der flache Verlauf zwischendurch von der Kinderpause herrührt: Wer Kinder aufzieht, kann nicht gleichzeitig auch noch eine Spitzenkarriere hinlegen.

Leistung ist auch für Frauen wichtig, jedoch aus anderen Gründen als für Männer. Trivers stellte fest, dass Leistung Männern dazu dient, soziale Dominanz zu erlangen.

Übrigens gibt es neben dem Tod einen weiteren Gefahrenfaktor bei riskantem Verhalten: Der Testosteron-Höhepunkt sorgt nicht nur für Spitzenleistungen und Unfälle, sondern auch für das Begehen von Verbrechen und Gewalttaten: Die spektakulärsten Verbrechen werden ebenfalls von Mittzwanzigern verübt.

Leistung 2

Leistung ist auch übertragen auf Produkte wichtig. Es gilt: Viel hilft viel. Viel Power ist gut! Eine hohe Wattzahl ist sehr gut! Wenn es am lautesten röhrt, ist es großartig! *Porsche, Lamborghini* & Co. setzen diese Empfindungen perfekt in Produkten und Marketing-Strategien um.

Leistung 3

Als dritte Form ist Männern die eigene Leistungsfähigkeit wichtig. Wer wettbewerbsfähig bleiben will, muss dafür sorgen, dass er funktionieren kann. Es ist bekannt, dass Männer erst zum Arzt gehen, wenn sie den Kopf bereits seit Wochen unter dem Arm tragen. Auf der anderen Seite treiben sie Sport, laufen sogar Marathon-Strecken und finden nichts dabei, sich vorher vorsorglich kräftig mit Schmerzmitteln vollzudröhnen. Sie wollen die Leistung erbringen, koste es, was es wolle. Es macht ihnen gar nichts aus, dabei größten Raubbau an sich selbst zu betreiben. Die Konsequenzen schieben sie weg, wenn nur das Ziel verlockend genug ist.

Die Leistungsfähigkeit wird heute mit allen verfügbaren Mitteln gepimpt, seien es intravenös verabreichte Vitamine in Höchstkonzentration, Schönheitsoperationen oder die altmodischen Steroide: Alles, was zum Leistungsziel verhilft, gilt als gut.

- Freiheit und Unabhängigkeit
  Auch wenn viele Männer glückliche Familienväter und Ehemänner sind, verliert das Ideal von Freiheit und Unabhängigkeit niemals seinen Reiz, und wenn es nur im Kleinen wirkt. Moderne Männer übernehmen (zumindest für ihre Familien, wenn nicht unbedingt als Investment-Banker für das Vermögen ihrer Kunden, die sie ohnehin nicht persönlich kennen) gerne Verantwortung. Doch alles muss auf ihren eigenen Entscheidungen fußen.

Von ihrem Chef müssen sie sich noch etwas vorschreiben lassen, doch sie sind das Familienoberhaupt, und selbst wenn die Partnerin gleichberechtigt ist, so hat sie kein Recht, ihm zu sagen, was er zu tun hat. Es geht um das Gefühl, den eigenen Weg zu gehen und das Leben zu meistern. Deswegen reden Männer kaum je über ihre Probleme und versuchen, alles mit sich selbst auszumachen, selbst wenn sie am Ende damit tragisch scheitern und es in einem aufsehenerregenden Selbstmord mit vollem Medienspektakel endet.

- Abenteuer erleben
Das Leben zu meistern, den Widrigkeiten des Lebens zu trotzen, große Aufgaben zu bewältigen – all das reizt Männer. Reisestudien haben gezeigt, dass fast alle Männer irgendeine Art von Abenteuerurlaub machen möchten, vom Wildwasser-Rafting bis zum Überlebenstraining im Dschungel. Besonders harte Fälle gehen womöglich zur Fremdenlegion, die keineswegs nur ehemalige Kriminelle mehr oder minder resozialisiert.

- Regeln
Da die meisten Männer, wie wir gesehen haben, Systematiker sind, lieben sie Gesetzmäßigkeiten. Gesetzmäßigkeiten bringen Ordnung in eine ansonsten chaotische Welt. Regeln und Regelwerke tun im Prinzip dasselbe. Jeder Männersport braucht ein Reglement, sonst wäre es kein Männersport. Unternehmen brauchen Prozesse und Workflows, die oft so kompliziert werden, dass es beinahe unmöglich wird, noch fristgerecht einen Auftrag auszulösen (haben wir alles schon erlebt!). Der Soziologe Dieter Otten hat eine umfassende Untersuchung über Moralverständnis unter 60 000 Teilnehmern durchgeführt. Gefragt wurde unter anderem, ob man beim Kartenspielen schummeln, ob man lügen, betrügen, Gewalt anwenden oder sogar töten darf, um einen eigenen Vorteil zu erzielen. Das Ergebnis:
Die meisten Frauen fanden Schummeln beim Kartenspiel völlig harmlos und viele gaben zu, es zu tun. Doch Betrug, Gewalt und Mord sind völlig inakzeptabel! Anders die Männer: 74 Prozent der Befragten fanden Lügen im Alltag in Ordnung, über die Hälfte wäre bereit, andere für den eigenen Vorteil zu betrügen. Mehr als ein Viertel zeigt sich durchaus bereit, für die Durchsetzung eigener Interessen/Vorteile Gewalt anzuwenden, und noch fast

15 Prozent der befragten Männer sagten aus, sie wären bereit, dafür auch zu töten. Doch so gut wie alle Männer waren sich einig, dass beim Kartenspiel um keinen Preis der Welt gemogelt werden darf. Wenn der andere mit unfairen Mitteln vorgeht, wird das als unfair empfunden, und dann beginnen Männer, diesen Regelverstoß persönlich zu nehmen.

- Technik, Natur, Welt beherrschen
  In der Natur des Systematikers liegt auch der Wunsch, die Welt zu verstehen und das, was sie in ihrem Innersten vermeintlich zusammenhält. Männer wollen verstehen – die meisten von ihnen allerdings nur, solange die Komplexität ein gewisses Maß nicht übersteigt. Zu viele Zusammenhänge können sie nicht vertragen. Das ist wiederum die Domäne der Frauen. Deswegen stutzt der (Fach-)Mann gern alles so zurecht, dass es in eine

Abb. 24 Werbeplakat in einem Kentucky-Fried-Chicken-Restaurant – oder wie Herbert Grönemeyer einst fragte: Wann ist ein Mann ein Mann? *Quelle:* Diana Jaffé

Schublade passt, die leicht verschlossen werden kann und aus der nichts heraushängt, schon gar nicht irgendein Tentakel, das sich in eine andere Schublade gerankt hat.

Technik, Natur oder Welt verstehen, heißt, sie manipulieren und damit auch beherrschen zu können. So jedenfalls lautet ein ganz tiefer Glaube im Manne, der schließlich zu Raumfahrt und genetischer Manipulation geführt hat. Viele Männer glauben, dass die Welt, ja das Universum am Ende immer logisch und berechenbar ist. Und sie glauben, dass es zumindest irgendwann in ihrer Macht liegen wird, über all das zu gebieten.

- Hobby
Jeder Mann hat mindestens ein ernstzunehmendes Hobby. Dieses Hobby ist gewissermaßen heilig. Dafür wird Zeit aufgewendet und Geld ausgegeben. Es ist das Refugium eines Mannes.

Das Gesicht des Kunden wahren

Manche Männer verlassen das Geschäft lieber unverrichteter Dinge, als ihre geringen Kenntnisse preiszugeben. Und als ganz schlimm empfinden sie es, wenn womöglich eine Verkäuferin mit ihrem Informationsvorsprung (den sie als Expertin ja haben *muss* und den der Kunde gleichermaßen *erwartet*) protzt. Aus seiner Sicht ist alles Angeberei, das seinen Kenntnisstand bei Weitem übersteigt. Die Verkäuferin soll gut sein, aber eben nur so gut, dass er sie akzeptiert, und keinesfalls so gut, dass er den gesamten Umfang seines Dilettantentums um die Ohren gehauen bekommt.

Um also das richtige Maß an Informationen zum rechten Zeitpunkt anzubringen, ist es wichtig, zunächst den Kenntnisstand des Kunden zu ermitteln.

- Stellen Sie offene Fragen und arbeiten Sie sich von den allgemein gehaltenen, leichten zu den schwierigeren vor.
- Gehen Sie schnell zum Experten-Level über, wenn Sie merken, dass der Kunde sich ebenfalls hervorragend auskennt.
- Lassen Sie ihn wissen, dass Sie erkennen, dass er sich gut auskennt – *unabhängig davon, wie groß sein Wissen tatsächlich ist*.

Einige Vorteile von Verkäuferinnen gegenüber Verkäufern

Verkäuferinnen sollten auch stets den Vorteil nutzen, dass Männer Frauen, denen sie vertrauen, bereitwilliger Dinge von sich erzählen als einem anderen Mann. Sie sollten es als Ausgleich dafür nehmen, dass männliche Kunden ihre Fähigkeiten härteren Prüfungen unterziehen.

Gleiches gilt für die Tatsache, dass manche Kunden es genießen, mit charmanten und/oder attraktiven Verkäuferinnen zu flirten. Viele Frauen meinen, dass sie nur dann richtig ernst genommen werden, wenn sie sich wie ein Mann verhalten. Doch das Gegenteil ist der Fall: Männer verzeihen es Frauen nicht, wenn diese im männlichen Normbereich wildern. Dabei haben keinesfalls nur Männer genaue Vorstellungen darüber, was einem angemessenen geschlechtsspezifischen Rollenverhalten entspricht, sondern auch Frauen. Da das Geschäftsleben jedoch in den meisten Bereichen männlich geprägt ist, denken viele Frauen, dass sie sich eben »normgerecht« verhalten müssen. Und im »Business« scheint kein Platz für Flirts oder andere erotische Komponenten zu sein. Doch wer das glaubt, versperrt sich womöglich so manche geschäftliche Chance. Es geht nicht darum, Grenzen zu überschreiten, sondern darum, Zwischenmenschliches zuzulassen. Aber natürlich gilt ganz besonders hier: Jede(r) sollte seine/ihre persönlichen Grenzen kennen und bewahren.

Die richtigen Fragen für ihn

Wie kriegt man seine Präferenzen am besten raus? Die folgenden direkten Fragen helfen ihm auf die Sprünge – und Ihnen, seine wichtigsten Kriterien und Prioritäten zu verstehen.

> Fragen Sie direkt und ohne Umschweife: »Was ist Ihnen wichtig?«
> Das Erste, was er antwortet, ist die für ihn wichtigste Eigenschaft oder Bedingung.

Folgen sie danach unseren Empfehlungen für das aktive Wahrnehmen (Kapitel »Das Kaufinteresse-Modell« und »Evas Kaufverhalten«). Die Aufmerksamkeit, die mit aktivem Wahrnehmen verbunden ist, und die ausgiebige Gelegenheit, »öffentlich« zu reden, schmeicheln seinem Ego und geben ihm dadurch ein gutes Gefühl. Stellen Sie zielgerichtete Fragen, um schnell auf den Punkt zu kommen:

- Was sind Ihre
  - Kriterien?
  - Erwartungen?
  - Ziele?
- Was möchten Sie mit dem Produkt erreichen?
- Was haben Sie bislang unternommen?
- Was fehlt Ihnen, um eine Entscheidung treffen zu können?
- Wie sähe eine optimale Lösung aus?
- Wie wollen Sie das Produkt nutzen?

Typische Fehler von Verkäuferinnen aus Unwissenheit

- Zu starke Emotionen führen bei Kunden zu Unwohlsein. Frauen sind manchmal nur allzu schnell dazu bereit, etwas Persönliches zu erzählen. Dabei werden sie gern recht emotional. Kunden wollen das allerdings nicht hören. Wenn die Apothekerin ein Medikament verkauft, soll sie keine traurigen persönlichen Erfahrungen darüber mitteilen. Männer fühlen sich oft von weiblichen Emotionen überfordert. Die typische Reaktion eines Mannes auf ein Übermaß an weiblichen Gefühlen ist Rückzug.
- Verkäuferinnen berücksichtigen in der Praxis viel zu selten, dass der Sprachrhythmus sowie der Duktus von Männern einen völlig anderen Verlauf nimmt als der von Frauen. Oft überfahren Verkäuferinnen ihre Kunden, ohne es zu merken. Männer sprechdenken nicht. Sie überlegen stattdessen gründlich, was sie sagen wollen, und erst wenn sie alles durchdacht und vorformuliert haben, öffnen sie den Mund, um die kostbare Essenz ihrer Erkenntnis über ihre Lippe perlen zu lassen. Der Kunde setzt an, seinen Bedarf zu extrapolieren. Er wendet seinen Blick ab. Er denkt nach. Er spricht einen Satz, hält dann inne, um den zweiten im Geiste zu formulieren. Er pausiert. Das führt nicht selten zu Pausen von einer Länge, die Frauen so deuten, dass er bereits zu Ende gesprochen hat. Hat er aber nicht. Er denkt und formuliert noch. Oft grätschen Frauen an dieser Stelle unabsichtlich in seinen Denkprozess hinein und unterbrechen ihn so. Der Kunde kommt gar nicht mehr dazu, seinen Bedarf zu artikulieren. Es ist daher unbedingt zu beachten, ihm an dieser Stelle ausreichend Zeit zu bieten, seinen Denkprozess zu beenden, sonst erfährt sie nie, was er will und braucht. Oder anders gesagt: Verkäuferinnen

müssen öfter schweigen und das Schweigen aushalten. Frauen fühlen sich oft überfordert, die aus ihrer Sicht notwendige Engelsgeduld aufzubringen. Und dennoch gibt es keine andere Empfehlung, als sich in ebendieser Geduld zu üben und zu warten, bis der Kunde tatsächlich fertig ist, seinen Bedarf auszudrücken. Ein sicheres Zeichen dafür, dass er seinen Denkprozess beendet und alles ausgesprochen hat, was er wollte, ist die *Wiederherstellung des Blickkontakts*.

- *Streicheln, bis der Scheitel glüht!* Das sollte Ihre neue Maxime sein, liebe Verkäuferinnen! Viele Frauen meinen, ihnen stünde ebenso viel Lob und Anerkennung zu wie Männern, schließlich würden sie mindestens ebenso viel, wenn nicht gar viel mehr leisten. Natürlich verdienen sie auch Anerkennung, doch wenn es darum geht, einem anderen Menschen eine Extra-Portion Freundlichkeit angedeihen zu lassen, fällt niemandem ein Zacken aus der Krone! Wer es als Anbiedern oder als Manipulation versteht, sieht nicht, welche Freude er dem Menschen gegenüber machen kann, der gerade zufällig ein Kunde ist. Ein Kind, das zum ersten Mal ohne Stützräder Fahrrad fährt, würde man ohne Zögern mit Lob ohne Ende überschütten! Warum nicht auch Erwachsene? Frauen haben heute große Schwierigkeiten, selbst die wahrsten Komplimente anzunehmen. Ständig bekritteln sie sich selbst – aber eben nicht nur sich selbst. Wer sich selbst Komplimente gönnen kann, die nichts anderes sind, als schöne Geschenke von netten Menschen, der (die!) kann auch andere großzügig mit diesen Geschenken bedenken. Und für männliche Kunden gilt eben, dass man gar nicht genug Lob verteilen kann. Versuchen Sie das aber nie, nie, nie bei einer Kundin! Die verträgt schon homöopathische Mengen kaum, geschweige denn Komplimente größeren Kalibers. Die wird nie glauben, dass sie so wunderbar ist, selbst wenn das vollkommen der Wahrheit entspricht!
- Verkäuferinnen wollen häufig alles ganz richtig machen. Ihre Fehlertoleranz tendiert gegen null. Umso schwerer ist es für sie, nicht alle Facetten und Details detektivisch ans Tageslicht zu zerren, sondern sich auf die berühmten ein bis maximal drei Kriterien zu beschränken, die für den Kunden wichtig sind. Nur die entscheiden! Da ist kein Spielraum für Diskussionen! Wenn Verkäuferinnen glauben, sie tun ihrem Kunden etwas Gutes, wenn

sie sich ihm bzw. seinen Wünschen oder Motiven detaillierter widmen, als er es selbst tut, dann täuschen sie sich. Denn in Wahrheit wollen sie nicht das beste Produkt für den Kunden, sondern haben Angst, einen Fehler zu machen und ihm etwas zu empfehlen, womit er am Ende unzufrieden ist. Er könnte ja zurückkommen und sich beschweren. Das vertragen viele nicht gut. Allein die leiseste Vorstellung erzeugt bei ihnen einen Schwall von Angstschweiß. Sie gehen von sich aus und denken, dass der Kunde in Wahrheit doch so anspruchsvoll ist, wie sie es als Kundinnen wären. Doch in den allermeisten Fällen ist er eben genau das nicht. Was er nicht verträgt, ist ein nicht enden wollender Verkaufsprozess!

Das Angebot

Sobald die wesentlichen Anforderungen des Kunden identifiziert sind, gilt es, unverzüglich zum Angebot zu schreiten. Da der Kunde den Kauf zielorientiert gestalten will, empfiehlt es sich für Verkäufer, es ihm gleichzutun. Sein Ziel lautet: auf schnellstem Weg zum Kaufabschluss. Daher muss auch die gesamte Angebotspräsentation bei Kunden straff geführt werden. Kernfaktoren sind:

- eine Angebotsauswahl mit maximal drei Vorschlägen, die sich auf seine Hauptanforderungen beschränkt,
- eine strukturierte Präsentation der Empfehlungen sowie
- die Verwendung des männlichen Kommunikationsstils.

Die Angebotsauswahl und Präsentationsvorbereitung

Kunden brauchen Übersichtlichkeit, Orientierung, Strukturen. Dies gilt ganz besonders für Angebote und Empfehlungen. Hier ist Konzentration auf die wesentlichen Punkte gefordert:

- Welches sind seine Hauptkriterien?
- Welche ein bis maximal drei Angebote passen optimal auf die Anforderungen?
- Welches sind die Argumente, die sich nur auf seine Hauptkriterien beziehen?

Anders als Kundinnen bestehen Kunden vergleichsweise selten auf ein personalisiertes, individuelles, nur für sie ganz allein angefertigtes Angebot. Natürlich muss es seine Bedürfnisse erfüllen, aber das genügt dann auch, außer es handelt sich um so etwas wie einen Maßanzug oder ein Custom Made Surfboard.

Die Erfahrung hat gezeigt, dass es oft Situationen gibt, in denen sich Verkäuferinnen vor folgenden Fragen wiederfinden:

Frage: Den meisten Verkäuferinnen fällt es weitaus schwerer als Verkäufern, sich bei männlichen Kunden auf einige wenige Produktvorschläge zu beschränken. Sie finden es schwierig, sich in einen Kunden zu versetzen, der eben keinen Überblick über das Gesamtangebot haben will. Was also soll eine Beraterin tun, wenn ihr auf Anhieb zehn Produkte einfallen, die auf seine ein bis drei Kriterien passen?

Antwort: Die Verkäuferin muss sich schlichtweg trauen, höchstens drei Angebote herauszugreifen und zu präsentieren, auch wenn ihr das schwerfällt. Sie muss sich immer wieder bewusst machen, dass der Kunde in der Regel kein Perfektionist ist wie sie. Außerdem sollte sie bedenken, dass die Produkte für sie als Expertin ähnlich gut und gleichermaßen passend sein mögen. Wenn das schon so ist – wie soll dann erst der Kunde die Unterschiede feststellen?

Frage: Wenn die Expertin sieht, dass die Produkte an sich unterschiedlich sind und nur die besagten Wunschkriterien des Kunden gemeinsam haben – was dann?

Antwort: In diesem eher seltenen Fall wäre dann doch die Ermittlung zu empfehlen, welche weiteren Kriterien für diesen Kunden wohl wichtig wären. Dazu gibt es verschiedene Möglichkeiten, die gegeneinander abgewogen werden sollten:

1. Die erste Variante besteht darin, dem Kunden alle drei Angebote zu zeigen und nach Aufzählung seiner Kriterien die wesentlichen Unterschiede darzustellen. Auch bei den Unterschieden gilt: Die Beschränkung auf die Hauptpunkte ist wichtig. Der Kunde kann sich dann zu seinen Präferenzen äußern.

2. Anders ist es, wenn der Kunde auch die Belange anderer berücksichtigen muss, deren Bedürfnisse aber schlecht einschätzen kann. Will er beispielsweise für sich und seine drei kleinen Kinder eine Reise auf die Malediven buchen, dann ist es sicherlich wichtig, dass die Reiseverkäuferin die Bedürfnisse der Kinder im Blick behält, selbst und gerade auch dann, wenn er es nicht tut.

3. Wenn der Kunde allerdings nur ein Paar günstiger Halbschuhe kaufen möchte, dann muss die Verkäuferin nicht ihren gesamten Kriterienkatalog einbringen. Dann ist es im Grunde egal, welche sie empfiehlt.

Die beste Vorgehensweise kann nur situativ gewählt werden. Auf keinen Fall sollten Verkäuferinnen in diesem Fall einen endlosen Kriterienkatalog abfragen, denn das würde den Kunden nur verunsichern.

Vergleichbarkeit herstellen

Um dem Kunden die Entscheidung noch weiter zu erleichtern, sollten die Angebote *vergleichbar* sein. Menschen bevorzugen die beste Variante innerhalb eines vergleichbaren Sets. Wissenschaftler haben herausgefunden, dass eine Frau auf Partnersuche wesentlich mehr Aufmerksamkeit für sich verbuchen kann, wenn sie mit einer Freundin ausgeht, die vom selben Typ, aber etwas weniger attraktiv ist. (Bei Männern gilt prinzipiell das Gleiche, aber hier ist die Attraktivität, wie schon gezeigt, nicht so wichtig wie bei Frauen.)

Dan Ariely empfiehlt Immobilienmaklern, einem Kunden auf der Suche nach einer Wohnung die folgende Kombination anzubieten, um eine Vergleichbarkeit zu erzeugen und die Auswahl zu erleichtern:

- eine Wohnung im renovierten Altbau,
- eine Wohnung im unrenovierten Altbau,
- eine Neubau-Wohnung.

Die Wohnung im renovierten Altbau erscheint günstiger und attraktiver als eine unrenovierte Altbau-Wohnung. Die Neubau-Wohnung fällt heraus, weil sie mit keiner der anderen beiden so richtig verglichen werden kann. Die meisten Entscheidungen entfallen also auf die renovierte Altbau-Wohnung.

Beratung ohne Zeitdruck

Wenn Adam etwas kaufen will, dann ohne zu großes Federlesen und ohne lange zu fackeln, selbst wenn es sich um einen Luxuskauf handelt. Wer als Verkäufer gerade aus einer umfangreichen oder komplexen Angebotspalette ad hoc außergewöhnliche Wünsche befriedigen soll, kann schnell überfordert sein. Es empfiehlt sich gerade bei größeren Investitionen, einen baldigen Folgetermin zu vereinbaren, statt dem Kunden unter Druck ein Wunder zusammenzimmern zu wollen. Um ihm einen Anreiz zu bieten, tatsächlich wiederzukommen, kann man ihn mit einem Erlebnis der Marke »außergewöhnlicher Leckerbissen« locken. Muss er sich ein Auto kaufen, das nicht seinem absoluten Traumwagen entspricht, dann könnte die Belohnung für sein Wiederkommen eine Spritztour in ebendiesem Traumwagen sein, der ihm für den Tag des Termins reserviert wird. So wird das gesamte Verkaufsgespräch ganz besonders versüßt. Und wenn diese Variante nicht realisierbar ist, dann vielleicht eine abgespeckte Version davon: Ein Porsche-Händler könnte besonders vielversprechende potenzielle Kunden zu einer exklusiven Besichtigung einladen, zum Beispiel, falls er eines *Porsche 918 Spyder* (nach dessen Veröffentlichung am 18. September 2013) für einige Tage habhaft werden kann. Selbst wenn der Wagen auf 918 Stück limitiert und damit zu selten und mit einem Verkaufspreis von rund 770 000 Euro zu wertvoll ist, um gefahren zu werden, so werden Porsche- und auch andere Autofans glücklich sein, ihre Nase an einem derart seltenen Fahrzeug plattdrücken zu dürfen. Und es darf sogar noch eine Nummer kleiner sein: Seit Sommer 2011 gibt es für Besteller des 918 Spyder zur Überbrückung der Wartezeit eine Sonderauflage des Porsche 911. Dieses Modell trägt die offizielle Bezeichnung *Porsche 911 Turbo S Edition 918 Spyder* und kostet als Coupé lediglich 173 241 Euro und als Cabriolet nur 184 546 Euro. Auch nach der Besichtigung eines dieser Modelle würden sich Fans die Finger lecken.

In der Regel ist es nicht nötig, den eben beschriebenen Aufwand zu treiben, jedoch werten solche Erlebnisse den Kaufprozess und das Ansehen eines Händlers massiv auf, was Verkäufern die Arbeit enorm erleichtern kann. Für echte Liebhaber ist es immer ein Anreiz, ein besonderes Stück zu sehen zu bekommen. Der Umgang mit exklusiven Produkten erhöht das Ansehen des Händlers und des Verkäufers in den Augen des Kunden ganz enorm.

Fachwissen

Kunden erwarten vom Verkäufer Expertenwissen und detaillierte Produktkenntnisse.

Wie gezeigt, lässt sich der potenzielle Kunde vor allem dann beraten, wenn er noch so gut wie gar keine Ahnung hat oder wenn er direkt vor der Kaufentscheidung steht. Obwohl die Angebotspräsentation sich immer auf das Wesentliche beschränken soll, empfindet er es als großen Benefit, wenn er im Beratungsgespräch Zusatzinformationen erhält, auf die er zuvor überhaupt noch nicht gestoßen ist und die genau sein Anliegen betreffen. Das beweist ihm, dass der Verkäufer weiß, wovon er spricht, und bewirkt in ihm Vertrauen. Findet er keinen Grund, dem Verkäufer zu vertrauen, kann er ebenso gut im Internet nach dem günstigsten Preis suchen. Das Fachwissen eines Verkäufers zeichnet diesen als Experten aus, und Experten sind für Männer verlässliche Ratgeber.

Jahrelange Beobachtungen in der Praxis zeigten uns, dass Verkäuferinnen oftmals viel detaillierter über die Produkte informiert sind als Verkäufer, dass manche von ihnen ihr Wissen aber nicht richtig transportieren können. Verkäufer hingegen kennen sich oft schlechter mit den Produkten aus, wobei sie ihre Kenntnisse besser einschätzen, als sie tatsächlich sind. Allerdings können sie in der Präsentation das Bild erzeugen, sie wären große Experten. Daher haben Kunden häufig das Gefühl, dass Verkäufer sich weitaus besser auskennen als Verkäuferinnen. Als Nicht-Fachleute fehlt ihnen das Wissen, um tatsächliches Fachwissen von professioneller Vortäuschung zu unterscheiden, also gehen sie nach dem Eindruck. Den Verkäufer stört das nicht, denn diese Strategie verhilft ihm zum Geschäft – sogar zum weitaus besseren. Und so könnte man auch sagen: Frauen sammeln Wissen, Männer sammeln Erfolge.

Männliche Verkäufer können sich für technische Details weitaus stärker begeistern. Wenn etwas mit technischen Innovationen und deren Feinheiten zu tun hat, dann arbeiten sie sich häufig aus persönlichem Interesse viel tiefer in die Materie ein. Die Fertigungsmethode eines Topfbodens interessiert eher Verkäufer als Verkäuferinnen. Dafür wissen Verkäuferinnen mit hoher Wahrscheinlichkeit besser, welcher Topf sich für welches Gericht besser eignet.

Persönliches Interesse ist immer der stärkste Motivator für die Entwicklung von Fachwissen. Frauen sind häufig Verkäuferinnen im Handel, weil sie den Job aus finanziellen Gründen machen müssen. Da sie ihre Arbeit eher notgedrungen betreiben, interessieren sie sich auch nicht so sehr für ihre Produkte, insbesondere dann nicht, wenn sie ein hohes Fixum bekommen. Umgekehrt gilt aber auch: Je höher Frauen gebildet sind, desto mehr Fachkompetenz besitzen sie – auch im Vergleich zu Männern.

Insbesondere für Verkäuferinnen ist es wichtig, ihre Empfehlungen – und damit ihr Fachwissen – selbstbewusst zu präsentieren.

Das beste fachliche Wissen nützt allerdings gar nichts, wenn es nicht im Brustton der Überzeugung vorgebracht wird. Unter Verkäuferinnen sind viele anzutreffen, die durchaus eine Menge von ihrem Produktbereich verstehen, die jedoch nicht vermögen, selbstbewusst aufzutreten. Manche zweifeln aufgrund ihres Perfektionismus am Umfang ihrer Fachkenntnisse, obwohl dieser Zweifel bei objektiver Betrachtung jeglicher Grundlage entbehrt. Andere fühlen sich in allen Lebensbereichen unsicherer als Männer. Das ist allerdings äußerst fatal, denn:

Unsicherheit führen Männer immer auf Inkompetenz zurück.

Denken Sie also immer daran, was Doris Bischof-Köhler herausgefunden hat:

Nur weil jemand selbstsicher wirkt, heißt das noch lange nicht, dass er tatsächlich alles besser weiß. Das Testosteron hilft der Selbstsicherheit der Männer massiv auf die Sprünge.

Dafür können die Männer nichts, die Frauen aber auch nicht. Verkäuferinnen sollten das angesichts eines sehr selbstbewussten Kunden (oder auch Kollegen) lediglich bedenken und aus diesem Wissen eine gehörige Portion Zuversicht schöpfen.

Frauen sollten im Verkaufsgespräch gelassen-selbstbewusst auftreten, wohingegen Männer an dieser Stelle im Verkaufsprozess darauf achten sollten, nicht überheblich, voreingenommen oder abschätzig zu wirken. Ja, sie sind (hoffentlich) die Experten, sonst würden Kunden bei ihnen ja auch keine Beratung suchen. Dieses Wissen dürfte doch genügen, um auf eine Bestätigung durch verbales Niederringen jedes Ratsuchenden verzichten zu können.

Ein selbstbewusster Ausdruck entsteht durch

* überzeugende Sprache,
* eine feste Stimme,
* sicheren Augenkontakt,
* eine sichere Körpersprache mit freier Gestik,
* ein entspanntes und freundliches Auftreten,
* die Ausstrahlung von Zuversicht und
* die Zuwendung zum Kunden,

Humor ist das beste Zeichen für Selbstsicherheit. Männer sind ohnehin der Ansicht, dass Frauen alles viel zu verbissen sehen, dass sie sich viel zu sehr anstrengen und zu viel dransetzen, um sich zu beweisen. Tatsächlich können viele Frauen nicht so spielerisch sein wie Männer, weil sie die Bestätigung benötigen, dass sie ernst genommen werden. Verkäuferinnen fehlt das Wissen über die männliche Denkweise. Sie brauchen das »Spielverhalten« der Kunden nicht so ernst nehmen. Vor allem aber empfehlen wir Verkäuferinnen, sich damit abzufinden, dass männliche Kunden ihnen nicht signalisieren werden, dass sie sie ernst nehmen.

Wenn die Verkäuferin zum Sprechdenken neigt

Verkäuferinnen sollten bei der Angebotsauswahl oder während der Präsentation das Sprechdenken männlichen Kunden gegenüber um jeden Preis vermeiden.

> Männer halten sprechdenkende Frauen für fachlich inkompetent.

Die Verkäuferin steckt inmitten ihrer Präsentation. Sie denkt und spricht, macht keine Pausen. Sie ist so in ihrem Denkprozess gefangen, dass sie überhaupt nicht wahrnimmt, dass sie ihren Kunden vollständig überfordert und an seinem Informationsbedarf vorbeiredet. Sie überlädt ihn. Am schlimmsten jedoch ist, dass sie seine Kaufsignale übersieht und überhört! Ihm reicht es längst. Er weiß schon viel mehr, als er eigentlich wissen wollte, um sich zu entscheiden. Vielleicht will er auch eine Pause, um die gehörten Argumente abzuwägen. Aber die Verkäuferin spricht noch immer weiter und weiter und weiter. Er kann sich längst selbst nicht mehr denken hören. Vor allem aber hat er nicht die Ruhe, das Gehörte zu überdenken und so zu einer Entscheidung zu kommen. Beim Sprechdenken während der Angebotspräsentation verfolgt die Verkäuferin ein hehres Ziel: Von sich selbst ausgehend, nimmt sie an, dass auch ihr männlicher Kunde die bestmögliche Lösung sucht, und versucht, diese für ihn herauszufiltern. Oft ist es allerdings so, dass der Kunde weitaus früher zufriedengestellt und mit einer guten Lösung bestens bedient ist, sodass er nicht die beste Lösung von allen braucht. Die Investition in die beste Lösung, seine Zeit und Geduld ist ihm das beste Ergebnis nicht wert. Er legt hier andere Maßstäbe an als sie.

Es kann auch dazu kommen, dass der Kunde den lauten Gedankenfluss einer Verkäuferin bei der Angebotspräsentation abrupt abbremst, indem er laut und vernehmlich äußert, dass er eine bereits vorgetragene Variante haben will (nicht selten die allererste). Sie tut gut daran, auf der Stelle genau dieses eine Angebot zum Abschluss zu bringen. Verkäuferinnen sind nach dieser Erfahrung typischerweise sehr verwirrt, weil sie ihre Argumentation nicht zu Ende führen konnten. Für sie ist es unverständlich, dass ihm die wenigen genannten Fakten für seine Entscheidung weit mehr als ausgereicht haben.

Viele Verkäuferinnen neigen dazu, den Kunden mit Informationen zu überladen und in der Präsentation zwischen den Produkten hin- und herzuspringen. Sie führen kaum einen Gedanken zu Ende, sondern wechseln mitten im Satz dazu, was ihnen gerade als Nächstes in den Sinn kommt. Dann kommentieren sie zu allem Überfluss auch noch, was sie gerade tun (»dann schaue ich mal kurz in der anderen Datenbank nach«). Auf diese Weise zerstören Verkäuferinnen noch immer häufig all ihre Chancen auf einen Verkauf. Einen Mann verwirrt das komplett. Spätestens nach der zweiten Schleife steigt er aus. Die meisten Männer haben schon Schwierigkeiten, ihrer Partnerin bei einem Gespräch mit ihrer Freundin zu folgen, und nicht selten kommt es auch hier deswegen zu entnervten kleinen Verzweiflungsausbrüchen. Umso schlimmer stellt sich für die Kunden die Situation dar, wenn sie zielstrebig etwas kaufen wollen, davon aber abgehalten werden, da die Verkäuferin gedanklich in ihrem Gesamtsortiment herumwandert. Für Männer dient das nicht der Erreichung ihres Ziels, sondern erzeugt große Ungeduld und sogar Ärger. Sie suchen Klarheit, erleben aber stattdessen eine zunehmende Verwirrung, die sie zutiefst frustriert. Daraus ergeben sich bei Kunden folgende alternative Verhaltensweisen:

- Viele männliche Kunden nehmen ihre Verwirrung und Frustration nicht richtig wahr, aber sie können gut spüren, dass sie genervt sind. Und dieses Gefühl geben sie unreflektiert weiter, indem sie beginnen, die betreffende Verkäuferin unter Druck zu setzen. Außerdem halten sie diese Verkäuferin für unsicher (was sie ja auch ist) und inkompetent. Die Männer beginnen Fragen zu stellen, bei denen es nicht länger um das Produkt geht, sondern darum, die Macht zurückzuerlangen, weil ihre Nerven blank liegen. Selbst wenn sie die Kontrolle auf diese Weise zurückerlangt haben, ist keineswegs gesagt, dass sie danach kaufen.
- Frustrationen werden in aller Regel von Menschen bereinigt, indem sie die andere Person, die am Konflikt beteiligt ist, angreifen. Das unbewusste Ziel dahinter ist, durch die Befreiung aus der Situation die eigene Frustration aufzulösen. Normalerweise wird die andere Person durch Angriff und Streit aus der Situation »entfernt«. Da die Verkäuferin jedoch kaum aus ihrem Geschäft entfernt werden kann, verlässt der Kunde schlechtgelaunt das Feld seiner Niederlage. Er bricht den Kaufprozess also ab. Und das empfindet er als Niederlage, weil er sein Ziel nicht erreichen konnte. Der Kunde ist wütend auf die Verkäuferin, weil sie in seinen Augen schuld an der Verhinderung ist. (Es ist von ihm nicht zu erwarten, dass er erkennt, was er selbst zu dieser Situation beigetragen hat.)

Wenn das Kind gerade in den Brunnen fällt, dies aber gerade noch bemerkt wird, empfehlen wir Folgendes: Ist der Kunde bereits entnervt, hat das Geschäft allerdings noch nicht verlassen, kann er durch die Bitte um einen Rat oder durch die Ansprache des (vermeintlichen) Experten in ihm wieder »eingefangen« und befriedet werden. Danach ist die strukturierte und zielorientierte Präsentation in kurzen Sätzen umso wichtiger.

Präsentationsstil: männlich

Selbstverständlich sollte die Präsentation im männlichen Kommunikationsstil erfolgen.

Viele Verkäuferinnen treffen keine klaren Aussagen, sondern drehen indirekte, relativierende Satzschleifen, womit ihre Angebotsauswahl sich zu einem beliebigen Vorschlag reduziert. Männer fangen dann an, sich ungeduldig nach einem (vermeintlich) echten Experten umzuschauen. Verkäuferinnen mit diesem Kommunikationsmuster ist es dringend anzuraten, zu ihren Aussagen und vor allem zu ihrer Auswahl zu stehen und diese in klarer, direkter Sprache zu kommunizieren. Sollte es dennoch dazu kommen, dass jemand ihren Vorschlag infrage stellt, ablehnt oder gar abschmettert, dann können sie unverdrossen nachfragen, worauf sich die Ablehnung bezieht, und mit dieser neuen Information erneut in die Auswahl gehen.

Die wesentlichen Tipps für den Umgang mit dem männlichen Kommunikationsstil im Verkaufsgespräch sind:

- Gehen Sie strukturiert vor: Stellen Sie ein Produkt nach dem anderen vor. Im Optimalfall präsentieren Sie alle Produkte in der inhaltlich gleichen Reihenfolge. Präsentieren Sie das erste Produkt und stellen Sie dann bereits die Abschlussfrage. Oft will er das Produkt schon, wenn all seine Anforderungen erfüllt sind. Manchmal möchte er noch eine Alternative sehen, um sich besser entscheiden zu können. Ein drittes Produkt will er aber eher selten sehen – und nur in absoluten Ausnahmefällen ein viertes.
- Beschränken Sie sich auf die Argumente, die auf den Anforderungskriterien des Kunden basieren. Sowohl männliche als auch weibliche Verkäufer neigen dazu, zu viel zu reden. Sie wollen ihr gesamtes Fachwissen platzieren und merken nicht, dass sie die Kunden oft damit überfordern. Haben Sie Mut zur Lücke! Es muss nicht alles abgearbeitet werden, was es auf der Welt an denkbaren Möglichkeiten gibt!
- Machen Sie bewusst Pausen.
Sprechpausen helfen, das Gehörte zu sortieren. Der Kunde droht ansonsten zu leicht, in einem Redeschwall zu ertrinken.
- Drücken Sie sich kurz, präzise, klar und sachlich aus.
(Gehen Sie jedoch trotzdem auf die Gefühle und Motive Ihres Kunden ein.)
- Bilden Sie kurze Sätze. Vermeiden Sie Bandwurmsätze, die über eine halbe Seite gehen, viele Verschachtelungen besitzen – von denen die meisten ohnehin überflüssig sind –, und vermeiden Sie, wann immer es geht, hübsche Verzierungen, Füllwörter und Konjunktive (jedenfalls sollten Sie das tun).
- Verwenden Sie direkte Sprache. Zu den Dingen, die Männer am meisten verabscheuen und mit denen sie am wenigsten umge-

hen können, gehört indirekte Sprache. Es wäre ja wirklich schön und würde das Leben sicherlich aller Beteiligten enorm erleichtern, wenn Adam es hinbekäme, zuweilen mehr Verständnis aufzubringen. Tut er aber nicht. Weil er es nicht kann, aber auch nicht versteht, warum jemand das, was er oder sie sagen will, nicht klipp und klar ausdrückt. Männliche Sprachakrobaten werden Kabarettisten. Oder Dichter. Wer keins von beiden ist, will klare Aus- und Ansagen.

- ZDF – Zahlen, Daten, Fakten sind des Mannes liebste Informationen: Motorleistung, Drehmoment, Watt, Amperestunde, Entfernung in Lichtjahren, km/h und mph, Standby-Zeit, Dezibel, Giga- und Terrabyte, MBit/s, Platzierungen bei Produkttests sowie bei Rennen und alles andere, das sich möglichst in Zahlen ausdrücken lässt, helfen Aldam, das Produkt zu verstehen, und geben ihm das Gefühl, es ins Weltgefüge einordnen zu können.
- Ergänzend dazu mag er auch Hinweise zu Top-Testbewertungen, Status-Referenzkunden, Auszeichnungen von der Fachpresse und sonstige Bewertungen berufener Experten.
- Die Herausstellung von Vorteilen und Nutzen versus Nachteilen und Kosten erleichtert Adam die Orientierung.
- Übertreibungen im Verkaufsgespräch sind gelegentlich erlaubt. Sie funktionieren allerdings nur, wenn das Kernmotiv des Kunden erkannt ist. Wenn etwas angepriesen wird, das nicht sehr oder gar überhaupt nicht interessiert, suggeriert das dem Kunden eher, dass das betreffende Produkt sich durch eine Top-Eigenschaft auszeichnet, die er gar nicht will.

Die Bedenkenklärung

Beim typischen Training von Einwandbehandlungen werden Wortwendungen vorgegeben, die Verkäufer dem Kunden gegenüber floskelhaft anbringen sollen. Die Entwickler solcher Prinzipien gehen wohl davon aus, dass Kunde und Verkäufer lediglich ein Rennen miteinander austragen, bei dem der Cleverere gewinnt. Derjenige siegt, der den anderen mit den besseren Spielzügen schlägt.

Ausgehend vom männlichen Weltbild, in dem der Wettbewerb omnipräsent ist, lässt sich dieser Ansatz natürlich nicht völlig von der Hand weisen. Aber er stimmt nur zum Teil, denn daneben gibt es noch eine andere Wahrheit: Menschen haben meistens gar keine Einwände, sondern sie haben tatsächlich einige Dinge zu bedenken, bevor sie sich für eine – womöglich auch noch teure – Anschaffung entscheiden.

Es ist überaus wichtig zu unterscheiden, wann Adam echte Fragen oder Bedenkenswertes klären will – und wann er ein ganz anderes Ziel verfolgt: Die Einwände nutzt er gerne wieder, um seine Kräfte zu messen und einen vorteilhaften Deal zu erringen. Einen Teil der Bedenkenklärung wird Adam nutzen, um erneut zu *pokern*.

Woran sich echte Fragen und Bedenken erkennen lassen

Wenn Frauen Einwände äußern, dann verklausulieren sie sie, oft sogar bis ins Unverständliche. Es ist nicht immer leicht herauszufinden, was sie tatsächlich wollen oder meinen.

Hat hingegen ein Mann sachliche Einwände, dann wird er sie klar artikulieren und somit mit präzisen Nachfragen kenntlich machen.

Männer formulieren ihre echten Bedenken kurz, knapp, sachlich. Sie erwarten auch eine direkt auf die Frage bezogene Antwort. Beispiele:

- Ist der angebotene Rasierer tatsächlich besser als der, der daneben steht und günstiger ist?
- Wie kriege ich nach Ablauf der Frist einen Anschlusskredit?
- Hat der Mietwagen genug PS für die geplante Bergetappe?
- Hat dieses Boot alles, was es an Sonderausstattung gibt?
- Reicht die Leistung der Grafikkarte für die neuesten Spiele?

Der Kunde beabsichtigt während der Bedenkenklärung, neben der Beantwortung seiner fachlichen Fragen, unbewusst auch, seine Position und vor allem seine Interessen abzusichern. Ein Kunde formulierte es für uns so: »Wenn mir eine Abschlussfrage gestellt wird, muss ich thematisch soweit gewappnet sein, dass ich durch Einwände, Modifikationen, Extras etc. in der Lage bin, Zeit zu gewinnen und mich nicht überrumpeln zu lassen.«

Wenn Kunden eine echte Klärung suchen, dann immer über die Sachebene. Es ist daher nicht ratsam, sie zu fragen, wie sie sich mit einer Entscheidung fühlen. Die einzige Empfehlung kann nur lauten: Bleiben Sie bei den Fakten. Klären Sie seine Fragen. Fragen Sie ihn, ob er noch etwas wissen möchte. Manchmal lässt sich beobachten, dass männliche Verkäufer jede ihrer Erklärungen auf jede einzelne gestellte Frage mit der Abschlussfrage »krönen«: »Sind alle Fragen beantwortet?« Das klingt jedes Mal wie ein Rausschmeißer. Da traut man sich irgendwann kaum noch, mit nein zu antworten. Wählen Sie eine einladendere Formulierung, etwas wie »Welche Frage kann ich Ihnen noch beantworten?«

Hat die Rückfrage ergeben, dass das, was der Kunde angesprochen hat, nicht der Hauptgrund seiner Bedenken oder sein einziger Einwand ist, fragen Sie beherzt, welche weiteren Zweifel bestehen bzw. welche weiteren Kriterien eine Rolle spielen: »Gut, dass Sie darauf zu sprechen kommen. Was sollen wir da noch einmal besonders beachten?« oder »Was ist Ihnen besonders wichtig?« oder »Habe ich Sie richtig verstanden, dass …?« Damit steht der Verkäufer auf der Kundenseite. Der Kunde fühlt sich verstanden und kriegt den Raum, um auszusprechen, was ihm wirklich wichtig ist. Daraufhin kann der Verkäufer nachprüfen, ob das vorgeschlagene Produkt zu den Anforderungen passt. Während das klassische Verkaufstraining die Maxime ausgibt »Halte am Produkt fest, kipp bloß nicht sofort um!«, empfehlen wir die Konzentration auf den Menschen:

> Achten Sie immer darauf, wie es dem Menschen gerade geht, der vor Ihnen steht, und streben Sie danach, das passende Produkt für ihn zu finden. Stellen Sie im Gesprächsverlauf fest, dass Sie zuerst ein nicht (ganz) passendes Produkt vorgeschlagen haben, dann ändern Sie einfach Ihre Empfehlung und finden Sie etwas, das eben besser passt. Niemand kann auf Anhieb perfekt sein!

Dennoch gilt insbesondere für Verkäuferinnen: Sie dürfen nicht zu schnell vom Produkt weggehen, denn womöglich haben sie das richtige Angebot gewählt, werden durch das Verhandlungsspiel jedoch verunsichert und lassen sich aufs Glatteis führen.

Vorgehensweisen, die wir besonders Verkäuferinnen empfehlen
Auch wenn das Produkt richtig ist, kann der Kunde noch Zweifel haben. In diesem Fall sollten sich die Verkäuferinnen nicht von der Unsicherheit des Kunden anstecken und dadurch von ihrer Empfeh-

lung abbringen lassen. Vielmehr sollten sie imstande sein, präzise erläutern zu können, in welcher Hinsicht ihre Auswahl optimal auf die Anforderungen des Kunden passt.

Wenn Männer die Güte des Beraters und seiner Informationen prüfen wollen, setzen sie ihn nicht selten unter Druck. Männer stecken das weitaus besser weg als Frauen. Viele Verkäuferinnen interpretieren dieses Verhalten als Zweifel an ihrer Person. Im Grunde stimmt diese Empfindung, denn der Kunde weiß noch nicht, wie gut die Beratung ist, die er erhalten hat, doch dieses Antesten ist keinesfalls persönlich gemeint. Der Kunde will sich nur informieren und wechselt dafür in den Prüfmodus. Diese Situation führt regelmäßig dazu, dass Verkäuferinnen im Verkaufsgespräch unter energetischen Druck geraten: Der energetische Druck entsteht aus einer Haltung, die sich in der Kommunikation und in der Körpersprache zeigt. Damit fühlen sich Verkaufsmitarbeiterinnen in die Ecke gedrängt und wissen dann nicht weiter. Sie empfinden große Unsicherheit und fühlen sich schuldig, dass diese Unsicherheit, dieses Unwissen überhaupt existiert. Doch sie könnten viel entspannter bleiben, riefen sie sich ins Gedächtnis, dass die wenigsten Kunden Experten sind. Frauen fürchten oft, bei Unwissenheit und Fehlern ertappt zu werden. In der Tat ist es aber so, dass sie selbst unbewusst die Signale senden, wo ein stochernder Kunde etwaige Unzulänglichkeiten auffinden kann. Und diese Signale werden dann manche Kaufwilligen weidlich ausnutzen, um ihre eigene Verhandlungsposition zu stärken.

Umgekehrt werden Männer selbst in einem Gespräch, das nur ihrer Information dienen soll, nicht alle Fragen stellen, die sie eigentlich beschäftigen. Sie werden sich weder diese Blöße geben noch dem anderen die eigenen Schwachpunkte aufzeigen.

Wer seine Fragen womöglich auch noch antizipiert und beantwortet, ohne dass der Kunde sie überhaupt angesprochen hat, wird sich mit Sicherheit dessen Respekt verdienen.

Wenn Ihnen ausnahmsweise mal eine Antwort fehlt …

Manche Männer reagieren recht ungnädig, wenn man ihnen eine Antwort schuldig bleibt. Während so mancher Verkäufer sich darüber hinweghilft, indem er sich schlichtweg eine Antwort ausdenkt, neigen Verkäuferinnen eher dazu, übertrieben peinlich berührt und schuldig zu reagieren. Ein schlichtes »Das finde ich für Sie heraus« genügt völlig. Ist es ohnehin ein Verkauf, der mindestens einer weiteren Gesprächs- bzw. Verhandlungsrunde bedarf, ist es völlig akzeptabel, dem Kunden einen Anruf oder eine E-Mail zuzusagen oder die Antwort zum nächsten Gespräch zu liefern. Handelt es sich um eine einfach zu klärende Frage, können alle Punkte bis auf die offenen geklärt werden, dann kriegt der Kunde einen Kaffee und eventuell eine Beschäftigung, während die Verkäuferin die nötige Information einholt. Dies sollte jedoch nicht länger als fünf Minuten dauern. Hat eine Verkäuferin die Möglichkeit, die benötigte Antwort mithilfe beeindruckender Technik oder durch eine schnelle Recherche im Beisein des Kunden zu beschaffen, wird sie ihn damit unter Umständen sogar schwer beeindrucken.

Frauen empfinden häufig schon kleine Pannen als Scheitern. Dann schämen sie sich und trauen sich anschließend kaum, ihre Nase wieder herauszustrecken. Männer hingegen sehen alles nicht so eng. Scheitern gehört für sie zu den natürlichsten Angelegenheiten überhaupt, deswegen hat die Natur sie auch mit der Misserfolgstoleranz ausgestattet. Für Männer gibt es in diesem Zusammenhang nur ein sträfliches Verhalten: scheitern und liegen bleiben. Hingegen ist derjenige der Held, der wieder aufsteht. Je größer das Scheitern, desto heldenhafter die Wiederauferstehung. Und in diesem Punkt unterscheiden Männer nicht zwischen den Geschlechtern: Jede/r darf eine Scharte wieder auswetzen. Meistens ist es ohnehin unspektakulär.

> Verkäuferinnen sollten sich nie dafür entschuldigen, dass sie etwas nicht wissen.

Die Preisfrage

Wird früher oder später die Preisfrage gestellt, geraten Verkäufer nicht selten ins Schwitzen. Sie befürchten unangenehme Reaktionen seitens des Kunden, und damit haben sie ja nicht einmal Unrecht, so oft, wie sie sie schon erlebt haben. Wer sich aber vorsorglich wegduckt, signalisiert dem Kunden bereits, dass er diesen Punkt selbst für heikel hält. Wie könnte er den Preis da noch durchsetzen?

Es ist von allergrößter Bedeutung, bei der Bedenkenklärung beim Kunden zu bleiben, ganz besonders, wenn die Preisfrage gestellt wird. Die meisten Verkäufer fühlen sich vom Preiseinwand persönlich angegriffen und gehen in die Verteidigungshaltung. Sie verteidigen dann das Produkt, rechtfertigen den Preis und am Ende das eigene Verhalten. Wer angegriffen wird und sich davon betroffen fühlt (was daran zu erkennen ist, dass er in die Defensive geht), denkt, dass der Kunde ihm Fehlverhalten vorwirft, womöglich sogar Täuschung. In dem Moment aber, in dem er das Produkt zu verteidigen beginnt, baut er eine Mauer zwischen sich und dem Kunden auf. Sobald der Verkäufer »ja, aber« sagt, steht die Mauer. Dann stehen beide auf verschiedenen Seiten, mit der Wand zwischen sich.

Was meint der Kunde wirklich, worauf will er hinaus, wenn er den Preis angreift? Ist das Produkt dann wirklich zu teuer oder möchte er nur spielen? Tatsächlich kann beides der Fall sein. Betrachten wir zuerst die Variante, in der der Kunde meint, was er sagt: »Zu teuer!«

Viele Kunden empfinden es unbewusst als männlich, den Preis zu ignorieren. Wenn sich der Preis also als deutlich höher herausstellt, als sie erwartet haben, dann können sie durchaus geschockt darüber sein. »Zu teuer!« heißt hier schlicht und ergreifend: »So viel bin ich nicht bereit oder imstande, auszugeben!« Diese Aussage erscheint von der Stimmlage, Mimik und Körperhaltung glaubwürdig! Er meint es, wenn die Aussage keine Herausforderung enthält. Zeigt sein Verhalten Abwehr, also Empörung, Ärger oder Traurigkeit, dann ist das Produkt ihm wirklich zu teuer, und er bedauert diesen Fakt. Die meisten Männer reflektieren ihre Gefühle in diesem Moment nicht, sondern handeln im Affekt. Und selbst wenn sie sie diffus wahrnehmen, bringen Männer im Gegensatz zu Frauen ihre Gefühle niemals zur Sprache. Wenn sie sich unbewusst nur möglichst schnell aus der Situation befreien wollen, die ihnen dieses Unbehagen verursacht, reagieren sie in der Regel aggressiv. Indem sie den Verkäufer quasi in die Flucht schlagen, beenden sie die als unangenehm empfundene Begegnung. Unbewusst schieben sie dem Verkäufer dabei auch die Schuld zu, sonst wollten die Kunden den Verkäufer ja auch nicht »aus der Situation entfernen« und sie auf diese Weise »lösen«.

> Wenn der Kunde verärgert reagiert, klagt er in Wahrheit nicht den Verkäufer an, dass dieser etwas falsch gemacht hat (auch wenn er diese Worte benutzt). Er macht vor allem eine Aussage über seinen eigenen augenblicklichen Zustand. Er sagt nämlich: »Mir geht es gerade nicht gut.«

Jegliche Diskussion über das Angebot ist hinfällig, solange der Kunde sich nicht wieder beruhigt hat. Und das kann er nur, wenn sein Gefühl einen ausreichenden Ausdruck und Raum bekommen hat. Wenn der Kunde den Verkäufer (und insbesondere die Verkäuferin) angreift, dann braucht er: Verständnis für seine Gefühle.

> Wenn ein Kunde wütend ist und womöglich sogar einen Verkäufer verbal angreift, dann ist er in Wahrheit nicht wütend, sondern erschrocken, enttäuscht oder traurig. Oder alles zusammen. Signalisieren Sie Verständnis, indem Sie ihn behutsam bestätigen. Wer sich verstanden fühlt, braucht sich nicht mehr zur Wehr zu setzen.

Sobald der Kunde sich schließlich beruhigt hat, können Sie anregen, gemeinsam zu schauen, wo sich Abstriche machen lassen, um den Preis zu senken. Auf diese Weise können Sie gemeinsam in die nächste Verhandlungsrunde einsteigen.

Was ist also zu tun, wenn ein Kunde sagt, ihm sei ein Angebot zu teuer, oder andere Zeichen der Verärgerung zeigt?

- Hören Sie aktiv zu und zeigen Sie Verständnis für die Empfindungen des Kunden.
- Erfassen Sie das Problem auf der emotionalen Ebene und wiederholen Sie, was Sie gehört haben. Was ist das in Bedenken gekleidete Problem des Kunden?
  - *Basisstufe:* Spiegeln Sie das vorgebrachte Problem: »Es ist gut, dass Sie das Geldthema ansprechen! Ich sehe, dass es Ihnen wichtig ist.«
  - *Aufbaustufe:* Fügen Sie der Spiegelung eine Suggestion hinzu: »Wow, da kommen Sie aber schon früh auf den Punkt! Schön, dass wir Tacheles reden können! Habe ich richtig verstanden, dass der Preis das für Sie alles entscheidende Argument darstellt?«

Daraufhin ist der Kunde gefordert zu reagieren. Er muss sich bekennen, indem er zustimmt (»ja, da haben Sie den Punkt genau getroffen«) oder verneint (»nein, das war nicht das Thema«). Der nächste Schritt wäre zu fragen: »Habe ich Sie richtig verstanden, dass es Ihnen zu teuer ist? Darf ich fragen, wie hoch Ihr Budget ist?«

- Hören Sie auf die Antwort. Aus der erneuten Äußerung des Kunden erhalten Sie die Bestätigung, ob Sie
  - sich der Inhaltsebene zuwenden sollen oder
  - ob das Pokern beginnt.

Falls es um Fragen geht, die er wirklich klären will, wird der Kunde nicht um den berüchtigten heißen Brei herumreden oder zögern. Doch selbst wenn er echte Bedenken und Fragen hat, wird er vor dem Abschluss immer versuchen, noch die Oberhand zu erringen und in dem kritischen Punkt, den er angesprochen hat, einen Vorteil zu erlangen.

> Was nützt ihm die Beute ohne die Lust an der Jagd?
> Der Kunde möchte grundsätzlich gern einen Vorteil, den er sich hart erstritten hat, nicht einen, der für jeden gilt.

Dies gilt ganz besonders, wenn der Kunde mit einer Frau verhandelt. Dieser Sieg ist für ihn wichtig. Darüber mag man sich empören, man kann es aber auch lassen. Es wäre keinesfalls eine produktive Idee, den Kunden zu einem anderen Verhalten erziehen zu wollen.

Wer ist stärker? (Pokern 2)

Die Pokerebene schließt sich der Klärung der tatsächlichen Fragen an. Oder aber, wenn der Kunde überhaupt keine Fragen mehr hatte, dann steigt er sofort hier ein. Der Beginn des Pokerns zeigt an, dass er die inhaltliche Ebene verlassen hat.

Für die meisten Verkäuferinnen ist dieser Teil der Verkaufsverhandlungen weitaus unangenehmer als für die meisten Verkäufer. Das liegt vor allem daran,

- dass es nicht ihrem Verhaltensmuster entspricht und
- dass sie die Regeln nicht kennen.

Männer glauben, dass ihr Pokern eine allgemeine Konvention ist, dass es jeder tut. Sie irren. Sie gehen ebenfalls davon aus, dass Frauen ebenso wie sie selbst immer gewinnen wollen. Wenn Frauen daher nicht in den Wettbewerb treten, dann meinen Männer, dass die Frauen es nicht können. Das trifft zwar im Grunde zu, aber viel gravierender ist, dass die meisten Frauen nicht konkurrieren *wollen* (mit Ausnahme weiblicher Führungskräfte, Alphatiere etc. – denen es oft nicht verziehen wird, wenn sie das tun).

Umgekehrt sind Frauen davon überzeugt, dass es eine allgemeine Konvention ist, in Verhandlungen stets die Wahrheit zu sagen. Wenn männliche Kunden konstatieren, etwas sei ihnen zu teuer, dann gehen Verkäuferinnen davon aus, dass diese Behauptung den Tatsachen entspricht. Taktische Aussagen, die unwahr sind und der Verbesserung der Verhandlungsposition dienen sollen, sind Frauen wesensfremd.

Wenn Verkäuferinnen das Spiel beherrschen, kann ihnen das Pokern allerdings richtig Spaß machen, denn sie dürfen einige freche Spielzüge einsetzen, die Verkäufern nicht zustehen.

Behandeln Sie ihn respektvoll – auch wenn er es anscheinend nicht tut. Pokern ist tatsächlich ein Zeichen für das Ernst-Nehmen des »Gegners«/Verhandlungspartners.

Der Verkäufer wird in seiner Kompetenz nicht angegriffen, da sie bereits in der Kennenlernphase geklärt wurde. Wäre dem Kunden da bereits aufgefallen, dass er kein Vertrauen in das Fachwissen des Verkäufers hat, wäre er schon früh ausgestiegen. Der Kunde pokert in der Bedenkenphase nur, wenn er eindeutig Interesse am Angebot hat. Pokern in dieser Phase ist geradezu ein *Beweis* für Interesse. Das gibt dem Verkäufer Spielraum in der Verhandlung, auch wenn es sich gerade für Verkäuferinnen häufig gar nicht so anfühlt!

Wenn er pokert, nimmt er Sie ernst, auch wenn Sie den gegenteiligen Eindruck haben. Der männliche Kunde will Ihnen durch sein Pokern auf den Zahn fühlen. Damit fordert er Sie auf männliche Weise zum Spiel heraus. Viele Verkäuferinnen fühlen sich Männern in solchen Situationen oft sofort enorm unterlegen. Da Frauen stets eine symmetrische Beziehung suchen, also eine Begegnung auf Augenhöhe, empfinden sie Unterlegenheit als unerträglich. Darauf reagieren sie mit abwehrendem Verhalten. Dazu wählen sie in aller Regel die Keule Fachwissen, da sie auf der Beziehungsebene gekränkt wurden und anhand dessen, was der Kunde gesagt hat, wissen, dass sie ihm fachlich überlegen sind. So nutzen sie ihr Fachwissen, um ihre Kränkung wieder auszugleichen, um es dem Kerl heimzuzahlen. Eine Verkäuferin will dann zeigen, dass sie eine Menge von ihrem Handwerk versteht. Sie greift sich ein beliebiges Stichwort aus dem von ihm Gesagten heraus und beginnt, den Kunden mit ihrer Fachkenntnis zu belehren. Der männliche Kunde wird in seinem Stolz gekränkt, da er nun seine krasse Unterlegenheit zu spüren bekommt. Er schiebt sein Unwohlsein auf das belehrende Verhalten der Verkäuferin und bricht das entgleiste Verkaufsgespräch schnell ab. Als Kunde hat er schließlich die Macht, die unangenehme Situation zu beenden. Er betritt ein Geschäft schließlich nicht, um seine Mutter zu besuchen. Bei Verkäuferinnen darf er sich wehren.

Es fällt vielen Verkäuferinnen schwer, die Kommunikationsebene zu wechseln, wenn Einwände geäußert werden. Ab hier sind andere sprachliche Fähigkeiten gefordert. Dies ist gerade beim Pokern wichtig, denn wenn der Kunde von seinem Spieltrieb überwältigt wird, merkt er, ob und wann er seine »Gegnerin« durch sein Verhalten effektiv schwächen kann, weil er sieht, dass sie emotional wird oder sich in die Defensive drängen lässt. Dann wird er der Devise »Viel hilft viel« folgen und nachlegen. Von Gnade keine Spur, denn ihm ist ja klar, dass das Spiel an einem bestimmten Punkt sein Ende findet. Die Verkäuferin weiß es jedoch keineswegs. Sie schätzt die Situation vollständig anders ein, denn wenn ein Konflikt offen ausgetragen wird, dann bedeutet das in der »Frauenwelt«, dass es ans Eingemachte geht, und das ist bitterernst.

Für die meisten Verkäuferinnen ist eine Verhandlungstaktik wie das Pokern ganz schwierig auszuhalten. Meistens kippen sie in der Verhandlung um. Sie geben schnell nach, weil sie den Spieleinwand wörtlich nehmen. Die Beraterinnen erwarten, dass ein geäußerter Einwand auch wirklich ein Einwand ist.

Bei Männern hingegen sind Einwände häufig nur der Einstieg in das spielerische Kräftemessen. Ihnen geht es weitaus weniger um den Inhalt, sondern darum, wer als Sieger aus dem Machtkampf hervorgeht. Aussagen wie »das ist aber ganz schön teuer« oder »das gibt es im Internet viel billiger« sind typisch. Wenn ein Mann etwas in dieser

Art äußert, dann geht es ihm keinesfalls ums Geld. Deswegen gehört das Feilschen und Schachern auf orientalischen Basaren zwingend zum Geschäft. Sonst würde es doch überhaupt keinen Spaß machen!

Gepokert wird immer dort, wo der Kunde Verhandlungsspielraum sieht oder vermutet. Er pokert nicht um eine Tüte Milch. Die Pokerebene dient dem Kunden dazu, das Beste für sich aus dem Geschäft herauszuholen. Er checkt, ob der Verkäufer nicht womöglich doch noch ein *Goodie* oder einen Preisnachlass anzubieten hätte, wenn er nur hartnäckig genug nachbohrt. Er will gewinnen. Er will das Optimale herausholen. Somit verhält der männliche Kunde sich an dieser Stelle wie ein Maximizer. Und natürlich gilt auch: Ich gewinne – du verlierst! Er will seine Durchsetzungsfähigkeit spüren.

Wie das Pokern abläuft und woran es zu erkennen ist:

- Nonverbale Signale:
  Der Kunde unterspiegelt den Verkäufer, indem er schweigt, den Blickkontakt vermeidet, ein ernstes oder abfälliges Gesicht zum Produkt macht, seine Mimik unterdrückt, die Arme verschränkt, all das auch gern begleitet von einem Leidenslaut (»uff«) oder von ungläubig hochgezogenen Augenbrauen.
- Verbaler Ausdruck:
  – »Zu teuer!« Den Preis zu kritisieren, ist ein sehr beliebtes Mittel, und es ist schnell zur Hand. Wenn das Preisargument beim Pokern verwendet wird, fühlt es sich wie eine Herausforderung an. Darin steckt viel Druck. »Da ist doch bestimmt noch Luft drin!« »Was ist Ihr bester Preis?« »Wo liegt Ihre *Schmerzgrenze?*«
  – Der Hersteller oder das Produkt wird angegriffen, die Aussage des Verkäufers infrage gestellt. Und so kann es klingen: »Ob das wirklich so stimmt ...?! Ich habe da schon was ganz anderes gehört.« »Ich habe schon ein besseres Angebot.« »Der Müller bietet das aber billiger an.« »Wie viel Rabatt geben Sie mir?« »Wenn Sie die Golftasche drauflegen, denke ich noch einmal darüber nach.« – Achtung! Wer hier nachgibt, wird noch mehr drauflegen müssen!

Welche Strategien sind beim Pokern zielführend? Wie können Sie reagieren, um nicht nur unbeschadet, sondern auch mit einem guten Geschäft aus der Verhandlung zu gehen?

- Antworten Sie kompetent und selbstsicher.

- Kürzen Sie sein Spiel ab. Ihr Interesse muss darin liegen, diese Pokerphase so schnell wie möglich zu beenden. Viele Autoren von Verkaufsbüchern drängen darauf, den Abschluss zu forcieren. Das ist aber nur in der Pokerphase empfehlenswert. Ein Kunde, sei es Mann oder Frau, möchte nicht unter Druck gesetzt werden. Nur in der Pokerphase ist ein »druckvolles Spiel« gegenüber dem männlichen Kunden erlaubt, da er selbst diese »Technik« anwendet.
- Ignorieren Sie ablehnende Körpersprache und Unterspiegelung seitens des Kunden. Wichtig: Ablehnende Körpersprache darf nur in der eindeutigen Pokerphase ignoriert werden! Sonst natürlich nicht!
- Bleiben Sie bei seiner Argumentation und spielen Sie den Ball zurück:
  - Konkurrenz: »Wo haben Sie das andere Angebot genau gesehen?« »Haben Sie das Angebot schon schriftlich erhalten? Können Sie es mir zeigen?«
  - »Zu teuer«: »Welche Abstriche möchten Sie bei der Ausstattung/bei den Leistungen machen?«
  - Rabatt: »Über welches Umsatzvolumen im Jahr sprechen wir denn?« »Wie viele Wohnungen wollen Sie in diesem Jahr noch kaufen?« »Wie viele Kinder haben Sie noch, die Zahnspangen benötigen?«
- Sie können auf das Pokern geringfügig eingehen – aber bitte nur in Kombination mit der Abschlussfrage: »Angenommen, wir kommen Ihnen mit … entgegen: Kommen wir dann ins Geschäft?« Sie erinnern sich: Ihr Ziel ist, das Pokern frühzeitig zu beenden! Der Kunde reagiert darauf häufig mit: »Ja, wenn Sie XY auch noch drauflegen!« Das ist der Einstieg in eine neue Pokerrunde oder der Kunde kassiert ein Nein.
- Sagen Sie nein.
  Machen Sie sich bewusst, dass Sie jederzeit aus der Verhandlung aussteigen dürfen. Das Nein steht Ihnen zu, insbesondere, wenn der Kunde Übermäßiges verlangt. Wichtig ist dabei, dass Sie Ihr Nein nicht begründen! Dies ist für Verkäuferinnen noch wichtiger als für Verkäufer, da sie sonst ihre Kompetenz untergraben. Ein »Nein, weil …« mit angeschlossener Begründung liefert einem sportlich veranlagten Kunden die perfekte Gelegenheit,

um einzuhaken und die Verkäuferin weiter zu verunsichern. Sagt sie allerdings nur »nein«, müsste er schon nachfragen, wenn er es genau wissen will. Wenn er allerdings nachfragt, signalisiert er damit sein Interesse am Angebotenen. Das Spiel geht dann weiter.

- Setzen Sie ruhig auf die Strategie der Gegenfrage:
  - »Zu teuer«: »Womit vergleichen Sie das?«
  - Wenn der Kunde Ihr zuvor geäußertes Nein hinterfragt, dann können Sie kontern: »Ich sehe, Sie interessieren sich ernsthaft für das Produkt.« Und das können Sie dann erneut für ein geschicktes Ausweichmanöver nutzen, indem Sie wieder die Produkteigenschaften loben.
- Oder seien Sie einfach frech – aber bitte nur, wenn es wirklich passt und Sie eine Frau sind! Lächeln Sie, sagen Sie dann: »Das können Sie sich wohl nicht leisten!« und schauen Sie gelassen, wie der Kunde darauf reagiert. Entweder wird er verblüfft schweigen und schließlich schmunzelnd einlenken (»na gut, aber nur, weil Sie es sind«) – oder er wird nicht lächeln. Dann wird er deutlich machen, dass er sich die Mehrkosten tatsächlich nicht leisten wird. Für Sie bedeutet das, dass Sie zum letzten Argument zurückkehren müssen, dem er zugestimmt hat. Ab da gilt es, ein neues Angebot zu suchen, das seinen Wünschen am nächsten kommt und das seine Preisgrenze berücksichtigt.

Die Kaufentscheidung und der Abschluss
Die Kaufsignale von Frauen und Männern unterscheiden sich enorm.

> Ein typisch männliches Kaufsignal ist: Er sitzt da, sagt nichts, bewegt sich nicht und starrt Löcher in die Luft.

Verkäuferinnen halten oft das Schweigen nicht aus bzw. missdeuten es als Ablehnung. Es können aber schlichtweg alle Fragen geklärt sein. Und in der Regel ist es auch so, wenn der Kunde in eine – aus weiblicher Sicht – merkwürdige Starre verfällt.
Der Kunde will sich nun entscheiden. Da sitzt oder steht er und sieht überhaupt nicht entspannt aus. Tatsächlich ist er es auch nicht,

denn er soll ja einen schwierigen Entschluss treffen. Auf jeden Fall muss er zumindest einen Moment lang nachdenken, vielleicht auch länger. Zu beachten ist dabei:

> **Der Kunde will in Ruhe gelassen werden, wenn er nachdenkt.**

Delia Passi schreibt:»Frauen hören auf eine Menge Leute, bevor sie ein Geschäft unterzeichnen. Männer sind darauf trainiert, für sich selbst zu entscheiden. Sie befürchten, dass es schwach ist, Rat zu suchen.«[13] Also müssen Männer es mit sich selbst abmachen.

Männliche Kunden brauchen in ihrer Entscheidungsphase Zeit zum Nachdenken. Das bedeutet, sie brauchen *Ruhe*. Diese Ruhe ist für Verkäuferinnen oft geradezu unerträglich, da sie das Schweigen fälschlicherweise als Feindseligkeit interpretieren. Deswegen neigen sie dazu, weitere Optionen aufzurufen, um den Kunden mit weiteren Argumenten zu überzeugen. Damit erreichen sie aber leider nur das genaue Gegenteil dessen, was sie beabsichtigt haben.

Optimal ist, die Denkpause mit der Rückfrage einzuleiten, ob er noch Fragen habe. Falls ja, werden diese noch geklärt. Falls die Antwort nein lautet, ist dies das Zeichen zum Rückzug. Der Rückzug muss nicht zwingend körperlich erfolgen, ist häufig aber das Beste, was man tun kann. Insgesamt stehen Ihnen die folgenden zur Verfügung:

- Sie können beim Kunden bleiben, müssen aber unbedingt schweigen. Sie sagen zu ihm, die Schweigephase einleitend:»Ja, das ist jetzt eine schwere Entscheidung.« Und dann verstummen Sie, bis er wieder sprechen will. Sie suchen auch keinen Blickkontakt. Sie lassen einfach Ihren Blick umherschweifen oder auf einen anderen Gegenstand im Raum fallen, zum Beispiel auf Ihren Computer oder aus dem Fenster.
- Es bietet sich an, ihm ein Getränk anzubieten, das Sie erst holen müssen. Sie dürfen allerdings keineswegs wortlos aufstehen. Verlassen Sie den Kunden mit dem *Hinweis*, dass Sie ihn allein überlegen lassen.
- Sie können belanglose Informationsunterlagen holen.

---

13 Übersetzung: Diana Jaffé.

- Schicken Sie ihn eine Zigarette rauchen, falls Sie wissen, dass er Raucher ist. Das wird ihn doppelt beruhigen.
- Sie können ihn aber auch länger allein überlegen lassen, dann mit dem Hinweis »Ich verlasse Sie kurz, damit Sie es sich in Ruhe überlegen können«. Beim Autokauf können Sie ihn einfach mit dem Auto allein lassen, ebenso in Immobilien, mit einer Sportausrüstung, mit einem technischen Gerät oder Gadget, wie auch mit jedem anderen konkreten Produkt (wenn auch vielleicht besser nicht mit einer teuren Armbanduhr, wenn er kein Stammkunde ist). Mit einem virtuellen Produkt ist es schwieriger. Ihn mit einer Software allein lassen, die er nach Herzenslust ausprobieren darf, ist für ihn das Paradies!

Während er noch Löcher in die Luft starrt, denkt er nach. Das Falscheste, was die Verkäuferin tun kann, ist, in dieser Zeit zu reden! Das bringt ihn total in Stress! Es ist wie in Partnerschaften: Wenn Frauen auf Männer einreden, dann ziehen Männer sich einfach nur noch verzweifelt zurück.

Was ist das Zeichen, dass er mit dem Nachdenken fertig ist?

> Man weiß, dass er seine Entscheidung getroffen hat, wenn er wieder den Augenkontakt sucht. Vielleicht beginnt er sogar, von sich aus zu sprechen.

Wenn er Ihren Blick sucht, werden Sie das mit Ihrem peripheren Sehvermögen und Ihrer Empathie schon mitbekommen. Das kann allerdings schon locker mehrere Minuten dauern, abhängig von der Produktkomplexität.

Wenn er seine Partnerin oder – in seltenen Fällen – eine andere Frau dabeihat, dann ist es optimal, wenn die Frau den Kunden während seines Denkprozesses ebenfalls nicht unterbricht. Begleiterinnen reden während seines Denkprozesses meistens, denn auch sie wissen mit seinem Schweigen nichts anzufangen. Zumeist fühlen sie sich damit unwohl. Um sie vom Sprechen und damit vom Stören abzuhalten, empfiehlt es sich, sie kurz von ihrem Mann unter dem Vorwand wegzuführen, ihr noch etwas zeigen zu wollen.

Falls der Kunde der Hauptentscheidungsträger ist, geben Begleiterinnen häufig Zeichen von Gleichgültigkeit oder Langeweile von sich, etwa »Ja, mir ist das egal!«. Dann lohnt es sich, bei der Dame mehr Ernsthaftigkeit auszulösen, damit sie seiner Entscheidung mehr Bedeutung zumisst. Sagen Sie dann etwas wie: »Ihnen ist es ja auch wichtig, dass Ihr Mann hinter dieser Entscheidung steht.« Dem wird sie unweigerlich zustimmen, weil sie damit eine Bestätigung auf der Beziehungsebene erhält.

Das alles Entscheidende bei dieser Strategie ist, die Führung nicht aus der Hand zu geben. Der Überlegungszeitraum muss gesteuert und zeitlich begrenzt werden, um zu vermeiden, dass sich der Kunde zu diesem Zeitpunkt der Verhandlung aus dem Geschäft zurückzieht. Gerne geht er dann wieder heim, um noch einmal im Internet nachzuschauen oder anderweitig zu vergleichen. Dann haben Sie die Kontrolle verloren. Die Verkaufsmitarbeiter in den meisten Geschäften lassen die Kundinnen und Kunden zu diesem Zeitpunkt ungerührt ziehen. Dieses Verhalten ist nicht menschenorientiert. Menschenorientiert ist es vielmehr, den gesamten Informations- und Kaufentscheidungsprozess lang an der Seite des Kunden zu bleiben und ihn zu begleiten. Sich gegen Ende des Prozesses zurückzuziehen, weil man es als Verkäufer als zu stressig empfindet, bedeutet, den Kunden hängen zu lassen. Der Kunde braucht seine Zeit zum Überlegen, aber er weiß jederzeit, dass es nun um seine Entscheidung geht, und dass Sie für ihn bereitstehen. Wenn er sich dann entschieden hat, ist es an Ihnen, falls Sie eine Frau sind, ihn für seine Entscheidung zu loben.

Und falls er sich am Ende doch gegen Ihr Angebot entscheiden sollte: Nehmen Sie es auf keinen Fall persönlich!

Wenn der Kunde mehrere Dinge benötigt

Der Geduldsfaden männlicher Kunden ist ausgesprochen kurz. Wenn er sein Hauptthema abgeschlossen, also sein Hauptprodukt erworben hat, dann will er in aller Regel erst einmal in Ruhe gelassen werden. Er weiß, alles Weitere kann er auch ein anderes Mal besorgen.

Eine Frau beging einen Bedarfskauf mit ihrem Partner in einem Outlet-Center. Was sich in einem der Geschäfte abspielte, war beispielhaft für unzählige andere Fälle: Er wollte nur die zwei Hosen, die er in der Hand hatte, anprobieren. Er war bereit, diese zwei Hosen anzuprobieren, sich wieder umzuziehen und dann die nächsten

Hosen herauszusuchen. Sie setzte durch, dass er einen ganzen Arm voll mitnahm. Doch T-Shirts, die er auch brauchte, suchte er erst aus und probierte sie an, nachdem er sich für die Hosen entschieden hatte. Das Stückeln der Hosen in Tranchen war neu für sein Verhalten. Und obwohl die T-Shirts genau neben den Hosen lagen, konnte er davon keine mitnehmen. Es gab auch Schuhe in diesem Geschäft, doch zuerst mussten die Hosen, dann die T-Shirts abgearbeitet sein, damit er sich dann den Schuhen widmen konnte, das allerdings nur, weil er Schuhe auch noch entfernt auf dem Programm hatte. Hätte die Partnerin nicht vorher festgestellt, dass er demnächst auch wieder neue Schuhe bräuchte, hätte er sich im Geschäft geweigert, auch nur einen Gedanken daran zu verschwenden.

Bei männlichen Kunden ist es von entscheidender Bedeutung, anfänglich die Prioritäten zu klären! Dann müssen Sie sich zuerst vollständig darauf konzentrieren, was er als Wichtigstes benötigt. Ist dieser Bedarf abgearbeitet, müssen Sie herausfinden, wie viel Geduld der Kunde noch übrig hat. Ist noch Ausdauer vorhanden, sollte die Prioritätsliste weiter der Reihe nach abgearbeitet werden. Ist der Kunde bereits erschöpft, sollte ein neuer Termin vereinbart werden.

Zusatzverkäufe

Männliche Kunden sind Zusatzverkäufen gegenüber nicht gerade aufgeschlossen. Dennoch gibt es ein Wort mit geradezu magischer Wirkung.

Das Zauberwort lautet: *Komplett*.
Verwenden Sie komplett wie in: »Wünschen Sie nur das Gemüsemesser oder wollen Sie das *komplette* Messerset?« oder »Möchten Sie nur diesen Buchband oder die *komplette* Serie?«

Übertreiben Sie es nicht: Es sollte sich dabei nicht um ein 26-bändiges Lexikon oder 30 *Fabergé*-Eier handeln, sondern um eine überschaubare Anzahl von Einzelteilen. Sechs sind gut, unter Umständen auch noch acht, aber zehn sind in aller Regel schon zu viel.

Dieses Tricks bedient sich auch die Buchhändlerin Viola Taube aus Nordhorn[14]. Freitagmittag wird die Buchhandlung für die Bedürfnisse männlicher Kunden umgebaut, da sie das Geschäft bevorzugt am Freitagnachmittag aufsuchen. Auf prominenten Präsentationsflächen wird das Sortiment in Kleinserien gezeigt. Die Mitarbeiter sind angewiesen, den Herren, die sich aus diesen Präsentationsflächen bedienen, die Frage zu stellen, ob sie das *komplette* Set nehmen möchten, denn Viola Taube hat einst festgestellt, dass Männer genau dies tatsächlich gern tun. Sie mögen den Gedanken, alles, was zusammengehört, beisammen zu haben und nichts mehr nachbesorgen zu müssen.

Serien und Sets passen für männliche Kunden gut, wohingegen es bei Themenwelten schon schwieriger ist, sie an den Mann zu bringen. Selbst wenn er ein italienisches Kochbuch kauft, ist es für ihn nicht zwingend naheliegend, einen Nudeltopf, handgemachte Pasta und eine venezianische Würzmischung dazu zu erstehen.

Die Weiterempfehlung

Sobald alle Kaufkriterien erfüllt sind (der Kunde ist zufrieden – *satisfied*), kauft Adam, ohne die Leistung oder das Fachwissen des Verkäufers weiter zu würdigen und ohne eine Weiterempfehlung auszusprechen. Wenn hingegen die Kauferwartungen deutlich übererfüllt wurden (*more than satisfied*), zum Beispiel durch eine besonders kompetente Verkäufer-Leistung, dann ist Adam beeindruckt und durchaus zu Empfehlungen bereit. Dabei bleibt es eher dem Zufall überlassen, ob Adam das Produkt/die Dienstleistung oder den Händler empfiehlt.

Bitten Sie ihn um eine aktive Weiterempfehlung oder eine gute Bewertung auf einem wichtigen Internetportal oder ein *Like* auf Ihrer *Facebook*-Fanpage und honorieren Sie diese mit Ihrer Wertschätzung.

---

14 http://www.viola-taube.de/

Das ist zu tun

Zusammengefasst sind dies unsere Hinweise und Tipps für Verkäuferinnen und Verkäufer im Umgang mit Kunden:

- Der Fachberater wird vor allem von Neueinsteigern bzw. Nicht-Experten unter den Kunden sowie bei innovativen Produkten oder neuen Technologien benötigt, wenn der Kunde noch keine Meinung hat.
- Je wertvoller ein männlicher Kunde eine Anschaffung empfindet, desto höher die Wahrscheinlichkeit, dass er in einem guten Fachgeschäft kauft.
- Es gibt für Verkäufer keinen Ersatz für Produktkenntnis.
- Gestalten Sie den Verkaufsprozess immer strukturiert und zielorientiert.
- Faustformel für Verkäufer: Straffen Sie das Verkaufsgespräch und veranschlagen Sie maximal 50 Prozent der Zeit für männliche Kunden, die Sie für Kundinnen verwenden würden.
- Setzen Sie am Anfang ein Zeichen für Ihre Kompetenz und kippen Sie den Kennenlernprozess weitgehend.
- Gestalten Sie die Bedarfsanalyse kurz, indem Sie seine wichtigsten Kriterien herausfinden. Lassen Sie Small Talk und Beziehungssprache weitgehend außen vor.
- Gehen Sie davon aus, dass Ihr Kunde gut vorinformiert ist.
- Finden Sie die ein bis maximal drei Kriterien heraus, die das gesuchte Produkt für Ihren männlichen Kunden erfüllen muss.
- Stellen Sie offene Fragen und arbeiten Sie sich von den allgemein gehaltenen, leichten zu den schwierigeren vor.
- Gehen Sie schnell zum Experten-Level über, wenn Sie merken, dass der Kunde sich ebenfalls hervorragend auskennt.
- Lassen Sie ihn wissen, dass Sie erkennen, dass er sich gut auskennt – *unabhängig davon, wie groß sein Wissen tatsächlich ist.*
- Männer genießen Anerkennung und Lob.
- Sein Ziel lautet: Auf schnellstem Weg zum Kaufabschluss. Daher muss auch die gesamte Angebotspräsentation bei männlichen Kunden straff geführt werden. Kernfaktoren sind:

- eine Angebotsauswahl mit allerhöchstens drei Vorschlägen, die sich auf seine Hauptanforderungen beschränkt,
- eine strukturierte Präsentation der Empfehlungen sowie
- die Verwendung des männlichen Kommunikationsstils.
- Kunden brauchen Übersichtlichkeit, Orientierung, Strukturen. Dies gilt ganz besonders für Angebote und Empfehlungen.
- Gehen Sie daher strukturiert vor: Stellen Sie ein Produkt nach dem anderen vor. Im Optimalfall präsentieren Sie alle Produkte in der inhaltlich gleichen Reihenfolge.
- Drücken Sie sich kurz, präzise, klar und sachlich aus. Gehen Sie jedoch trotzdem auf die Kundenmotive ein.
- ZDF – Zahlen, Daten, Fakten sind des Mannes liebste Informationen.
- Ergänzend dazu mag er auch Hinweise zu Top-Testbewertungen, Status-Referenzkunden, Auszeichnungen von der Fachpresse und sonstige Bewertungen berufener Experten.
- Die Herausstellung von Vorteilen und Nutzen versus Nachteilen und Kosten erleichtert dem Kunden den Vergleich.
- Übertreibungen im Verkaufsgespräch sind gelegentlich erlaubt. Sie funktionieren allerdings nur, wenn das Kernmotiv des Kunden erkannt ist.
- Verwenden Sie direkte Sprache. Vermeiden Sie Bandwurmsätze, hübsche Verzierungen, Füllwörter und Konjunktive.
- Machen Sie bewusst Pausen. Sprechpausen helfen, das Gehörte zu sortieren. Der Kunde droht ansonsten zu leicht, in einem Redeschwall zu ertrinken.
- Strahlen Sie Sicherheit aus, denn Sie verstehen etwas von Ihrem Geschäft! Wenn Männer bei Ihnen Unsicherheit entdecken, halten sie Sie für unfähig.
- Verkäuferinnen sollten das Sprechdenken männlichen Kunden gegenüber während der Präsentation um jeden Preis vermeiden. Männer halten sprechdenkende Frauen für fachlich inkompetent.
- Beschränken Sie sich auf die Argumente, die auf den Anforderungskriterien des Kunden basieren. Haben Sie Mut zur Lücke! Sie müssen nicht alles abarbeiten, was es auf der Welt an denkbaren Kriterien gibt.

- Freuen Sie sich über seine Bedenken, sie beweisen sein ernsthaftes Kaufinteresse. Ärgern Sie sich nicht über Provokationen: Er will nur spielen. Denken Sie lieber an Annett Louisans kokettes Lied »Ich will doch nur spielen« und entspannen Sie sich.
- Verkäuferinnen sollten davon ausgehen, dass sie im Verkauf automatisch in Poker-Situationen geraten, wenn sie mit einem Mann verhandeln. Setzen Sie sich an seinen Spieltisch und spielen Sie mit.
- Nehmen Sie Bedenken und provokative Fragen oder Pauschalaussagen nicht persönlich. Es ist (s)ein Spiel! Wenn er mit Ihnen pokern will, hat er Sie als Verkaufsprofi akzeptiert. Spielen Sie Ihre guten (Produktkenntnis-)Karten gekonnt aus.
- Eine einfache, doch sehr empfehlenswerte Strategie für Verkäuferinnen lautet, ihm zuerst das Gefühl von Überlegenheit zu geben und ihn dann dazu zu bringen, »seine Hosen herunterlassen« zu müssen. Beim Pokern hieße das: erst *check*, dann *reraise* und schließlich *showdown*.
- Eine Fachfrau und Verkaufsexpertin muss für sich die Sicherheit besitzen, dass sie einem nichtfachmännischen Kunden hinsichtlich ihres Fachwissens überlegen ist!
- Sind Sie als Verkäuferin dem Kunden allerdings tatsächlich oder mit hoher Wahrscheinlichkeit fachlich unterlegen, dann bleiben Sie bei Komplimenten.
- Wenn er nach der Bedenkenklärung schweigt, stellen Sie die Abschlussfrage.
- Bitten Sie ihn nach dem Geschäftsabschluss konkret um aktive Empfehlung. Er macht es sonst nur bei zufällig passender Gelegenheit.

6
Paare

Kommen wir nun zur Königsklasse des Verkaufs: Verkaufen an Paare.

Paare stellen für viele Verkäufer die größte Herausforderung dar. Und das mit gutem Grund: In den seltensten Fällen handelt es sich bei Paaren um zwei unabhängige Personen, mit denen es sich reden lässt wie mit einer Kundin und einem Kunden parallel (was schon schwierig genug wäre). Vielmehr interagieren die Partner auf eine in langen Jahren eingeübte, für Außenstehende kaum durchschaubare Weise miteinander. Es gibt liebende und gleichgültige Paare, eingespielte Teams und verbitterte Gegner, langjährige Ehen und Frischverliebte mit rosa Brillen. Es gibt gemeinsame oder getrennte Entscheidungen, gemeinsame oder getrennte Konten, gemeinsame oder getrennte Ziele. Nicht selten brechen Paarkonflikte auch in einem Verkaufsgespräch aus. Streitereien um Geld sind in vielen Ländern noch immer Scheidungsgrund Nummer 1. Es ist kein Wunder, wenn sich so mancher Verkäufer zuweilen wie ein Paartherapeut oder Dompteur vorkommt.

Legen wir allein die Kaufkurven von Eva und Adam übereinander, dann erscheint der Versuch, beide Partner in Übereinstimmung zu bringen, wie der Versuch, die Quadratur des Kreises zu finden. Aber es ist doch möglich, Paare erfolgreich zu beraten, jedenfalls in deutlich mehr Fällen, als vielen bisher bewusst gewesen sein mag.

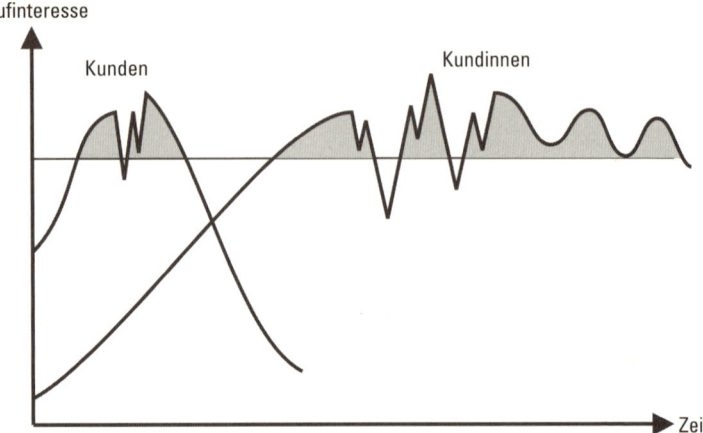

Abb. 25 Das männliche und das weibliche Kaufinteresse
Quelle: Vivien Manazon, (Diana Jaffé)

Womit es Verkäufer bei Paaren zu tun kriegen können

Es scheint, als hätten Paare mehr Gründe, bei einem Kaufvorhaben unterschiedlicher Ansicht zu sein als für eine Übereinstimmung. Die Differenzen beginnen bereits beim Interesse für die Anschaffung selbst, ziehen sich über die Wege zur Entscheidungsfindung und enden noch lange nicht bei der Frage, ob das Beste gerade gut genug ist. Der Vergleich der Kaufinteressekurven von Mann und Frau zeigt, dass alleine schon die zeitliche Synchronisierung eines Paares im Informations- und Kaufprozess kein Kinderspiel ist. Während sie erst langsam warmläuft, will er schon alles längst hinter sich gebracht haben.

Zusammenfassend sind dies die Punkte, mit denen Paare Verkäufern die Arbeit gehörig schwer machen können:

- unterschiedlicher Verlauf der Kaufinteressekurve bei Frau und Mann hinsichtlich zeitlichem Ablauf und Dauer;
- verschieden hohes Interesse an Produktgattungen;
- unterschiedliche Kaufarten (Einkauf/Shopping, Bedarfs-/Luxuskauf);
- Uneinigkeit hinsichtlich der geplanten Anschaffung/beide verfolgen individuelle Motive;

- Zielkonflikte;
- Vereinbarungen darüber, welcher Partner über welche Anschaffung entscheidet;
- Paardynamik;
- Paarkonflikte, *hidden agendas*;
- Differenzen in der Erwartung an den Verkäufer;
- unterschiedliche Ansprüche an eine gute Kommunikation;
- das Geschlecht des Verkäufers stellt ein Problem dar.

Der Verkauf an Paare steht und fällt mit dem Handlungsrepertoire eines Verkäufers. Paare sind weitaus schwieriger zu beraten als »ein Mann und dazu eine Frau« oder umgekehrt. Das wollen wir uns deshalb genauer anschauen.

Der unterschiedliche Verlauf der Kaufinteressekurve bei Frau und Mann

Evas Geduldsfaden wird nur dann kürzer sein als der ihres Mannes, wenn es um sein Hobby geht. Beim Kauf von Statussymbolen wird sie üblicherweise tunlichst darauf achten, dass es sich um das richtige Symbol handelt. Das Produkt muss die richtige Botschaft senden, und Eva wird in vielen Fällen für die Sicherstellung der korrekten Aussage sorgen. Wenn es aber um seine Modelleisenbahn oder den Kauf einer Bierzapfanlage für die Fernsehabende mit Freunden anlässlich der anstehenden Fußball-WM geht, wird sie sich zu Tode langweilen. Dann wird sie versuchen, ihr Leid zu verkürzen, indem sie ihren Gatten zur Eile mahnt. In so ziemlich allen anderen Kaufsituationen wird es der Partner sein, der alles schnell hinter sich bringen will.

Für das Beratungsgespräch gilt dann, dass der Verkäufer versuchen muss, den Mittelweg zu finden, indem er die Zeitdifferenzen ein wenig auszugleichen versucht. Ein Ansatz, der mehr Erfolg verspricht, ist allerdings dieser: Der desinteressierte Partner sollte vom Kaufwilligen getrennt werden. Optimal wäre es, wenn Händler ihr Sortiment so anordnen würden, dass ein hochinteressanter Bereich für ein Geschlecht an ein spannendes Sortiment für das andere grenzt. So würden Frauen sich ihrem Vorhaben, ein neues Ess-Service zu finden, vollkommen ungestört widmen können, weil ihre

Partner in Sichtweite das coolste Bar-Zubehör studieren. Beide wären beschäftigt – mit bester Aussicht auf ein Doppelgeschäft.

In der Zwischenzeit haben manche Geschäfte erkannt, dass es Männern große Erleichterung verschafft, wenn sie sich setzen können. Dann sind sie nicht nur vorläufig »geparkt«, sondern auch der Pflicht entzogen, sich mit Dingen zu beschäftigen, die sie nicht mörderisch langweilen. Viele Männer sind dem Verkäufer mit Sicherheit dankbar, der ihnen wenigstens eine unangenehme Situation erspart. Wenn der Verkäufer den Partner freundlich um Erlaubnis bittet, seine Frau kurz zu »entführen«, um ihr einige Dinge zu zeigen, wird er nur selten auf Widerspruch stoßen. Sollte aus irgendeinem Grund ersichtlich sein, dass der Partner Raucher ist, dann kann der Vorschlag, er möge vor der Tür ein oder zwei Zigaretten rauchen, seiner Seelenruhe ebenfalls dienlich sein.

Die Kundin kann sich derweilen in Ruhe gemeinsam mit dem Verkäufer einen Gesamtüberblick verschaffen, eine Vorauswahl treffen und ihren Begleiter wieder einsammeln, um gemeinsam die finale Kaufentscheidung zu treffen, wenn sie es denn so möchte. Der Partner ist indessen davon befreit, sich alles anschauen und jeden Kommentar dazu anhören zu müssen. Wahrscheinlich wird er an diesem Tag ohnehin noch so manchen Geschäftsbesuch über sich ergehen lassen müssen.

Schwieriger ist es in den eingangs erwähnten Fällen, in denen Eva keine Lust hat, ewig zu warten. Der Elektronik-Händler *Saturn* hat mitten in der Präsentation der Kaffeemaschinen Kaffee-Bars eingerichtet. Sie bleiben in den allermeisten Fällen wenig besucht, verströmen jedoch einen angenehmen Kaffeeduft und vermitteln eine gewisse Café-Atmosphäre, die von den Interessenten für besagte Kaffeemaschinen sicherlich unbewusst auf die Geräte übertragen werden soll. Kommt eine Situation mit einer ungeduldigen Eva zustande, dann wären Verkäufer gut beraten, ihr den Besuch einer solchen Kaffee-Ecke vorzuschlagen. In Einkaufscentern oder in Innenstädten finden sich Cafés oft in unmittelbarer Nähe, sodass auch dieser Besuch durchaus angetragen werden kann. Selbst wenn sie den Vorschlag ausschlägt, wird sie sich wenigstens wahrgenommen fühlen, und auch das wird ihre Laune schon ein klein wenig heben.

Verschieden hohes Interesse an Produktgattungen

Oftmals ist es Eva außerordentlich wichtig, eine gemeinsame Kaufentscheidung zu treffen, während es ihrem Partner herzlich einerlei ist, was da angeschafft wird. In Einrichtungshäusern sind regelmäßig Szenen der ungleich verteilten Interessenslagen zu beobachten, die am Ende gar nicht so selten sogar in Dramen gipfeln. Ihm ist es »so was von egal«, welcher Esstisch am Ende in der Küche landet, Hauptsache, da steht ein Tisch. Wenn es nach ihm ginge, könnte er das Abendessen auch vor dem Fernseher auf der Couch zu sich nehmen, aber sie besteht ja immer auf gemeinsame Essen am Tisch, also beugt er sich ihrem Wunsch. Und nun besteht sie auch noch darauf, dass er tausend Tische anschaut, sich alle merkt und sich dann für einen besonderen begeistert, der genauso aussieht wie die anderen 999? Was hätte er doch Wunderbares mit diesem Samstag anstellen können, wenn Eva ihn nicht zur Fahrt auf die grüne Wiese gezwungen hätte! Als sie im ersten Möbelhaus ankommen, ist Adam schon so fertig, dass er sich auf die erste Sitzgelegenheit plumpsen lässt, die sich bietet. Am liebsten würde er gar nicht mehr aufstehen. Aber der Tag ist ja noch jung. Und hier, vor den Toren der Stadt, drohen noch vier andere Einrichtungshäuser mit offenen Türen …

Irgendwann lässt sich beobachten, wie Adams Laune noch weiter sinkt. Vor lauter Erschöpfung wird er pampig. Irgendwann weiß er sich nicht mehr anders zu helfen als mit Aggressionen, weil er es wirklich nicht mehr länger aushält. Er beginnt, sie durch das Geschäft zu jagen, und straft jeden ihrer Blicke auf etwas anderes als Esstische mit einem züchtigenden Hinweis, sie seien hier, um einen *Esstisch* zu kaufen, kein Bett, keine Lampe, keine neue Küche. Umgekehrt sind es die Frauen, die sich in Hobbyläden, Elektro- und Baumärkten zu Tode langweilen. Sie sind dann diejenigen, die ihn möglichst schnell wieder aus dem Geschäft scheuchen.

Anhand dieses Beispiels zeigt sich bei Adam und Eva auch die Einordnung der Produktkategorie in unterschiedliche Kaufarten: Möbelkauf gehört für Eva ebenso wie der Kauf von Bekleidung oder die Planung einer Familienreise zum lustvollen Shopping, während diese drei Kategorien für Adam nur einen Bedarfskauf darstellen. Dies ist ein potenzieller Konfliktherd.

Ein ungeduldiger Mann kann sicherlich nicht lange mit dem Hinweis gebändigt werden, es sei ihm doch sicherlich wichtig, dass seine Frau etwas Schönes findet. Wenn es bereits das dritte (geschweige denn das fünfte oder achte) Geschäft dieses Tages ist, das er gezwungen war aufzusuchen, dann ist es ihm bestimmt nicht mehr besonders wichtig, dass sie etwas Schönes findet, auch wenn er sie im Grunde seines Herzens natürlich liebt. Unter Umständen ist der liebende Partner bereits dermaßen am Ende seiner Kräfte, dass er nur noch im Notwehr-Modus laufen kann.

Im Prinzip kann er nur durch eine ausgedehnte Verschnaufpause Erleichterung finden. Hier gelten dieselben Tipps wie im vorherigen Abschnitt. Sollten Sie Ihren guten Kunden Getränke anbieten, dann haben Sie Erbarmen mit Männern, die kurz vor dem Kaufinfarkt stehen, und bieten Sie auch ihnen etwas zu trinken an, sobald Sie ihn »geparkt« haben, selbst wenn er kein Stammkunde ist.

Wir raten deshalb Händlern und Einkaufscentern, sie sollten analog zu IKEAs »Kinderparadies« ein »Männerparadies« eröffnen. Ein IKEA-Standort hat vor Jahren erfolgreich damit experimentiert, doch noch immer hat das Konzept kaum irgendwo Anklang gefunden. Zumindest an Wochenenden und zu den einkaufsreichen Zeiten des Jahres empfehlen sich temporäre Lösungen dieser Art.

Individuelle Motive und Zielkonflikte

Eva und Adam haben oft sehr unterschiedliche Vorstellungen über eine Anschaffung. So kann es vorkommen, dass er eine Musikanlage mit wirklich beeindruckendem Klang kaufen möchte, während sie bereit ist, gewisse Abstriche beim Ton zu machen, um dadurch 500 Euro am Preis einzusparen. Sie möchte ans Meer, er in die Berge. Sie will ein schickes, aber auch familientaugliches Auto, er begeistert sich doch mehr für den Sportwagen, der nur über zwei zusätzliche Notsitze verfügt. Sie will ein gemütliches Heim, er ein repräsentatives Loft. Und so fort. Die Beispiele sind endlos.

In solchen Momenten besteht der Zielkonflikt genau genommen sogar aus den Zielen dreier Parteien: Eva verfolgt ihr Ziel, Adam seins – und der Verkäufer hat ja in der Regel auch sein eigenes. Der Verkäufer ist womöglich angehalten, etwas Bestimmtes zu verkaufen, oder er will vielleicht den Verkäuferwettbewerb gewinnen und benötigt dafür noch einen bestimmten Umsatz. Eventuell gefällt ihm selbst ein Produkt besonders gut oder er ist aufgrund seiner Bedarfsanalyse überzeugt, dass seine Auswahl die beste Lösung für das Paar wäre, aber die beiden können oder wollen das noch nicht erkennen. All diese Ziele gilt es zu vereinen, sonst kommt keine Zufriedenheit auf – und kein Geschäft heraus.

Natürlich sollten sich Verkäufer stets auf die Bedürfnisse und Ziele ihrer Kunden konzentrieren! Das Interesse sollte allein darin bestehen, dem Paar zu einem guten Kauf zu verhelfen. Aber wie soll er das machen?

> Die Aufgabe des Verkäufers besteht darin, das gemeinsame Ziel des Paares zu identifizieren und sich auf diese Gemeinsamkeit zu konzentrieren.

Im Kapitel zur Bedürfnis- und Bedarfsermittlung betrachten wir eingehend, was an dieser Stelle konkret zu tun ist.

Vereinbarungen darüber, welcher Partner über welche Anschaffung entscheidet

Dann stellt sich noch die generelle Frage, wie das Paar entscheidet. Viele Frauen würden am liebsten alles gemeinsam mit ihrem Partner entscheiden, denn das festigt die Bindung, während Männer es als Zeichen ihrer Unabhängigkeit empfinden, allein zu entscheiden. Umgekehrt kann es Männern auch zur Abgrenzung von ihrer Partnerin dienen, wenn sie sich aus einer Entscheidung völlig raushalten. Allein in diesem unterschiedlichen Beziehungsverhalten kann sehr viel Sprengstoff verborgen sein.

Zwischen Paaren können explizite und implizite Vereinbarungen existieren. Einige Beispiele:

- Beide kaufen mit ihrem eigenen Geld, was sie wollen. Jede/r kann tun, was sie oder er will.
- Sie hat keinen ausgeprägten visuellen Sinn und braucht seinen guten Geschmack, wenn es ums Aussuchen geht. Sie sagt, was benötigt wird, er hilft bei der Auswahl nach ästhetischen Gesichtspunkten. Oder umgekehrt.

- Er kauft alles, was mit Technik zu tun hat, sie entscheidet alles rund um Wohnung und Haushalt. Wenn er neue Bekleidung braucht, gehen beide zusammen einkaufen. Leider muss er auch mit, wenn sie etwas für sich sucht.
- Sie ist die Finanzministerin. Er braucht im Alltag nur ein Taschengeld.
- Alle Anschaffungen ab 250 Euro werden gemeinsam entschieden. Selbst wenn das Handy für sie ist, wird sie sich vorab informieren, aber ihn zur finalen Entscheidung hinzuziehen.
- Er trägt die Verantwortung für alle großen Entscheidungen und sie für alle kleinen. Die großen Entscheidungen umfassen Fragen der Politik, Philosophie und das Finden der Weltformel. Kleine Entscheidungen betreffen Hauskäufe, Autos und Finanzanlagen.

Für die spätere Angebotspräsentation kann es von erheblicher Bedeutung sein, zu wissen, wie das Paar seine Kaufentscheidungen fällt. Entsprechend müssen womöglich auch die Interessen des Partners in irgendeiner Form berücksichtigt werden, der das Produkt gar nicht nutzt.

Paardynamik

Die Paardynamik bringt so manche Herausforderung mit sich. Unter Umständen kann sie dazu führen, dass eine Bedarfsanalyse unmöglich wird.

Es gibt in Beziehungen hauptsächlich drei Konstellationen, aus denen heraus Paare in Kaufsituationen agieren:

1. Die Verschmelzung

   Wenn Partner miteinander verschmolzen sind, dann wollen sie eins sein, also gleich denken und Gleiches fühlen. Um die Harmonie um jeden Preis zu bewahren, bleiben sie oberflächlich. Sie befragen weder sich selbst noch den anderen nach ihren tiefen und umfassenden Wünschen und Bedürfnissen. Im Gegenteil: Alles möglicherweise Trennende wird aus der Wahrnehmung verbannt. Zu erkennen ist das Stadium der Verschmelzung daran, dass die beiden Partner einander öfter danach befragen, was der jeweils andere will, als sich darüber zu äußern, was sie selbst wollen.

Verschmolzene Partner treffen schnelle Kaufentscheidungen, sind damit aber nicht nachhaltig zufrieden. Es kann daher oft zu nachträglichen Meinungsänderungen kommen.

Die Beratung solcher Paare ist schwierig, weil sie dem Verkäufer von sich aus nie genügend Informationen geben, um ein wirklich passendes Angebot zu extrapolieren. Der Verkäufer muss hier von sich aus aktiv werden und viele Fragen stellen. Wer hingegen glaubt, mit solchen Kunden leichtes Spiel zu haben, weil sie schnell zu fast jedem Konsens gebracht werden können, täuscht sich gründlich. Nicht die Kunden werden wiederkommen, sondern die zuvor anscheinend so leicht verkauften Waren.

2. Der Machtkampf

Wenn ein Paar im Machtkampf gefangen ist, besteht das Interesse beider Parteien vor allem darin, die Auseinandersetzung zu gewinnen. Das Geschäft ist der Austragungsort, der Kauf selbst ist zweitrangig, eine gute Kaufentscheidung nur vorgeblich das Ziel. Mann und Frau geht es darum, Recht zu haben und sich durchzusetzen.

Wenn ein Verkäufer versucht zu vermitteln, wird er mit hoher Wahrscheinlichkeit verlieren. Nimmt er wahr, wie einer den andern »herunterputzt«, ist das Beste, was er tun kann, diese Information zu versachlichen. Wenn also jemand zu seinem Partner etwas sagt wie: »Dieses Regal willst du kaufen?! Das ist doch viel zu klein! Das ist doch wohl nicht dein Ernst!«, dann lässt es sich so zu einer sachlichen Frage umformen: »Ihnen ist die Größe also wichtig. Was möchten Sie alles darin unterbringen?« Auf diese Weise kann jede Gelegenheit genutzt werden, um an Informationen zu kommen – und auf subtile Weise beide Partner wissen zu lassen, was der jeweils andere will. Das ist nötig, wann immer beide alleine nicht dazu imstande sind, sich miteinander zu verständigen.

Unglücklicherweise wird in vielen Fällen am ehesten derjenige das Geschäft machen, der rechtzeitig erkennt, wer der Hauptentscheidungsträger ist, und der sich mit ihm gegen den Schwächeren verbündet. Doch wir empfehlen nicht, diese Abkürzung von vornherein zu nehmen.

3. Die Unabhängigkeit
   Unabhängige Partner sind das Beste, was einem Verkäufer passieren kann. Selbst wenn sie zunächst auf völlig Unterschiedliches aus sind, werden sie sich um Übereinkunft bemühen. Sie suchen Informationen und die Verbindung der Bedürfnisse beider in einer gemeinsamen Lösung. Was sie daher benötigen, sind genügend Informationen über verschiedene Optionen. Sind sie sich uneinig, dann brauchen Sie vom Verkäufer vor allem die Zeit, den Raum und die Freiheit, sich allein miteinander zu beraten und zu verständigen. Druckausübung in jeglicher Form wäre das Falscheste überhaupt. Beide sind autonom und stehen zu ihren Bedürfnissen. Der Verkäufer sollte ihnen lediglich darin behilflich sein, bei Bedarf genügend Möglichkeiten zu erkunden.

Paarkonflikte und hidden agendas

Manche Paare geraten im Verkaufsgespräch in Streit. Es scheint, als ob sie sich über das Angebot nicht einigen können, doch an der Heftigkeit lässt sich erkennen, dass es in Wahrheit gar nicht um die Produktauswahl geht. Tatsächlich haben die Eheleute ganz andere ungelöste Konflikte, die sie nun ins Geschäft mitgebracht haben. Es hat den Anschein, dass sie sich nicht auf ein Produkt einigen können, doch unter der Oberfläche bekriegen sich die beiden über etwas völlig anderes. Das sind ihre versteckten Themen, sogenannte *hidden agendas*.

Ob ein Verkauf gelingt, ist manchmal reine Glückssache. Nehmen Sie es nicht persönlich, wenn das Paar streitend, doch ohne Kauf wieder abzieht.

Differenzen in der Erwartung an den Verkäufer

Robert und Tingley weisen überdies auf unterschiedliche Erwartungen hin, die Paare womöglich an Verkäufer richten:

Da sich die Interessen und Kommunikation von Frauen und Männern unterscheiden, kann auch differieren, was sie in einer Verkaufssituation schätzen. In einer langfristigen Verkaufssituation, zum Beispiel beim Kauf eines Hauses, kann eine Frau mehr als alles andere die Ehrlichkeit und Integrität einer Verkaufsperson schätzen, sowie die vertrauensvolle Verbindung, die sie entwickeln und in der Zukunft fortführen möchte. Der Mann hingegen schätzt vielleicht das finanzielle Verständnis der Verkaufsperson, Kenntnisse über das Pro und Kontra der Konstruktion sowie Verhandlungsgeschick.[15]

Der Verkäufer muss jedem der Partner im Gespräch jeweils die Anforderungen beantworten, die er oder sie an ihn gestellt hat. Die Kundin will in dem oben genannten Beispiel die Integrität des Verkäufers zu spüren bekommen, während der Kunde mehr über finanzielle Details wissen und Fachfragen klären will. Beides gilt es, in diesem Gespräch zu vereinen.

Unterschiedliche Ansprüche an eine gute Kommunikation

Ein Verkaufsgespräch kann schlicht und ergreifend daran scheitern, dass die Kundin sich zu wenig wahrgenommen fühlt. Ihrer Ansicht nach wurde sie schlechter behandelt und beraten als ihr Partner. Der Verkäufer hat sich explizit bemüht, beiden gleich viel Aufmerksamkeit zu schenken, und kann daher überhaupt nicht nachvollziehen, worüber sich die Kundin beschwert.

Wie gezeigt, sind Kundinnen weitaus anspruchsvoller und sensibler als Kunden, wenn es um Zwischenmenschliches geht. Wer der Kundin viel Zuwendung schenkt, ist niemals schlecht beraten. Sind beide Partner gleichermaßen an der Kaufentscheidung beteiligt, dann sollte die Kundin rund 60 Prozent der Aufmerksamkeit erhalten. Ist sie nicht beteiligt, dann ca. 30 bis 40 Prozent. Wenn sie sich gut behandelt fühlt, dann wird sie in Zukunft für Wiederholungskäufe bei Ihnen sorgen.

15 Übersetzung: Diana Jaffé.

Das Geschlecht des Verkäufers stellt ein Problem dar

Wenn die Verkäuferin attraktiv ist, dann kann das beim Verkauf an Paare durchaus problematisch sein. Es gibt nämlich Kundinnen, die Konkurrenz fürchten. Viele der als anziehend empfundenen Verkäuferinnen sind sich dieses Problems überhaupt nicht bewusst. Eine Situation, in der die Kundin sie als Rivalin empfindet und behandelt, kann nur auf eine Weise gelöst werden: Die Verkäuferin muss von sich aus eine Beziehung zu der Kundin etablieren und mit dieser einen »Nichtangriffspakt« schließen. Sie sollte der Kundin besonders viel Aufmerksamkeit schenken, ohne den Kunden allerdings zu ignorieren oder aus dem Verkaufsgespräch herauszuhalten. Sie muss in Gegenwart der Partnerin als Flirten auslegbares Verhalten mit dem Kunden unbedingt vermeiden.

> Im Umgang mit Paaren gilt für attraktive Verkäuferinnen: Die Kommunikation findet mit der Kundin auf der Beziehungsebene statt, mit dem Kunden auf der Sachebene.

Junge Verkäuferinnen haben oft ein großes Problem im Vergleich mit älteren, insbesondere, wenn sie hübsch sind: Ihnen wird weniger Kompetenz zugebilligt als männlichen Kollegen oder älteren Kolleginnen. Die einzige Chance, sich zu behaupten, liegt in der fundierten Produkt- und Fachkenntnis, die schnell und überzeugend demonstriert werden müssen.

Der Kaufprozess

Der Umgang mit Paaren erfordert die Kenntnisse darüber, was Kundinnen und Kunden benötigen, verbunden mit dem Fachwissen über Paarverhalten. Wir empfehlen daher, zusätzlich zu den folgenden Tipps auch die Kapitel über Evas und Adams Kaufverhalten zu lesen. Erst die Kombination ermöglicht die Vervollständigung Ihres Verkaufsrepertoires.

Die Phase der Kontaktaufnahme

Aufmerksamkeitsverteilung

In der Verkaufspraxis ist eine Szene ständig zu beobachten, wenn Paare beraten werden oder ihnen Beratung angeboten wird:

Verkäufer sprechen fast immer nur den Kunden an, und Verkäuferinnen unterhalten sich meist ausschließlich mit der Kundin.

Das passiert völlig unabsichtlich und unbewusst. Es wird auch nur sichtbar, wenn man gezielt darauf achtet. Die Hemmschwelle, auf Fremde zuzugehen, die auch noch in der Überzahl sind, scheint geringer, wenn man sich an einen Gesprächspartner des eigenen Geschlechts wendet.

Im deutschsprachigen Raum gehört es zum guten Ton, die Dame zuerst zu begrüßen. Und daher sollte der Kontakt zu ihr während des Verkaufsgesprächs beibehalten werden. Sie wird nicht unsichtbar, nur weil ihr Mann womöglich alleiniger Nutzer und Kaufentscheider ist. Frauen reagieren in Bezug auf Aufmerksamkeitsgefälle ausgesprochen sensibel. Viele Geschäfte scheitern aufgrund ihres Gefühls, vernachlässigt worden zu sein. Umgekehrt gilt dasselbe für den Ehemann. Es sind zwei Personen da, also müssen zwei Personen respektiert werden, auch wenn die Gewichtung variieren mag.

Augenkontakt

Augenkontakt ist für Frauen im Verkaufsgespräch weitaus wichtiger als für Männer. Während Männer grundsätzlich eine Fahrer-Beifahrer-Körperstellung wie im Auto bevorzugen, brauchen Frauen den offenen Blick von Auge zu Auge, um zu vertrauen. Bei Paaren ist es angeraten, ca. 60 Prozent des Augenkontakts ihr zu widmen, auch wenn sie weder Hauptkaufentscheiderin noch Nutzerin des Produkts ist. Die Gesprächspartnerin anzuschauen, hilft, sich auf sie und das, was sie zu sagen hat, zu konzentrieren. Der Augenkontakt ist also beides: eine Fokussierungshilfe und eine Bestätigung für die Kundin, dass sie auch tatsächlich wahrgenommen wird.

Die Bedürfnis- und Bedarfsermittlung

Wer ist der Nutzer, wer bestimmt über den Kauf?
Versuchen Sie möglichst frühzeitig zu erfahren,
- für wen das Produkt ist, also wer es nutzen wird, und
- wer die Entscheidungshoheit trägt bzw. wie die Entscheidungsstrukturen dieses Paares sind (siehe oben).

Fallen die Antworten eindeutig zugunsten eines der beiden Partner aus, sollten Sie sich auf dessen Bedürfnisse konzentrieren. Noch immer geschieht es sehr häufig, dass in Autohäusern mit dem Mann gesprochen wird, wenn das Auto doch für sie sein soll und sie es auch allein bezahlt. Oder das Gegenteil ist der Fall: In Geschäften für Herrenbekleidung schiebt sich die Frau in den Vordergrund und niemand interessiert sich dafür, was der Mann eigentlich gerne tragen würde. Niemand darf ignoriert werden.

Es kann sogar durchaus sinnvoll sein, den Partner an Bord zu holen, auch wenn der mit dem Produkt am Ende nichts zu tun hat. Aber er kann den Nutzer bzw. Kaufentscheider durch seine Anteilnahme und Zustimmung maßgeblich unterstützen. Der zweite Partner mutiert vom schnöden »Anhängsel« mit etwas Geschick zum Verbündeten des Verkäufers und des Partners.

Individuelle Motive und Zielkonflikte

Wenn ein Paar zu einem Verkaufsgespräch kommt, dann mag es sich über Details, vielleicht sogar einige zentrale Fragen unschlüssig oder uneinig sein, doch es gibt in einigen Punkten auch Einigkeit, sonst stünden sie jetzt nicht vor dem Verkäufer. Sie haben sich bereits darauf verständigt, eine neue Waschmaschine, ein neues Haus, ein Segelboot oder Aktien zu kaufen.

So gehen Sie am besten vor:

1. Halten Sie fest und sprechen Sie aus, was Sie als Gemeinsamkeit erkannt haben, und prüfen Sie, ob Sie alles richtig wahrgenommen haben: »Sie möchten also eine neue Wohnung.«
2. Fragen Sie beide getrennt voneinander, was sie sich wünschen: »Lassen Sie uns darüber sprechen, was Ihnen wichtig ist, Frau Meyer, und worauf Sie, Herr Meyer, Wert legen. Wer möchte beginnen?«

3. Achten Sie darauf, wer zuerst zu sprechen beginnt, aber schließen Sie daraus nicht sofort, dass dies der Hauptentscheider von beiden ist. Beobachten Sie im weiteren Gespräch, wie die beiden sich zueinander verhalten, ob Sie ein- oder beidseitige Dominanz oder partnerschaftliches Verhalten wahrnehmen.

4. Vermeiden Sie um jeden Preis, Stellung zu beziehen oder einen Partner von den Wünschen des anderen überzeugen zu wollen! Kommen Sie nicht mit: »Erscheint Ihnen das Wassergrundstück mit eigenem Bootsanleger wirklich undenkbar, Frau Meyer?«, wenn Sie schon wissen, dass Frau Meyer Angst vor Wasser hat oder sie schon deutlich gemacht hat, dass die finanziellen Mittel zum Hauskauf wenig Spielraum lassen. Auf diese Weise werden Sie den Partner, den Sie überzeugen wollen, auf der Stelle verlieren. Ziehen Sie stattdessen aus dem Gesagten wiederum die Gemeinsamkeiten heraus und wiederholen Sie sie. Betonen Sie den Team-Gedanken des Paares: »*Sie* möchten also ein Heim, um eine Familie zu gründen. Das Haus soll sich in der Nähe Ihres Büros befinden, damit *Sie* keinesfalls mehr als insgesamt eine Stunde Fahrtzeit haben, um so viel Zeit wie möglich mit Ihrer Familie zu verbringen.«

5. Achten Sie darauf, beide Partner gleichermaßen zu spiegeln. Beansprucht einer der beiden mehr Redezeit und Aufmerksamkeit, so empfiehlt es sich, den stilleren Partner direkt zu seiner Einstellung zu befragen: »Ihre Frau wünscht sich einen großen Garten. Was denken Sie über die Größe des Gartens?« Oder: »Ihr Mann wünscht sich ein Haus in der Nähe eines Parks oder Waldes, um dort Joggen zu gehen. Ist das Leben im Grünen für Sie auch ein wichtiger Aspekt?« Fassen Sie anschließend wieder die Übereinstimmungen zusammen. Wenn ein Partner während der Bedarfsermittlung ignoriert wird, hat dieser später besonders viele Bedenken und verhindert so oft ohne sachlich nachvollziehbaren Grund den Kaufabschluss.

6. Fahren Sie damit fort, bis Sie ein Angebot unterbreiten können.

Oft ist es allerdings auch so, dass Paare ein Geschäft betreten, die noch ganz zu Beginn ihrer Informationssuche bzw. Orientierungsphase stehen. Beide versuchen auf unterschiedliche Weise herauszufinden, was sie eigentlich jeder für sich wollen. Das Paar ist zu diesem Zeitpunkt weit von einem Konsens entfernt. Was sie nun brauchen, sind viele Informationen und jemand, der ihnen hilft herauszukristallisieren, was beide wollen. Die Herausstellung von Gemeinsamkeiten ist erneut das Mittel der Wahl.

Vielredner = Hauptentscheider?

Oft lässt sich beobachten, dass Vielredner sich die ganze Redezeit krallen, ungeachtet dessen, ob sie überhaupt die Kaufentscheider sind. Es ist wichtig, dass der Verkäufer hier gegensteuert und dem stillen Partner ebenfalls Raum verschafft. Der vernachlässigte Partner kommt bei den Einwänden sonst wie ein Bumerang zurück.

Wenn er es »besser« weiß

Immer wieder kommt es zu Szenen, in denen der Partner glaubt, besser zu wissen, was die Partnerin braucht, will oder was am besten zu ihr passt. Geht es um Fachfragen, dann kann er durchaus Recht haben: »Du brauchst keinen Laptop mit schneller Grafikkarte, weil du darauf nicht spielst, sondern nur Office-Anwendungen nutzt.« Wenn sie sich allerdings ein bestimmtes Handy wünscht und er sie zu etwas anderem überreden will, was übrigens auch bei Haushaltsgeräten häufig passiert, dann gilt es, darauf zu achten, was *sie* will. Wenn es um Schmuck geht, dann muss sie sich damit gefallen. Wenn es um eine Waschmaschine oder einen Dampfreiniger geht, dann wird mit höchster Wahrscheinlichkeit sie diese Geräte bedienen, auch wenn er im Geschäft Stein und Bein schwört, dass auch er mal saugen wird, wenn sie sich für den coolen *Dyson*-Staubsauger entscheidet. Oft sind Frauen im Nachhinein sehr unzufrieden, wenn sie sich den nachdrücklichen »Empfehlungen« ihrer Partner gebeugt haben. Sie können mit den Geräten nicht arbeiten, wie sie es gewöhnt sind, oder verstehen die Logik ihres neuen Handys nicht. Wenn Frauen diese Produkte nutzen, dann müssen sie auch damit klarkommen. Es zählt also vor allem, was die Kundinnen brauchen und wollen.

Das Angebot

Das Angebot muss beiden präsentiert werden, und zwar auf eine Weise, die auch beide verstehen.

Tingley und Robert berichten in ihrem Buch von der Präsentationstechnik eines US-amerikanischen Autoverkäufers: Er begrüßt die Kundin stets zuerst (was bei uns eine Selbstverständlichkeit ist, in den USA und in anderen Ländern jedoch nicht). Er führt mit beiden Partnern eine gründliche Bedarfs- und Bedürfnisermittlung durch. Wenn er ein Modell präsentiert, dann öffnet er die Motorhaube und erklärt auch der Frau, wie das Wichtigste funktioniert. Auch wenn sie keine Ahnung hat, involviert er sie, aber auf eine Weise, die sie keinesfalls langweilt, sondern im Gegenteil interessiert. Er zeigt ihr all die Eigenschaften am Auto, die *ihr* nutzen werden.

Kommt es zur Probefahrt, bietet der Verkäufer der Kundin stets zuerst den Schlüssel an. Schnappt sich ihr Mann den Schlüssel dennoch zuerst, dann lässt der Verkäufer ihn auf der Hälfte der Strecke anhalten und die Kundin das Steuer übernehmen. Falls sie sich dann noch ziert, liegt das in der Regel daran, dass in dieser Gegend zu viel Verkehr herrscht. Sie fühlt sich unsicher in einem neuen Auto mit so viel Verkehr und möchte sich langsamer daran gewöhnen. In diesem Fall führt der Autoverkäufer das Paar in eine ruhigere Gegend und lässt die Kundin dann fahren. In aller Regel übernehmen alle Frauen dann das Steuer.

Sobald sie zum Autohändler zurückgekehrt sind, fragt er die Kundin geradeheraus, ob sie das Auto *mag,* und den Kunden, was er darüber *denkt.* Sagt sie nein, dann hat er das falsche Auto präsentiert. Sagt sie, dass sie es mag, kommt er zum Preis und zu den Zahlungsbedingungen.

In jedem Produktbereich lassen sich Herangehensweisen entwickeln, die beide Partner involvieren.

> Beide Partner gleichermaßen in einen Verkaufsprozess einzubeziehen, bedeutet, beide unterschiedlich zu behandeln.

Die Bedenkenklärung

Im Grunde sind die folgenden Aspekte nicht nur für die Bedenkenklärung gültig, sondern auch schon für die Bedarfsermittlung und die Angebotsphase. Da Kundinnen, wie bereits zuvor gezeigt, all ihre Fragen klären möchten, während Männer ihre Unkenntnis nicht in vollem Umfang offenbaren wollen, kann es leicht zu einem kommunikativen Ungleichgewicht mit Konsequenzen kommen. Dies sind die häufigsten Fälle:

Die Kundin stellt Detailfragen und folgt dabei ihren Assoziationen beim Sprechdenken. Der Verkäufer geht auf ihre Fragen gewissenhaft ein und folgt ihren Überlegungen. Der Partner kann jedoch nicht mehr folgen und steigt aus. Er hört einfach nicht mehr zu, weil ihm der Kopf schwirrt.

Wenn Sie das noch rechtzeitig bemerken, können Sie ihn wieder einfangen, indem Sie das mit seiner Partnerin zuvor in 5 bis 10 Minuten Geklärte für ihn zusammenfassen und ihn fragen, was er darüber denkt oder was er davon hält. Er merkt nicht, dass Sie ihn wieder eingefangen haben. Er ist wieder im Spiel, und das ist die Hauptsache.

Ist der männliche Partner viel zu lange unbeachtet geblieben, dann fängt er an, sich aus dem Verkaufsgespräch herauszuziehen. Er geht telefonieren, rauchen, aus dem Raum, etwas anderes anschauen oder setzt sich hin. Er geht einfach. Seiner eigenen Partnerin ist sein Verhalten oftmals unbegreiflich, weil sie selbst so in das Verkäufergespräch involviert war, dass sie seinen Ausstieg gar nicht bemerkt hat.

Befindet er sich noch im Raum, ist aber gedanklich weit weg, wird das manchmal daran erkennbar, dass er einen Schlüsselbegriff erhascht und sich daran festklemmt. Entweder entsteht daraus ein Einwand, oder der Verkäufer muss wiederholen, was er zuvor bereits dazu gesagt hat (»Wie ich Ihrer Frau bereits erläutert habe …«). Im Optimalfall hat niemand bemerkt, dass der Kunde ausgestiegen ist, weil Sie ihn geschmeidig wieder an Bord geholt haben, aber darauf sollten Sie nicht zählen.

Wenn der Kunde das Verkaufsgespräch gedanklich verlassen hat, kriegen manche Partnerinnen ein schlechtes Gewissen, weil sie denken, dass sie zu viel Zeit beansprucht haben, die ihnen gar nicht zugestanden hätte. Obwohl sie interessiert sind und ihre Fragen noch gar nicht abgeschlossen haben, verkürzen sie das Gespräch und kaufen vielleicht mit dem Gefühl, nicht alles Nötige besprochen zu haben. Oder aber es kommt zu einem sofortigen Kaufabbruch. Diesem Gefühl müssen Sie als guter Verkäufer entgegensteuern, und das gelingt Ihnen nur, wenn Sie den Kunden auch wieder ins Gespräch zurückholen.

Die Kaufentscheidung und der Abschluss

Bei Paaren kann es zu einer seltsamen Situation kommen, wenn es um die finale Kaufentscheidung geht. Die Präsentation ist gut verlaufen, die Bedenken wurden allesamt geklärt und die Lage deutet auf ein klares »Ja« des Paares hin. Dann fragt der Kunde seine Frau: »Na, was meinst du?« Sie zuckt mit den Schultern und antwortet mit einer Gegenfrage: »Ich weiß nicht. Was meinst *du*?« Er antwortet wieder: »Was meinst *du*?« Und dann scheinen sie mit dieser gegenseitigen Fragerei gar nicht mehr aufhören zu wollen.

Wenn das passiert, dann ist die Situation entglitten. Dann werden beide beschließen, dass sie sich zu Hause in Ruhe beraten müssen, und der Moment des Kaufs ist unwiederbringlich vorbei.

Alles war gut verlaufen, bis zu dem Zeitpunkt, wo wenigstens einer von beiden sich hätte festlegen müssen. Niemand wollte den Kopf zuerst aus dem Fenster stecken, obwohl beide völlig kaufwillig gewesen sind. Wenn ein Kunde seine Frau fragt: »Liebling, was denkst du?«, dann ist das ein eindeutiges Kaufsignal von ihm. Es ist auch ohne Kosewort ein unmissverständliches Kaufsignal. Wann immer Sie diese Frage hören, dann ergreifen Sie die Kontrolle! Übernehmen Sie das Aussprechen der Antwort, die sich dieses Paar gerade nicht auszusprechen traut, obwohl es beide fühlen. Ihre Reaktion sollte sein: »Ich bin sicher, dass Sie mit diesem Haus/dieser Altersvorsorge/dieser elektrischen Zahnbürste/dieser Entscheidung sehr zufrieden sein werden!« Und dann können Sie fragen, wie das Paar die Vertragsdetails gestalten möchte.

Ein allgemeiner Tipp zum Schluss

Beachten Sie bei allen Vorgängen stets die unterschiedliche Dauer und den unterschiedlichen Verlauf der männlichen gegenüber der weiblichen Kaufinteressekurve. Sie werden sicherlich nicht immer vermeiden können, dass Ihre Kundinnen unter Druck geraten, wenn sie merken, dass ihr Partner ungeduldig wird. Allerdings können Sie darauf achten, dass der Kunde nicht unnötig leiden muss. Dies betrifft insbesondere Käufe wie beispielsweise Bekleidung für sie oder ihn.

Wenn Sie wahrnehmen, dass der Partner bereits die Augen verdreht und im Gesicht blau anläuft, dann schlagen Sie der Kundin doch vor, das nächste Mal allein und in Ruhe zu kommen, um vorzusondieren. Sie soll mit Ihnen einen Termin vereinbaren und Sie werden ihr gut zur Seite stehen, um eine Vorauswahl zu treffen, damit er nicht den gesamten Prozess durchstehen, sondern nur noch zu (seiner oder ihrer) Anprobe kommen muss. Bieten Sie ihr das als Ihren besonderen Service für sie und ihren Mann an. Dann hat sie die Sicherheit, dass sie nicht alles allein entscheiden muss, sondern dass eine Fachperson sie unterstützt, und er muss nur noch zur finalen Entscheidung kommen. Ein solches Angebot wird die Kundin zu schätzen wissen, wenn sie Vertrauen zu Ihnen gefasst hat. Und ihr Mann wird es vor Erleichterung lieben.

Das brauchen Paare

- Klären Sie, für wen das Produkt gekauft wird.
- Sind beide Partner gleichermaßen an der Kaufentscheidung beteiligt, dann sollte die Kundin rund 60 Prozent der Aufmerksamkeit beanspruchen. Ist sie nicht beteiligt, dann ca. 30 bis 40 Prozent.
- Sprechen Sie mit beiden Partnern und passen Sie Ihren Gesprächsstil jeweils der Person an, mit der Sie gerade reden.
- Klären Sie die Zielkonflikte: Er hat ein Ziel, sie hat eins und Sie haben auch eins.
- Versuchen Sie, so viele Informationen von beiden zu erhalten wie irgend möglich. Lassen Sie sich von übermäßiger Harmonie oder Konflikten nicht beeindrucken.
- Klären Sie die »hidden agendas«, also das, was beide wirklich im Sinn haben.
- Kristallisieren Sie bei Konflikten immer das gemeinsame Ziel der Partner heraus.
- Aktives Wahrnehmen: Fassen Sie die Wünsche und Einwände zusammen und stellen Sie dabei die Gemeinsamkeiten heraus.
- Verbünden Sie sich nie mit einem der beiden. Ergreifen Sie niemals Partei. Bleiben Sie unbedingt neutral!
- Behalten Sie immer die Bedürfnisse beider Partner im Auge.
- Wenn Paare offensichtlich kaufen wollen, jedoch niemand das »Zauberwort« spricht, sondern sich beide gegenseitig befragen (»Was meinst du?«), dann übernehmen Sie sanft die Führung.

Gender Sales und Gender Marketing – Ihr Schlüssel zu Wachstum

Wenn Sie Ihre Geschäfte und Ihre Abschlussquoten verbessern wollen, dann sind unsere Gender-Sales-Hinweise Ihr Schlüssel dazu. Richtig angewendet, werden Sie mit Gender Sales künftig weitaus bessere Verkaufserfolge mit dem anderen Geschlecht erzielen als bisher.

Darüber hinaus empfehlen wir Ihnen auch, den größeren Kontext von Gender Sales zu betrachten. Haben Sie sich je die Frage gestellt, wie Sie mehr über Ihre Kundinnen und Kunden erfahren können und darüber, was sie brauchen und wollen?

> In unserer langjährigen Praxis in der Beratung und im Training von Unternehmen haben wir festgestellt, dass das größte Problem der Firmen immer darin besteht, dass sie ihr Wissen über ihre Kunden weit überschätzen. Dabei ist die genaue Kenntnis der Kunden bei dem heutigen Überangebot das A und O. Tiefes Wissen um Kundenbedarf und Kundenbedürfnisse bestimmt die Existenz jedes Unternehmens.

Beginnen Sie daher mit einer gründlichen Ist-Analyse, bevor Sie tatkräftig an die Planung und Umsetzung Ihrer Maßnahmen schreiten. Und lernen Sie dabei kennen, welches Kundenpotenzial unbemerkt vor sich hinschlummert und nur darauf wartet, von Ihnen entdeckt zu werden! Wann immer wir beratend tätig werden, untersuchen wir stellvertretend für unsere Kunden diese Fragen:

Ist-Analyse:
- Ist unsere Kundschaft männlich oder weiblich?
  - Wollen wir dieses Geschlechterverhältnis so?
  - War das so geplant?
  - Ist es für unser Sortiment/unsere Produkte/unsere Marke(n)/ unsere Strategie etc. sinnvoll?

- Was wissen wir über unsere Kundschaft?
- Verstehen wir das Verhalten unserer Kundinnen/Kunden?
- Wissen wir, warum unsere Kunden zu uns kommen?
- Haben wir Kontrollmechanismen darüber, wer aus welchem Grund *nicht* bei uns kauft?
- Kennen wir die häufigsten Ursachen für Kaufabbrüche bei uns?
- Wie erfahren wir mehr über die Bedürfnisse unserer Kunden?
  Einige Tipps:
  - Kundenverhalten beobachten
    - im eigenen Geschäft,
    - bei Wettbewerbern.
    - Empfehlung: Führungskräfte sollten regelmäßig selbst in den Verkauf und in die Beobachtung gehen, um ein Gespür für Kundinnen und Kunden zu erhalten! Insbesondere die Beobachtung, aber auch die Verkaufserfahrung sollten nicht delegiert werden.
  - Mit Kundinnen und Kunden sprechen
    Sprechen Sie mit Ihrer Kundschaft! Sie brauchen nicht immer aufwändige Marktforschung. Fragen Sie Ihre Kundinnen und Kunden, was sie benötigen, wie oft sie kommen, warum sie wann zu Ihnen kommen, wie sie es mit der Konkurrenz halten und und und. Unsere Kunden und wir haben die besten Erfahrungen damit gemacht. Die Kunden, mehr aber noch Kundinnen fühlen sich geschmeichelt, wenn sie um ihre Meinung gebeten werden. Achten Sie jedoch immer darauf, dass Sie die Antworten richtig decodieren!
  - Verkaufsverhalten der Wettbewerber beobachten
    Schauen Sie genau, was Ihre Wettbewerber besser, und was sie schlechter machen als Sie. Sie können viel daraus lernen, schließlich haben Ihre Wettbewerber auch Kunden. Ruhen Sie sich niemals darauf aus, dass die anderen es ja auch nicht besser machen!
  - Die Kunden der Wettbewerber kennenlernen
  - Vertriebsmitarbeiter als Feedback-Kanal
    Sprechen Sie mit Ihren Sales-Kollegen und Mitarbeitern, wenn Sie Ihre eigenen Beobachtungen überprüfen möchten. Sinnvoll ist es auf jeden Fall. Aber bedenken Sie, dass auch eine Wahrnehmung mehrerer Mitarbeiter von Vorannahmen eingefärbt

oder aus anderen Gründen gefiltert sein kann. Beleuchten Sie Ihre Annahmen und Beobachtungen daher gründlich: Ist die Beobachtung für eine ausreichend großen Zahl von Kunden relevant?

- Wie erfassen wir unser tatsächliches Kundenpotenzial?
- Was machen wir bisher schon sehr gut?
- Gehen wir bereits in höchstem Maße empathisch mit unseren Kunden um?
- Wodurch werden wir noch besser als bisher?
- Sind wir alleine imstande, die Besten zu werden, oder wäre externe Unterstützung sinnvoll oder nützlich?

Wenn Sie diese Fragen gründlich beantwortet haben, dann erst ist es Zeit für die weiteren Schritte:

- Strategie-Anpassung,
- Planung,
- Umsetzung,
- Kontrolle und gegebenenfalls Anpassungen.

Wir haben Gender Sales in vielen Jahren Erfahrung in der Praxis entwickelt und getestet. Unsere Kunden konnten durch unsere Expertise in Gender Sales und Gender Marketing ihre Geschäftserfolge enorm steigern.

Welche Entscheidung treffen Sie für Ihr Geschäft?

Literaturempfehlungen

Um andere Menschen zutiefst verstehen (und dadurch am Ende auch besser im Sinne von mehr, passender, angenehmer für den Kunden und unter Umständen auch ethischer verkaufen) zu können, kann man sich nie genügend üben und fortbilden. Das Angebot ist zweifellos riesig. Hier sind unsere Favoriten, die wir Ihnen besonders ans Herz legen wollen:

Marshall B. Rosenberg: *Gewaltfreie Kommunikation: Eine Sprache des Lebens*
Rosenberg geht es darum, *einfühlsam* zu kommunizieren und dadurch ein besonders menschliches Miteinander zu etablieren. Seine Technik hat Rosenberg primär für die Reduktion von Konflikten entwickelt, doch sie eignet sich auch vorzüglich für den Einsatz im Geschäftsleben.

Daniel Kahneman: *Schnelles Denken, langsames Denken*
Der Wirtschafts-Nobelpreisträger Kahneman hat sich gemeinsam mit seinem inzwischen verstorbenen Kollegen Amos Tversky sein Leben lang mit der Frage befasst, wie Menschen (wirtschaftliche) Entscheidungen treffen und weshalb sie ein Angebot einem anderen vorziehen.

Barry Schwartz: *Anleitung zur Unzufriedenheit: Warum weniger glücklicher macht*
Der Schwerpunkt des US-amerikanischen Psychologie-Professors liegt auf der Sachfrage, weshalb wir Menschen uns im Konsum beschränken müssen und weshalb das permanente Überangebot, in dem die westlichen Länder leben, die Verbraucher unglücklich macht.

Robert B. Cialdini: *Die Psychologie des Überzeugens*
Der Psychologe Cialdini beschäftigt sich mit Theorie und Praxis des Überzeugens. Er beschreibt, welche Faktoren uns dazu bringen, das zu tun, was andere von uns wollen, und welche Techniken von diesen Faktoren am wirksamsten Gebrauch machen.

Doris Bischof-Köhler: *Von Natur aus anders*
Die brillante Psychologin betrachtet die Geschlechterunterschiede ausführlich aus medizinischen, biologischen und geisteswissenschaftlichen Perspektiven und zeigt den heutigen Stand der Wissenschaften zu den Unterschieden zwischen Frau und Mann auf.

Literaturliste

Ariely, Dan: *Denken hilft zwar, nützt aber nichts*, München 2008.

Baron-Cohen, Simon: »The extreme-male-brain theory of autism«, in: *Trends in Cognitive Sciences*, 2002, Vol. 6, Nr. 6, S. 248-254
http://bit.ly/bYE5Sf

Baron-Cohen, Simon: *Vom ersten Tag an anders. Das weibliche und das männliche Gehirn*, Düsseldorf 2004.

Baron-Cohen, Simon/Wheelwright, Sally: »The Empathy Quotient: An Investigation of Adults with Asperger Syndrome or High Functioning Autism, and Normal Sex Differences«, in: *Journal of Autism and Developmental Disorders*, 2004, Vol. 34, Nr. 2, S. 163-175
http://bit.ly/9uZcZ4

Baron-Cohen, Simon/Knickmeyer, Rebecca C./Belmonte Matthew K.: »Sex Differences in the Brain: Implications for Explaining Autism«, in: *Science*, 2005, Vol. 310, Nr. 5749, S. 819-823.
http://bit.ly/9jRryK

Birkenbihl, Vera F.: *Psycho-Logisch richtig verhandeln*, Heidelberg 2007.

Birkenbihl, Vera F.: *Männer/Frauen* (DVD), 2005.

Birkenbihl, Vera F.: *Männer/Frauen: Mehr als der kleine Unterschied* (DVD), 2006.

Birkenbihl, Vera F.: *Männer & Frauen: Typisch Mann – typisch Frau* (DVD), 2011.

Bischof-Köhler, Doris: *Von Natur aus anders. Die Psychologie der Geschlechtsunterschiede*, Stuttgart 2006.

Blumstein, Philip/Schwartz, Pepper: *American Couples*, New York 1983.

Brizendine, Louann: *Das weibliche Gehirn*, Hamburg 2007.

Brizendine, Louann: *Das männliche Gehirn*, Hamburg 2010.

Buss, David M.: »International preferences in selecting mates: A study of 37 cultures«, in: *Journal of Cross-Cultural Psychology*, 1990, Vol. 21, S. 5-47.

Cialdini, Robert B.: *Die Psychologie des Überzeugens*, Bern 2010.

Connellan, Jennifer/Baron-Cohen, Simon/Wheelwright, Sally/Ba'tkti, Anna/Ahluwalia, Jag: »Sex differences in humanneonatal social perception«, in: *Infant Behavior and Development*, 2001, Vol. 23, S. 113-118.
http://bit.ly/cWzqm5

Cox, Deborah L./Stabb, Sally D./Bruckner, Karin H.: *Women's Anger: Clinical and Developmental Perspectives*, Piladelphia 1999.

Damasio, Antonio: *Ich fühle, also bin ich*, München 2000.

Dapretto, Mirella/Davies, Mari S./Pfeifer, Jennifer H./Scott, Ashley A./Sigman, Marian/Bookheimer, Susan Y./Iacoboni, Marco: »Understanding emotions in others: mirror neuron dysfunction in children with autism spectrum disorders«, in: *Nature Neuroscience*, 2006, Vol. 9, Nr. 1, S. 28-30.
http://bit.ly/bx8w9R

Diab, Dalia L./Gillespie, Michael A./
Highhouse, Scott: »Are maximizers
really unhappy? The measurement of
maximizing tendency«, in: *Judgment
and Decision Making*, 2008, Vol. 3,
Nr. 5, S. 364-370.
http://bit.ly/dCSGp5

Eisenberger, Naomi I./Lieberman, Mat-
thew D./Williams, Kipling D.: »Does
Rejection Hurt? An fMRI Study of
Social Exclusion«, in: *Science*, 2003,
Vol. 302, Nr. 5643, S. 290-292.
http://bit.ly/djVqs9

Ekman, Paul: »Facial Expression and
Emotion«, in: *American Psychologist*,
Vol. 48, Nr. 4, S. 384-392.

Ekman, Paul: »Facial Expression«, in:
Dalgleish, T., und Power, M.: *Hand-
book of Cognition and Emotion*, New
York 1999.

Fazio, Russell H./Blascovich, Jim/Dris-
coll, Denise M.: »On the functional
value of attitudes: The influence of
accessible attitudes upon the ease
and quality of decision making«, in:
*Personality and Social Psychology Bul-
letin*, 1992, Vol. 18, S. 388-401.

Fisher, Roger/Ury, William/Patton,
Bruce: *Das Harvard-Konzept*, Frankfurt am Main 1984.

Focus Medialine: *Der Markt für Fitness
und Wellness*, München 2005.

Ford, Clellan S./Beach, Frank A.: *Patterns
of sexual behavior*, New York 1951.

Freud, Sigmund: *Das Unbewusste*. GW,
X. Frankfurt a.M. 1915.

Fromm, Erich: *Haben oder Sein*, Stuttgart
1976.

Fromm, Erich, Rainer Funk (Hrsg.): *Vom
Haben zum Sein*, Weinheim und
Basel 1989.

Gray, John: *Männer sind anders, Frauen
auch*, München 1992.

Grünweg, Tom: »Verkaufsstart des Porsche 918 Spyder: Das teuerste Auto
der Republik«, in: *Spiegel Online*
21.03.2011.
http://bit.ly/K4ugTi

HDH/VDM Verbände der Holz- und
Möbelindustrie: *10 Prozent aller
Männer in Deutschland kaufen Möbel
allein*, 30.06.2009.
http://bit.ly/d5U7W0

Imperato-McGinley, Julianne: »Steroid 5
alpha-reductase deficiency in Man: an
inherited form of male pseudoher-
maphroditism«, in: *Science*, 1974,
Vol. 186, S. 1213-1215.

Jaffé, Diana: *Der Kunde ist weiblich*, Berlin 2005.

Jaffé, Diana: »Die Kundin – das unbekannte Wesen«; in: Falk Hecker
(Hrsg.), Joachim Hurth (Hrsg.) und
Hans-Gerhard Seeba (Hrsg.): *Afters-
ales in der Automobilwirtschaft*, München 2010.

Jaffé, Diana: *Werbung für Adam und Eva*,
Weinheim 2011.

Kahneman, Daniel: *Schnelles Denken,
langsames Denken*, München 2012.

Kast, Bas: *Wie der Bauch dem Kopf beim
Denken hilft: Die Kraft der Intuition*,
Frankfurt 2007.

Knigge, Moritz Freiherr/Cornelsen, Clau-
dia: *Zeichen der Macht*, Berlin 2006.

Kräh, Hans-Jürgen/Spitzbarth, Manuela:
*Detailauswertung »Frauen« zur Studie
»Finanzielle Allgemeinbildung in
Deutschland«* – Eine Untersuchung der
NFO Infratest Finanzforschung im Auf-
trag der Commerzbank, München
2003.

Lever, Janet: »Sex differences in the
games children play«, in: *Social Problems*, 1976, Vol. 23, S. 478-487.

Maccoby, Eleanor E.: *The Two Sexes: Gro-
wing Up Apart, Coming Together*, Cambridge (MA) 1998.

Magnus, Stephan/Vialon, Hans: *Tapfere
Helden in der Akquise*, Weinheim
2007.

Manning, John: *Digit Ratio: A Pointer to
Fertility, Behavior, and Health*, Chapel
Hill 2002.

Moir, Anne/Jessel, David: *Brainsex*, Düsseldorf 1993.

Otten, Dieter: *MännerVersagen*, Bergisch Gladbach 2000.

Passi, Delia: *Winning the Toughest Customer: The Essential Guide to Selling to Women*, New York 2006.

Peters, Tom: *Re-Imagine!*, München 2004.

Pinker, Susan: *Das Geschlechterparadox. Über begabte Mädchen, schwierige Jungs und den wahren Unterschied zwischen Männern und Frauen*, München 2008.

Podesta, Connie: *Make a Fortune Selling to Women*, Austin 2009.

Reiss, Steven: *Das Reiss Profile*, Offenbach 2009.

Reiss, Steven: *Wer bin ich und was will ich wirklich?*, München 2009.

Rizzolatti, Giacomo/Fadiga, Luciano/Gallese, Vittorio/Fogassi, Leonardo: »Premotor cortex and the recognition of motor actions«, in: *Cognitive Brain Research*, 1996, Vol. 3, Nr. 2, S. 131-141.
http://bit.ly/cV26Sj

Rizzolatti, Giacomo/Luppino, Giuseppe: »The Cortical Motor System«, in: *Neuron*, 2001, Vol. 31, Nr. 6, S. 889-901.

Rosenberg, Marshall B.: *Gewaltfreie Kommunikation: Eine Sprache des Lebens*, Paderborn 2001.

Schulz von Thun, Friedemann: *Miteinander reden 1: Störungen und Klärungen*, Reinbek 1981

Schulz von Thun, Friedemann: *Miteinander reden 2: Stile, Werte und Persönlichkeitsentwicklung*, Reinbek 1989

Schwanitz, Dietrich: *Männer. Eine Spezies wird besichtigt*, Frankfurt am Main 2001.

Schwartz, Barry: *Anleitung zur Unzufriedenheit: Warum weniger glücklicher macht*, Berlin 2004.

Seligman, Martin E. P.: *Learned Optimism*, New York 1991.

Simon, Herbert A.: »Rational choice and the structure of the environment«, in: *Psychological Review*, 1956, Vol. 63, Nr. 2, S. 129-138.

Stroud, L. R./Salovey, P. et al.: »Sex differences in stress responses: Social rejection versus achievement stress«. in: *Bio Psychiatry*, 2002, Vol. 52, Nr. 4, S. 318-327.

Tannen, Deborah: *Du kannst mich einfach nicht verstehen. Warum Männer und Frauen aneinander vorbeireden*, Hamburg 1991.

Tannen, Deborah: *Job-Talk. Wie Frauen und Männer am Arbeitsplatz miteinander reden*, Hamburg 1995.

Tingley, Judith C./Robert, Lee E.: *Gendersell. How to Sell to the Opposite Sex*, New York 2000.

Trivers, Robert: »Parental investment and sexual selection«, in: B. G. Campbell (Hrsg.): *Sexual Selection and the Descent of Man*, London 1972, S. 136-179.

Uhl, Matthias/Voland, Eckart: *Angeber haben mehr vom Leben*, Heidelberg/Berlin 2002.

Underhill, Paco: *Why We Buy*, London 2003.

Williams, John E./Best, Deborah L.: *Sex and Psyche: Gender and Self Viewed Cross-Culturally (Cross Cultural Research and Methodology)*, Thousand Oaks (CA) 1990.

Williams, Mark A./Mattingley, Jason B.: »Do angry men get noticed?« in: *Curr Biol*, 2006, Vol. 16, Nr. 11, R402-R404.

Wirth, Michelle M./Schultheiss, Oliver C.: »Basal testosterone moderates responses to anger faces in humans«, in: *Physiol Behav*, 2007, Vol. 90, Nr. 2-3, S. 496-505.

Stichwortverzeichnis

Anlageberater   19
anlassbezogener Kauf   88, 103
Ansprache   40, 84, 87, 292
Antimotiv   111, 118
Apotheke   10, 146, 152, 282
Apple   21, 23, 173, 184, 275
Ariely, Dan   141, 231, 286
Armbanduhr   54, 61, 308
Asperger Syndrom   32
Atmosphäre   42, 83, 128, 179, 211, 251,
   260, 318
Aufmerksamkeit   30, 92, 95, 120, 166,
   174, 194, 196, 281, 286, 325 ff., 329, 334
Augenhöhe   179, 187, 203, 209, 224,
   230, 239, 264, 302
Augenkontakt   181, 290, 308, 327
Auseinandersetzung   132, 259, 262,
   265, 323
Auswahl   90, 120, 123 ff., 131, 136, 146,
   149, 155, 171, 173 f., 180, 191, 201, 223,
   233, 237 f., 240, 245, 247 f., 252, 286,
   293, 297, 321
– Angebotsauswahl   113, 122, 125, 127 f.,
   130, 199, 201, 284, 290, 292, 313
– Probierauswahl   124
– Produktauswahl   223, 324
– Sortimentsauswahl   22
– Vorauswahl   123, 130, 175, 183, 249,
   252, 255, 257, 318, 334
Auswahlkriterien   123
Auswahlprozess   126, 133, 154, 201
Authentizität   19, 89, 92
Autismus   31 f., 39
Autisten   32 f., 37, 117
autistisches Spektrum   32
Auto   23 f., 44 f., 51, 69, 91, 101, 107 f.,
   114, 118, 150, 167, 184 f., 191, 194 f.,
   202, 204, 222, 237, 246, 251, 254, 269,
   274, 286, 308, 320, 322, 327 f., 331
Auto-Sammler   253
Auto-Tuner   242, 253
Autohändler   195, 331
Autohaus   23, 40, 119, 204, 328
Autohersteller   252
Autokauf   51, 233, 308
Automarke   195
Automobilindustrie   17, 24, 123
Automobilmesse   274

Autonomie   82, 136, 239, 260
– Entscheidungsautonomie   133
Autostadt Wolfsburg   185
Autoverkäufer   176, 331
Autowerkstatt   128
Avon   42

b

B2B   16 f., 45, 212
B2C   16 f., 96, 212
Bank   16, 40, 53, 70, 98, 182, 239
– Direktbank   239
– Internet-Banking   239
Bankangestellte   19
Bankberater   99, 239
Bankgeheimnis   182
Bankmanager   53
Baron-Cohen, Simon   32, 34 ff.
Bauchgefühl   210
Bedarf   16, 40, 69, 98, 126, 129, 161,
   171, 182, 192, 197, 209 f., 225, 252,
   268 f., 282 f., 310, 324
– Beratungsbedarf   252
– Informationsbedarf   134, 176, 290
– Kundenbedarf   335
Bedarfsanalyse   19, 75 f., 88, 96 f., 99,
   113, 115, 118 f., 126 f., 129, 131, 138, 168,
   170, 182 f., 195, 199, 206, 225, 255,
   268 ff., 312, 321 f.
Bedarfsermittlung   76 f., 80, 83, 97 f.,
   101, 119, 125, 182, 268, 321, 328 f., 331
Bedarfskauf   13, 233 ff., 242, 253, 258,
   309, 316, 319
Bedarfsphase   126
Bedenken   77 f., 135, 137, 140, 168 f.,
   202, 210 ff., 220 f., 232, 256, 263,
   295 f., 300, 314, 329, 333
Bedenkenklärung   77, 135, 140, 210,
   269, 294 f., 299, 314, 331
Bedenkenphase   78, 169, 215, 256, 302
Bedürfnis   12 f., 15, 23, 25, 33, 38 f., 44,
   64, 89 f., 93, 98 f., 106, 108, 115, 120,
   129, 132 f., 159, 163, 177, 190, 196,
   201, 213, 219, 228, 230, 268, 284 f.,
   311, 321 f., 324, 328, 334, 336
– Kundenbedürfnis   99, 112, 125, 335
Bedürfnisanalyse   76, 99, 113, 168, 183,
   195, 225, 268

Proxxon 24
Prozessorientierung 172, 179
Prüfungsprozess 81